应用型本科系列规划教材

现代通信原理与技术

主　编　翟　维

副主编　张世超

参　编　范文娜

西北工业大学出版社

西　安

【内容简介】 本书全面系统地介绍通信的基本概念、原理和分析方法。同时为适应现代通信的技术发展方向,书中增加 MATLAB/Simulink 通信仿真内容。内容可以分为 5 部分。第一部分(第 1~2 章)阐述通信基础知识,对常用的确知信号和随机信号进行分析,讨论信道特性对所传输信号的影响。第二部分(第 3~4 章)主要介绍模拟调制系统的调制解调的原理及模拟信号数字化的过程。第三部分(第 5~6 章)主要介绍数字通信和数字信号的接收原理。第四部分(第 7~8 章)讨论数字通信中的编码和同步技术。第五部分(第 9 章)介绍模拟调制系统、数字调制系统和差错控制系统的 MATLAB/Simulink 仿真及分析。

本书可作为普通高等院校通信工程、电子信息工程等相关专业本科生、高职生的教材,也可供相关行业的专业技术人员阅读、参考。

图书在版编目(CIP)数据

现代通信原理与技术/翟维主编. —西安 :西北工业大学出版社,2020.12

ISBN 978 - 7 - 5612 - 7363 - 0

Ⅰ.①现… Ⅱ.①翟… Ⅲ.①通信理论-高等学校-教材 ②通信技术-高等学校-教材 Ⅳ.①TN91

中国版本图书馆 CIP 数据核字(2020)第 201981 号

XIANDAI TONGXIN YUANLI YU JISHU
现 代 通 信 原 理 与 技 术

责任编辑:朱辰浩		策划编辑:蒋民昌	
责任校对:王 尧		装帧设计:李 飞	

出版发行:西北工业大学出版社
通信地址:西安市友谊西路 127 号　　邮编:710072
电　　话:(029)88491757,88493844
网　　址:www.nwpup.com
印 刷 者:兴平市博闻印务有限公司
开　　本:787 mm×1 092 mm　　1/16
印　　张:20.875
字　　数:548 千字
版　　次:2020 年 12 月第 1 版　　2020 年 12 月第 1 次印刷
定　　价:65.00 元

如有印装问题请与出版社联系调换

前　言

为进一步提高应用型本科高等教育的教学水平,促进应用型人才的培养工作,提升学生的实践能力和创新能力,提高应用型本科教材的建设和管理水平,西安航空学院与国内其他高校、科研院所、企业进行深入探讨和研究,编写了"应用型本科系列规划教材"系列用书,包括《现代通信原理与技术》共计 30 种。本系列教材的出版,将对基于生产实际,符合市场人才的培养工作起到积极的促进作用。

"通信原理"课程是通信工程和电子信息等专业的重要专业基础课,内容几乎囊括了所有通信系统的基本框架,学好该课程对学生构建通信知识基础、提高应用能力有着深远意义。随着社会对人才需求的变化,工科学生除了要掌握本专业的基本理论外,还需要有较强的工程意识、实践能力和创新能力,能够将基本理论应用到实际问题中去。本书为适应现代通信发展的方向,强调理论和实践相结合,加入 MATLAB/Simulink 通信仿真模块,帮助学生开拓思路,提高分析和设计通信系统的能力;结合应用型本科教学的特点,在内容的选取上突出基础性、针对性和实用性;在内容阐述上,除必要的数学分析之外,尽量避免烦琐的数学推导,力求做到重点突出、简明扼要、通俗易懂、深入浅出和循序渐进;为帮助读者深入理解抽象概念,加入了仿真动画二维码。本书旨在帮助读者更深入直观地学习通信原理这门课程。

本书具有以下特点。

(1)理论概念上力求准确、精练。

(2)语言阐述上,通俗易懂,利用生活实例诠释难理解的理论原理,便于自学;对于容易混淆的概念采用图表对比的写法。

(3)加入通信仿真设计模块,激发学生的学习兴趣,提高学生的实践应用能力。教师可根据MATLAB/Simulink 仿真模块中的每个小节开展实验实训环节。

(4)本书每章课后都有丰富多样的习题(填空题、选择题、简答题和计算题),同时配套有详尽的答案及解题过程,方便不同层次的读者需求。

(5)例题丰富,有助于读者理解每个章节的重要知识点,也方便读者掌握更有效的解题方法和技巧。

(6)每章开始配有"本章学习目的与要求",结束配有"本章重要知识点",力求通过直观的图表将各章节的知识要点和考点进行总结归纳,节约读者时间,方便读者学习。

(7)对抽象的理论原理配有 34 个仿真动画,为读者提供更便捷、直观和形象的阅读方式。读者可通过扫描二维码,查看各类通信系统的原理模拟过程。

(8)书中所有仿真模型及源代码均可下载。

本书由西安航空学院翟维副教授任主编,张世超任副主编、范文娜参编。翟维编写第 1～4 章并完成全书统稿和 34 个动画及二维码的制作,张世超编写第 6～9 章,范文娜编写第 5 章及附录。同时感谢学生郭靖、强波和董成华等所做的工作。

在编写本书的过程中听取了西安蓝岸新科技股份有限公司高级工程师贾琪的建议,强调实践应用能力的培养,根据现代通信行业发展的趋势,把行业有关的新知识、新技术和新方法加以选择提炼。通过增加 MATLAB/Simulink 实践仿真环节将理论知识与实践相结合,使课程载体由抽象的概念转变为具体的任务,融理论、实践为一体,综合训练学生,以使其具备实际工作所要求的能力,从而缩短了学校与企业的距离、学生与工作岗位的差距。同时编写本书曾参阅了相关文献、资料,在此,谨向其作者深表谢意。

由于笔者水平有限,书中难免存在不妥之处,恳请读者批评指正。

编　者

2020 年 8 月

目　录

第1章 绪 论

本章主要介绍通信的基本概念,如通信的定义,通信系统的组成、分类和工作方式,衡量通信系统的性能指标及通信发展历程等。使读者对通信的基本概念、术语及本课程研究的主要内容有一个初步的了解。这些基本概念是通信原理与技术的基础。

本章学习目的与要求

(1)完成通信系统基础理论知识概念的获取;

(2)能够描述通信系统的组成及其各部分的功能;

(3)能够区别模拟通信系统和数字通信系统;

(4)能够区别各类通信方式;

(5)会计算信息量和信源熵;

(6)理解波特率、比特率和频带利用率的含义;

(7)熟悉误码率和误比特率的含义;

(8)掌握模拟及数字通信系统的质量指标参数。

1.1 通信的基本概念及发展简史

1.1.1 通信的定义

通信(communication)的目的是传递消息中所包含的信息。消息是物质或精神状态的一种反映,在不同时期具有不同的表现形式,如语言、文字、数据和图像符号等。人们接收消息,关心的是消息中所包含的有效内容,即信息。从古代的邮驿到今天的手机,从手写的书信到今天的计算机网络,从古代的烽火狼烟到今天的卫星通信,从飞鸽传书到今天的物联网,人类在生活、工作和社会活动中都离不开信息的传递与交换。

电信(telecommunication)是利用电信号来传递消息的通信方式。电信具有迅速、准确和可靠等特点,且不受空间与时间、地点与距离的限制,因而得到了飞速发展和广泛应用。伴随着人类的文明、社会的进步和科学技术的发展,电信技术的不断进步使人们对通信的质与量提出了更高的要求,这种要求反过来又促进了电信技术的完善和发展。如今,在自然科学领域涉及"通信"一术语时,一般是指"电通信"。从广义来讲,光通信也属于电通信,因为光也是一种电磁波。本书中所涉及的通信也均指电信。通信发展史的重要事件见表1-1。

表 1-1　通信发展史的重要事件

年　份/年	事　件
1837	莫尔斯发明有线电报,开创了电信的新时代,也是数字通信的开始
1864	麦克斯韦预言了电磁波的存在,建立了电磁场理论
1876	贝尔发明有线电话,也是模拟通信的先驱
1887	赫兹验证了麦克斯韦的理论,实验证明了电磁波的存在
1900	马可尼首次发射横跨大西洋的无线电信号
1905	费森登通过无线电波传送语音与音乐
1906	福雷斯特发明真空三极管放大器
1918	阿姆斯特朗发明超外差接收机,调幅无线电广播问世
1920	卡森将抽样定理用于通信系统
1931	电传打字机服务开始
1933	阿姆斯特朗发明调频技术
1936	英国广播电视台(BBC)开播
1937	里夫斯(Alec Reeves)提出脉冲编码调制(PCM)
1945	美国研制出第 1 台电子数字计算机
1947	贝尔实验室的布莱顿、巴丁和少克莱发明晶体管
1948	香农发表信息论
1953	第一条横渡大西洋的电话电缆成功铺设
1960—1970	梅曼发明激光器;美国开始立体声调频广播(1961);发明集成电路;美国发射第一颗通信卫星(1962),卫星通信步入实用阶段;实验性的 PCM 系统;实验性的光通信;登月实况电视转播(1968)
1970—1980	商用通信卫星投入使用,第一块单片微处理器问世,演示蜂窝电话系统,个人计算机出现,大规模集成电路时代到来,光纤通信系统投入商用,开发出压缩磁盘
1980—1990	移动、蜂窝电话系统,多功能数字显示器,可编程数字处理器,芯片加密,压缩光盘,单片数字编译码器,IBM PC 出现,传真机广泛使用,以太网发展,数字信号处理器发展,卫星全球定位系统(GPS)完成部署(1989)
1990—2000	GSM 移动通信系统投入商用(1991),综合业务数字网(ISDN)发展,Internet 和万维网(WWW)普及,直接序列扩频系统,高清晰广播电视(HDTV),数字寻呼,掌上电脑,数字蜂窝
2000 至今	进入基于微处理器的数字信号处理、数字示波器、高速个人计算机、扩频通信系统、数字通信卫星系统,数字电视(DTV)及个人通信系统(PCS)时代

当前,我们处在一个网络化的信息时代。通信网络已经成为支撑国民经济、丰富人们生

活、方便商务活动和政治事务的基础建设之一。信息产业已成为发展最快和令人向往的行业。因此,系统、全面地介绍有关通信的基本理论、分析方法和关键技术是本门课程的主要任务。

1.1.2　消息、信息与信号

消息(message)是通信系统有待于传输的对象,它由信源产生,具有与信源相应的特征及属性,常见的消息有语音、文字、数据和图像等。不同的信源要求有不同的通信系统与之对应,如电话通信系统、图像通信系统等。

信息(information)是抽象的消息,一般是用数据来表示的,表示信息的数据通常都要经过适当的变换和处理,变成适合在信道上传输的信号(电或光信号)才可以传输。通俗地讲,信息是消息中有意义的内容,或者说是收信者原来不知而待知的内容。信息与消息的关系可以这样理解:信息是消息的内涵,而消息是信息的外在形式。如古战场上的击鼓传令,是利用鼓声(消息)传递作战信息;抗日战争时期,少先队员利用"放倒消息树"向远处的村庄传递"日本鬼子入侵"的信息;十字路口的"信号灯"向行人或司机传递"红灯停、绿灯行"的信息。人们通过听广播(声音和音乐)和看电视(图像和声音)获得有关的信息。在当今信息社会中,信息已成为最宝贵的资源之一,如何有效而可靠地获取、传输和利用信息是本书研究的主要内容。

信号(signal)是消息的电表示形式。一般以时间为自变量,以表示信息的某个参量(如电信号的幅度、频率或相位)。根据信号因变量的取值是否连续,可以分为模拟信号和数字信号(见表 1 - 2)。

表 1 - 2　信号的分类与特征

模拟信号	数字信号
特征:信号的取值是连续的 如电话机送出的语音信号、摄像机输出的图像信号等	特征:信号的取值是离散的 如电报机、计算机输出的信号

模拟信号就是因变量完全连续地随信息的变化而变化的信号。其自变量可以是连续的,也可以是离散的,但因变量一定是连续的。如图 1 - 1(a)所示,横轴代表时间,纵轴代表信号的取值。可见,模拟信号的曲线是连续的,有无穷多个取值,因此模拟信号通常也被称为连续信号。

数字信号是指信号的因变量和自变量的取值都是离散的信号。由于因变量离散取值,其状态数量即强度的取值个数必然有限,故通常又把数字信号称为离散信号,如图 1 - 1(b)所示。最典型的数字信号是二进制信号,即该信号只有 0、1 两种可能的取值。

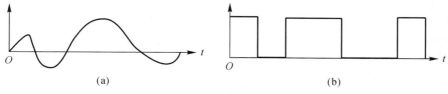

(a)　　　　　　　　　　　　　　　　　(b)

图 1 - 1　模拟信号和数字信号示例

(a)模拟信号;(b)数字信号

消息与电信号之间的转换,通常由各种传感器来实现。例如,麦克风或话筒(声音传感器)把声音转变成音频信号,摄像机把图像转变成视频信号,热敏电阻(温度传感器)把温度转变成电信号,压力传感器把力转变成电信号,等等。

综上所述,消息、信息和信号这三者之间既有联系又有不同,即

(1)消息是信息的外在形式;

(2)信息则是消息的内涵;

(3)信号是消息(或信息)的传输载体。

基于对上述内容的理解,通信(即电信)就是利用电信号将消息中所包含的信息从信源传递到目的地(信宿)。

1.2 通信系统的构成

1.2.1 通信系统基本模型

通信的目的是传输信息。通信系统(communication system)就是实现这一过程所需的一切技术设备和传输媒介的总体。对于电通信来说,首先要把消息转变成电信号,然后经过发送设备,将信号送入信道,在接收端利用接收设备对接收信号作相应的处理后,送给信宿再转换为原来的消息。图1-2所示为通信系统的基本模型,其各组成部分的作用简述如下。

图 1-2 通信系统的基本模型

(1)信源(information source)是消息(或信息)的发源地,作用是把待传输的消息转化为原始电信号。如电话机的话筒(声音→音频信号)、摄像机(图像→视频信号)、计算机等各种数字设备。信源输出的信号称为基带信号。所谓基带信号就是没经过调制(频谱搬移和变换)的原始电信号,其特点是信号的频谱从零频附近开始,具有低通形式,如语音信号为 300~3 400 Hz,图像信号为 0~6 MHz。

(2)发送设备(transmitter,发射机)的作用是将信源和信道匹配起来,即将信源产生的原始信号(基带信号)转换成适合在信道中传输的信号。变换的方式多样,在需要频谱搬移的场合,调制是最常见的方式。因此,发送设备涵盖的内容很多,通常包括放大、滤波、编码、调制和多路复用等过程。

(3)信道(channel)的作用是为信号由发送设备传输到接收设备提供传输媒介或途径,可以是有线的也可以是无线的。如电缆和光纤(有线信道)、空间或大气(无线信道)。噪声源(noise source)是信道中的噪声及分散在通信系统其他各处的噪声的集中表示。噪声通常是随机的、形式多样的,它的出现干扰了正常信号的传输。

(4)接收设备(receiver,接收机)的功能与发送设备相反,即把收到的信号进行解调、译码

和解码。其目的是从受到减损的接收信号中恢复出原始的消息信号。

（5）信宿（destination）是消息（或信息）的目的地。其功能与信源相反，即把电信号还原成消息。例如，电话机的听筒将语音信号还原成声音。

图 1-2 给出的是一般通信系统模型。在实际中，根据不同的传送对象和研究内容，会有更具体的通信系统模型。例如，按照信道中传输信号的不同，可进一步具体化为模拟通信系统和数字通信系统。

1.2.2　模拟通信系统

模拟通信系统（Analog Communication System，ACS）是指信道中传输模拟信号的系统。其模型如图 1-3 所示。

图 1-3　模拟通信系统模型

对于模拟通信系统，其主要包含以下两种重要变换。

（1）变换一：在发送端把连续消息变换成原始电信号，在接收端进行相反的变换，这种变换由信源和信宿来完成。有信源输出的电信号（基带信号）由于具有频率较低的频谱分量，一般不能直接作为传输信号送到信道中去。因此模拟通信系统里常有第二种变换。

（2）变换二：基带信号变换成适合在信道中传输的信号，并在接收端进行反变换。完成这种变换和反变换的器件称为调制器和解调器（详见第 3 章）。经过调制以后的信号应有三个基本特征：①携带信息；②适合在信道中传输；③频谱具有带通特性。经过调制的信号称为已调信号，又称带通信号（也称为频带信号）。

应该指出，除了上述的两种变换，通常在一个通信系统中可能还有滤波、放大、天线辐射与接收控制等过程。由于上述两种变换对信号形式的变换起主要作用，而其他过程不会使信号发生质的变化，只是对信号进行放大和改善信号特性等，所以这些过程都被认为是理想的而不去讨论。

1.2.3　数字通信系统模型

数字通信系统（Digital Communication System，DCS）是指信道中传输数字信号的系统。数字通信系统可分为数字频带传输系统、数字基带传输系统和模拟信号数字化传输系统。

1. 数字频带传输系统

数字频带传输系统模型如图 1-4 所示。对照图 1-2 所示的基本模型可知，这里的发送设备包括信源编码、加密、信道编码和数字调制，接收设备的位置与发送设备相对应，功能相反。各单元的主要功能简述如下。

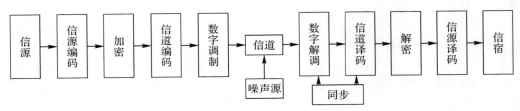

图 1-4 数字频带传输系统模型

(1)信源编码(source coding)有两个基本功能：①提高信息传输的有效性，即通过某种数据压缩技术设法减少码元数目和降低码元速率；②完成模/数转换(Analog-to-Digital,AD)，即将模拟信号编码成数字信号，以实现模拟信号的数字化传输。解码(译码)是编码的逆过程(详见第5章)。

(2)信道编码的作用是进行差错控制。信道编码器对传输的信息码元按一定的规则加入保护成分(监督码元)，组成所谓的"抗干扰编码"。接收端的信道译码器按相应的规则进行解码，从中发现错误或纠正错误，提高通信系统的可靠性(详见第7章)。

(3)加密(encryption)与解密。当需要实现保密通信时，对数字基带信号进行人为"扰乱"(加密)，防止没有被授权的用户获得信息或将差错信息加入系统中。此时在接收端就必须解密。

(4)同步是使收、发两端的信号在时间上保持步调一致，是保证数字通信系统有序、准确和可靠工作的前提条件。按照同步的功用不同，分为载波同步、位同步、群(帧)同步和网同步。这些问题将集中在第8章进行讨论。

数字调制与模拟调制的本质及原理相似，都是把基带信号(这里是数字基带信号)加载到高频载波上。解调是调制的逆过程(详见第6章)。需要说明的是，图1-4中的调制器/解调器、加密器/解密器、编码器/译码器等环节，在具体通信系统中是否被全部采用，要取决于具体设计条件和要求。通常把有调制器/解调器的数字通信系统称为数字频带传输系统。

2.数字基带传输系统

与频带传输系统相对应，把没有调制器/解调器的数字通信系统称为数字基带传输系统，如图1-5所示(详见第5章)。

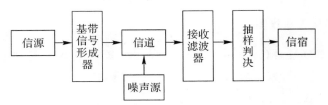

图 1-5 数字基带传输系统模型

3.模拟信号数字化传输系统

在上面介绍的数字通信系统中，信源输出的信号均为数字基带信号，实际上，在日常生活中部分信号(如语音信号)为连续变换的模拟信号，那么要实现模拟信号在数字系统中传输，则必须在发送端将模拟信号数字化，即进行模/数(A/D)转换；在接收端进行相反的转换，即数/模(D/A)转换。实现模拟信号数字化传输的系统框图如图1-6所示(详见第4章)。

图 1-6 模拟信号数字化传输系统模型

1.2.4 数字通信的主要特点

目前,无论是模拟通信还是数字通信,在不同的通信业务中都得到了产泛的应用。但是,数字通信的发展速度已明显超过模拟通信,成为当代通信技术的主流。

1. 数字通信的主要优点

(1)抗干扰能力强。数字通信系统中传输的是离散取值的数字波形,以二进制为例,信号的取值只有两个,这时要求在接收端能正确判决发送的是两个状态中的哪一个即可。在远距离传输时,如微波中继通信,各中继站可利用数字通信特有的抽样判决再生的接收方式,使数字信号再生且噪声不积累。而模拟通信系统中传输的是连续变化的模拟信号,它要求接收机能够高度保真地重现原信号波形,一旦信号叠加上噪声后,即使噪声很小,也很难消除。

(2)差错可控。在数字通信系统中,可通过信道编码技术进行检错与纠错,降低误码率,提高通信可靠性。

(3)便于加密。数字信号与模拟信号相比,容易加密和解密,因此保密性好。

(4)支持复杂的信号处理技术(如语音编码、加密技术和均衡技术),便于利用计算机对数字信号进行处理、存储和交换。

(5)易于集成。从而使通信设备的体积小、质量轻、功耗小和成本低。

2. 数字通信的缺点

(1)频带利用率不高。与模拟通信相比,数字通信占用更宽的信道带宽。以电话为例,一路模拟信号通常只占用 4 kHz 带宽,但一路接近同样质量的数字电话可能要占据 20～60 kHz,因此传输带宽一定的话,模拟信号的频带利用率高出数字信号 5～15 倍。

(2)设备复杂。数字通信系统在接收端要准确地恢复信号,必须要有严格的同步系统和较复杂的同步设备。因此数字通信系统的设备一般都比较复杂。

不过大规模集成电路的出现取代了复杂的电路,同时高效的数据压缩技术及宽带传输介质(如光纤)的使用正逐步使带宽问题得到解决。因此,数字通信方式必将逐步取代模拟通信而占主导地位。

1.3 通信系统的分类

通信系统可以从不同角度进行分类,下面介绍几种比较常见的分类方法。

(1)按传输媒质分类。

1)有线通信:用导线(如各种电缆)作为传输媒质。如架空明线、同轴电缆、光导纤维和波导等。其特点是媒质看得见、摸得着。

2)无线通信:依靠电磁波在空间传播以达到传递消息的目的。如短波电离层传播、微波视距传播和卫星中继等。

(2)按信道中传输信号的特征分类。

1)模拟通信:信道中传输的是模拟信号。

2)数字通信:信道中传输的是数字信号。

(3)按调制方式分类。

1)基带传输:以基带信号(未经调制的信号)作为传输信号的系统。

2)频带传输:以已调信号(经过调制的信号)作为传输信号的系统。

(4)按工作频段分类。根据波长的大小或频率的高低,可将电磁波划分成不同的波段(或频段),分别称为长波、中波、短波、微波和远红外通信等。波段的划分和用途见表1-3。

表1-3 波段的划分和用途

频段名称和频率范围	波段名称和波长范围	主要应用
甚低频(VLF)3～30 kHz	甚长波 105～104 m	远距离导航,海底通信
低频(LF)30～300 kHz	长波 104～103 m	导航,无线信标
中频(MF)300 kHz～3 MHz	中波 103～102 m	调幅广播,海事无线电,定位搜索
高频(HF)3～30 MHz	短波 102～10 m	业余无线电,民用无线电,短波广播,军事通信
甚高频(VHF)30～300 MHz	超短波(米波)10～1 m	电视,调频广播,空中管制,车辆通信
特高频(UHF)300 MHz～3 GHz	分米波 100～10 cm	电视,微波接力,移动通信,卫星通信,雷达,蜂窝电话,GPS
超高频(SHF)3～30 GHz	微厘米波 10～1 cm	
极高频(EHF)30～300 GHz	毫米波 10～1 mm	
10^5～10^7 GHz	红外线 可见光 紫外线	光通信

(5)按业务的不同分类。可分为电话、电报、图像和数据通信等。目前,已实现了业务综合,即把各种通信业务(电话、电报、传真、数据和图像)综合在一个网内传输。其中,电话通信网是一种电信业务量最大、服务面积最广的专业网,可兼容其他许多种非话业务网。

(6)按信号复用方式分类。

1)频分复用:是用频谱搬移的方法使不同信号占据不同的频率范围;

2)时分复用:是用脉冲调制的方法使不同信号占据不同的时间区间;

3)码分复用:是用正交的脉冲序列分别携带不同信号。

需要说明的是,同一个通信系统可以分属于不同的分类。也就是说,有些分类是可以兼容和并存的。如无线电广播系统,也是中波或短波通信系统、模拟通信系统和带通传输系统(调制系统)。

1.4 通 信 方 式

通信方式是指通信双方(或多方)之间的工作方式。例如,对于点对点之间的通信,按消息传输的方向与时间的关系,可分为单工(simplex)、半双工(half-duplex)和全双工(full-duplex)通信。又如,在数字通信中,按照数字信号码元传输的时序,可分为并行传输和串行传输。

1.4.1 按消息的传送方向与时间

(1)单工通信:就像是单行道,只能单方向传递消息,其工作过程如图 1-7(a)所示。例如,广播(电台把消息传送到收音机)、遥测、遥控和无线寻呼等都是单工通信方式。

(2)半双工通信:是指通信双方都能收发消息,但不能同时进行收和发的工作方式,如图 1-7(b)所示。例如,使用同一载频的普通对讲机,问询及检索等都是半双工通信方式。

(3)全双工通信:通信的双方可同时进行收发消息,如图 1-7(c)所示。一般情况下全双工通信的信道必须是双向信道,例如,普通电话、移动电话(手机)都是全双工通信方式。这时通信双方都要有发送和接收设备,信源兼为信宿。

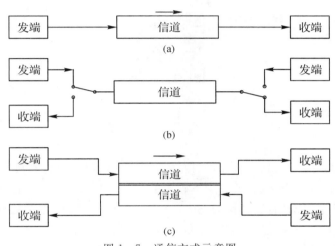

图 1-7 通信方式示意图
(a)单工;(b)半双工;(c)全双工

1.4.2 按数字信号的排列方式分类

(1)并行传输是将代表消息的数字码元序列以成组的方式在两条或两条以上的并行信道上同时传输,如图 1-8 所示。它的优点在于节省传输时间、速度快,缺点是需要多条通信线路、成本高,因此通常只用于设备之间的近距离通信,如计算机和打印机之间数据的传输。

(2)串行传输是将数字码元序列按时间顺序一个接一个地在一条信道中传输,如图 1-9所示,远距离的数字通信多采用这种方式。串行传输的优点是只需一条通信信道,所需线路铺设费用比并行传输的低,但比并行传输的速度慢。

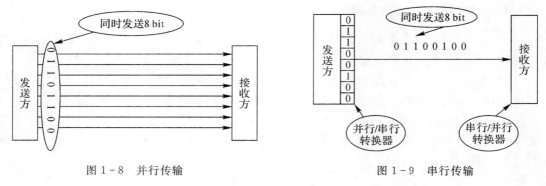

图 1-8　并行传输　　　　　　　　　图 1-9　串行传输

1.5　信息及其度量

前面已经指出,信号是消息的载体,而信息是消息的内涵,通信的目的在于传输消息中所包含的信息。对接收者来说,只有消息中不确定的内容才构成信息,否则,信源输出已确切知晓,就没必要传输它了。例如,若通信的一方告诉另一方一件很有可能发生的事件——"今晚看到的月亮比昨天大",与告诉另一方一件非常不可能发生的事件——"今晚看到的月亮比昨天大 10 倍"相比,后一消息含有的信息显然要大得多。这表明,消息出现的概率越小,则消息中包含的信息量就越大。信息的多少可用"信息量"来度量。下面介绍离散消息和数字(离散)信源发出的信息的度量方法。

1.5.1　信息量

设离散消息 x 出现的概率为 $P(x)$,则它所含的信息量为

$$I_i = \log_a \frac{1}{P(x_i)} = -\log_a P(x_i) \tag{1-5-1}$$

信息量 I 的单位取决于式(1-5-1)中对数的底数 a 的取值:

(1)当 $a=2$ 时,信息量的单位是比特(b);

(2)当 $a=e$ 时,信息量的单位是奈特(nat);

(3)当 $a=10$ 时,信息量的单位是哈特莱(Hartley)。

常用的单位为比特,这时有

$$I_i = \log_2 \frac{1}{P(x_i)} = -\log_2 P(x_i)(b) \tag{1-5-2}$$

【例 1-1】　某离散信源以相等的概率发送每个符号,且每个符号的出现是独立的。

(1)若它是二进制信源(0,1),计算每个符号的信息量。

(2)若它是四进制信源(0,1,2,3),计算每个符号的信息量。

解：(1)由题意知

$$P(0) = P(1) = \frac{1}{2}$$

则每个二进制码的信息量为

$$I_0 = I_1 = \log_2 2 = 1(\text{b})$$

(2)由题意知

$$P(0) = P(1) = P(2) = P(3) = \frac{1}{4}$$

则每个四进制码的信息量为

$$I_0 = I_1 = I_2 = I_3 = \log_2 4 = 2(\text{b})$$

注意：等概率发送时，每个符号含有相同的信息量。一个二进制码含 1 b 的信息量，一个四进制码含 2 b 的信息量。工程上，习惯把一个二进制码称作 1 b。

推广：对于等概且独立发送的 M 进制离散信源，其每个符号所含的信息量为

$$I_i = \log_2 \frac{1}{P} = \log_2 M(\text{b}) \tag{1-5-3}$$

式中，$P = 1/M$，为每个符号出现的概率；M 为符号的进制数。

【例 1-2】　已知英文字母 e 出现的概率为 0.105，x 出现的概率为 0.002，试求 e 和 x 的信息量。

解：e 的信息量为

$$I_e = \log_2 \frac{1}{P(e)} = -\log_2 P(e) = -\log_2 0.105 = 3.25(\text{b})$$

x 的信息量为

$$I_x = \log_2 \frac{1}{P(x)} = -\log_2 P(x) = -\log_2 0.002 = 8.97(\text{b})$$

注意：非等概发送时，每个符号的信息量不同。出现概率越小的符号所含的信息量就越大。

1.5.2　平均信息量

平均信息量是指每个符号所含信息量的统计平均值。设离散信源是一个由 M 个符号组成的集合，其中每个符号 $x_i(i=1,2,3,\cdots,M)$ 按一定的概率 $P(x_i)$ 独立出现，即

$$\left\{ \begin{array}{cccc} x_1 & x_2 & \cdots & x_M \\ P(x_1) & P(x_2) & \cdots & P(x_M) \end{array} \right\}, 且有 \sum_{i=1}^{M} P(x_i) = 1$$

则该信源的平均信息量为

$$H(x) = \sum_{i=1}^{M} P(x_i) I_i = -\sum_{i=1}^{M} P(x_i) \log_2 P(x_i) \tag{1-5-4}$$

其单位为比特/号(b/symbol)。由于 H 的公式与统计热力学中熵的形式相同，所以又称 H 为信源熵(entropy)。

显然，当信源中各符号的出现是独立且等概的，即 $P(x_i) = 1/M$ 时，信源熵有最大值，表

示为

$$H_{\max} = -\sum_{i=1}^{M} \frac{1}{M} \log_2 \frac{1}{M} = \log_2 M \qquad (1-5-5)$$

将其与式(1-5-3)相比可以发现：当等概时，信源熵等于其中每个符号的信息量。

1.5.3 总信息量

熵的概念非常有用。借助于熵 $H(x)$，可以容易地求出信源发送的一条消息(n 个符号)的总信息量，即

$$I = H(x)n \qquad (1-5-6)$$

此外，若知道"每秒传输的信息量"——信息速率 R_b（详见 1.6.2 节），则可计算出 t 秒内传送的总信息量为

$$I = R_b t \qquad (1-5-7)$$

【例 1-3】 已知某四进制离散信源(0,1,2,3)中各符号出现的概率分别为 3/8、1/4、1/4、1/8，且每个符号的出现都是独立的，试求：

(1)该信源的平均信息量(熵)；

(2)该信源发送的某条消息：201020130213001203210100321010023102002010312032100120210 的总信息量。

解：(1)由式(1-5-4)可得该信源的熵：

$$H = -\sum_{i=1}^{4} P(x_i) \log_2 P(x_i) = -\frac{3}{8}\log_2 \frac{3}{8} - \frac{1}{4}\log_2 \frac{1}{4} - \frac{1}{4}\log_2 \frac{1}{4} - \frac{1}{8}\log_2 \frac{1}{8} =$$
$$1.906(\text{b/symbol})$$

(2)借助熵的概念来计算，这条由 57 个符号组成的消息的总信息量为

$$I = Hn = 1.906 \times 57 = 108.64(\text{b})$$

此外，还可以利用信息相加性概念来计算。在这条消息中，"0"出现了 23 次，"1"出现了 14 次，"2"出现了 13 次，"3"出现了 7 次，故该条消息的总信息量为

$$I = 23I_0 + 14I_1 + 13I_2 + 7I_3 = 23\log_2(8/3) + 14\log_2 4 + 13\log_2 4 + 7\log_2 8 = 108(\text{b})$$

注意：以上两种结果略有差别，原因在于它们的平均处理方法不同。这种误差将随着消息序列中符号数的增加而减小。而且，当消息序列较长时，用熵的概念计算更为方便。

1.6　通信系统的性能指标

在对通信系统进行综合评价设计时，会涉及很多性能指标，如有效性、可靠性、经济型、适应性、标准性及使用维修是否方便。如果没有这些指标，就无法评价一个系统，也无法设计一个系统，因此了解一个系统的性能指标非常重要。

通信的主要任务是快速、准确地传递信息，因此评价通信系统性能的主要指标是有效性和可靠性。所谓有效性是指信息传输的"速度"问题；而可靠性则主要是指信息传输的"质量"问题。显然，这两者既相互矛盾又相互联系，并可以互换。而这对矛盾也只能依据实际要求取得相对统一。如在一定有效性条件下，尽量提高消息的可靠性；或在一定可靠性的条件下，尽可能提高信息的传输速率。下面分别介绍模拟通信系统和数字通信系统的性能指标。

1.6.1 模拟通信系统的性能指标

1. 有效性

模拟通信系统的有效性可以用传输带宽来度量。信号占用的传输带宽越小,通信系统的有效性就越好。信号带宽与调制方式有关,如话音信号的单边带调幅(SSB)占用的带宽仅为 4 kHz,而话音信号的宽带调频(WBFM)占用的带宽则为 48 kHz(当调频指数为 5 时),显然调幅信号的有效性比调频信号的好。

2. 可靠性

模拟通信系统的可靠性通常用接收端解调器输出信噪比(SNR)来度量。SNR 指的是信号与噪声的功率之比,它反映了消息经传输后的"保真"程度和抗噪能力。输出信噪比越高,通信质量就越好。在同样的信道条件下,不同调制方式具有不同的可靠性,如调频系统的可靠性通常比调幅系统的好,但调频信号占用的带宽比调幅信号的宽。因此说可靠性与有效性总是一对矛盾体。

1.6.2 数字通信系统的性能指标

1. 有效性

数字通信系统的有效性可用传输速率和频带利用率来衡量。

(1)码元传输速率 R_B,简称传码率,是指单位时间(每秒)内传送的码元(或符号)数目。单位为波特(Baud),常用符号"B"表示,例如,某系统每秒内传送 2 400 个码元,则该系统的传码率为 2 400 B。因此也称 R_B 为波特率。

数字信号一般有二进制与多进制之分,但码元速率 R_B 与信号的进制无关,只与码元宽度 T_s 有关,即

$$R_B = \frac{1}{T_s}(B) \qquad (1-6-1)$$

(2)信息传输速率 R_b,简称传信率,又称比特率,是指单位时间内(每秒)传送的信息量。单位为比特/秒(bit/s),简记为 b/s 或 bps(bit per second)。例如,若某信源在 1 s 内传送 1 200 个符号,且每个符号的平均信息量为 1 b,则该信源的信息传输速率 R_b=1 200 b/s。

(3)R_B 与 R_b 之间的关系。因为一个二进制码携带 1 b 的信息量(当等概率发送时,一个 M 进制码元携带 $\log_2 M$ 比特的信息量),所以码元速率和信息速率存在以下确定的关系:

$$R_b = R_B \log_2 M(b/s) \qquad (1-6-2)$$

或

$$R_B = \frac{R_b}{\log_2 M}(B) \qquad (1-6-3)$$

例如,每秒传送 1 200 个码元,则码元速率为 1 200 B;若采用二进制,信息速率为 1 200 b/s;若采用八进制($M=8$),信息速率为 3 600 b/s。

(4)频带利用率 η 是指单位频带(每赫兹)内所实现的传输速率,可表示为

$$\eta = \frac{R_b}{B}(b/Hz) \qquad (1-6-4)$$

或

$$\eta = \frac{R_B}{B}(B/Hz) \qquad\qquad (1-6-5)$$

式(1-6-4)常用于比较不同系统的传输效率。

【例1-4】 对于同样以 2 400 b/s 比特率发送的消息信号,若 A 系统以 2PSK 调制方式进行传输时所需带宽为 2 400 Hz,而 B 系统以 4PSK 调制方式传输时的带宽为 1 200 Hz。试问:哪个系统更有效?

解: A 系统:

$$\eta_b = \frac{R_b}{B} = \frac{2\,400}{2\,400} = 1(b \cdot s^{-1} \cdot Hz^{-1})$$

B 系统:

$$\eta_b' = \frac{R_b}{B} = \frac{2\,400}{1\,200} = 2(b \cdot s^{-1} \cdot Hz^{-1})$$

因此,B 系统的有效性更好。

注意: 对于一定速率的消息信号,当采用不同的传输方式时,所需要的传输带宽是不同的。换言之,两个传输速率相同的系统,若占用的带宽不同,则两者的传输效率不同,因此频带利用率更本质地反映了数字通信系统的有效性。

2.可靠性

衡量数字通信系统可靠性的性能指标,可用信号在传输过程中出错的概率,即差错率来衡量,差错率越大,表明系统可靠性越差。差错率通常用误码率(P_e)和误比特率(P_b)来衡量。

(1)误码率 P_e 是指错误接收的码元数在传输总码元数中所占的比例,更确切地说,误码率是码元在传输系统中被传错的概率,即

$$P_e = \frac{错误码元数}{传输总码元数} \qquad\qquad (1-6-6)$$

P_e 越小,说明传输的可靠性越高。数字微波通信要求 $P_e \leqslant 10^{-6}$,数据通信要求 $P_e \leqslant 10^{-8}$,数字光纤通信要求 $P_e \leqslant 10^{-11} \sim 10^{-9}$。

(2)误比特率 P_b(误信率)是指错误接收的比特数在传输总比特数中所占的比例,即

$$P_b = \frac{错误比特数}{传输总比特数} \qquad\qquad (1-6-7)$$

显然,对于二进制系统有 $P_b = P_e$。

【例1-5】 某八进制数字传输系统的信息速率为 3 000 b/s,连续工作 10 min 内,接收端测得 18 个错码,且每个错码中仅错 1 b 信息,试求该系统的误码率和误比特率。

解:(1)码元速率

$$R_B = \frac{R_b}{\log_2 M} = \frac{3\,000}{3} = 1\,000(B)$$

10 min(即 600 s)传输的总码元数

$$N = R_B t = 1\,000 \times 600 = 6 \times 10^5(个)$$

误码率

$$P_e = \frac{N_e}{N} = \frac{18}{6 \times 10^5} = 3 \times 10^{-5}$$

（2）已知信息速率为 3 000 b/s，则 10 min（即 600 s）传输的总比特数（总信息量）为

$$I = R_b t = 3\ 000 \times 600 = 18 \times 10^5\ (\text{b})$$

误比特率

$$P_b = \frac{18}{18 \times 10^5} \approx 10^{-5}$$

注意：在多进制（$M > 2$）时，$P_b < P_e$。

目前，通信技术和通信产业伴随着计算机技术、传感技术、遥控遥测遥感和微处理等技术的发展和相互融合，以及人类生活和社会的需求，正在或已经向着数字化、智能化、高速与宽带化、网络与综合化、移动与个人化等方向飞速发展。

本章重要知识点

1.常用通信术语

（1）通信：信息的传输与交换。

（2）消息：是物质或精神状态的一种反映。

（3）信号：是消息的载体。是由消息变换而来，是与消息对应的某种物理量。

（4）信息：是消息的内涵。

（5）一个通信系统由信源、发送设备、信道、接收设备和信宿 5 大部分组成。

2.通信系统分类（见表 1-4）

表 1-4　通信系统分类

根据信号特征	根据传输媒质	根据传输方式	根据通信业务	根据工作频段
模拟通信系统、数字通信系统	有线通信系统、无线通信系统	基带传输系统、带通传输系统	电话通信、数据通信、图像通信、遥控通信等	长波、中波、短波、微波、远红外及激光通信等

3.通信方式分类（见表 1-5 和表 1-6）

表 1-5　单工、半双工和全双工

通信方式	特　点	典型例子
单工	单方向	广播、遥控
半双工	双向、不同时	对讲机、检索
全双工	双向、可同时	电话等

表 1-6　并行和串行

通信方式	特　点	典型例子
并行	并行信道上同时传输	计算机和打印机之间的传输
串行	按顺序在一条信道中传输	远距离的数字通信

4. 信息量及度量

(1)信息量是对消息发生的概率(即不确定性)的度量。概率越小,信息量越大。

(2)离散消息 x 的信息量:

$$I_i = \log_2 \frac{1}{P(x_i)} = -\log_2 P(x_i) \text{(b)}$$

(3)离散信源的熵:

$$H(x) = \sum_{i=1}^{M} P(x_i) I_i = -\sum_{i=1}^{M} P(x_i) \log_2 P(x_i)$$

(4)当等概发送时,熵 H 有最大值:$H = \log_2 M$(M 为进制数)。

(5)由熵 $H(x)$,可方便地计算一条消息(n 个符号)的总信息量:$I = H(x)n$。

(6)由比特率 R_b,可算出 t 秒内传送的总信息量 $I = R_b t$。

(7)由波特率 R_B,可算出 t 秒内发送的码元总数:$N = R_B t$。

5. 通信系统性能指标

(1)通信系统的主要性能指标是有效性和可靠性(见表 1-7)。

表 1-7　有效性及可靠性指标

	有效性指标	可靠性指标
模拟通信	B(带宽)	SNR(解调器输出信噪比)
数字通信	η(频带利用率)	P_e、P_b(误码率和误信率)

(2)码元速率 R_B 指每秒传输的码元数:

$$R_B = \frac{1}{T_s} \text{(B)}$$

(3)信息速率 R_b 指每秒传输的信息量。

(4)R_b 和 R_B 的关系为

$$R_b = R_B \log_2 M$$

在码元速率相同时,M 进制的信息速率比二进制的高,说明多进制的有效性比二进制的好。

(5)频带利用率是单位带宽内的传输速率,即

$$\eta_b = \frac{R_b}{B} (\text{b} \cdot \text{s}^{-1} \cdot \text{Hz}^{-1})$$

或

$$\eta = \frac{R_B}{B} (\text{B/Hz})$$

(6)模拟通信系统的可靠性用接收端解调器的输出信噪比衡量。信噪比越大,可靠性越高。

(7)误码率是指错误接收的码元数在传输总码元数中所占的比例:

$$P_e = \frac{错误码元数}{传输总码元数}$$

(8)误信率是指错误接收的比特数在传输总比特数中所占的比例：

$$P_\mathrm{b} = \frac{错误比特数}{传输总比特数}$$

本 章 习 题

一、填空题

1.通信(communication)的目的是传递＿＿＿＿＿中所包含的＿＿＿＿。

2.消息是信息的＿＿＿＿＿；信息则是消息的＿＿＿＿＿；信号是消息(或信息)的＿＿＿＿＿。

3.模拟通信系统主要包含两种重要变换。变换一是在发送端把＿＿＿＿，在接收端进行相反的变换；变换二是＿＿＿＿＿＿＿，并在接收端进行反变换。

4.点对点之间的通信，按消息传输的方向与时间的关系，可分为＿＿＿、＿＿＿和＿＿＿通信。

5.衡量数字通信系统性能的主要指标是＿＿＿和可靠性两项指标。

二、选择题

1.数字通信相对于模拟通信具有(　　　)的特点。

A.占用频带小　　　　B.抗干扰能力强　　　　C.传输容量大　　　　D.易于频分复用

2.某二进制信源，各符号独立出现，若"1"符号出现的概率为3/4，则"0"符号的信息量为(　　　)b。

A.1　　　　　　B.2　　　　　　C.1.5　　　　　　D.2.5

3.数字通信中，在计算码元速率时，信号码元时长是指(　　　)。

A.信号码元中的最短时长　　　　B.信号码元中的最长时长

C.信号码元中的平均时长　　　　D.信号码元中的任意一个码元的时长

4.下列哪个描述不符合数字通信的特点(　　　)？

A.抗干扰能力强　　　　　　　　B.占用信道带宽窄

C.便于构成综合业务网　　　　　D.可以时分复用

5.串行数据传输的特点是(　　　)。

A.在一条线上，一次产生一位　　　　　　B.在不同线上，同时产生几位

C.由于存在移位寄存器，位不可能产生　　D.在系统存储器中，但按矩阵形式产生

三、简答题

1.通信系统的两项重要性能指标"有效性"和"可靠性"分别反映通信系统的什么性能？其相互间存在什么关系？

2.数字通信系统与模拟通信系统相比具有哪些特点？

3.什么是误码率？什么是误信率？它们之间的关系如何？

4.什么是码元速率？什么是信息速率？它们的单位分别是什么？它们之间的关系如何？

四、计算题

1. 某信源的符号集由 A、B、C、D、E、F 组成,设每个符号独立出现,其概率分别为 1/4、1/4、1/16、1/8、1/16、1/4,试求该信息源输出符号的平均信息量 $\bar{I}$。

2. 设一数字传输系统传送二进制信号,码元速率 $R_{B2} = 2\,400$ B,试求该系统的信息速率 R_{b2}。若该系统改为传送 16 进制信号,码元速率不变,则此时的系统信息速率为多少?

3. 已知二进制信号的传输速率为 4 800 b/s,试问变换成四进制和八进制数字信号时的传输速率各为多少(码元速率不变)?

4. 已知某四进制数字信号传输系统的信息速率为 2 400 b/s,接收端在 0.5 h 内共收到 216 个错误码元,试计算该系统的误码率 P_e。

第 2 章　信号与信道

本章在先修课程的基础上，首先介绍通信系统中常用的信号并对确知信号的分析做必要的复习巩固，然后在概率论基本概念的基础上，讨论随机信号和噪声的数学模型——随机过程。最后在讨论信道的数学模型的基础上，分析信道特性及其对所传输信号的影响，并介绍信道容量的概念。

本章学习目的与要求

(1) 完成信号的分类与特性基本概念的知识获取；

(2) 能建立傅里叶级数、傅里叶变换时域与频域之间的对应关系；

(3) 理解能量谱与功率谱的概念，掌握相关函数与谱密度之间的关系；

(4) 了解随机信号的特点及分析方法；

(5) 完成高斯白噪声和低通（或带通）白噪声基本概念的知识获取；

(6) 完成信道的定义、分类与模型等基础知识的获取；

(7) 能灵活运用香农公式计算信道容量；

(8) 能区分无线电波的传播方式。

通信过程是信号通过通信系统的过程，且在通信系统各点常常伴随有噪声的加入。由此看来，分析与研究通信系统，总离不开对信号和噪声的分析。实际信号通常是随机的，加之通信系统中普遍存在的噪声也都是随机的，因此对随机信号的分析是非常重要的。随机信号的分析方法与确知信号的分析方法有很多共同之处，甚至有些时候随机信号也可以当作确知信号来分析，如数字信号中常用的二进制代码，虽然二进制代码本身是随机的，但其中单个的 1 码和 0 码，都可以把它看作确知信号，因此确知信号的分析方法是信号分析的基础。

2.1　通信系统常用信号的分类

在电信系统中，信号（signal）是指表示消息的某种电（物理）量，如电压、电流或电磁波等。从不同的角度进行分类可以得出各种不同的名称。但是从信号数学分析的角度来说，通常采用下面几种分类。

2.1.1　确知信号和随机信号

可以用明确的数学表达式表示的信号称为确知信号，也称为规则信号。例如，振幅、频率和相位都确定的一段正弦波，就是一个确知信号 $s(t)=5\sin 10t$。有些信号没有确定的数学表达式，当给定一个时间值时，信号的数值并不确定，通常只知道它取某一数值的概率，这种信号被称为随机信号或不规则信号。例如，通信系统中的热噪声，热噪声是由电阻性元器件中的电子因热扰动而产生的。另外，在进行移动通信时，电磁波的传播路径不断变化，接收信号也是随机变化的。因此，通信中的信源、噪声及信号传输特性都可使用随机过程来描述。

2.1.2　周期信号和非周期信号

周期信号是每隔固定的时间又重现本身的信号，固定的时间称为周期。即若信号 $s(t)$ 满足

$$s(t) = s(t + T_0), \quad -\infty < t < +\infty \qquad (2-1-1)$$

则称 $s(t)$ 是周期信号，T_0 为周期。反之，不能满足此关系的称为非周期信号。实际上不存在严格按数学定义的周期信号，因为任何信号都是有开始时间和终了时间的，但如果在比较长的时间内信号是重复着某一变化规律的确知信号，就可以近似地认为是周期信号。

例如，图 2-1 所示的正弦信号和矩形脉冲序列都是周期信号，而冲激函数、指数函数和语音信号等不具有重复性的信号则是非周期信号。

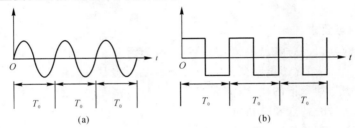

图 2-1 周期信号示例

(a)正弦信号；(b)矩形脉冲序列

2.1.3　能量信号和功率信号

能量有限的信号称为能量信号，通常它是一个脉冲式的信号，只存在于有限的时间间隔内，电压 $u(t)$ 或电流 $i(t)$ 在电阻 R 上所产生的瞬时功率为

$$P(t) = \frac{u^2(t)}{R} \quad \text{或} \quad P(t) = i^2(t)R \qquad (2-1-2)$$

如果一个信号 $s(t)$（电压或电流）作用在 $1\ \Omega$ 电阻 R 上，则可得到瞬时功率为

$$P(t) = s^2(t) \qquad (2-1-3)$$

在 $(-T/2, T/2)$ 时间内消耗的能量为

$$E = \lim_{T \to \infty} \int_{-\frac{T}{2}}^{\frac{T}{2}} s^2(t)\,\mathrm{d}t = \int_{-\infty}^{\infty} s^2(t)\,\mathrm{d}t \qquad (2-1-4)$$

当 $T \to \infty$ 时，如果 E 存在，则称信号 $s(t)$ 为能量信号（energy signal），如冲激信号、单脉冲等非周期信号。对于周期信号、阶跃信号和随机信号，E 为 ∞，因而需要研究信号的平均功率（简称功率），即

$$P = \lim_{T \to \infty} \frac{1}{T} \int_{-\frac{T}{2}}^{\frac{T}{2}} s^2(t)\,\mathrm{d}t \qquad (2-1-5)$$

式中，符号 $\lim\limits_{T \to \infty} \dfrac{1}{T} \int_{-\frac{T}{2}}^{\frac{T}{2}} [\cdot]\,\mathrm{d}t$ 表示在时间间隔 $(-T/2, T/2)$ 内的时间平均。若 P 有限，而 E 为 ∞，则称信号 $s(t)$ 为功率信号（power signal）。

【例 2-1】　判断下列信号是能量信号还是功率信号。

$(1)s_1(t)=\mathrm{e}^{-at}(a>0,t>0)$；

$(2)s_2(t)=\mathrm{e}^{-t}$。

解：$(1)E=\lim\limits_{T\to\infty}\int_{-T}^{T}\left[\mathrm{e}^{-at}u(t)\right]\mathrm{d}t=\int_{-\infty}^{0}0\mathrm{d}t+\int_{0}^{\infty}\mathrm{e}^{-2at}\mathrm{d}t=-\left.\dfrac{1}{2a}\mathrm{e}^{-2at}\right|_{0}^{\infty}=\dfrac{1}{2a}$

$P=0$

$(2)E=\lim\limits_{T\to\infty}\int_{-T}^{T}(\mathrm{e}^{-t})^{2}\mathrm{d}t=\int_{-\infty}^{\infty}\mathrm{e}^{-2t}\left.\right|_{-\infty}^{\infty}=\infty$

$P=\lim\limits_{T\to\infty}\dfrac{1}{2T}E=\infty$

故信号 $s_1(t)$ 为能量信号，$s_2(t)$ 既非能量信号又非功率信号。

前面提到的周期信号，虽然能量随着时间的增加可以趋于无限，但功率是有限的，因此周期信号是功率信号。非周期信号可以是功率信号也可以是能量信号。

研究信号能量与功率的意义在于：它们在通信系统中都是很重要的参数，与通信系统的检测性能密切相关。例如，接收信号的能量越大，数字通信系统的检测性能就越好（错码少）。

2.2　确知信号分析

前面讲过，根据信号是否能用特定的时间函数完全确定可以将其分为确知信号和随机信号。确知信号和随机信号各有其特点和应用场合。确知信号也有很多种类，根据信号是否每隔固定时间重复出现又可将其分为周期信号和非周期信号。确知信号的分析方法是信号分析的基础。信号的特性可以从时域和频域两个不同的角度来描述。在数学上，周期信号的频谱可用傅里叶（Fourier）级数来分析，非周期信号的频谱可用傅里叶变换来分析。

2.2.1　周期信号与傅里叶级数

任意一个周期为 T_0 的周期信号 $s(t)$，可以展开成指数型傅里叶级数：

$$s(t)=\sum_{n=-\infty}^{\infty}c_n\mathrm{e}^{\mathrm{j}2\pi nt/T_0} \tag{2-2-1}$$

式中，傅里叶级数的系数

$$c_n=\frac{1}{T_0}\int_{-\frac{T_0}{2}}^{\frac{T_0}{2}}s(t)\mathrm{e}^{-\mathrm{j}2\pi nf_0t}\mathrm{d}t \tag{2-2-2}$$

式中，$f_0=1/T_0$，称为信号的基频，基频的 n 倍（n 为整数，$-\infty<n<+\infty$）称为 n 次谐波频率。

傅里叶系数 c_n 反映了信号中各次谐波的幅度值和相位值，因此称 c_n 为信号的频谱。c_n 一般是复数形式，可记为

$$c_n=|c_n|\mathrm{e}^{\mathrm{j}\theta_n} \tag{2-2-3}$$

幅度 $|c_n|$ 随频率（nf_0）变化的特性称为信号的幅度谱，相位随频率（nf_0）变化的特性称为信号的相位谱。

【例 2-2】　画出如图 2-2(a)所示矩形周期信号的双边频谱图形。

解：由 $c_n=\dfrac{1}{T}\int_{-T/2}^{T/2}s(t)\mathrm{e}^{-\mathrm{j}2\pi nf_0t}\mathrm{d}t=\dfrac{1}{4}\dfrac{2\sin(n\pi/4)}{n\pi/4}$ 得 $c_0=\dfrac{1}{4}$，$c_{\pm1}=0.225$，$c_{\pm2}=0.159$，$c_{\pm3}=0.075$，$c_{\pm4}=0$，$c_{\pm5}=-0.045$，$c_{\pm6}=0.053$，…因此 $|c_n|$ 的双边频谱如图 2-2(b)所示。

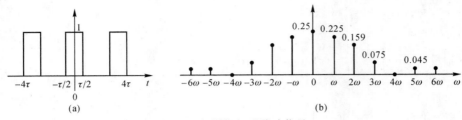

图 2-2 周期矩形脉冲信号

(a)时域波形；(b)幅度谱

由图 2-2 可得知以下两点。

(1)周期信号的频谱具有离散性(谱线)、谐波性(谱线位于 n 次谐波频率 nf_0 上)和收敛性(谐波幅度随着 ω 的增大而减小)的特点。

(2)周期矩形脉冲信号包含无限多条谱线，它可分解为无限多个频率分量，但其主要能量集中在第一个零分量频率之内，因此通常把 $\omega=0\sim2\pi/\tau$ 这段频率范围称为矩形信号的有效频谱宽度或信号的占有频带，记作

$$\left.\begin{aligned} B_\omega &= \frac{2\pi}{\tau} \\ B_f &= \frac{1}{\tau} \end{aligned}\right\} \tag{2-2-4}$$

式中，τ 为矩形脉冲宽度。显然，脉宽越窄，带宽越宽。这一结论也适用其他形状脉冲的信号。该带宽称为零点带宽，并且这种定义是合理的，因为绝大部分的信号功率都集中在主瓣内的谐波成分上，所以忽略 $1/\tau$ 之后的谐波成分，不会对信号产生明显的影响。

2.2.2 非周期信号与傅里叶变换

一个非周期确知信号 $s(t)$ 的傅里叶变换：

$$S_{(\omega)} = \int_{-\infty}^{\infty} s(t) \mathrm{e}^{-\mathrm{j}\omega t}\, \mathrm{d}t \tag{2-2-5}$$

称为该信号的频谱密度，简称频谱。而 $S_{(\omega)}$ 的傅里叶反变换就是原信号：

$$s(t) = \frac{1}{2\pi} \int_{-\infty}^{\infty} S(\omega) \mathrm{e}^{\mathrm{j}\omega t}\, \mathrm{d}\omega \tag{2-2-6}$$

这对傅里叶变换关系也可写为

$$S(f) = \int_{-\infty}^{\infty} s(t) \mathrm{e}^{-\mathrm{j}2\pi f}\, \mathrm{d}t \tag{2-2-7}$$

$$s(t) = \int_{-\infty}^{\infty} S(f) \mathrm{e}^{\mathrm{j}2\pi ft}\, \mathrm{d}f \tag{2-2-8}$$

简记为

$$s(t) \Leftrightarrow S(\omega) \quad 或 \quad s(t) \Leftrightarrow S(f)$$

本书常用的信号有矩形脉冲、正余弦函数和冲激函数等，为了方便学习和查找，一些常用信号时域与频域对应关系见表 2-1，傅里叶变换的主要性质见表 2-2。利用这些性质能极大地简化傅里叶变换的计算过程，更为重要的是，这些性质都有其深刻的物理内涵和应用背景。例如，频域卷积性质是调制理论的基础。

表 2 - 1　常用信号的时域与频域之间的对应关系

序号	信号函数	时间函数	波形	频谱函数 $F(j\omega)$	振幅谱 $|F(j\omega)|$	相位谱 $\varphi(\omega)$
1	单位冲激	$\delta(t)$		1		$\varphi(\omega)=0$
2	单位阶跃	$\varepsilon(t)$		$\pi\delta(\omega)+\dfrac{1}{j\omega}$		
3	单边指数	$e^{-at}\varepsilon(t)$ $(a>0)$		$\dfrac{1}{a+j\omega}$		
4	双边指数	$e^{-a|t|}$ $(a>0)$		$\dfrac{2a}{a^{2}+\omega^{2}}$		$\varphi(\omega)=0$
5	矩形脉冲	$g_\tau(t)=\begin{cases}1, & |t|<\dfrac{\tau}{2}\\[2mm]0, & |t|>\dfrac{\tau}{2}\end{cases}$		$\tau\,\mathrm{Sa}\dfrac{\omega\tau}{2}$		

续表

序号	信号函数	时间函数	波　形	频谱函数 $F(j\omega)$	振幅谱 $|F(j\omega)|$	相位谱 $\varphi(\omega)$
6	单位直流	1	$f(t)$	$2\pi\delta(\omega)$		$\varphi(\omega)=0$
7	符号函数	$\mathrm{sgn}(t)=\begin{cases}1,\ t>0\\ -1,\ t<0\end{cases}$	$\mathrm{sgn}(t)$	$\dfrac{2}{j\omega}$		$\varphi(\omega)$
8	周期余弦	$\cos(\omega_0 t)$	$f(t)$	$\pi[\delta(\omega+\omega_0)+\delta(\omega-\omega_0)]$		$\varphi(\omega)=0$
9	周期正弦	$\sin(\omega_0 t)$	$f(t)$	$j\pi[\delta(\omega+\omega_0)-\delta(\omega-\omega_0)]$		$\varphi(\omega)$
10	周期复指数函数	$e^{j\omega_0 t}$	—	$2\pi\delta(\omega-\omega_0)$		$\varphi(\omega)=0$

表 2-2　傅里叶变换的主要性质

性质名称	时间函数 $f(t)$	频谱函数 $F(j\omega)$
线性	$af_1(t)+bf_2(t)$	$aF_1(j\omega)+bF_2(j\omega)$
尺度变换	$f(at),a\neq0$	$\dfrac{1}{2}F\left(j\dfrac{\omega}{a}\right)$
时移特性	$f(t\pm t_0),t_0>0$	$F(j\omega)e^{\pm j\omega t_0}$
频移特性	$f(t)e^{\pm j\omega_0 t},\omega_0>0$	$F[j(\omega\mp\omega_0)]$
时域微分	$\dfrac{df(t)}{dt}$、$\dfrac{d^n f(t)}{dt^n}$	$j\omega F(\omega)$、$(j\omega)^n F(\omega)$
频域微分	$(-jt)f(t)$、$(-jt)^n f(t)$	$\dfrac{dF(\omega)}{d\omega}$、$\dfrac{d^n F(\omega)}{d\omega^n}$
时域卷积定理	$f_1(t)*f_2(t)$	$F_1(j\omega)F_2(j\omega)$
频域卷积定理	$f_1(t)f_2(t)$	$\dfrac{1}{2\pi}F_1(j\omega)*F_2(j\omega)$

说明：表中的频谱函数用 $F(\omega)$ 或 $F(j\omega)$ 均可（也可把 f 改为 s，F 改为 S）。

【例 2-3】　幅度为 1，宽度为 τ 的单个矩形脉冲常称为门函数，记为 $g_\tau(t)$，可表示为

$$g_\tau(t)=\begin{cases}1,\ |t|<\dfrac{\tau}{2}\\[2mm]0,\ |t|>\dfrac{\tau}{2}\end{cases}$$

其波形如图 2-3(a)所示，试求 $g_\tau(t)$ 的傅里叶变换，即频谱函数。

解：

$$G(\omega)=\int_{-\infty}^{\infty}g_\tau(t)e^{-j\omega t}dt=\frac{e^{-j\frac{\omega\tau}{2}}-e^{j\frac{\omega\tau}{2}}}{-j\omega}=\frac{2\sin\left(\dfrac{\omega\tau}{2}\right)}{\omega}=\tau\frac{\sin\left(\dfrac{\omega\tau}{2}\right)}{\left(\dfrac{\omega\tau}{2}\right)}$$

令

$$\mathrm{Sa}\left(\frac{\omega\tau}{2}\right)=\frac{\sin\dfrac{\omega\tau}{2}}{\dfrac{\omega\tau}{2}}$$

则

$$G(\omega)=\tau\mathrm{Sa}\left(\frac{\omega\tau}{2}\right)$$

图 2-3(b)所示为 $G(\omega)$ 的图形。由图可见，非周期信号的频谱是连续的。对 $g_\tau(t)$ 而言，其频谱图中第一个零值对应的角频率为 $\dfrac{2\pi}{\tau}$ $\left(f=\dfrac{1}{\tau}\right)$。当脉冲宽度减小时，第一个零值处的频率也相应增加。取零频率到 $G(\omega)$ 的第一个零值对应频率间的频段为信号的带宽，则 $g_\tau(t)$ 的信号带宽

$$B=\frac{1}{\tau}$$

即脉冲宽度与频带宽度成反比。

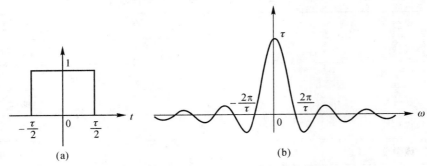

图 2-3 矩形脉冲信号及其频谱函数

注意:(1)由图 2-3 可以看出,非周期矩形脉冲信号的频谱是连续频谱,其形状与图 2-2 所示的周期矩形脉冲信号的离散频谱的包络线相似。

(2)信号带宽与脉冲持续时间(脉宽 τ)成反比,即 $B=1/\tau$。这意味着,若要压缩信号的持续时间则要以展宽频带为代价。

【例 2-4】 已知 $s(t) \Leftrightarrow S(\omega)$,求 $s(t)\cos\omega_0 t$ 的频谱(密度)。

解:利用欧拉公式可得

$$s(t)\cos\omega_0 t = \frac{1}{2}s(t)(\mathrm{e}^{\mathrm{j}\omega_0 t} + \mathrm{e}^{-\mathrm{j}\omega_0 t})$$

根据傅里叶变换的频移特性可得

$$s(t)\cos\omega_0 t \Leftrightarrow \frac{1}{2}\big[S(\omega-\omega_0) + S(\omega+\omega_0)\big]$$

或

$$s(t)\cos 2\pi f_0 t \Leftrightarrow \frac{1}{4\pi}\big[S(f-f_0) + S(f+f_0)\big]$$

注意:上式表明,任何信号 $s(t)$ 乘以频率为 f 的正弦信号,相当于将原信号频谱搬移到 $\pm\omega_0$ 位置上。因此,常把上式称为调制定理,其在通信系统中的调制与解调过程中经常用到。

2.2.3 信号的能量谱与功率谱

前面讨论了周期信号和非周期信号的时域和频域关系。时间信号的另一个重要特性是能量或功率随频率分布的关系,以及能量谱密度(Energy Spectral Density,ESD)或功率谱密度(Power Spectral Density,PSD)。在分析通信系统对信号或噪声的滤波性能,以及确定信号带宽等问题时需要使用谱密度。特别是对随机信号,往往要用功率谱密度来描述它的频率特性。

1. 帕塞瓦尔定理(Parseval)

(1)能量信号。设能量信号为 $s(t)$,且 $s(t) \leftrightarrow S(\omega)$,则

$$E = \int_{-\infty}^{\infty} s^2(t)\mathrm{d}t = \frac{1}{2\pi}\int_{-\infty}^{\infty} \big| S(\omega) \big|^2 \mathrm{d}\omega \qquad (2-2-9)$$

证明:利用傅里叶变换得

$$E = \int_{-\infty}^{\infty} s^2(t)\mathrm{d}t = \int_{-\infty}^{\infty} s(t)\Big[\frac{1}{2\pi}\int_{-\infty}^{\infty} S(\omega)\mathrm{e}^{\mathrm{j}\omega t}\mathrm{d}\omega\Big]\mathrm{d}t$$

因为 t 与 ω 是两个相互独立的变量,所以上式可变换积分次序,得

$$E = \frac{1}{2\pi}\int_{-\infty}^{\infty}S(\omega)\left[\int_{-\infty}^{\infty}s(t)e^{j\omega t}\,dt\right]d\omega = \frac{1}{2\pi}\int_{-\infty}^{\infty}S(\omega)S(-\omega)\,d\omega$$

$S(\omega)$ 的振幅 $|S(\omega)|$ 是 ω 的偶函数,因此有 $S(\omega)S(-\omega) = |S(\omega)|^2$,由此得

$$E = \int_{-\infty}^{\infty}s^2(t)\,dt = \frac{1}{2\pi}\int_{-\infty}^{\infty}|S(\omega)|^2\,d\omega$$

(2)周期性功率信号。设周期性功率信号为 $s(t)$,周期为 T,且 $s(t) = \sum\limits_{n=-\infty}^{\infty}C_n e^{jn\omega t}$,则

$$P = \frac{1}{T}\int_{-\frac{T}{2}}^{\frac{T}{2}}f^2(t) = \sum_{n=-\infty}^{\infty}|C_n|^2 \qquad (2-2-10)$$

证明:

$$P = \frac{1}{T}\int_{-\frac{T}{2}}^{\frac{T}{2}}s^2(t) = \frac{1}{T}\int_{-\frac{T}{2}}^{\frac{T}{2}}s(t)\left[\sum_{n=-\infty}^{\infty}C_n e^{jn\omega t}\right]dt = \sum_{n=-\infty}^{\infty}C_n\left[\frac{1}{T}\int_{-\frac{T}{2}}^{\frac{T}{2}}s(t)e^{jn\omega t}\,dt\right] =$$

$$\sum_{n=-\infty}^{\infty}C_n C_{-n} = \sum_{n=-\infty}^{\infty}|C_n|^2$$

帕塞瓦尔定理不但把一个信号能量 E 或功率 P 的计算和频谱函数 $S(\omega)$ 或频谱 C_n 联系起来,而且给出一个很重要的概念,即能量信号的总能量等于频域内各个频率分量单独贡献出来的能量积分,而周期性功率信号的平均功率等于各个频率分量单独贡献出来的平均功率的和。

2. 能量谱密度

能量谱密度是单位频率的能量,由于能量谱密度描述了单位带宽的能量,所以它的单位是焦耳/赫兹(J/Hz)。由帕塞瓦尔能量守恒定理可知,能量信号 $|S(\omega)|^2 = |S(-\omega)|^2$ 的能量既可以从时域求得[见式(2-1-4)],也可以从频域求得:

$$E = \int_{-\infty}^{\infty}s^2(t)\,dt = \frac{1}{2\pi}\int_{-\infty}^{\infty}|S(\omega)|^2\,d\omega = \int_{-\infty}^{\infty}|S(f)|^2\,df \qquad (2-2-11)$$

式中,$S(f)$ 为 $s(t)$ 的傅里叶变换,而 $|S(f)|^2$ 反映信号的能量分布,故称其为信号的能量谱密度(ESD),简称能量谱,记为

$$E(f) = |S(f)|^2 \qquad (2-2-12)$$

对照式(2-2-11)和式(2-2-12),信号的能量等于能量谱密度的积分面积:

$$E = \frac{1}{2\pi}\int_{-\infty}^{\infty}E(\omega)\,d\omega = \int_{-\infty}^{\infty}E(f)\,df \qquad (2-2-13)$$

由于 $|S(\omega)|^2 = |S(-\omega)|^2$,所以能量谱 $E(\omega)$ 是 ω 的一个实偶函数,因此信号能量 E 可简化为

$$E = \frac{1}{\pi}\int_{0}^{\infty}E(\omega)\,d\omega = 2\int_{0}^{\infty}E(f)\,df \qquad (2-2-14)$$

3. 功率谱密度

功率谱密度是指信号的功率在频域上的分布情况。对于周期性功率信号来说,其平均功率可表示为

$$P = \frac{1}{T}\int_{-T_0/2}^{T_0/2}s^2(t)\,dt = \sum_{n=-\infty}^{\infty}|C_n|^2 \qquad (2-2-15)$$

式中，$T=1/f_0$ 为信号周期；$|C_n|$ 为周期信号的第 n 次谐波（其频率为 nf_0）的振幅，因此 $|C_n|^2$ 是第 n 次谐波的功率。$|C_n|^2$ 随 n 分布的特性称为周期信号的（离散）功率谱密度，可表示为

$$P(f) = \sum_{n=-\infty}^{\infty} |C_n|^2 \delta(f-nf_0) \qquad (2-2-16)$$

或

$$P(\omega) = 2\pi \sum_{n=-\infty}^{\infty} |C_n|^2 \delta(\omega-n\omega_0) \qquad (2-2-17)$$

对于非周期信号，由式（2-1-5）可知，功率信号 $s(t)$ 的功率为

$$P = \lim_{T\to\infty} \frac{1}{T} \int_{-T/2}^{T/2} s^2(t)\mathrm{d}t = \lim_{T\to\infty} \frac{1}{T} \int_{-\infty}^{\infty} s_T^2(t)\mathrm{d}t \qquad (2-2-18)$$

式中，$s_T(t)$ 是功率信号 $s(t)$ 的截短信号。利用帕塞瓦尔定理，式（2-2-18）中的平均功率可表示为

$$P = \lim_{T\to\infty} \frac{1}{T} \int_{-\infty}^{\infty} |S_T(f)|^2 \mathrm{d}f = \int_{-\infty}^{\infty} \left[\lim_{T\to\infty} \frac{1}{T} |S(f)|^2 \right] \mathrm{d}f \qquad (2-2-19)$$

式中，$S_T(f)$ 为 $s_T(t)$ 的傅里叶变换；最右边积分式中的被积函数就是功率谱密度，简称为功率谱，可表示为

$$P = \lim_{T\to\infty} \frac{1}{T} |S_T(f)|^2 \qquad (2-2-20)$$

它的单位是瓦/赫兹（W/Hz）。对照式（2-2-19）和式（2-2-20），信号的平均功率等于功率谱密度的积分面积：

$$P = \int_{-\infty}^{\infty} P(f)\mathrm{d}f = \frac{1}{2\pi} \int_{-\infty}^{\infty} P(\omega)\mathrm{d}\omega \qquad (2-2-21)$$

各种信号能量、功率、能量谱和功率谱的表示式见表 2-3。由表可见，$E(\omega)$ 和 $P(\omega)$ 都只与振幅频谱有关，而与相位频谱无关。

表 2-3 各种信号能量、功率、能量谱和功率谱的表示

信号名称	能量信号（非周期）	功率信号（周期）	功率信号（非周期）
能量 E	$\int_{-\infty}^{\infty} s(t)\mathrm{d}t$ 有限	∞	∞
平均功率 P	0	$\frac{1}{T}\int_{-\frac{T}{2}}^{\frac{T}{2}} s^2(t)\mathrm{d}t$ 有限	$\lim_{T\to\infty}\frac{1}{T}\int_{-\frac{T}{2}}^{\frac{T}{2}} s^2(t)\mathrm{d}t$ 有限
能量谱密度 $E(\omega)$	$|s(\omega)|^2$	—	—
功率谱密度 $P(\omega)$	—	$P(\omega)=2\pi\sum_{n=-\infty}^{\infty} |C_n|^2 \delta(\omega-n\omega)$	$P=\lim_{T\to\infty}\frac{1}{T} |S_T(f)|^2$

【例 2-5】 试求如图 2-3 所示的矩形脉冲信号在其频谱的第 1 零点内的能量。

解：由式（2-2-13）可得第 1 零点内的能量为

$$E_1 = 2\int_0^{1/\tau} |S(f)|^2 \mathrm{d}f = 2A^2\tau^2 \int_0^{1/\tau} \mathrm{Sa}^2\left(\frac{2\pi f\tau}{2}\right)\mathrm{d}f = 0.903A^2\tau$$

从时域可求得信号的总能量为

$$E = \int_{-T/2}^{T/2} s^2(t)\mathrm{d}t = 2\int_0^{T/2} s^2(t)\mathrm{d}t = A^2\tau$$

因此第 1 零点内的能量占总能量的比例为

$$\frac{E_1}{E} = 90.3\%$$

注意：

(1)矩形脉冲信号 90％以上的能量都集中在谱的第 1 零点内，即(0～1/τ)。超出此部分能量大大减小。因此，把矩形脉冲频谱的第 1 零点频率 1/τ 作为信号的有效带宽是合理的。

(2)在以上计算过程中，发现了另一种确定带宽的方法和定义——能量(功率)带宽，也称为百分比带宽，即集中一定比例的能量(功率)所占有的频带宽度。

对于能量信号，可利用能量谱 $E(f)$，由下式求出带宽 B：

$$2\int_0^B E(f)\mathrm{d}f = E\gamma \qquad (2-2-22)$$

带宽 B 是指正频率区域，而不计负频率区域的。式中，γ 为比例，可取 90％、95％或 99％等。

同样，对于功率信号，则可利用功率谱 $P(f)$，由下式求出带宽 B：

$$2\int_0^B P(f)\mathrm{d}f = P\gamma \qquad (2-2-23)$$

2.2.4　波形的相关

波形的相关是研究波形间的相关程度，包括自相关和互相关，这在通信系统原理中是非常有用的。波形间的相关函数又与功率谱密度或能量谱密度有联系。

1.相关函数的表达式

相关函数用于研究信号波形之间的关联程度或相似程度。互相关函数 $R_{12}(\tau)$ 用以描述两个信号之间的相关性；而自相关函数 $R(\tau)$ 用以描述同一个信号在不同时刻上的相关性。不同类型信号的相关函数的表达式见表 2-4。

表 2-4　不同类型信号相关函数的表达式

信号类型	互相关函数 $R_{12}(\tau)$	自相关函数 $R(\tau)$
能量信号	$R_{12}(\tau) = \int_{-\infty}^{\infty} s_1(t)s_2(t+\tau)\mathrm{d}t$ (2-2-24)	$R(\tau) = \int_{-\infty}^{\infty} s(t)s(t+\tau)\mathrm{d}t$ (2-2-27)
功率信号	$R_{12}(\tau) = \lim_{T\to\infty}\frac{1}{T}\int_{-T/2}^{T/2} s_1(t)s_2(t+\tau)\mathrm{d}t$ (2-2-25)	$R(\tau) = \lim_{T\to\infty}\frac{1}{T}\int_{-T/2}^{T/2} s(t)s(t+\tau)\mathrm{d}t$ (2-2-28)
周期性功率信号	$R_{12}(\tau) = \frac{1}{T_0}\int_{-T_0/2}^{T_0/2} s_1(t)s_2(t+\tau)\mathrm{d}t$ (2-2-26)	$R(\tau) = \frac{1}{T_0}\int_{-T_0/2}^{T_0/2} s(t)s(t+\tau)\mathrm{d}t$ (2-2-29)

若 $s_1(t)=s_2(t)=s(t)$，则互相关函数 $R_{12}(\tau)$ 就变成自相关函数 $R(\tau)$

说明：其中，τ 为时间差；T_0 为周期。

2.互相关函数的特性

(1)若对所有的 τ，$R_{12}(\tau)=0$，则表示两个信号互不相关，$R_{12}(\tau)$ 越小说明两信号的相关程度越小；

(2)当 $\tau=0$ 时，$R_{12}(0)$ 表示 $s_1(t)$ 与 $s_2(t)$ 两个信号在无时差时的相关性；

(3)当 $\tau \neq 0$ 时,互相关函数表达式中 $s_1(t)$ 与 $s_2(t)$ 的前后次序不同,结果不同,即 $R_{12}(\tau) \neq R_{21}(\tau)$,而有 $R_{12}(\tau) = R_{21}(-\tau)$。

3. 自相关函数的性质

(1)从物理意义上来看,$R(0)$ 是完全相同的两个波形在时间上重合在一起时得到的相关函数,因此一定是最大的,即

$$|R(\tau)| \leqslant R(0) \qquad (2-2-30)$$

这表明信号在无时移时 $(\tau=0)$ 相关性最强;当 τ 增加时,信号与时移后的本身信号的相关程度减弱。

(2)自相关函数是偶函数,即

$$R(\tau) = R(-\tau) \qquad (2-2-31)$$

(3)能量信号的 $R(0)$ 等于信号的能量,而功率信号的 $R(0)$ 等于信号的平均功率。

(4)周期信号的自相关函数也是周期的,而且是同周期的。

2.2.5　相关函数与谱密度的关系

相关函数的物理概念虽然建立在信号的时间波形之间,但相关函数与能量谱密度或功率谱密度之间却有着确定的关系,因而可以由其中一个求出另一个。

1. 能量信号

假设 $s_1(t)$ 和 $s_2(t)$ 为能量信号,且 $s_1(t) \Leftrightarrow S_1(\omega)$,$s_2(t) \Leftrightarrow S_2(\omega)$,则有

$$R_{12}(\tau) = \int_{-\infty}^{\infty} s_1(t) s_2(t+\tau) \mathrm{d}t = \int_{-\infty}^{\infty} s_1(t) \left[\frac{1}{2\pi} \int_{-\infty}^{\infty} S_2(\omega) \mathrm{e}^{\mathrm{j}\omega t} \mathrm{e}^{\mathrm{j}\omega \tau} \mathrm{d}\omega \right] \mathrm{d}\tau =$$

$$\frac{1}{2\pi} \int_{-\infty}^{\infty} S_2(\omega) \left[\int_{-\infty}^{\infty} s_1(t) \mathrm{e}^{\mathrm{j}\omega t} \mathrm{d}\omega \right] \mathrm{e}^{\mathrm{j}\omega \tau} \mathrm{d}\tau = \frac{1}{2\pi} \int_{-\infty}^{\infty} S_2(\omega) S_1(-\omega) \mathrm{e}^{\mathrm{j}\omega \tau} \mathrm{d}\omega$$

通常称 $S_2(\omega) S_1(-\omega)$ 为互能量谱密度。将以上结论推广到自相关函数 $R(\tau)$,因为 $S_1(\omega) = S_2(\omega) = S(\omega)$,所以可得

$$\left. \begin{array}{l} R(\tau) \Leftrightarrow |S(\omega)|^2 \\ R(\tau) \Leftrightarrow E(\omega) \end{array} \right\} \qquad (2-2-32)$$

由式(2-2-32)可知:自相关函数和其能量谱密度是一对傅里叶变换。

2. 周期功率信号

对于功率信号,也可得到相似的结果。为分析方便,先从周期信号入手,对周期信号 $s(t)$ 求自相关函数可得

$$R(\tau) = \sum_{n=-\infty}^{\infty} |C_n|^2 \mathrm{e}^{\mathrm{j}n\omega_0 \tau}$$

其傅里叶变换为

$$F[R(\tau)] = \int_{-\infty}^{\infty} \left[\sum_{n=-\infty}^{\infty} |C_n|^2 \mathrm{e}^{\mathrm{j}n\omega_0 \tau} \right] \mathrm{e}^{-\mathrm{j}\omega \tau} \mathrm{d}\tau = \sum_{n=-\infty}^{\infty} |C_n|^2 \int_{-\infty}^{\infty} \mathrm{e}^{-\mathrm{j}(\omega - n\omega_0)\tau} \mathrm{d}\tau =$$

$$2\pi \sum_{n=-\infty}^{\infty} |C_n|^2 \delta(\omega - n\omega_0) = P(\omega)$$

由此可见,周期信号的自相关函数和其功率谱密度是一对傅里叶变换,即

$$R(\tau) \Leftrightarrow P(\omega) \qquad\qquad (2-2-33)$$

3. 非周期功率信号

对于非周期功率信号,截取短信号 $s_T(t)$,$s_T(t)$ 是能量信号,它的频谱为 $S_T(\omega)$,由式 (2-2-32)可知

$$R_T(\tau) \Leftrightarrow |S_T(\omega)|^2 = E_T(\omega)$$

再对上式求 $T \to \infty$ 的极限,这样功率信号 $s(t)$ 的自相关函数为

$$R(\tau) = \lim_{T \to \infty} \frac{1}{T} \int_{-\frac{T}{2}}^{\frac{T}{2}} s(t)s(t+\tau)\mathrm{d}t = \lim_{T \to \infty} \frac{1}{T} \int_{-\infty}^{\infty} s_T(t)s_T(t+\tau)\mathrm{d}t = \lim_{T \to \infty} \frac{R_T(\tau)}{T}$$

对上式进行傅里叶变换,可得

$$F[R(\tau)] = F\left[\lim_{T \to \infty} \frac{R_T(\tau)}{T}\right] = \lim_{T \to \infty} \frac{|S_T(\omega)|^2}{T}$$

由式(2-2-20)可得

$$R(\tau) \Leftrightarrow P(\omega)$$

以上关系称为维纳-辛钦定理。该定理为谱密度的求解提供了另一条途径,即通过自相关函数来求得信号的谱密度。

【例 2-6】 求余弦信号 $s(t) = A\cos(\omega_0 t + \theta)$ 或正弦信号 $s(t) = A\sin(\omega_0 t + \theta)$ 的功率谱密度(PSD)和平均功率。

解: 利用维纳-辛钦定理。余弦(或正弦)信号都是周期性功率信号,它的自相关函数为

$$R(\tau) = \frac{1}{T} \int_{-T_0/2}^{T_0/2} s(t)s(t+\tau)\mathrm{d}t = \frac{1}{T_0} \int_{-T_0/2}^{T_0/2} A^2 \cos(\omega_0 t + \theta)\cos[\omega_0(t+\tau)]\mathrm{d}t$$

利用附录 A 中的(积化和差)三角函数公式,可得

$$R(\tau) = \frac{A^2}{2}\cos\omega_0\tau \frac{1}{T_0} \int_{-T_0/2}^{T_0/2} \mathrm{d}t + \frac{A^2}{2} \frac{1}{T_0} \int_{-T_0/2}^{T_0/2} \cos(2\omega_0 t + \omega_0\tau + 2\theta)\mathrm{d}t = \frac{A^2}{2}\cos\omega_0\tau$$

式中,$\omega_0 = 2\pi f_0 = 2\pi/T_0$。

利用维纳-辛钦定理 $R(\tau) \Leftrightarrow P(\omega)$,可得到信号的功率谱密度为

$$P(\omega) = \frac{A^2}{2}\pi[\delta(\omega - \omega_0) + \delta(\omega + \omega_0)]$$

若将角频率 ω 换成频率 f 表示,即把 $2\pi\delta(\omega)$ 换成 $\delta(f)$,则信号的 PSD 也可表示为

$$P(f) = \frac{A^2}{4}\pi[\delta(f - f_0) + \delta(f + f_0)]$$

信号的平均功率为

$$P = R(0) = \frac{A^2}{2}$$

或

$$P = \int_{-\infty}^{\infty} P(f) = \frac{1}{2\pi} \int_{-\infty}^{\infty} P(\omega)\mathrm{d}\omega = \frac{A^2}{2}$$

同样,可以验证正弦信号 $s(t) = A\sin(\omega_0 t + \theta)$ 与余弦信号 $s(t) = A\cos(\omega_0 t + \theta)$ 具有相同的功率谱密度、自相关函数和平均功率。实际中,习惯把 $A\sin(\omega_0 t + \theta)$ 和 $A\cos(\omega_0 t + \theta)$ 统称为正弦信号。

2.3 随机信号分析

前面对确知信号进行了分析。但实际通信系统中信号与噪声都具有一定的随机性,需要用随机过程的理论来描述。

人们经过大量实践发现单个随机信号的确存在随机性,但同类大量的随机信号却存在着某种完全确定的规律性,这种规律性通常称为统计规律性,可以用概率统计的方法来研究。

2.3.1 随机过程

何谓随机? 例如,抛一枚硬币,假定其不能直立,则可能正面朝上,也可能反面朝上;某地区在将来某一时刻可能下雨,也可能不下雨;向一目标进行射击可能击中,也可能击不中;等等。这些在一定条件下可能发生也可能不发生的现象称为随机现象。

随机现象是通过随机试验表现出来的,先来观察一个例子:测试某通信机的输出噪声电压。测试结果表明,每测试一次,就会记录一条随时间变化的波形 $x_i(t)$,经过连续 n 次测试,所记录的是 n 条形状各不相同的时间波形,如图 2-4 所示。而且,在每次观测之前都无法预知将会出现哪一个波形,它可能是 $x_1(t)$,也可能是 $x_2(t)$,$x_3(t)$,$\cdots$,$x_n(t)$,$\cdots$所有这些可能出现的时间波形的全体$\{x_1(t),x_2(t),\cdots,x_n(t),\cdots\}$就构成一个随机过程,记作 $\xi(t)$,而其中的任意一个波形 $x_i(t)$ 称为随机过程 $\xi(t)$ 的一个样本函数或一次实现。因此,随机过程可定义为所有样本函数的集合(assemble)。

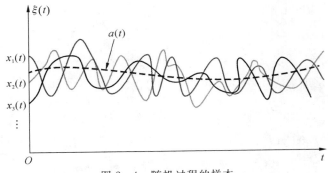

图 2-4 随机过程的样本

显然,通信机的输出噪声就是一个随机过程,它是由所有可能出现的样本函数构成的。在某次观测中,观察到的只是这个随机过程中的一个样本,至于是哪一个样本,在观测之前是无法预见的,这正是随机过程随机性的表现。这种随机性还可表现为随机过程在任意时刻上的取值是一个随机变量(random variable)。因此,随机过程又可定义为在时间进程中处于不同时刻的随机变量的集合。综上所述,随机过程兼有随机变量和时间函数的特点。

2.3.2 随机过程的统计特性

当对某一个随机过程进行观测时,实际上所观测到的或记录下来的只是它的若干个样本波形。这些样本波形看似千变万化、各不相同,但从统计意义上看,样本波形具有一定的统计特性。因此,在描述一个随机过程时,需要关心的仅是它所具有的统计特性,而不关心也难以描述这个过程的各个样本波形变化的细节。

随机过程的变化尽管是不确定的,但也有一定的统计规律和概率特性。用分布函数(distribution function)或概率密度函数(probability density function)可以完整地描述一个随机过程的统计特性。下面先研究随机过程在任意时刻的取值(随机变量)的分布函数。

设 $\xi(t)$ 表示一个随机过程,在任意给定的时刻 t_1,其取值 $\xi(t_1)$ 是一个一维随机变量,而随机变量的分布特性可以由分布函数或概率密度函数来描述。我们把随机变量 $\xi(t_1)$ 小于或等于某一个数值 x_1 的概率 $P[\xi(t_1) \leqslant x_1]$ 简记为 $F_1(x_1, t_1)$,即

$$F_1(x_1, t_1) = P[\xi(t_1) \leqslant x_1] \qquad (2-3-1)$$

式(2-3-1)称为随机过程 $\xi(t)$ 的一维分布函数。如果 $F_1(x_1, t_1)$ 对 x_1 的偏导数存在,即有

$$\frac{\partial F_1(x_1, t_1)}{\partial x_1} = f_1(x_1, t_1) \qquad (2-3-2)$$

则称 $f_1(x_1, t_1)$ 为 $\xi(t)$ 的一维概率密度函数。显然,随机过程的一维分布函数或一维概率密度函数仅描述了随机过程在各个孤立时刻的统计特性,而没有说明随机过程在不同时刻取值之间的内在联系,为此需要进一步引入二维分布函数。

任给两个时刻 t_1、t_2,则随机变量 $\xi(t_1)$ 和 $\xi(t_2)$ 构成一个二元随机变量 $\{\xi(t_1), \xi(t_2)\}$,称

$$F_1(x_1, x_2; t_1, t_2) = P[\xi(t_1) \leqslant x_1, \xi(t_2) \leqslant x_2] \qquad (2-3-3)$$

为随机函数 $\xi(t)$ 的二维分布函数。如果存在

$$\frac{\partial^2 F_2(x_1, x_2; t_1, t_2)}{\partial x_1 \partial x_2} = f_2(x_1, x_2; t_1, t_2) \qquad (2-3-4)$$

则称 $f_2(x_1, x_2; t_1, t_2)$ 为 $\xi(t)$ 的二维概率密度函数。

同理,任给 $t_1, t_2, \cdots, t_n$,则 $\xi(t)$ 的 n 维分布函数为

$$F_1(x_1, x_2, \cdots, x_n; t_1, t_2, \cdots, t_n) = P[\xi(t_1) \leqslant x_1, \xi(t_2) \leqslant x_2, \cdots, \xi(t_n) \leqslant x_n]$$

$$(2-3-5)$$

如果存在

$$\frac{\partial^2 F_2(x_1, x_2, \cdots, x_n; t_1, t_2, \cdots, t_n)}{\partial x_1 \partial x_2 \cdots \partial x_n} = f_n(x_1, x_2, \cdots, x_n; t_1, t_2, \cdots, t_n) \qquad (2-3-6)$$

则称 $f_n(x_1, x_2, \cdots, x_n; t_1, t_2, \cdots, t_n)$ 为 $\xi(t)$ 的 n 维概率密度函数。显然 n 越大,对随机过程统计特性的描述就越充分,但问题的复杂性也随之增加。

2.4 平稳随机过程

平稳随机过程(stationary random process)是一类应用非常广泛的随机过程,它在通信系统的研究中有着极其重要的意义。

2.4.1 平稳性

若对于任意的正整数 n 和任意选定的时刻 $t_1, t_2, \cdots, t_n$,以及任意值 τ,随机过程 $\xi(t)$ 的 n 维概率密度函数满足

$$f_n(x_1, x_2, \cdots, x_n; t_1, t_2, \cdots, t_n) = f_n(x_1, x_2, \cdots, x_n; t_1+\tau, t_2+\tau, \cdots, t_n+\tau)$$

$$(2-4-1)$$

则称 $\xi(t)$ 是平稳随机过程。由此可见,平稳随机过程的概率密度函数,或者说它的统计特性不随时间的推移而变化。

由平稳随机过程定义可得到它的一维概率密度函数为

$$f_1(x_1,t_1) = f_1(x_1,t_1+\tau) \tag{2-4-2}$$

式(2-4-2)表明,平稳随机过程的一维概率密度函数与时间无关,因此式(2-4-2)也可以写为

$$f_1(x,t) = f_1(x) \tag{2-4-3}$$

同理,对于平稳随机过程,它的二维概率密度函数为

$$f_2(x_1,x_2;t_1,t_2) = f_2(x_1,x_2;t_1+\tau,t_2+\tau) = f_2(x_1,x_2;\tau) \tag{2-4-4}$$

式中,$\tau = t_2 - t_1$。由此可见,平稳随机过程的二维概率密度函数只与时间间隔 τ 有关,而与时间起点无关。

根据平稳随机过程的定义,可以求得平稳随机过程 $\xi(t)$ 的数学期望和方差分别为

$$E[\xi(t)] = \int_{-\infty}^{\infty} x f_1(x,t)\mathrm{d}x = a \tag{2-4-5}$$

$$E\{[\xi(t)-a]^2\} = \int_{-\infty}^{\infty}(x-a)^2 f_1(x)\mathrm{d}x = \sigma^2 \tag{2-4-6}$$

由式(2-4-5)和式(2-4-6)可知,平稳随机过程 $\xi(t)$ 的数学期望和方差均为常数,表示平稳随机过程的各样本函数围绕着一水平线起伏,它的起伏偏离数学期望的程度也是常数。而平稳随机过程的自相关函数为

$$R(t_1,t_1+\tau) = R(\tau) \tag{2-4-7}$$

以上表明,平稳随机过程的数学期望和方差都是与时间无关的常数,自相关函数只是时间间隔 τ 的函数。若随机过程的数学期望与 t 无关,而自相关函数仅与时间间隔 $\tau = t_2 - t_1$ 有关,那么该随机过程是宽(也称广义)平稳(Wide-Sense Stationary,WSS)的。相应的,统计特性不随时间的推移而改变,那么该随机过程是严(格)平稳(stationary in the strict sense)的。

通常,严平稳必然宽平稳,反之则不一定。通信系统中的信号与噪声大多可视为宽平稳过程。今后提到的平稳随机过程,如不特别说明,都是指宽(广义)平稳随机过程。

2.4.2 随机过程的数字特征

从理论上讲,随机过程的分布函数完全描述了随机过程的统计特性,但在实际中,人们往往只能观察到随机过程的一个样本,而用它来确定有限维分布函数是困难的,甚至是不可能的。因此可以对随机过程引入基本的数字特征,包括数学期望、方差和自相关函数等,用这些数字特征来描述随机过程的统计特性。

1. 数学期望(均值)

随机过程 $\xi(t)$ 在任意时刻 t 的取值的统计平均值,即均值(mean),或称数学期望(mathematics expectation)定义为

$$a(t) = E[\xi(t)] = \int_{-\infty}^{\infty} x f_1(x,t)\mathrm{d}x \tag{2-4-8}$$

式中,$E[\cdot]$ 表示统计平均;$f_1(x,t)$ 是随机过程的一维概率密度函数。均值 $a(t)$ 表示随机过程 n 个样本曲线的摆动中心(见图 2-4 中的虚线)。

2. 方差

随机过程 $\xi(t)$ 在任意时刻 t 的方差(variance)定义为

$$\sigma^2(t) = E\{[\xi(t) - a(t)]^2\} = E[\xi^2(t)] - a^2(t) \tag{2-4-9}$$

式中，$E[\xi^2(t)] = \int_{-\infty}^{\infty} x^2 f_1(x,t)\mathrm{d}t$ 称为随机过程 $\xi(t)$ 的均方值。方差 $\sigma^2(t)$ 反映了随机过程在任意时刻 t 的取值偏离均值的程度。

3. 自相关函数

随机过程的数学期望和方差都只与随机过程的一维概率密度函数有关。因此它们只是描述了随机过程在各个孤立时刻的特征，而不能反映随机过程在任意两个时刻之间的内在联系。为了衡量随机过程在不同时刻的取值之间的关联程度，需用自相关函数(correlation function)：

$$R(t_1, t_2) = E[\xi_1(t), \xi_2(t)] = \int_{-\infty}^{\infty}\int_{-\infty}^{\infty} x_1 x_2 f_2(x_1, x_2; t_1, t_2)\mathrm{d}x_1 \mathrm{d}x_2 \tag{2-4-10}$$

式中，$\xi_1(t)$ 和 $\xi_2(t)$ 分别是随机过程 $\xi(t)$ 在 t_1 和 t_2 时刻的取值；$f_2(x_1, x_2; t_1, t_2)$ 是随机过程的二维概率密度函数。若 $t_2 > t_1$，并令 $\tau = t_2 - t_1$，则自相关函数 $R(t_1, t_2)$ 可写为

$$R(t_1, t_1 + \tau) = E[\xi(t_1)\xi(t_1 + \tau)] \tag{2-4-11}$$

2.4.3 各态历经性

前面所讨论的数字特征，是在任取得某个固定时刻对随机过程所有样本取统计平均值而得到的，因此它们都是统计平均量。现在对平稳随机过程 $\xi(t)$ 做一次观测，得到一个样本 $x(t)$，它的均值和相关函数都是时间平均运算，分别定义为

$$\left.\begin{aligned}\bar{a} = \overline{x(t)} &= \lim_{T \to \infty} \frac{1}{T} \int_{-T/2}^{T/2} x(t)\mathrm{d}t \\ \overline{R(\tau)} = \overline{x(t)x(t+\tau)} &= \lim_{T \to \infty} \frac{1}{T} \int_{-T/2}^{T/2} x(t)x(t+\tau)\mathrm{d}t\end{aligned}\right\} \tag{2-4-12}$$

对平稳随机过程 $\xi(t)$，如果它的数字特征与某一样本 $x(t)$ 的相对应的时间平均值之间有下列关系：

$$\left.\begin{aligned} a &= \bar{a} \\ R(\tau) &= \overline{R(\tau)}\end{aligned}\right\} \tag{2-4-13}$$

则称该平稳随机过程 $\xi(t)$ 具有各态历经性。在通信系统中所遇到的随机信号和噪声，大多能满足各态历经条件。

"各态历经"可以理解为随机过程中得到的任一实现，好像都经历了随机过程的所有可能状态。因而，对各态历经的随机过程的数字特征而言，无须获得大量用于计算统计平均的样本函数，而只需从任意一个随机过程的样本函数中就可以获得它的所有数字特征性。从而将"统计平均"化为"时间平均"，使计算的问题大大简化。

需要注意的是，具有各态历经的随机过程必定是平稳随机过程，但平稳随机过程不一定是各态历经的。在通信系统中所遇到的随机信号和噪声，一般均能满足各态历经条件。

2.4.4 平稳随机过程的自相关函数

平稳随机过程的自相关函数是一个特别重要的函数,它不但可以描述平稳随机过程的统计特性(如数字特征等),而且还揭示了平稳随机过程的频谱特性。因此,有必要了解平稳随机过程的自相关函数的性质。

设 $\xi(t)$ 为平稳随机过程,则它的自相关函数为

$$R(\tau) = E[\xi(t)\xi(t+\tau)] \tag{2-4-14}$$

它具有以下主要性质:

(1) $R(0) = E[\xi^2(t)]$,即 $\xi(t)$ 的平均功率。

(2) $R(\infty) = E^2[\xi(t)]$,即 $\xi(t)$ 的直流功率。

(3) $R(0) - R(\infty) = \sigma^2$ (方差),即 $\xi(t)$ 的交流功率。当均值为 0 时,有 $R(0) = \sigma^2$。

(4) $R(\tau) = R(-\tau)$,即 τ 的偶函数。

(5) $|R(\tau)| \leqslant R(0)$,即在 $\tau = 0$ 时有最大值。

由以上几个性质可知,平稳随机过程的自相关函数 $R(\tau)$ 是一个非常重要的函数。通过它可以求出平稳过程的数字特征(如均值、方差、相关性等)和各种功率。此外,$R(\tau)$ 与平稳过程的频谱特性还有着内在的联系。

2.4.5 平稳随机过程的功率谱密度

前面曾讨论过确知信号的功率谱密度,知道它与确知信号的自相关函数之间存在确定的傅里叶变换关系。随机过程通常是功率型信号,其频谱特性通常用功率谱密度来表述。可以证明,平稳过程的功率谱密度与自相关函数是一对傅里叶变换关系。

当角频率 ω 作变量时,有

$$\left. \begin{array}{l} P_\xi(\omega) = \displaystyle\int_{-\infty}^{\infty} R(\tau)\mathrm{e}^{-\mathrm{j}\omega\tau}\mathrm{d}\tau \\[3mm] R(\tau) = \displaystyle\int_{-\infty}^{\infty} P_\xi(\omega)\mathrm{e}^{\mathrm{j}\omega\tau}\mathrm{d}\omega \end{array} \right\} \tag{2-4-15}$$

简记为

$$R(\tau) \Longleftrightarrow P_\xi(\omega)$$

当频率 f 作变量时,有

$$\left. \begin{array}{l} P_\xi(f) = \displaystyle\int_{-\infty}^{\infty} R(\tau)\mathrm{e}^{-\mathrm{j}2\pi f\tau}\mathrm{d}\tau \\[3mm] R(\tau) = \displaystyle\int_{-\infty}^{\infty} P_\xi(f)\mathrm{e}^{\mathrm{j}2\pi f\tau}\mathrm{d}f \end{array} \right\} \tag{2-4-16}$$

简记为

$$R(\tau) \Longleftrightarrow P_\xi(f)$$

以上关系称为维纳-辛钦定理。该定理是分析平稳随机过程的一个非常重要的工具,它建立了频域和时域的联系,并引出以下结论。

(1) 当 $\tau = 0$ 时,有

$$R(0) = \frac{1}{2\pi}\int_{-\infty}^{\infty} P_\xi(\omega)\mathrm{d}\omega = \int_{-\infty}^{\infty} P_\xi(f)\mathrm{d}f = E[\xi^2(t)] \tag{2-4-17}$$

即功率谱密度的积分面积等于归一化平均功率。

（2）功率谱密度具有非负性和实偶性，即

$$P_\xi(f) \geqslant 0, \quad P_\xi(-f) = P_\xi(f) \tag{2-4-18}$$

2.5　高斯随机过程

2.5.1　定义域特性

高斯随机过程也称正态随机过程，是一种最常见、最易处理的随机过程。如通信系统中的热噪声等都是高斯型的，常称为高斯噪声。因此，对高斯过程的研究具有重要的实际意义。所谓高斯过程，是指它的 $n(n=1,2,\cdots)$ 维分布都服从正态分布。高斯过程的统计特性完全由它的数字特征决定。例如，它的一维分布完全可由数学期望和方差来描述。因此，它具有以下几个重要性质：

（1）若高斯过程是宽平稳的，则其也是严平稳的；

（2）若高斯过程在不同时刻的取值是不相关的，则它们也是统计独立的；

（3）高斯过程经过线性变换（或线性系统）后的过程仍是高斯过程。

以上几个性质在对高斯过程进行数学处理时十分有用。

2.5.2　一维高斯（或正态）分布

高斯过程在任意时刻上的取值 X 是一个高斯随机变量，它的概率密度函数可表示为

$$f(x) = \frac{1}{\sqrt{2\pi}\sigma} \exp\left[-\frac{(x-a)^2}{2\sigma^2}\right] \tag{2-5-1}$$

将其记为 $N(a,\sigma^2)$。式中，参数 a 和 σ^2 是均值和方差。由式（2-5-1）和图 2-5 可知 $f(x)$ 具有如下特性。

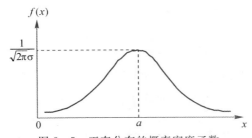

图 2-5　正态分布的概率密度函数

（1）$f(x)$ 曲线对称于 $x=a$ 这条直线，有

$$\int_{-\infty}^{\infty} f(x)\mathrm{d}x = 1, \quad \int_{-\infty}^{a} f(x)\mathrm{d}x = \int_{a}^{\infty} f(x)\mathrm{d}x = \frac{1}{2} \tag{2-5-2}$$

（2）a 表示分布中心，σ 表示集中程度，$f(x)$ 的图形将随 σ 的减小而变得尖锐，说明随机变量 X 落在 a 点附近的概率越大。

（3）当 $a=0, \sigma=1$ 时，则称 $f(x)$ 为标准正态分布。在分析数字通信系统的抗噪声性能时，往往需要计算高斯随机变量 X 小于或等于某一取值 x 的概率 $P(X \leqslant x)$，记为

$$F(x) = P(X \leqslant x)$$

式中，$F_{(x)}$ 称为随机变量 X 的概率分布函数（简称分布函数），它是概率密度函数 $f(x)$ 的积分，即

$$F(x) = P(X \leqslant x) = \int_{-\infty}^{x} \frac{1}{\sqrt{2\pi}\sigma} \exp\left[-\frac{(z-a)^2}{2\sigma^2}\right] dz \qquad (2-5-3)$$

为了便于计算式（2-5-3）积分的结果，常引用一些在数学手册上可查函数值的特殊函数来表示 $F(x)$。如误差函数和互补误差函数，其公式与性质见表 2-5。

表 2-5 误差函数和互补误差函数

	误差函数	互补误差函数
公　式	$\mathrm{erf}(x) = \dfrac{2}{\sqrt{\pi}}\displaystyle\int_0^x e^{-t^2} dt, \quad x \geqslant 0$ (2-5-4)	$\mathrm{erfc}(x) = \dfrac{2}{\sqrt{\pi}}\displaystyle\int_x^{\infty} e^{-t^2} dt, \quad x \geqslant 0$ (2-5-5)
性　质	自变量的递增函数 $\mathrm{erf}(0) = 0, \quad \mathrm{erf}(\infty) = 1$ 且 $\mathrm{erf}(-x) = 1 - \mathrm{erf}(x)$	自变量的递减函数 $\mathrm{erfc}(0) = 1, \quad \mathrm{erfc}(\infty) = 0$ 且 $\mathrm{erfc}(-x) = 2 - \mathrm{erfc}(x)$
关系式	$\mathrm{erfc}(x) = 1 - \mathrm{erf}(x)$ (2-5-6)	
近似式	$\mathrm{erfc}(x) \approx \dfrac{1}{x\sqrt{\pi}} e^{-x^2}, x \gg 1$ (2-5-7)	

若对式（2-5-3）的积分区间进行处理（如当 $x \gg a$ 时，$\displaystyle\int_{-\infty}^{x} = \int_{-\infty}^{a} + \int_{a}^{x}$），然后进行变量代换，令 $t = (z-a)/\sqrt{2}\sigma$，并与式（2-5-4）或式（2-5-5）联立，则有

$$F(x) = \begin{cases} \dfrac{1}{2} + \dfrac{1}{2}\mathrm{erf}\left(\dfrac{x-a}{\sqrt{2}\sigma}\right), x \geqslant a \\[3mm] 1 - \dfrac{1}{2}\mathrm{erfc}\left(\dfrac{x-a}{\sqrt{2}\sigma}\right), x < a \end{cases} \qquad (2-5-8)$$

利用 $\mathrm{erf}(x)$ 函数或 $\mathrm{erfc}(x)$ 函数表示 $F(x)$ 的好处是，其简明的特性有助于今后分析通信系统的抗噪声性能。在本书的附录 B 中给出了 $\mathrm{erf}(x)$ 的函数表，通过查表和利用关系式（2-5-6）或近似式（2-5-7）可方便地求出分布函数 $F(x)$ 的值。

2.6 窄带随机过程

实际中，大多数通信系统都是窄带型的。所谓窄带系统，是指通频带宽度 Δf 远小于中心频率 $f_c(\Delta f \ll f_c)$，且中心频率 f_c 远离零频率（$f_c \gg 0$）的系统。通过窄带的信号和噪声必是窄带的，如果这时的信号或噪声又是随机的，则它们为窄带随机过程。

若用示波器观察该过程的一个样本波形，则在示波器的荧屏上显示出一个包络和相位随机缓变的正弦波，如图 2-6 所示。因此，窄带随机过程 $\xi_c(t)$ 可表示为

$$\xi(t) = a_\xi(t)\cos[2\pi f_c t + \varphi_\xi(t)], a_\xi(t) \geqslant 0 \qquad (2-6-1)$$

式中，f_c 是中心频率(一般是载波频率)。通常 f_c 很大，因此包络 $a_\xi(t)$ 及相位 $\varphi_\xi(t)$ 的变化相对于 $\cos 2\pi f_c(t)$ 的变化要缓慢得多。

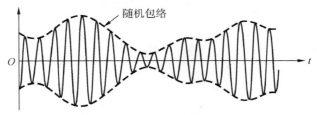

图 2-6　窄带过程的一个样本波形

如果对式(2-6-1)进行三角函数展开，可得到窄带过程 $\xi(t)$ 的另一种表示形式为

$$\xi(t) = \xi_c(t)\cos 2\pi f_c t - \xi_s(t)\sin 2\pi f_c t \tag{2-6-2}$$

$$\xi_c(t) = a_\xi(t)\cos\varphi_\xi(t) \tag{2-6-3}$$

其中

$$\xi_s(t) = a_\xi(t)\sin\varphi_\xi(t) \tag{2-6-4}$$

这里的 $\xi_c(t)$ 及点 $\xi_s(t)$ 分别称为 $\xi(t)$ 的同相分量和正交分量。

由式(2-6-1)和式(2-6-2)可以看出，窄带过程 $\xi(t)$ 的统计特性可以由 $a_\xi(t)$、$\varphi_\xi(t)$ [或 $\xi_c(t)$、$\xi_s(t)$] 的统计特性确定，反之亦然。通常最为关心的一种情况是，对于一个均值为 0、方差为 σ_ξ^2 的平稳高斯窄带过程 $\xi(t)$，它的 $a_\xi(t)$、$\varphi_\xi(t)$ 及 $\xi_c(t)$、$\xi_s(t)$ 的统计特性。经过分析可得到以下两个重要结论。

(1)结论 1：对于均值为 0、方差为 σ_ξ^2 的平稳高斯窄带过程 $\xi(t)$，它的同相分量 $\xi_c(t)$ 和正交分量 $\xi_s(t)$ 同样是平稳高斯过程，且均值皆为 0，方差都等于 σ_ξ^2(相当于平均功率相等)。

(2)结论 2：对于均值为 0、方差为 σ_ξ^2 的平稳高斯窄带过程 $\xi(t)$，它的包络 $a_\xi(t)$ 的一维分布是瑞利分布，相位 $\varphi_\xi(t)$ 的一维分布是均匀分布，并且就一维分布而言，$a_\xi(t)$ 与 $\varphi_\xi(t)$ 是统计独立的。

以上两个结论在带通传输系统(如调制系统)的抗噪声性能分析中将会用到。

2.7　随机过程通过线性系统

通信系统中的信号或噪声一般都是随机的，现在来讨论随机过程通过线性系统的情况。随机信号通过线性系统的分析是建立在确知信号通过线性系统的分析原理的基础之上的。

对于冲激响应为 $h(t)$ 的线性时不变系统，当系统的输入为确知信号 $x(t)$ 时，系统的输出是 $x(t)$ 与 $h(t)$ 的卷积，即

$$y(t) = x(t) * h(t) = \int_{-\infty}^{\infty} x(\tau)h(t-\tau) \tag{2-7-1}$$

若系统的输入为随机过程 $\xi_i(t)$，输出的随机过程 $\xi_o(t)$ 也符合式(2-7-1)关系，即

$$\xi_o(t) = \xi_i(t) * h(t) = \int_{-\infty}^{\infty} h(t)\xi_i(t-\tau)\mathrm{d}\tau \tag{2-7-2}$$

根据式(2-7-2)，若给定输入过程 $\xi_i(t)$ 的统计特性，则可求得输出过程 $\xi_o(t)$ 的统计特性(数学期望、自相关函数、功率谱及概率分布)，结果见表 2-6。$H(f)$ 为线性系统的频率响应，

$H(f) \Leftrightarrow h(t)$；$H(0)$ 是线性系统 $f=0$ 处的频率响应，即直流增益；$|H(f)|^2$ 是线性系统的功率增益。

表 2-6　平稳随机过程通过线性系统

	输入过程	输出过程
分布特性	平稳、高斯	平稳、高斯
数学期望(均值)	$E[\xi_i(t)]=a$	$E[\xi_o(t)]=aH(0)$
功率谱密度	$P_i(f)$	$P_o(f)=\|H(f)\|^2 P_i(f)$　　(2-7-3)
自相关函数	$R_i(\tau) \Leftrightarrow P_i(f)$	$R_o(\tau) \Leftrightarrow P_o(f)$

2.8　白噪声过程

噪声也是一种电信号，它的存在对有用信号来说是一种干扰，它能使模拟信号失真，使数字信号发生错码，影响通信效果。最常见的噪声就是电子设备中的电阻性器件所产生的热噪声，它是一种零均值的高斯白噪声。本节将介绍白噪声、高斯白噪声及白噪声通过实际信道或滤波器后的情况。

2.8.1　白噪声

白噪声是一种带宽无限的平稳过程，且具有恒定的功率谱密度，如图 2-7(a)所示，并可表示为

$$P_n(f) = \frac{n_0}{2} \qquad (2-8-1)$$

式中，n_0 是一个常数，表示白噪声的单边功率谱密度，单位是 W/Hz。所谓"白"是借用白色光的概念，因为白光具有均匀平坦的谱特性。

对式(2-8-1)求傅里叶反变换，可得到白噪声的自相关函数为

$$R_n(\tau) = \frac{n_0}{2} \delta(\tau) \qquad (2-8-2)$$

如图 2-7(b)所示，白噪声仅在 $\tau=0$(同一时刻)时的取值才相关，而在其他任意两个时刻上的取值都是不相关的。

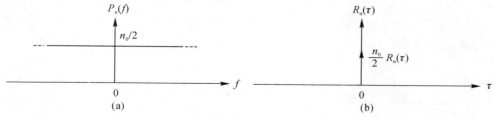

图 2-7　白噪声的功率谱密度和自相关函数
(a)功率谱密度；(b)自相关函数

白噪声只是一种便于数学处理的理想化模型，真正"白"的噪声是不存在的。但是，只要实

际噪声的功率谱平坦的频率范围远远大于系统带宽,则可将其视为白噪声,以便分析处理。若白噪声的取值服从高斯分布,则称之为高斯白噪声。这种噪声的典型例子就是热噪声,它因电阻性元器件(如导线、电阻等)和半导体器件中自由电子的热运动而产生。由于热噪声具有零均值、加性(叠加于信号上)、白的(谱密度均匀为常数)和高斯分布的特性,所以常被用作通信信道中的噪声模型。

2.8.2　带限白噪声

带限白噪声是白噪声通过带宽有限的信道或滤波器的情形。常见形式有低通白噪声和带通白噪声。设低通或带通滤波器的频率特性函数为 $H(f)$,则由式(2-7-3)可知,白噪声通过 $H(f)$ 的输出噪声的功率谱为

$$P_o(f) = \frac{n_0}{2} \mid H(f) \mid^2 \qquad (2-8-3)$$

由于白噪声的双边功率谱密度 $n_0/2$ 是恒定值,所以 $P_o(f)$ 与 $\mid H(f) \mid^2$ 的特性曲线形状相同,只是幅度不同而已,如图 2-8(a)或图 2-8(b)中的实线所示。$P_o(f)$ 的积分面积等于输出噪声的功率,表示为

$$N_o = \int_{-\infty}^{\infty} P_o(f) \mathrm{d}f = \int_{-\infty}^{\infty} \frac{n_0}{2} \mid H(f) \mid^2 \mathrm{d}f \qquad (2-8-4)$$

为了便于计算输出噪声功率,可以引入等效噪声带宽(或称等效矩形带宽)B_n,使得

$$B_n = \frac{\int_{-\infty}^{\infty} P_o(f) \mathrm{d}f}{2P_o(f_0)} = \frac{\int_{-\infty}^{\infty} \mid H(f) \mid^2 \mathrm{d}f}{2 \mid H(f_0) \mid^2} \qquad (2-8-5)$$

式中,对于低通信号,$f_0 = 0$;对于带通信号,f_0 为中心频率(通常是载频 f_c)。而 B_n 正是滤波器的功率传输函数 $\mid H(f) \mid^2$ 的等效矩形宽度。

利用等效噪声带宽 B_n 的概念,实际滤波器的特性可以用矩形(理想)滤波器的特性来等效,如图 2-8 中虚线所示,这时可认为输出功率谱 $P_o(f)$ 在带宽 B_n 内是恒定的,因而输出噪声功率可简便地由下式计算:

$$N_o = \frac{n_0}{2} \times 2B_n \mid H(f) \mid^2 = n_0 B_n \mid H(f) \mid^2 \qquad (2-8-6)$$

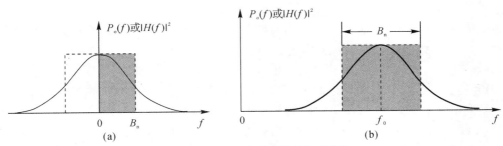

图 2-8　输出功率谱与等效矩形带宽

(a)低通型;(b)带通型

对于单位增益的理想矩形滤波器,有 $\mid H(f) \mid^2 = 1$,则输出噪声功率可简化为

$$N_o = 2B_n \frac{n_0}{2} = n_0 B_n \qquad (2-8-7)$$

式中，$n_0/2$ 和 n_0 分别为白噪声的双边和单边功率谱密度。

低通白噪声是白噪声经过理想矩形低通滤波器后的情形。参照图 2-8(a)和式(2-8-3)，它的(双边)功率谱密度为

$$P_n(f) = \begin{cases} \dfrac{n_0}{2}, & |f| \leqslant B_n \\ 0, & \text{其他频率} \end{cases} \tag{2-8-8}$$

带通白噪声是白噪声通过理想矩形带通滤波器的情形。参照图 2-8(b)和式(2-8-3)，它的(双边)功率谱密度为

$$P_n(f) = \begin{cases} \dfrac{n_0}{2}, & f_c - \dfrac{B_n}{2} \leqslant |f| \leqslant f_c + \dfrac{B_n}{2} \\ 0, & \text{其他频率} \end{cases} \tag{2-8-9}$$

当 $B_n \ll f_c$ 时，带通白噪声也称为窄带白噪声，它的表达式和统计特性与 2.6 节所描述的窄带随机过程相同。仿照式(2-6-2)和结论1，窄带白噪声 $n(t)$ 可表示为

$$n(t) = n_c(t)\cos\omega_c t - n_s(t)\sin\omega_c t \tag{2-8-10}$$

并且，$n_s(t)$、$n_c(t)$ 和 $n(t)$ 的均值都为 0，而平均功率相同，即

$$N = n_0 B_n \tag{2-8-11}$$

式(2-8-10)和式(2-8-11)在分析调制系统的抗噪声性能时非常有用。

2.9 信 道

信道(channel)是发送设备和接收设备之间用以传输信号的传输媒介，任何一个通信系统均可视为由发送设备、信道和接收设备三大部分组成。因此，信道是通信系统必不可少的组成部分，信道特性的好坏直接影响到系统的总特性。

2.9.1 信道的定义

信道是以传输介质为基础的信号通道。根据信道或传输媒质的特性及分析问题所需，可以对信道进行不同的分类。下面介绍几种常见的分类。

1. 狭义信道

狭义信道指可以传输电或光信号的各种物理传输介质，可分为有线(wired)与无线(wireless)两大类。有线信道包括明线、对称电缆、同轴电缆和光纤等。无线信道指可以传输电磁波的自由空间或大气，包括地波传播、短波电离层反射、超短波或微波、视距中继、人造卫星中继、散射和移动无线电信道等。狭义信道是广义信道十分重要的组成部分，通信效果的好坏，很大程度上依赖于狭义信道的特性。

(1)有线信道。常用的有线信道(有线传输介质)有双绞线、同轴电缆和光纤。其中，各种电缆采用金属(铜)导体传输电流或电压信号，光纤是由玻璃纤维或塑料制成的缆线，用以传输光信号。

1)双绞线(Twisted Pair，TP)是由两根具有绝缘层的金属(铜)导线按一定规则绞合而成的，如图 2-9 所示。将若干对双绞线放在同一个保护套内，则可制成双绞线电缆。双绞线又可分为非屏蔽双绞线(Unshielded Twisted Pair，UTP)和屏蔽双绞线(Shielded Twisted Pair，STP)。

非屏蔽双绞线(UTP)　　　　　　　　屏蔽双绞线(STP)

图 2-9　双绞线

屏蔽双绞线与外层绝缘封套之间有一个金属屏蔽层,屏蔽层可减少辐射,防止信息被窃听,也可阻止外部电磁干扰的进入。屏蔽双绞线比同类的非屏蔽双绞线具有更高的传输速率。非屏蔽双绞线没有屏蔽外套,直径小、成本低、易安装,具有独立性和灵活性,适于结构化的综合布线。

双绞线主要用于在电话线路中传输语音和数据。它是本地环路(如连接用户到中心电话机房的线路)、局域网及综合布线工程中常用的传输介质。第 1 类(最低档)是电话系统中使用的基本双绞线,只适合于语音传输和低速数据(<0.1 Mb/s)传输;第 6、7 类(最高档)使用的铜导线质量更高、单位长度绕数也更多,因而对信号的衰耗和串扰更小,可用于千兆以太网。

2)同轴电缆(coaxial cable)是由同轴的两个导体构成的,如图 2-10 所示,内导体是金属导线,外导体是一根空心导电管或金属编织网。内、外导体之间填充绝缘介质(塑料或空气)。为了扩大通信容量,可将若干根同轴电缆封装在一个大的保护套内,还可装入一些二芯绞线或四芯线组用来传输控制信号。实际应用中同轴电缆的外导体是接地的,用以屏蔽外来的电磁干扰。

内导体　　绝缘介质　　外导体　　塑料外套

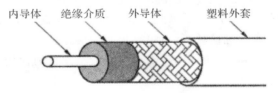

图 2-10　同轴电缆

与双绞线相比,同轴电缆的抗电磁干扰性能更好,带宽更宽,支持的数据传输速率更高,最高传输速率可达 20 Mb/s,但一般标准用 10 Mb/s。

常用的同轴电缆有两种。一种是阻抗为 50 Ω 的(基带)同轴电缆,用于数字传输,由于多用于基带传输,也叫基带同轴电缆,最高数据传输速率可达 10 Mb/s;另一种是 75 Ω 的(宽带)同轴电缆,可用于模拟信号和数字信号传输,支持的带宽可达 300~450 MHz,多用于有线电视网和综合服务宽带网中。目前,远距离传输信号的干线线路多采用光纤代替同轴电缆。

3)光纤(optical fiber)是光纤通信系统中的传输介质。光纤由纤芯、包层和涂敷层构成。纤芯由折射率较高的导光介质(高纯度的石英玻璃)纤维制成,纤芯外面包有一层折射率较低的玻璃封套(称为包层),以使光线束缚在光纤内传输。涂敷层的作用是增强光纤的柔韧性。

如图 2-11 所示,包层的折射率 n_1 要大于纤芯的折射率 n_2,在满足一定入射角的情况下,光信号在光纤不同介质的边界发生全反射,即可在光纤中传输信号。

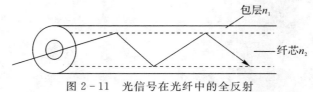

图 2-11 光信号在光纤中的全反射

光纤的种类很多,根据折射率分布,可以分为阶跃光纤和梯度光纤。阶跃光纤仅在不同介质的边界上发生折射率的突变,梯度光纤的纤芯折射率从外部到中心沿半径方向逐渐减小。光信号在光纤中传播时,折射率的改变使传播路线发生弯曲,不再是直线传播而形成弧线,如图 2-12 所示,其中折射率 $n_1 > n_2 > n_3 > n_4 > n_5$。

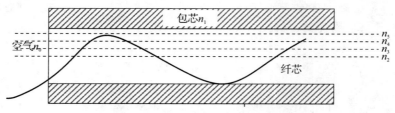

图 2-12 阶跃光纤光信号传播路径

根据光纤的传输模式,光纤可分为单模光纤和多模光纤。多模光纤是最早出现的光纤,它直径较粗,包层直径为 $50 \sim 400\ \mu m$,纤芯直径为 $50 \sim 200\ \mu m$,它使用发光二极管(LED)作为光源,LED 属于多色光源,包含不同频率成分。入射角不同,其传播路径也不同,如图 2-13 所示。不同传播路径上的传播时延不同,且有色散现象,造成信号波形失真。为了减小色散,增大传输带宽,研究出了单模光纤。与多模光纤相比,单模光纤尺寸较小,纤芯直径为 $7 \sim 10\ \mu m$,包层直径约为 $125\ \mu m$。单模光纤以激光器作为光源,激光器产生单一频率的光信号,在传输过程中只有一种模式,如图 2-14 所示,因此单模光纤的无失真传输带宽较宽,传输距离也较长。光信号在光纤中传输有一定损耗,且不同波长的光信号在光纤中传输时损耗不同。经过研究,波长为 $1.31\ \mu m$ 和 $1.55\ \mu m$ 的信号,传输损耗最小。目前使用最广泛的就是这两种波长的信号。

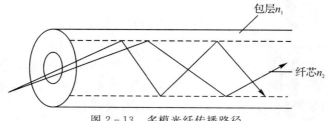

图 2-13 多模光纤传播路径

光纤能够提供远大于金属电缆(双绞线或同轴电缆)的传输带宽和通信容量;传输衰减小,无中继,传输距离远;抗电磁干扰,传输质量好;耐腐蚀(这一特点使其特别适用于沿海区域和海底跨洋远程通信);不易被窃听,因而对军事通信和保密性强的商业通信极具吸引力;体积小和质量轻,这一特点使其在航空航天及一些特殊应用领域具有重要的意义;节约有色金属,有利于环保。

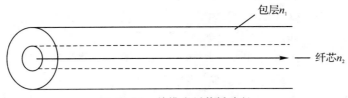

图 2-14　单模光纤传播路径

(2)无线信道。简单地说,无线信道是指可以传输电磁波的自由空间或大气层。更确切地说,无线信道是收、发天线之间(如基站天线与用户天线之间)的传播路径。也就是说,无线通信不是采用物理导体来传输信号的,而是将信号以电磁波(无线电波)的形式通过空间传播。不同波段(或频段)的电波通常有最适宜的传播方式。无线电波的传播方式主要有地波传播、天波传播(电离层反射)、视距传播和散射传播等。

1)地波传播:是指频率在 2 MHz 以下的电磁波的传播方式。在这种方式中,电磁波具有绕射能力,能弯曲地沿着地球表面传播,如图 2-15 所示。地波是调幅广播的主要传播方式。

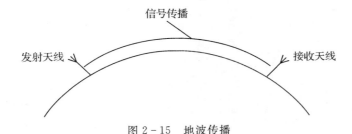

图 2-15　地波传播

特点:性能稳定,但距离受限,且传播的频率越高,损耗就越大,传输距离就越短。

2)天波传播(电离层反射):在高频(2～30 MHz)波段,电磁波到达电离层(位于地面上 60～400 km 之间的大气层)后一部分能量被吸收,一部分能量则被反射或折射回地球表面,从而实现电波的传播,被称为电离层反射传播,如图 2-16 所示。这种传播方式可以以较低的能量进行远程通信,是短波的主要传播方式。

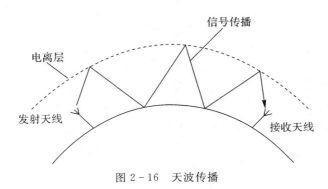

图 2-16　天波传播

特点:电磁波的频率越高,电离层吸收的能量就越少,因此天波传播适宜于频率较高的信号。但如果电磁波的频率太高(>30 MHz),将穿透电离层不能被反射回来。

3)视距传播:是频率高于 30 MHz 的电磁波的主要传播方式。当电波的频率很高时,地面波衰减很大,天波又会穿透电离层不能被反射回来,因而只能采用视距传播——即在"看得见"的距离内进行直线传播。这种传播方式主要用于超短波及微波通信。视距传播的信号,传播距离较前两种方式更短。如何增加视距传播信号的通信距离呢?增加高频电磁波信号传播距离有两种方法。第一种方法是通过增加天线的高度来增大传播距离,如例 2-7 所示。

【例 2-7】 如图 2-17 所示,已知地球的半径 r 约为 6 370 km,且设收、发天线的高度均为 h,天线的距离为 D。如果信号的传播距离为 50 km,那么天线的高度为多少?

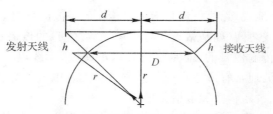

图 2-17 天线高度与传播距离

解:由图 2-17 可知

$$d^2 + r^2 = (r+h)^2$$

则

$$d = \sqrt{h^2 + 2rh} \approx \sqrt{2rh} \quad (r \gg h)$$

又

$$\frac{D/2}{r} = \frac{d}{h+r}$$

得

$$\frac{D}{2} = \frac{r}{h+r}d$$

由于 $r \gg h$,有

$$D \approx 2d$$

可得

$$D^2 = 8rh, \quad h = \frac{D^2}{8r}$$

故天线的高度为

$$h \approx \frac{D^2}{50\ 960} \approx 50 (\text{m})$$

天线架设的高度是有限的,当要进行长途通信时,可以使用第二种方法来增加信号传播距离,即通过增加中继站的方法。如图 2-18 所示,如果发射天线和接收天线之间的距离是 100 km,天线的传输距离是 50 km,则可以在发射天线和接收天线间架设一个中继天线,也可以在发射天线和接收天线间增加多个中继天线,实现长途传播信号。

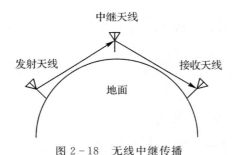

图 2-18　无线中继传播

只要增加天线的高度就能增加电磁波的传播距离,那么最高的天线就是人造卫星。地球(包括地面和低层大气中)上的无线电通信站利用卫星作为中继站而进行的通信称为卫星通信,如位于 35 866 m 高空的人造卫星作为中继站(或称基站)的一种微波接力通信。图 2-19 所示为卫星中继信道的构成。由于卫星像一个超高的天线和转发器,所以极大地扩展了电波的覆盖范围。若在同步轨道上安放三颗相差 120°的同步静止卫星,就能基本上提供全球通信服务(两极盲区除外)。卫星通信常用于传输多路电话、电报、图像、数据和电视节目,具有传输距离远、通信容量大、不受地理条件限制和性能可靠稳定等优点,缺点是有较大的传输时延、卫星本身造价昂贵。

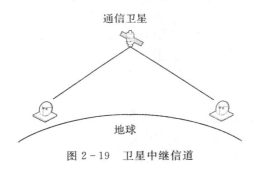

图 2-19　卫星中继信道

4)散射传播:散射是传播媒体的不均匀性使电磁波的传播产生向许多方向折射的现象。散射传播分为电离层散射、对流层散射(见图 2-20)和流星余迹散射三种。电离层散射发生在 30~60 MHz 的电磁波上。对流层散射的电磁波频率范围为 100~4 000 MHz,有效的传播距离约为 600 km。流星余迹散射的频率范围为 30~100 MHz,传播距离可达 1 000 km。

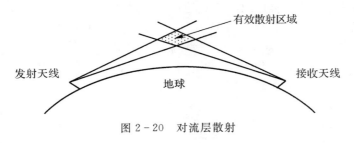

图 2-20　对流层散射

2. 广义信道

广义信道指除了传输介质外,还包括一些变换装置(如馈线与天线、放大器、调制器与解调器等)所定义的信道。目的是为了方便研究通信系统的一些基本问题。常用的有调制信道和编码信道。

(1)调制信道。用来研究调制与解调问题。其定义范围从调制器输出端至解调器输入端,如图 2-21 所示。

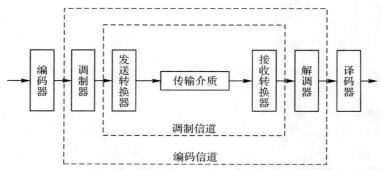

图 2-21　调制信道和编码信道

(2)编码信道。用来研究编码与译码问题。其定义范围从编码器输出端至解码器输入端。

应该指出,广义信道必定包含传输介质(狭义信道),或者说传输介质是广义信道的一部分。无论何种广义信道,其通信质量在很大程度上依赖于传输介质的特性。因此,有必要了解一些常用的传输介质。

信道的数学模型用来描述实际物理信道的特性及其对信号传输带来的影响。下面简要描述调制信道和编码信道这两种广义信道的数学模型。

2.9.2　信道的模型

从不同的研究角度看,信道的定义也是不同的。从研究不同调制解调方式对系统的影响,以及各种调制解调方式性能的优劣的角度定义了调制信道,调制信道是从调制器出到解调器入的这部分信道,除了传输媒质外,这部分信道还包括放大器、变频器和天线等设备。从研究数字通信系统的编解码性能角度出发,定义了编码信道。

1.调制信道模型

调制信道的一般模型如图 2-22 所示。图中,$C(f)$ 反映信道本身特性。对于信号来说,$C(f)$ 可看成是乘性干扰;信道噪声 $n(t)$ 是独立于信号而始终存在的,因此可视为加性干扰。可见,调制信道对信号的影响程度取决于 $C(f)$ 与 $n(t)$ 的特性。

不同的物理信道具有不同的特性 $C(f)$。一种简单而又常用的情况是 $C(f)$ 为常数(通常可取 1),这时信道模型可简化为图 2-23,信号通过信道的输出为

$$r(t) = s_i(t) + n(t) \tag{2-9-1}$$

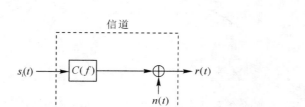

图 2-22　调制信道一般模型

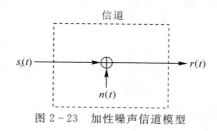

图 2-23　加性噪声信道模型

由于噪声 $n(t)$ 通常是一种加性高斯白噪声,所以该信道模型通常称为加性高斯白噪声信道。它是在通信系统分析和设计中最常用的信道模型。

如果考虑信道对信号的衰减,式(2-9-1)可改写为

$$r(t) = cs_i(t) + n(t) \qquad\qquad (2-9-2)$$

式中,c 是信道衰减因子。

2. 编码信道模型

由于编码信道传输的是编码后的数字序列,而人们关心的是数字信号经过信道传输后的差错情况,即误码概率,所以编码信道的模型一般用数字转移概率来描述。如图 2-24 所示为一个二进制无记忆编码信道模型。

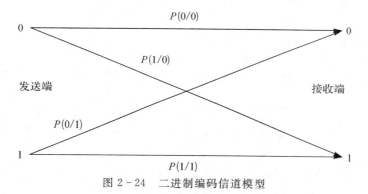

图 2-24　二进制编码信道模型

在图 2-24 中,$P(0/0)$ 和 $P(1/1)$ 为正确转移概率,$P(1/0)$ 和 $P(0/1)$ 为错误转移概率,且有

$$P(0/0) = 1 - P(1/0)$$
$$P(1/1) = 1 - P(0/1)$$

系统的总误码率为

$$P_e = P(0)P(1/0) + P(1)P(0/1)$$

显然,$P(0/0)$ 和 $P(1/1)$ 越大(接近 1),误码率就越小,系统性能就越好。

2.9.3　信道的传输特性

任何一种信道都不具备理想的传输特性,因此信号通过它时总会受到某种程度的影响或损害,如衰减、失真和噪声(加性干扰)。

1. 衰减

衰减是指信号能量的损失。例如,携带电信号的导线会发热这一现象,就是能量损失的表

现,这是导线电阻使信号的一些能量转变为热能的缘故。同样,电磁波在自由空间或大气层中传播时也存在着能量衰减。为了补偿损失,可用放大器对信号进行放大。

2.失真

失真意味着信号变形(畸变)。信道传输特性的不理想可以使信号发生某种形式的失真。例如,信道对信号的不同频率分量产生不同的衰减和延迟,就会使信号产生幅度失真和相位失真;无线信道中的多径传播也会造成信号衰落和畸变。为了减小失真,可以采用均衡、分集接收等措施。

3.噪声

噪声是通信系统中必然存在的一种有害信号。当传输信号时,它叠加于信号之上,干扰了接收机正确接收信息的能力,因此噪声可以看成是信道中的一种加性干扰。信道加性噪声是损害信号的外部能量,对信号的传输有严重的不良影响。它能使模拟信号失真,使数字信号发生错码,并限制着信息的传输速率。

噪声的来源和种类有很多。例如,电钻或汽车点火系统产生的噪声(人为噪声),雷电和大气噪声(自然噪声),通信设备中的电子元器件、传输线等产生的热噪声(内部噪声)。由于热噪声是影响通信系统性能的主要因素,所以常把它作为信道加性噪声的主要代表。热噪声是一种均值为零的加性高斯白噪声。为了减小噪声的影响,可以采用滤波等措施。

2.9.4 信道容量

信道容量是指信道的极限传输能力,可用信道的最大信息传输速率来衡量。根据香农(Shannon)信息论可以证明,高斯白噪声背景下的连续信道的容量为

$$C = B\log_2\left(1+\frac{S}{N}\right) + B\log_2\left(1+\frac{S}{n_0 B}\right) \text{(b/s)} \qquad (2-9-3)$$

式中,B 为信道带宽,Hz;S 为信号功率,W;n_0 为噪声单边功率谱密度,W/Hz;$N = n_0 B$ 为噪声功率,W。

式(2-9-3)就是著名的香农信道容量公式,简称香农公式。由它可得以下几条结论。

(1)任何一个信道,都有信道容量 C。在给定信道带宽和接收信噪比的情况下,只要传输信息的速率 $R_b \leqslant C$,即使信道有噪声,但理论上总能找到一种方法,实现无差错传输。

(2)提供了信道带宽 B 和接收信噪比 S/N 之间的互换关系。例如,对于给定的 C 用增大带宽的方法,可以降低对 S/N 的要求。

香农公式指出了通信系统所能达到的理论极限,却没有指出这种通信系统的实现方法。实践证明,系统要接近香农的理论极限,必须要借助信道编码和调制等技术。

【例2-8】 对于带宽为 3 kHz、信噪比为 30 dB 的语音信道,求在该信道上进行无差错传输的最高信息速率,即信道容量。

解:信噪比(Signal to Noise Ratio,SNR)即 S/N,通常用 dB(分贝)表示:

$$\left(\frac{S}{N}\right)_{dB} = 10\lg\left(\frac{S}{N}\right) \qquad (2-9-4)$$

或写成

$$\text{SNR}_{dB} = 10\lg\text{SNR}$$

但在香农公式(2-9-3)中,S/N 是值,而不是分贝数。因此由

$$\mathrm{SNR}_{dB} = 10\lg 1\,000 = 30\ (dB)$$

可知,SNR 的值为 1 000,信道容量为

$$C = B\log_2\left(1 + \frac{S}{N}\right) = 3\,000\log_2(1 + 1\,000) \approx 30\ (kb/s)$$

注意:上述结果表明,通过一个 3 kHz 的信道可以达到 30 kb/s 的信息传输速率。但应注意,它不能用一个二进制系统来完成。每个传送的符号必须包含大于 1 bit 的信息,即必须采用多进制的数字传输系统。

【例 2 - 9】　将例 2 - 8 中的信噪比改为 20 dB,同时保持信道容量仍为 30 kb/s,求此时所需带宽为多大?

解:已知信噪比 $S/N = 100$,由香农公式可得所需的信道带宽为

$$B = \frac{C}{\log_2\left(1 + \dfrac{S}{N}\right)} = \frac{C}{3.32\lg\left(1 + \dfrac{S}{N}\right)} = \frac{30 \times 10^3}{3.32 \times 2} \approx 4.52\ (kHz)$$

注意:与例 2 - 8 进行比较可知,带宽与信噪比可以互换,其理论依据就是香农公式。

【例 2 - 10】　一条具有 6.5 MHz 带宽的高斯信道,若信道中信号功率与噪声功率谱密度之比为 45.5 MHz,试求其信道容量。若不断增加带宽,观察信道容量的变化情况。

解:已知 $S/n = 45.5$ MHz,根据香农公式可得

$$C = B\log_2\left(1 + \frac{S}{n_0 B}\right) = 6.5 \times 10^6 \times \log_2\left(1 + \frac{45.5}{6.5}\right) = 6.5 \times 10^6 \times 3 = 19.3(Mb/s)$$

若增大带宽为 45.5 MHz,则信道容量提高为

$$C = B\log_2\left(1 + \frac{S}{n_0 B}\right) = 45.5 \times 10^6 \times \log_2\left(1 + \frac{45.5}{45.5}\right) = 45.5 \times 10^6 \times 1 = 45.5(Mb/s)$$

若增大带宽为 455 MHz,则信道容量提高为

$$C = B\log_2\left(1 + \frac{S}{n_0 B}\right) = 455 \times 10^6 \times \log_2\left(1 + \frac{45.5}{455}\right) = 455 \times 10^6 \times 0.137 = 62.53(Mb/s)$$

若继续增大带宽为 4 550 MHz,则信道容量的提高明显趋缓:

$$C = B\log_2\left(1 + \frac{S}{n_0 B}\right) = 4\,550 \times 10^6 \times \log_2\left(1 + \frac{45.5}{4\,550}\right) =$$
$$4\,550 \times 10^6 \times 0.014\,3 = 65.28\ (Mb/s)$$

若进一步增大带宽为 9 100 MHz,则信道容量几乎不再提高:

$$C = B\log_2\left(1 + \frac{S}{n_0 B}\right) = 9\,100 \times 10^6 \times \log_2\left(1 + \frac{45.5}{9\,100}\right) = 9\,100 \times 10^6 \times 0.007\,19 \approx$$
$$4\,550 \times 10^6 \times 0.014\,4 = 65.52\ (Mb/s)$$

若再增大带宽为 45 500 MHz,则信道容量不再提高:

$$C = B\log_2\left(1 + \frac{S}{n_0 B}\right) = 45\,500 \times 10^6 \times \log_2\left(1 + \frac{45.5}{45\,500}\right) =$$
$$45\,500 \times 10^6 \times 0.001\,44 = 65.52(Mb/s)$$

注意:信道容量 C 随着 B 的适当增大而增大,但不能无限增大。当 $B \to \infty$ 时,C 趋近于定值,即

$$\lim_{B \to \infty} C \approx 1.44\frac{S}{n_0}(b/s) \tag{2-9-5}$$

本章重要知识点

本章重点讨论了确知信号和随机信号及信道的特性与分析方法。下面将这一章的核心内容通过图表总结一下。

1. 信号分类与主要特征(见表2-7)

表2-7　信号分类、主要特征及举例

序　号	信号类型	主要特征	举　例
1	确知信号	在任意时刻具有确定的函数值	语音信号、热噪声
	随机信号	具有某种随机性(不可预测性)	正弦信号、周期脉冲串
2	周期信号	每隔一定时间按相同规律重复变化	冲激信号
	非周期信号	不具有重复性	单脉冲
3	能量信号	能量有限,而功率为0	随机信号、周期信号
	功率信号	功率有限,而能量为∞	语音信号、热噪声

2. 分析信号的观察域、数学工具、实验仪器和重要函数(见表2-8)

表2-8　分析信号的观察域、数字工具、实验仪器和重要函数

观察域	数学工具	实验仪器	重要函数
频域	傅里叶级数	频谱仪	谱密度函数
时域	傅里叶变换	示波器	相关函数

3. 随机过程的定义和数字特征(见表2-9)

表2-9　随机过程的定义和数字特征

定　义	特　点	数字特征
定义1:所有样本函数的集合 定义2:随机变量族	兼有随机变量和时间函数的特点	均值——摆动中心 方差——偏离均值的程度 相关函数——关联程度

4. 信道的分离及应用范围(见表 2 - 10)

表 2 - 10　信道分类及应用范围

序　号	信道类型	举　例	应用范围
1	有线信道	双绞线	常用于语音和数据通信
		同轴电缆	常用在有线电视网和传统的以太局域网中
		光纤	主要用在主干网、有线电视网和高速以太网中
2	无线信道	地波传播	频率小于 2 MHz 的电磁波的主要传播方式
		天波传播	高频(2～30 MHz)波段的电磁波的传播方式
		视线传播	频率高于 30 MHz 的电磁波的主要传播方式

本 章 习 题

一、填空题

1. 可以用明确的数学式子表示的信号称为_____,也称为规则信号。

2. 在数学上,周期信号的频谱可用_____来分析;非周期信号的频谱可用_____来分析。

3. 互相关函数 $R_{12}(\tau)$ 描述_____相关性;而自相关函数 $R(\tau)$ 描述_____在不同时刻上的相关性。

4. 自相关函数和_____是一对傅里叶变换。

5. 如果平稳随机过程的各统计平均值等于它的任一样本的相应时间平均值,则称它为_____性。

6. 平稳随机过程的_____是一个非常重要的函数,由它可求出平稳过程的均值、方差、相关性和各种功率。

7. 平稳随机过程的自相关函数与功率谱密度是一对_____关系,即维纳-辛钦定理。这对关系建立了_____之间的相互联系和相互转换。

8. 平稳、高斯过程经过_____后的过程仍是平稳、高斯的。

9. 调制信道对信号的影响程度取决于_____和_____。

10. 衰减、失真和噪声是信道带给信号的减损。可以采用_____、_____和_____等措施减小信道对信号传输的不利影响。

二、选择题

1. 窄带噪声 $n(t)$ 的同相分量和正交分量具有如下性质(　　)。

A. 都具有低通性质　　　　　　　　B. 都具有带通性质

C. 都具有带阻性质　　　　　　　　D. 都具有高通性质

2.一个随机过程是平稳随机过程的充分必要条件是(　　)。

A.随机过程的数学期望与时间无关,且其相关函数与时间间隔无关

B.随机过程的数学期望与时间无关,且其相关函数仅与时间间隔有关

C.随机过程的数学期望与时间有关,且其相关函数与时间间隔无关

D.随机过程的数学期望与时间有关,且其相关函数与时间间隔有关

3.以下方法中,(　　)不能作为增大视距传播的距离的方法。

A.中继通信　　　　　　　　　　B.卫星通信

C.平流层通信　　　　　　　　　D.地波通信

4.连续信道的信道容量将受到"三要素"的限制,其"三要素"是(　　)。

A.带宽、信号功率、信息量　　　B.带宽、信号功率、噪声功率谱密度

C.带宽、信号功率、噪声功率　　D.信息量、带宽、噪声功率谱密度

5.以下不能无限制地增大信道容量的方法是(　　)。

A.无限制提高信噪比　　　　　　B.无限制减小噪声

C.无限制提高信号功　　　　　　D.无限制增加带宽

三、简答题

1.什么是狭义信道? 什么是广义信道?

2.在广义信道中,什么是调制信道? 什么是编码信道?

3.窄带高斯白噪声中的"窄带""高斯""白"的含义各是什么?

4.什么是广义平稳? 什么是狭义平稳? 它们之间有什么关系?

5.何为香农公式中的"三要素"? 简述提高信道容量的方法。

四、计算题

1.已知高斯信道的带宽为 4 kHz,信号与噪声的功率比为 63,试确定这种理想通信系统的极限传输速率。

2.已知有线电话信道的传输带宽为 3.4 kHz。

(1)试求当信道输出信噪比为 30 dB 时的信道容量;

(2)若要求在该信道中传输 33.6 kb/s 的数据,试求接收端要求的最小信噪比。

3.具有 6.5 MHz 带宽的某高斯信道,若信道中信号功率与噪声功率谱密度之比为 45.5 MHz,试求其信道容量。

第3章 模拟调制系统

本章主要讨论用正弦波作为载波的幅度调制和角度调制,这是模拟调制系统中应用最广泛的调制方式。幅度调制系统的典型调制方式有常规幅度调制(AM)、抑制载波的双边带调制(DSB)、单边带调制(SSB)和残留边带调制(VSB)等,而角度调制系统的调制方式有调频(FM)和调相(PM)。幅度调制属于线性调制,角度调制属于非线性调制。

本章学习目的与要求

(1)完成调制功能和分类概念的获取;

(2)能够区分幅度调制(AM、DSB – SC、SSB 和 VSB)的波形与频谱的特点;

(3)能够区分幅度调制(AM、DSB – SC、SSB 和 VSB)调制与解调的方法,并对其抗噪声性能进行分析;

(4)完成角度调制(FM 和 PM)概念的获取;

(5)能够灵活运用卡森公式;

(6)能够区分角度调制(FM 和 PM)的调制与解调方法,并对其抗噪声性能进行分析;

(7)能够分析各种调制方式的优势及主要应用;

(8)完成频分复用(FDM)的概念的获取。

3.1 调 制 简 介

3.1.1 什么是调制

1846 年,在人类用电线传送信号的初期,人们开始铺设一条海底电缆,施工之前设计者已经预计信号经过电缆时,由于信号衰减会变得弱一些,导线越长,这种衰减越大。因此加大发射功率、提高接收机的灵敏度应该可以解决这个问题。但完工以后,接收机的工作完全不像人们预想的那样,接收到的是和发送信号完全不相关的波形,这个问题当时对人们来说确实是个谜。

1856 年,开尔文(Kelvin)用微分方程解决了这个问题,他阐明了这实际上是一个频率特性的问题。频率较低的成分可以通过信道,频率较高的成分则被衰减掉了。从此人们开始认识到,信道具有一定的频率特性,并不是信号中的所有频率成分都能通过信道传输。这时人们将注意力转移到了怎样才能有效地在信道中传输信号而不会出现频率失真。同时也提出了如何节约信道的问题,从而导致了调制技术的出现。

为避免电磁信号之间的无序干扰,各类传输系统都必须严格遵照为其规定的频率范围进行工作,如调频广播发射信号频率只能在 88~108 MHz 范围内,而中波广播和短波通信的频率范围则分别是 535~1 640 kHz 和 2~30 MHz。但人们明确地知道,这些系统实际需要传输的信号往往是基带信号,它们一般是低通信号,甚至还有直流成分,如果把这些低频信号都直接用基带方式传送,就会出现不可想象的相互干扰及信道衰减,从而导致通信失败。

为了避免上述情况的发生及有效地利用频带资源,必须在发送端将基带信号的频率进行适当的搬移,将频谱相似的基带信号搬移到不同的高频频段,在接收端再通过相反的操作过程将它搬移至原来的频率范围。发送端的这个过程叫调制(modulation),而接收端的反向操作为解调(demodulation)。

图 3-1 所示为调制器的一般模型。在该模型中,高频信号 $c(t)$ 称为载波信号,基带信号 $m(t)$ 称为调制信号,已调信号用 $s_m(t)$ 表示。

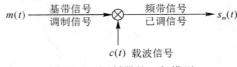

图 3-1 调制器的一般模型

调制就是把所要传输的信息搭载在载波上的过程,换言之,就是使载波的某个参数(幅度、频率、相位)随着消息信号的规律而变化。载波是一种高频周期信号,它本身不含任何有用信息。经过调制的载波称为已调信号,它含有消息信号的全部特征。在接收端,需要从已调信号中还原消息信号,这一过程称为解调或检波,它是调制的逆过程。

图 3-2 所示为幅度调制过程中所涉及的 3 种信号——消息信号、载波和已调信号。

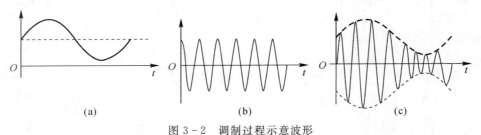

图 3-2 调制过程示意波形
(a)消息信号;(b)正弦载波;(c)已调信号

需要说明的是,利用载波进行传输的消息信号也可称为调制信号。此外,由于消息信号的频率相对于载波来说很低,其频谱通常称为基带,所以消息信号也可称为基带信号。因此,"消息信号、调制信号和基带信号"这 3 个术语对于已调信号来说是同义词,用哪个都可以。

3.1.2 为什么要进行调制

回答这个问题的理由有很多,其中主要是为了实现以下目标或作用。

(1)对调制信号进行频谱搬移,使之适合信道传输的要求;把信号调制到较高的频率,匹配信道特性,减小天线尺寸,使天线容易辐射。无线通信是通过空间辐射传输信号的。根据天线理论,当天线尺寸与被辐射信号的波长处于同一数量级时,信号才能被天线有效地辐射出去。信号波长与信号频率 f 的关系为

$$\lambda = c/f$$

其中,c 为自由空间中的光速(3×10^8 m/s)。消息信号通常包含较低频率的分量,如语音信号(300~3 400 Hz)、图像信号(0~6 MHz),若直接发射这些信号,则需要很长(数十千米)的天线,因而难以实现。但若把这些信号调制到高频载波上,就可以将信号的频谱搬移或变换到较高的频率范围,从而使信号的波长变短,所需的天线尺寸也随之减小。

(2)便于进行信道的多路复用,提高系统的传输有效性。通过调制可以将多个消息信号分别搬移到不同的频率位置处,使它们的频谱互不重叠,从而实现在一个信道内同时传输多路信号。在现代通信中,无论是无线通信还是有线通信,都广泛采用多路复用技术。

(3)可减少噪声和干扰的影响,提高传输系统的可靠性。通过采用不同的调制方式,可以实现带宽与信噪比的互换及有效性与可靠性的互换,以改善系统某方面的性能。例如,采用调频方式可以扩展信号带宽,提高抗干扰能力。

除了上述调制功能之外,在利用模拟电话线路传输数据信号、进行频段指配等场合也都需要调制。因此,调制在通信系统中起着至关重要的作用。

3.1.3　调制的分类

1. 根据调制信号分类

根据调制信号的不同,可将调制分为模拟调制和数字调制两类。所谓模拟调制是指调制信号为模拟信号的调制;数字调制就是调制信号为数字信号的调制。

2. 根据载波分类

由于携带信息的高频载波既可以是正弦波,也可以是脉冲序列。以正弦信号作为载波的调制叫作连续载波调制;以脉冲序列作为载波的调制叫作脉冲载波调制,脉冲载波调制中,载波信号是时间间隔均匀的矩形脉冲。

3. 根据调制前后信号的频谱结构关系分类

根据已调信号的频谱结构和未调制信号的频谱之间的关系,可把调制分为线性调制和非线性调制两种。

根据消息信号、载波的被调参数和频谱结构的不同,可将调制方式分为不同的类型。设正弦型载波为

$$c(t) = A\cos(2\pi ft + \theta) \qquad\qquad (3-1-1)$$

式中,A 为载波的峰值幅度;f 为频率;θ 为初相。

若用模拟信号分别控制载波的幅度、频率和相位,则相应产生模拟已调信号,如幅度调制(AM)、频率调制(FM)和相位调制(PM)。

(1)线性调制:输出已调信号 $s_m(t)$ 的频谱和调制信号 $m(t)$ 的频谱之间成线性关系,如幅度调制(AM)、双边带调制(DSB)和单边带调制(SSB)等。

(2)非线性调制:输出已调信号 $s_m(t)$ 的频谱和调制信号 $m(t)$ 的频谱之间没有线性关系,即已调信号的频谱中含有与调制信号频谱无线性对应关系的频谱成分,如频率调制(FM)、相位调制(PM)等。

3.2 模拟信号的线性调制

线性调制就是将基带信号的频谱沿频率轴做线性搬移的过程,故已调信号的频谱结构和基带信号的频谱结构相同,只不过搬移了一个频率位置,如图 3-3 所示。根据已调信号的频谱与调制信号频谱之间的不同线性关系,可以得到不同的线性调制,如 AM(常规双边带调幅)、DSB(抑制载波双边带调制)、SSB(单边带调制)和 VSB(残留边带调制)等。下面分别予以介绍。

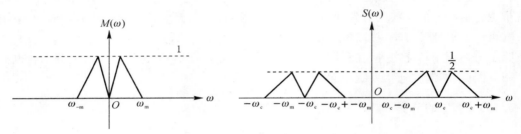

图 3-3 频谱的线性搬移

3.2.1 常规双边带调幅(AM)

AM(Amplitude Modulation)是常规双边带调幅的简称。这种调制方式广泛应用于中短波调幅广播。

1. AM 信号的表达式、频谱及带宽

若假设滤波器为全通网络$[H(\omega)=1]$,$m(t)$为一无直流分量的基带信号,其平均值$\overline{m(t)}=0$。将 $m(t)$叠加直流分量 A_0 后,再与载波相乘,即可产生常规调幅(AM)信号,AM 调制器模型如图 3-4 所示。

相乘器的实际电路可由二极管平衡电路、环形电路、差分对电路、晶体三级管频谱搬移电路或单片集成乘法器产品来实现。

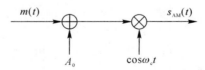

图 3-4 AM 调制模型

由图 3-4 不难写出 AM 信号的时域表达式为

$$s_{AM}(t) = [A_0 + m(t)]\cos\omega_c t = A_0\cos\omega_c t + m(t)\cos\omega_c t \qquad (3-2-1)$$

式中,ω_c 为载波角频率,它与载频 f_c 的关系为 $\omega_c = 2\pi f_c$。

注意:式中 $A_0 \geqslant |m(t)|_{max}$ 或$[A_0 + m(t)] \geqslant 0$,定义 $m = \dfrac{|m(t)|_{max}}{A_0}$ 为调幅指数,通常要求 $0 \leqslant m \leqslant 1$,当 $m=1$ 时,称为临界调幅(也称满调幅);当 $m>1$ 时,称为过调幅(over modula-

tion)，如图 3-5 所示，AM 信号的包络不能反映 $m(t)$ 的变化规律，产生失真。

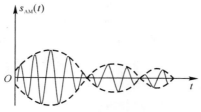

图 3-5 "过调幅"现象

为了得到 AM 信号所需的传输带宽，需要研究信号的频谱。设基带信号 $m(t)$ 的频谱为 $M(\omega)$，并利用以下傅里叶变换对：

$$m(t) \leftrightarrow M(\omega)$$

$$\cos\omega_c t \leftrightarrow \pi[\delta(\omega+\omega_c)+\delta(\omega-\omega_c)]$$

$$m(t)\cos\omega_c t \leftrightarrow \frac{1}{2}[M(\omega+\omega_c)+M(\omega-\omega_c)]$$

则可由式(3-2-1)写出 AM 信号的频域表达式为

$$S_{AM}(\omega) = \pi[\delta(\omega+\omega_c)+\delta(\omega-\omega_c)] + \frac{1}{2}[M(\omega+\omega_c)+M(\omega-\omega_c)] \quad (3-2-2)$$

AM 的典型波形和频谱如图 3-6 所示。

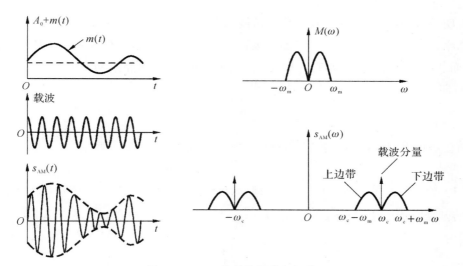

图 3-6 AM 信号的波形和频谱

由图 3-6 可以看出：

(1)AM 信号的包络反映了基带信号 $m(t)$ 的变化规律,当 $A_0 \geqslant |m(t)|_{\max}$ 时,AM 信号的最小振幅总是不小于零的,从而保证常规调幅的包络与调制信号的变化规律一致。故接收端可用简单的包络检波器恢复 $m(t)$,这是 AM 调制最大的优点。

(2)AM 频谱由载频分量和上、下对称的两个边带组成,显然,无论是上边带还是下边带,都含有原调制信号的完整信息。因此,AM 信号是含有载波的双边带信号,其传输带宽为

$$B_{AM} = 2f_m \tag{3-2-3}$$

式中,f_m 是基带信号的最高频率(即基带信号的带宽)。

(3)AM 信号的频谱 $S_{AM}(\omega)$ 是调制信号 $M(\omega)$ 的线性搬移,即在调制过程中频谱结构没有发生变化,只是频谱位置平移了。因此,AM 调制是一种线性调制。

2.AM 信号的功率与调制效率

通常用信号在 $1\,\Omega$ 电阻上所产生的平均功率来表示功率,它等于信号的均方值。所谓均方值是指信号时域表达式的二次方的时间平均(对于确知信号)或统计平均(对于随机信号),下面一律用上划线表示平均。故 AM 信号的平均功率为

$$P_{AM} = \overline{s_{AM}^2(t)} = \overline{[A_0 + m(t)]^2 + \cos^2\omega_c t}$$

一般情况下,可认为 $\overline{m(t)} = 0$,且 $m(t)$ 与载波的二倍频率信号 $\cos2\omega_c t$ 相互独立。根据平均值的性质,可得

$$P_{AM} = \frac{\overline{A_0^2}}{2} + \frac{\overline{m^2(t)}}{2} = P_c + P_m \tag{3-2-4}$$

这说明,常规双边带调制信号的功率由两部分组成,第一项 $P_c = A_0^2/2$ 与调制信号无关,为载波功率,第二项 $P_m = m^2(t)/2$ 才是需要的边带功率。其中,只有边带功率 P_m 才与信息信号有关,而载波分量并不携带信息。因此,定义边带功率在已调信号功率中所占的比例为调制效率 η_{AM},即

$$\eta_{AM} = \frac{P_m}{P_{AM}} = \frac{m^2(t)}{A_0^2 + m^2(t)} \tag{3-2-5}$$

前面已经指出,只有满足满足 $|m(t)|_{\max} \leqslant A_0$,才能获得无失真调制,因此 AM 的调制效率 $\eta_{AM} \leqslant 50\%$。

【例 3-1】 设基带信号为单频余弦,即 $m(t) = A_m\cos\omega_m t$,求满调幅时的调制效率。

解:将基带信号的均方值 $\overline{m^2(t)} = \overline{(A_m\cos\omega_m t)^2} = A_m^2/2$ 代入式(3-2-5),在满调幅($|m(t)|_{\max} = A_m = A_0$)时,有

$$\eta_{AM} = \frac{A_m^2}{2A_0^2 + A_m^2} \tag{3-2-6}$$

注意:此时 AM 的最大调制效率仅为 $\eta_{AM} = 1/3$,即约 33%。这意味着 AM 的调制效率很低,原因在于载波分量不携带信息却占用了大部分功率。

【例 3-2】 已知一个 AM 广播电台输出功率是 $50\,kW$,采用单频余弦信号进行调制,调幅指数为 0.707。

(1)试计算调制效率和载波功率;

(2)如果天线用 $50\,\Omega$ 的电阻负载表示,求载波信号的峰值幅度。

解：(1)调制效率 η_{AM} 为

$$\eta_{AM} = \frac{A_m^2}{2A_0^2 + A_m^2} = \frac{m^2}{2 + m^2} = \frac{0.707^2}{2 + 0.707^2} = \frac{1}{5}$$

调制效率 η_{AM} 与载波功率 P_c 的关系为

$$\eta_{AM} = \frac{P_m}{P_{AM}} = \frac{P_m}{P_c + P_m}$$

载波功率为

$$P_c = P_{AM}(1 - \eta_{AM}) = 50 \times \left(1 - \frac{1}{5}\right) = 40 \ (kW)$$

(2)载波功率 P_c 与载波峰值 A 的关系为

$$P_c = \frac{A^2}{2R}$$

因此，有

$$A = \sqrt{2PR_c} = \sqrt{2 \times 40 \times 10^2 \times 50} = 2\ 000 \ (V)$$

3. AM 特点与应用

由于 AM 波的包络与基带信号 $m(t)$ 的变化规律一致，所以 AM 的优势在于接收机(可采用包络检波)简单、价格低廉。AM 方式广泛用于中短波的调幅广播。

3.2.2　抑制载波双边带调制(DSB)

1. DSB 信号的表达式、频谱及带宽

AM 的最大缺点是调制效率低。其功率中的大部分都消耗在本身并不携带有用信息的直流分量上，若将直流 A_0 去掉，则已调信号中就没有载波分量了，于是，可以得到一种能有效利用传输功率的调制方式——抑制载波双边带(Double Side Band Suppressed Carrier，DSB - SC)，简称双边带(DSB)。

在 AM 表达式中令 $A_0 = 0$，则可得到 DSB 信号的表达式为

$$s_{DSB}(t) = m(t)\cos\omega_c t \tag{3-2-7}$$

对 $s_{DSB}(t)$ 做傅里叶变换，可以得出其频谱为

$$S_{DSB}(\omega) = \frac{1}{2}\big[M(\omega + \omega_c) + M(\omega - \omega_c)\big] \tag{3-2-8}$$

图 3 - 7 所示为 DSB 调制过程的波形及频谱(幅度谱)，可以看出：

(1)DSB 信号的包络不再与基带信号 $m(t)$ 的形状相同，因此，接收端解调时不能采用简单的包络检波器，而需要采用相干解调器；

(2)DSB 频谱中没有载波分量，因此发送功率可全部用在边带信号上，使调制效率达到 100%。但是，DSB 信号的带宽与 AM 相同，仍是基带信号带宽的两倍，即

$$B_{DSB} = B_{AM} = 2f_m \tag{3-2-9}$$

这就引发出一种想法：能否只传输 DSB 其中的一个边带呢？答案见 3.2.3 节。

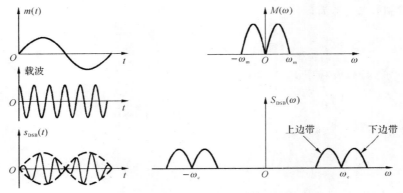

图 3-7　DSB 信号的波形和频谱

2. DSB 信号的功率和调制效率

$$P_{\text{DSB}} = \overline{s_{\text{DSB}}^2(t)} = \overline{[m(t)\cos(\omega_c t)]^2} = \frac{1}{2}\overline{m^2(t)} = P_s \qquad (3-2-10)$$

DSB 信号的平均功率只有边带功率 P_s，没有载波功率，因此 DSB 的调制效率为 100%。

3.2.3　单边带调制(SSB)

由于 DSB 的上、下两个边带是完全对称的，皆携带了基带信号 $m(t)$ 的全部信息，因此，从信息传输的角度来考虑，仅传输其中的一个边带就足够了。这样既可节省发送功率，还可节省传输带宽，这种方式称为单边带(Single Side Band，SSB)调制。

1. SSB 信号的产生和表达式

产生 SSB 信号的方法很多，其中最基本的方法有滤波法和相移法。

(1) 用滤波法实现单边带调制的原理图如图 3-8 所示，具体做法是先产生一个 DSB 信号，然后用边带滤波器滤掉一个边带，即可得到 SSB 信号。

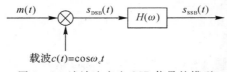

图 3-8　滤波法产生 SSB 信号的模型

在图 3-8 中，$H(\omega)$ 为边带滤波器的传输函数，其滤波特性如图 3-9 所示。若 $H(\omega)$ 为高通滤波器，则可产生上边带(Upper Side Band，USB)信号；若 $H(\omega)$ 为低通滤波器，则可产生下边带(Lower Side Band，LSB)信号。相应的 SSB 频谱如图 3-10 所示。

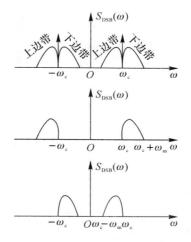

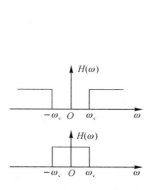

图 3 - 9　边带滤波器特性　　　　图 3 - 10　SSB 信号的频谱

单边带滤波器的传输函数有两种形式,上边带滤波器和下边带滤波器的传输函数分别为

$$H_{\text{USB}}(\omega) = \begin{cases} 1, |\omega| > \omega_c \\ 0, |\omega| \leqslant \omega_c \end{cases} \qquad (3-2-11)$$

$$H_{\text{LSB}}(\omega) = \begin{cases} 1, |\omega| < \omega_c \\ 0, |\omega| \geqslant \omega_c \end{cases} \qquad (3-2-12)$$

显然,SSB 信号的频谱为

$$S_{\text{SSB}}(\omega) = S_{\text{DSB}}(\omega) H_{\text{SSB}}(\omega) = \frac{1}{2} \big[M(\omega + \omega_c) + M(\omega - \omega_c) \big] H_{\text{SSB}}(\omega) \quad (3-2-13)$$

滤波法原理框图简洁、直观,但存在一个重要问题:基带信号通常含有丰富的低频分量,经调制后得到的 DSB 信号的上、下边带之间的间隔很窄,这就要求边带滤波器在载频 ω_c 处必须具有非常陡峭的截止特性,才能有效地抑制掉另一个边带,然而,这样的滤波器很难制作。为此,实际中往往采用多级调制的办法,即在低频上形成单边带信号,然后通过变频将频谱搬移到更高的载频上。

由图 3 - 10 可见,下边带 SSB 信号可以由一个 DSB 信号通过理想低通滤波器获得。因此,下边带信号可以表示为

$$S_{\text{SSB}}(\omega) = S_{\text{DSB}}(\omega) H_{\text{LSB}}(\omega) = \frac{1}{2} \big[M(\omega + \omega_c) + M(\omega - \omega_c) \big] H_{\text{LSB}}(\omega)$$

式中

$$H_{\text{LSB}}(\omega) = \frac{1}{2} \big[\text{sgn}(\omega + \omega_c) - \text{sgn}(\omega - \omega_c) \big] \qquad (3-2-14)$$

式中

$$\text{sgn}(\omega) = \begin{cases} 1, & \omega > 0 \\ -1, & \omega < 0 \end{cases} \tag{3-2-15}$$

将式(3-2-14)代入式(3-2-13),可得

$$S_{\text{SSB}}(\omega) = \frac{1}{4}\big[M(\omega+\omega_c) + M(\omega-\omega_c)\big] + \frac{1}{4}\big[M(\omega+\omega_c)\text{sgn}(\omega+\omega_c) - M(\omega-\omega_c)\text{sgn}(\omega-\omega_c)\big]$$

$$\tag{3-2-16}$$

由于

$$\frac{1}{4}\big[M(\omega+\omega_c) + M(\omega-\omega_c)\big] \Leftrightarrow \frac{1}{2}m(t)\cos(\omega_c t)$$

$$\frac{1}{4}\big[M(\omega+\omega_c)\text{sgn}(\omega+\omega_c) - M(\omega-\omega_c)\text{sgn}(\omega-\omega_c)\big] \Leftrightarrow \frac{1}{2}\hat{m}(t)\sin(\omega_c t)$$

式中,$\hat{m}(t)$ 为 $m(t)$ 的希尔伯特变换,$\hat{m}(t)$ 是将 $m(t)$ 的所有频率分量都移相 $-\pi/2$。若 $M(\omega)$ 是 $m(t)$ 的傅里叶变换,则有

$$\hat{M}(\omega) = M(\omega)\big[-\text{jsgn}\omega\big] \tag{3-2-17}$$

式(3-2-17)中的 $\big[-\text{jsgn}\omega\big]$ 可以看作希尔伯特滤波器传递函数,即

$$H_h(\omega) = \hat{M}(\omega)/M(\omega) = -\text{jsgn}\omega \tag{3-2-18}$$

故可得到下边带 SSB 的时域表达式为

$$s_{\text{LSB}}(t) = \frac{1}{2}m(t)\cos(\omega_c t) + \frac{1}{2}\hat{m}(t)\sin(\omega_c t) \tag{3-2-19}$$

同理可得到上边带 SSB 的时域表达式为

$$s_{\text{USB}}(t) = \frac{1}{2}m(t)\cos(\omega_c t) - \frac{1}{2}\hat{m}(t)\sin(\omega_c t) \tag{3-2-20}$$

因此,可将 SSB 信号的表达式统一写为

$$s_{\text{SSB}}(t) = \frac{1}{2}m(t)\cos(\omega_c t) \mp \frac{1}{2}\hat{m}(t)\sin(\omega_c t) \tag{3-2-21}$$

(2)用相移法实现单边带调制的原理图如图 3-11 所示,其原理是利用相移网络使 DSB 信号的上、下边带的相位符号相反,以便在合成过程中消除其中的一个边带。

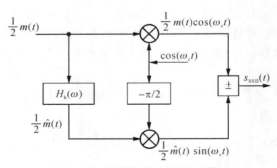

图 3-11 相移法产生 SSB 的模型

2. SSB 信号的带宽、功率和调制效率

(1)SSB 信号的频谱是 DSB 信号频谱的一个边带,因此 SSB 所需的传输带宽仅为 AM、DSB 的一半,即

$$B_{\text{SSB}} = \frac{1}{2} B_{\text{DSB}} = f_{\text{m}} \qquad (3-2-22)$$

式中,f_{m} 为调制信号的最高频率。

因此,SSB 方式在频谱拥挤的通信场合获得了广泛应用,尤其在短波通信和多路载波电话中占有重要的地位。

(2)SSB 信号的发送功率也应为 DSB 信号的一半,即

$$P_{\text{SSB}} = \frac{1}{2} P_{\text{DSB}} = \frac{1}{4} \overline{m^2(t)} \qquad (3-2-23)$$

当然,SSB 信号的平均功率可以直接按定义求出,即

$$P_{\text{SSB}} = \overline{s_{\text{SSB}}^2(t)} = \overline{\frac{1}{4} \left[m(t)\cos(\omega_c t) \mp \frac{1}{2}\hat{m}(t)\sin(\omega_c t) \right]^2} =$$
$$\frac{1}{4} \overline{\left[\frac{1}{2}m^2(t) + \frac{1}{2}\hat{m}^2(t) \mp 2m(t)\hat{m}(t)\cos(\omega_c t)\sin(\omega_c t) \right]} = \frac{1}{4} \overline{m^2(t)} \quad (3-2-24)$$

在式(3-2-24)中,由于 $m(t)$、$\cos(\omega_c t)$ 与 $\hat{m}(t)$、$\sin(\omega_c t)$ 各自正交,故其相乘之积的平均值为零,另外调制信号的平均功率与调制信号经移相后的信号,其功率是一样的,即

$$\frac{1}{2} \overline{m^2(t)} = \frac{1}{2} \overline{\hat{m}^2(t)}$$

(3)SSB 信号是由 DSB 信号通过带通滤波器实现的,其功率也只有边带功率,没有载波功率,因此 SSB 调制效率为 100%。

3.2.4　残留边带调制(VSB)

残留边带(Vestigial Side Band,VSB)调制是介于 SSB 与 DSB 之间的一种折中方式。它既克服了双边带信号占用频带宽的问题,又解决了单边带滤波器不易实现的难题。VSB 不像 SSB 那样完全抑制一个边带,而是逐渐截止,使被抑制的边带残留一小部分(见图 3-12)。

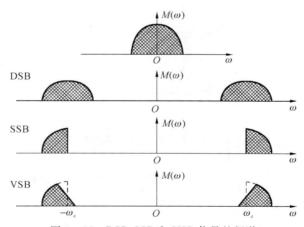

图 3-12　DSB、SSB 和 VSB 信号的频谱

1. VSB 滤波器特性

由于残留边带调制也是线性调制,所以 VSB 信号同样可以利用图 3-8 所示的滤波法产生,模型如图 3-13 所示。与 SSB 的模型图相比,两者的区别仅在于滤波器的特性不同。SSB

的滤波器必须在载频处具有陡峭的截止特性,而 VSB 的滤波器特性 $H_{VSB}(\omega)$ 只需在载频附近具有圆滑的滚降特性,因而比单边带滤波器容易制作。

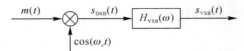

图 3 - 13　滤波法产生 VSB 信号的模型

为了保证接收端解调 VSB 信号时能够无失真地恢复基带信号 $m(t)$,要求残留边带滤波器特性 $H_{VSB}(\omega)$ 应在载频两边具有互补对称(奇对称)的滚降特性,即

$$H_{VSB}(\omega + \omega_c) + H_{VSB}(\omega - \omega_c) = 常数,\quad |\omega| \leqslant \omega_m \qquad (3 - 2 - 25)$$

式中,ω_m 为基带信号的截止频率。图 3 - 14 所示为满足该条件的典型实例,上边带残留的下边带滤波器的传递函数如图 3 - 14(a)所示,下边带残留的上边带滤波器的传递函数如图 3 - 14(b)所示。

根据图 3 - 1 所示的线性调制的一般模型,可以得到残留边带信号的频域表达式为

$$S_{VSB}(\omega) = S_{DSB}(\omega) H_{VSB}(\omega) = \frac{1}{2} \big[M(\omega + \omega_c) + M(\omega - \omega_c) \big] H_{VSB}(\omega) \quad (3 - 2 - 26)$$

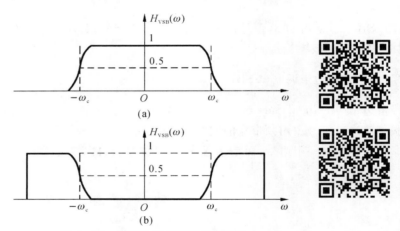

图 3 - 14　残留边带滤波器传输特性
(a)残留部分上边带;(b)残留部分下边带

2. VSB 特点与应用

(1)VSB 所需求的带宽比 SSB 仅有很小的增加,但却换来了电路实现的简化。

(2)VSB 在电视信号传输中得到了广泛的应用。这是因为电视图像信号的低频分量丰富,且占用 0~6 MHz 的频带范围,所以不便采用 SSB 或 DSB 调制方式。

3.2.5　相干解调与包络检波

解调(也称检波)是调制的逆过程,其作用是从接收的已调信号 $s_m(t)$ 中恢复出基带信号 $m(t)$。解调的方法可分为相干解调和非相干解调(如包络检波)两类。

1. 相干解调

相干解调也叫同步检波。相干解调器的数学模型如图 3 - 15 所示。它由相乘器和低通滤

波器(LPF)组成,适用于 AM、DSB、SSB 和 VSB 信号的解调。

图 3-15　相干解调器模型

例如,设接收的已调信号为 DSB 信号:

$$s_{\mathrm{m}}(t) = m(t)\cos(\omega_c t + \theta_0) \tag{3-2-27}$$

式中,θ_0 为载波初始相位(前面假定 $\theta_0(t)$ 为 0);ω_c 为载波角频率。

当接收端产生的本地载波 $\cos(\omega_0 t + \varphi_0)$ 与发送载波 $\cos(\omega_c t + \theta_0)$ 同频同相(即 $\omega_0 = \omega_c$,$\varphi_0 = \theta_0$)时,称为收发双方载波同步。这时,乘法器的输出为

$$x(t) = m(t)\cos^2(\omega_c t + \theta_0) = m(t) + \frac{1}{2}m(t)\cos(2\omega_c t + 2\theta_0) \tag{3-2-28}$$

用低通滤波器滤掉 $2\omega_c$ 分量后,解调输出为

$$m_{\mathrm{o}}(t) = \frac{1}{2}m(t) \tag{3-2-29}$$

可见,当载波同步时,接收机能无失真地恢复基带信号 $m(t)$。

若本地载波 $\cos(\omega_0 t + \varphi_0)$ 与发送载波 $\cos(\omega_c t + \theta_0)$ 同频不同相(即 $\omega_0 = \omega_c$,$\varphi_0 \neq \theta_0$)时,乘法器的输出为

$$x(t) = m(t)\cos(\omega_c t + \theta_0)\cos(\omega_c t + \varphi_0) = $$
$$m(t)\cos(\theta_0 + \varphi_0) + \frac{1}{2}m(t)\cos(2\omega_c t + \theta_0 + \varphi_0) \tag{3-2-30}$$

低通滤波器滤掉 $2\omega_c$ 分量后,解调输出为

$$m_{\mathrm{o}}(t) = \frac{1}{2}m(t)\cos(\theta_0 - \varphi_0) \tag{3-2-31}$$

式中,$(\theta_0 - \varphi_0)$ 称为载波同步误差(相位误差)。$(\theta_0 - \varphi_0) \neq 0$,使得 $\cos(\theta_0 - \varphi_0) < 1$,导致解调输出信号幅度衰减。若 $(\theta_0 - \varphi_0)$ 是一个随机量,则解调输出将产生失真。

上述表明,相干解调的关键是接收端必须提供一个与接收信号的载波严格同步(同频同相)的本地载波(称为相干载波)。否则,解调后将会使恢复的消息信号衰减,甚至会带来失真。

2.包络检波

包络检波是指从已调波的幅度中直接提取原消息信号。由于 AM 信号的包络与消息信号 $m(t)$ 的形状完全一样,所以包络检波适用于 AM 信号的解调。

包络检波器通常由整流器和低通滤波器组成。常用的二极管峰值包络检波器如图 3-16(b)所示。

当 AM 信号

$$s_{\mathrm{AM}}(t) = [A_0 + m(t)]\cos\omega_c t, \quad A_0 > |m(t)| \tag{3-2-32}$$

进入包络检波器时,由于二极管的单向导电特性,二极管在输入信号的每个高频周期的峰值附近导通,所以检波输出波形与输入信号包络形状相同,如图 3-16(c)所示。事实上,检波器的输出波形会出现频率为 f_c 的波纹,但只要适当选择 RC 的数值,使其与消息信号最高频率 f_{m}

和载波频率 f_c 满足如下关系：

$$f_{\mathrm{m}} \ll \frac{1}{RC} \ll f_{\mathrm{c}} \qquad (3-2-33)$$

则波纹就不会太明显，并且还可用低通滤波器加以平滑，因此检波输出信号近似为

$$m_{\mathrm{o}}(t) = A_0 + m(t) \qquad (3-2-34)$$

在隔掉直流 A_0 [见图 3-16(c)中虚线]后，可还原消息信号 $m(t)$。

包络检波器的电路简单，不需要相干载波，因而 AM 接收机几乎无例外地采用这种电路。

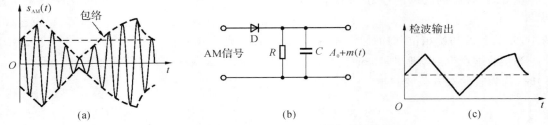

图 3-16 AM 信号通过包络检波器及其输出波形
(a)AM 信号；(b)包络检波器原理电路；(c)检波器输出波形

【例 3-3】 消息信号 $m(t)$ 的波形如图 3-17 所示，试画出 DSB 信号及其通过包络检波器后的波形，并与图 3-16 中的 AM 信号通过包络检波器后的波形进行比较。

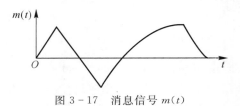

图 3-17 消息信号 $m(t)$

解：DSB 信号可表示为

$$s_{\mathrm{DSB}}(t) = m(t)\cos\omega_{\mathrm{c}}t$$

其波形及其通过包检后的波形分别如图 3-18(a)(b)所示。

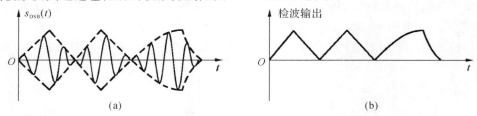

图 3-18 DSB 信号及其通过包检后的波形

注意：DSB 信号的检波输出不再是消息信号 $m(t)$ 的模样，这表示 DSB 信号不能直接采用包络检波；而 AM 信号在满足 $|m(t)|_{\max} \leqslant A_0$ 的情况下可采用包络检波恢复 $m(t)$。

3.3　线性调制系统的抗噪性能

前几节的分析都是在没有噪声的条件下进行的。实际上,任何通信系统都避免不了噪声的影响。从第 2 章的有关信道和噪声的内容可知,通信系统常把信道加性噪声中的热噪声作为研究对象。而热噪声是一种高斯白噪声。因此,本节将简要讨论在加性高斯白噪声干扰下,各种模拟调制系统的抗噪声性能。

3.3.1　通信系统抗噪声性能分析模型

1. 分析模型

由于信道加性噪声主要对已调信号的接收产生影响,所以调制系统的抗噪声性能可用解调器的抗噪声性能来衡量。抗噪声能力通常用"信噪比"度量。信噪比是指信号平均功率与噪声平均功率之比。分析模型如图 3-19 所示。

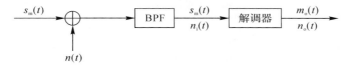

图 3-19　分析解调器抗噪声性能的模型

在图 3-19 中,$s_m(t)$ 为已调信号;$n(t)$ 为信道加性高斯白噪声;带通滤波器(BPF)的作用是滤除已调信号频带以外的噪声,因此,经过 BPF 到达解调器输入端的信号仍可认为是$s_m(t)$,而噪声 $n_i(t)$ 为窄带高斯噪声。解调器可以是相干解调器或包络检波器,其输出的有用信号为 $m_o(t)$,噪声为 $n_o(t)$。

对于不同的调制系统,将有不同形式的信号 $s_m(t)$,而解调器输入端的噪声 $n_i(t)$ 都是用带通型噪声表示,它是由平稳高斯白噪声经过带通滤波器得到的。当带通滤波器带宽远小于其中心频率 ω_0 时,$n_i(t)$ 即为平稳高斯窄带噪声,它的表达式为

$$n_i(t) = n_c(t)\cos\omega_0 t - n_s(t)\cos\omega_0 t \qquad (3-3-1)$$

由第 2 章所讲的知识知道窄带噪声 $n_i(t)$ 及其同相分量 $n_c(t)$ 和正交分量 $n_s(t)$ 均具有相同的均值(0)和方差(平均功率),即

$$\overline{n_i^2(t)} = \overline{n_c^2(t)} = \overline{n_s^2(t)} = N_i \qquad (3-3-2)$$

式中,N_i 是解调器输入噪声 $n_i(t)$ 的平均功率。

若假设 $n(t)$ 的单边功率谱密度为 n_0,带通滤波器的传输特性 $H(f)$ 是高度为 1、带宽为 B 的理想矩形函数(见图 3-20),则有

$$N_i = n_0 B \qquad (3-3-3)$$

式(3-3-3)对于各种调制方式都成立,只是带宽 B 的大小不同而已。为了保证信号无失真通过的同时,又能最大限度地抑制噪声,B 应等于已调信号的频带宽度。

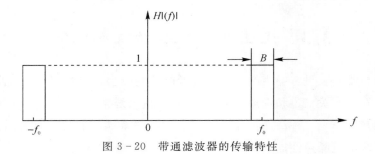

图 3-20 带通滤波器的传输特性

2. 性能指标

模拟通信系统的抗噪声性能(即可靠性),就是已调信号在信道中只有窄带噪声加性干扰,而无任何其他失真,常用接收机最终的输出信噪比来度量。定义解调器输出信噪比为

$$\frac{S_o}{N_o} = \frac{解调器输出信号的平均功率}{解调器输出噪声的平均功率} = \frac{\overline{m_o^2(t)}}{\overline{n_i^2(t)}} \tag{3-3-4}$$

其值与调制方式有关,也与解调方式有关。在一定的输入信号功率和噪声功率谱密度条件下,输出信噪比越大,说明系统的抗噪声性能越好。另外,为了反映某种解调器对信噪比的改善能力,还可引入信噪比增益(也叫制度增益),它定义为

$$G = \frac{S_o/N_o}{S_i/N_i} \tag{3-3-5}$$

式中,S_i/N_i 为解调器输入信噪比,表示为

$$\frac{S_i}{N_i} = \frac{解调器输入已调信号的平均功率}{解调器输入噪声的平均功率} = \frac{\overline{s_m^2(t)}}{\overline{n_i^2(t)}} \tag{3-3-6}$$

下面在给定已调信号 $s_m(t)$ 及单边噪声功率谱密度 n_0 的条件下,针对几种调制方式,具体分析它们的抗噪声能力。

3.3.2 线性调制相干解调的抗噪声性能

线性调制相干解调时接收系统的一般模型如图 3-21 所示。相干解调属于线性解调,故在解调过程中,输入信号和噪声可以单独解调。

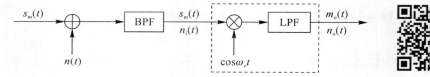

图 3-21 线性调制相干解调的抗噪声性能分析模型

1. DSB 和 SSB 调制系统抗噪性能分析

设解调器的输入已调信号 $s_m(t)$ 分别为

DSB 信号:
$$s_m(t) = m(t)\cos\omega_c t \tag{3-3-7}$$

SSB 信号:
$$s_m(t) = \frac{1}{2}m(t)\cos\omega_c t \mp \frac{1}{2}\hat{m}(t)\sin\omega_c t \tag{3-3-8}$$

它与相干载波 $\cos\omega_c t$ 相乘,得

对于 DSB:
$$m(t)\cos^2\omega_c t = \frac{1}{2}m(t) + \frac{1}{2}m(t)\cos 2\omega_c t \tag{3-3-9}$$

对于 SSB：

$$\frac{1}{2}m(t)\cos\omega_c^2 t \mp \frac{1}{2}m(t)\sin\omega_c t\cos\omega_c t = \frac{1}{4}m(t) + \frac{1}{4}m(t)\cos2\omega_c t \mp \frac{1}{4}\hat{m}(t)\sin2\omega_c t$$

$$(3-3-10)$$

再经低通滤波器(LPF)滤去 $2\omega_c$ 分量后，得到解调输出为

对于 DSB：

$$m_o(t) = \frac{1}{2}m(t) \tag{3-3-11}$$

对于 SSB：

$$m_o(t) = \frac{1}{4}m(t) \tag{3-3-12}$$

因此，输出信号平均功率为

对于 DSB：

$$S_o = \overline{m_o^2(t)} = \frac{1}{4}\overline{m^2(t)} \tag{3-3-13}$$

对于 SSB：

$$S_o = \overline{m_o^2(t)} = \frac{1}{16}\overline{m^2(t)} \tag{3-3-14}$$

解调器的输入噪声 $n_i(t)$ 可表示为同相分量 $n_c(t)$ 与正交分量 $n_s(t)$ 的组合形式：

$$n_i(t) = n_c(t)\cos\omega_c t - n_s(t)\sin\omega_c t \tag{3-3-15}$$

它与相干载波 $\cos\omega_c t$ 相乘后的结果为

$$n_i(t)\cos\omega_c t = [n_c(t)\cos\omega_c t - n_s(t)\sin\omega_c t]\cos\omega_c t = \frac{1}{2}n_c(t) +$$

$$\frac{1}{2}[n_c(t)\cos2\omega_c t - n_s(t)\sin2\omega_c t] \tag{3-3-16}$$

经过低通滤除 $2\omega_c$ 分量后，解调器输出噪声为

$$n_o(t) = \frac{1}{2}n_c(t) \tag{3-3-17}$$

输出噪声的平均功率为

$$N_o = \overline{n_o^2(t)} = \frac{1}{4}\overline{n_c^2(t)} \tag{3-3-18}$$

因为窄带噪声 $n_i(t)$ 及其同相分量 $n_c(t)$ 和正交分量 $n_s(t)$ 具有相同的平均功率，即

$$\overline{n_i^2(t)} = \overline{n_c^2(t)} = \overline{n_s^2(t)} = N_i \tag{3-3-19}$$

所以有

$$N_o = \frac{1}{4}N_i = \frac{1}{4}n_0 B \tag{3-3-20}$$

注意：式(3-3-20)对于各种线性调制采用相干解调时都成立。只是在接收 DSB 信号时 $B=2f_m$，在接收 SSB 信号时 $B=f_m$ 而已。

由式(3-3-13)、式(3-3-14)和式(3-3-20)可得解调器的输出信噪比为

对于 DSB：

$$\frac{S_o}{N_o} = \frac{\frac{1}{4}\overline{m^2(t)}}{\frac{1}{4}N_i} = \frac{\overline{m^2(t)}}{n_0 B} \tag{3-3-21}$$

对于 SSB：

$$\frac{S_o}{N_o} = \frac{\frac{1}{16}\overline{m^2(t)}}{\frac{1}{4}n_0 B} = \frac{\overline{m^2(t)}}{4n_0 B} \tag{3-3-22}$$

解调器输入信号的平均功率可由 $s_m(t)$ 的均方值求得：

对于 DSB：
$$S_i = \overline{s_m^2(t)} = \overline{\left[m(t)\cos\omega_c t\right]^2} = \frac{1}{2}\overline{m^2(t)} \qquad (3-3-23)$$

对于 SSB：
$$S_i = \overline{s_m^2(t)} = \frac{1}{4}\overline{\left[m(t)\cos\omega_c t \mp \hat{m}(t)\sin\omega_c t\right]^2} = \frac{1}{4}\left[\overline{m^2(t)}/2 + \overline{\hat{m}^2(t)}/2\right]$$
$$(3-3-24)$$

因为 $m(t)$ 与 $\hat{m}(t)$ 仅相位不同，而幅度相同，所以两者具有相同的平均功率。故式(3-3-24)变为
$$S_i = \frac{1}{4}\overline{m^2(t)} \qquad (3-3-25)$$

解调器输入噪声的平均功率与式(3-3-3)相同，即
$$N_i = n_0 B \qquad (3-3-26)$$

因此，解调器的输入信噪比为

对于 DSB：
$$\frac{S_i}{N_i} = \frac{\frac{1}{2}\overline{m^2(t)}}{n_0 B} = \frac{\overline{m^2(t)}}{2n_0 B} \qquad (3-3-27)$$

对于 SSB：
$$\frac{S_i}{N_i} = \frac{\frac{1}{4}\overline{m^2(t)}}{n_0 B} = \frac{\overline{m^2(t)}}{4n_0 B} \qquad (3-3-28)$$

信噪比增益为
$$G_{DSB} = \frac{S_o/N_o}{S_i/N_i} = 2 \qquad (3-3-29)$$

$$G_{SSB} = \frac{S_o/N_o}{S_i/N_i} = 1 \qquad (3-3-30)$$

注意：

(1)DSB 的制度增益为 2，即解调器输出信噪比是输入信噪比的 2 倍，这说明 DSB 信号的解调器使信噪比改善了一倍。这是因为当采用相干解调过程时，抑制噪声中的正交分量使噪声功率降低到一半。

(2)SSB 的制度增益为 1，表示信噪比没有改善。这是因为 SSB 信号和噪声有相同表示形式（同相和正交），在相干解调过程中，同时抑制了信号和噪声的正交分量，故信噪比不会得到改善。

(3)DSB 解调器的调制度增益是 SSB 的 2 倍。但这不能说明双边带调制系统的抗噪性能优于单边带系统，因为在上述分析中，两者的输入信号功率、输入噪声功率和带宽不同。如果在给定相同的输入信号功率 S_i、相同的噪声功率谱密度 n_0 和相同的基带信号带宽 f_m 条件下，DSB 和 SSB 在解调器输出端的信噪比是相等的，即两者的抗噪声性能一样。证明过程如下：

$$\left(\frac{S_o}{N_o}\right)_{DSB} = G\left(\frac{S_i}{N_i}\right)_{DSB} = 2\frac{S_i}{n_0 B_{DSB}} = 2\frac{S_i}{n_0 2f_m} = \frac{S_i}{n_0 f_m} \qquad (3-3-31)$$

$$\left(\frac{S_o}{N_o}\right)_{SSB} = G\left(\frac{S_i}{N_i}\right)_{SSB} = 1\frac{S_i}{n_0 B_{SSB}} = \frac{S_i}{n_0 f_m} \qquad (3-3-32)$$

2. AM 相干解调的抗噪性能分析

设解调器的输入已调信号 $s_m(t)$ 为

AM 信号：
$$s_m(t) = \left[A_0 + m(t)\right]\cos\omega_c t \qquad (3-3-33)$$

它与相干载波 $\cos\omega_c t$ 相乘，得

AM 信号： $[A_0 + m(t)]\cos^2\omega_c t = \dfrac{1}{2}[A_0 + m(t)] + \dfrac{1}{2}[A_0 + m(t)]\cos 2\omega_c t$ （3 - 3 - 34）

再经低通滤波器（LPF）滤去 $2\omega_c$ 分量后，可得

$$\frac{1}{2}[A_0 + m(t)]$$

最后通过隔直通交滤去直流分量 A_0，得到解调输出为

$$m_o(t) = \frac{1}{2}m(t) \qquad （3 - 3 - 35）$$

因此，输出信号平均功率为

$$S_o = \overline{m_o^2(t)} = \frac{1}{4}\,\overline{m^2(t)}$$

解调器输入信号的平均功率为

$$S_i = \overline{s_m^2(t)} = \overline{\{[A_0 + m(t)]\cos\omega_c t\}^2}$$
$$= \frac{1}{2}\,\overline{A_0^2 + m^2(t)} \qquad （3 - 3 - 36）$$

AM 信号相干解调器的输入噪声与输出噪声的功率和 DSB、SSB 相同，即

$$N_o = \frac{1}{4}N_i = \frac{1}{4}n_0 B \qquad （3 - 3 - 37）$$

因此，解调器的输入信噪比为

$$\frac{S_i}{N_i} = \frac{\overline{A_0^2 + m^2(t)}}{2n_0 B} \qquad （3 - 3 - 38）$$

解调器的输出信噪比为

$$\frac{S_o}{N_o} = \frac{\overline{m^2(t)}}{n_0 B} \qquad （3 - 3 - 39）$$

因此信噪比增益为

$$G_{AM} = \frac{S_o/N_o}{S_i/N_i} = \frac{2\,\overline{m^2(t)}}{\overline{A_0^2 + m^2(t)}} \qquad （3 - 3 - 40）$$

3. VSB 调制系统抗噪性能

VSB 调制系统抗噪性能的分析方法与上面类似，但是，由于所采用的残留边带滤波器的频率特性形状可能不同，所以抗噪性能的计算比较复杂。但在残留边带滤波器滚降范围不大时，可将 VSB 信号近似地看成是 SSB 信号，此时，VSB 调制系统的抗噪性能与 SSB 系统相同。

3.3.3 AM 包络检波的抗噪声性能

AM 信号虽可采用相干解调，但最常用的解调方法是包络检波（非相干解调），其分析模型如图 3 - 22 所示。

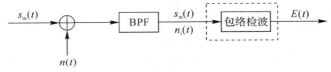

图 3 - 22 AM 包络检波的抗噪声性能分析模型

设 AM 信号为

$$s_m(t) = [A_0 + m(t)]\cos\omega_c t \qquad (3-3-41)$$

式中，调制信号 $m(t)$ 的均值为 0，且满足 $|m(t)|_{max} \leqslant A_0$ 的条件。

其输入信噪比〔见式(3-3-38)〕为

$$\frac{S_i}{N_i} = \frac{A_0^2 + \overline{m^2(t)}}{n_0 B}$$

包络检波器输入是信号加噪声的合成波形，即

$$s_m(t) + n_i(t) = [A_0 + m(t) + n_c(t)]\cos\omega_c t - n_s(t)\sin\omega_c t = E(t)\cos[\omega_c t + \psi(t)] \qquad (3-3-42)$$

其中

$$E(t) = \sqrt{[A_0 + m(t) + n_c(t)]^2 + n_s^2(t)} \qquad (3-3-43)$$

为合成波的包络，也是理想包络检波器的输出。

由式(3-3-43)可知，检波输出 $E(t)$ 中的信号与噪声存在非线性关系。为了便于分析，考虑以下两种特殊的输入情况。

1. 大信噪比情况 $\left[A_0 + m(t) \gg \sqrt{n_c^2(t) + n_s^2(t)}\right]$

大信噪比是指输入信号幅度远大于噪声幅度，因而式(3-3-43)可简化为

$$E(t) = \sqrt{[A_0 + m(t)]^2 + 2[A_0 + m(t)]n_c(t) + n_c^2(t) + n_s^2(t)} \approx$$
$$\sqrt{[A_0 + m(t)]^2 + 2[A_0 + m(t)]n_c(t)} \approx$$
$$[A_0 + m(t)]\left[1 + \frac{2n_c(t)}{A_0 + m(t)}\right]^{\frac{1}{2}} \qquad (3-3-44)$$

利用近似公式 $(1+x)^{\frac{1}{2}} \approx 1 + \frac{x}{2}(|x| \ll 1)$ 将 $E(t)$ 进一步简化为

$$E(t) \approx [A_0 + m(t)]\left[1 + \frac{n_c(t)}{A_0 + m(t)}\right] = A_0 + m(t) + n_c(t) \qquad (3-3-45)$$

由于直流 A_0 被电容器阻隔，输出有用信号 $m(t)$ 与噪声 $n_c(t)$ 独立地分成两项，所以可分别算出输出信号功率和噪声功率：

$$S_o = \overline{m^2(t)} \qquad (3-3-46)$$

$$N_o = \overline{n_c^2(t)} = \overline{n_i^2(t)} = n_0 B \qquad (3-3-47)$$

因此，输出信噪比为

$$\frac{S_o}{N_o} = \frac{\overline{m^2(t)}}{n_0 B} \qquad (3-3-48)$$

信噪比增益为

$$G_{AM} = \frac{S_o/N_o}{S_i N_i} = \frac{2\overline{m^2(t)}}{A_0^2 + \overline{m^2(t)}} \qquad (3-3-49)$$

注意：

(1)可以看出，在大信噪比情况下，G_{AM} 随 A_0 的减小而增加。但是，为了不发生过调幅现象，应有 $|m(t)|_{max} \leqslant A_0$，因此 G_{AM} 总小于 1。例如，对于 100% 调制（即 $A_0 = |m(t)|_{max}$），当 $m(t)$ 为单频正（余）弦信号时，AM 的最大信噪比增益为 $G_{AM} = 2/3$，这说明解调器对输入信噪比没有改善，而是恶化了。

(2)式(3 - 3 - 40)与式(3 - 3 - 49)相同。这说明,在大信噪比时,AM 采用包络检波时的性能与相干解调时的性能几乎一样。但后者的调制度增益不受信号与噪声相对幅度假设条件的限制。

2. 小信噪比情况$\left[A_0 + m(t) \ll \sqrt{n_c^2(t) + n_s^2(t)}\right]$

此时,噪声幅度远大于输入信号幅度,因此式(3 - 3 - 43)可简化为

$$E(t) = \sqrt{\left[A_0 + m(t)\right]^2 + 2\left[A_0 + m(t)\right]n_c(t) + n_c^2(t) + n_s^2(t)} \approx$$
$$\sqrt{n_c^2(t) + n_s^2(t) + 2\left[A_0 + m(t)\right]n_c(t)} \approx$$
$$\sqrt{n_c^2(t) + n_s^2(t)\left\{1 + \frac{2\left[A_0 + m(t)\right]n_c(t)}{n_c^2(t) + n_s^2(t)}\right\}} =$$
$$R(t)\sqrt{1 + \frac{2\left[A_0 + m(t)\right]}{R(t)}\cos\theta(t)} \tag{3 - 3 - 50}$$

式中,$R(t) = \sqrt{n_c^2(t) + n_s^2(t)}$;

$$\theta(t) = \arctan\left[\frac{n_s(t)}{n_c(t)}\right];$$

$$\cos\theta(t) = \frac{n_c(t)}{R(t)}。$$

因为 $R(t) \gg A_0 + m(t)$,可再利用数学近似公式把式 $E(t)$ 进一步表示为

$$E(t) \approx R(t)\sqrt{1 + \frac{A_0 + m(t)}{R(t)}\cos\theta(t)} = R(t) + \left[A_0 + m(t)\right]\cos\theta(t) \tag{3 - 3 - 51}$$

式中,$R(t)$ 及 $\theta(t)$ 分别为噪声 $n_i(t)$ 的包络及相位。可见,检波输出 $E(t)$ 中不存在与信号 $m(t)$ 成正比的项,此时包络检波器不能正常解调,输出信噪比将随输入信噪比下降而急剧下降,这种现象称为解调器的门限效应。在出现门限效应时所对应的临界输入信噪比(S_i/N_i)的值称为门限值。

【例 3 - 4】　发送端调制信号 $m(t)$ 幅度为 $A_m = 1$ V,频率 $f_m = 10$ kHz,现分别用 $\beta_{AM} = 0.5(\beta_{AM} = A_m/A_0)$ 的 AM 调制、DSB 和 SSB 传输。已知信道衰减为 -40 dB,接收端和输入端白噪声功率谱(单边)为 $n_0 = 10^{-10}$ W/Hz。

(1)求各种调制输入端信噪比;

(2)计算各解调输出信噪比;

(3)计算 AM 调制度增益 G。

解:(1)计算输入信噪比。

AM:由于 $\beta_{AM} = 0.5$,则有

$$A_0 = 2A_m = 2 \text{ V}$$

$$S_i = \frac{1}{2}\left[A_0^2 + \overline{m^2(t)}\right] = \frac{1}{2}\left(2^2 + \frac{1}{2}\right) \times 10^{-4} = 0.225(\text{mW})$$

$$N_i = n_0 B_{AM} = 2n_0 f_m = 2 \times 10^{-10} \times 10^4 = 2 \times 10^{-6}(\text{W})$$

$$\left(\frac{S_i}{N_i}\right)_{AM} = 112.5 \quad (\text{即 } 20.5 \text{ dB})$$

DSB:

$$S_i = \frac{\overline{m^2(t)}}{2} = 0.025 \text{ mW}$$

$$N_i = (N_i)_{AM} = 2 \times 10^{-6} \text{ W}$$

$$\left(\frac{S_i}{N_i}\right)_{AM} = 12.5 \quad (\text{即 } 11 \text{ dB})$$

SSB：

$$S_i = \overline{m^2(t)} = 0.05 \text{ mW}$$

$$N_i = n_0 B_{SSB} = n_0 f_m = 10^{-10} \times 10^4 = 10^{-6} (\text{W})$$

$$\left(\frac{S_i}{N_i}\right)_{SSB} = 50 \quad (\text{即 } 17 \text{ dB})$$

(2)计算输出信噪比。

AM：

$$S_o = \overline{m^2(t)} = \frac{1}{2} \times 10^{-4} = 0.05 \ (\text{mW})$$

$$N_o = n_0 B_{AM} = 2n_0 f_m = 2 \times 10^{-10} \times 10^4 = 2 \times 10^{-6} (\text{W})$$

$$\left(\frac{S_o}{N_o}\right)_{AM} = 25 \quad (\text{即 } 14 \text{ dB})$$

DSB：

$$\left(\frac{S_o}{N_o}\right)_{DSB} = G_{DSB} \left(\frac{S_i}{N_i}\right)_{DSB} = 2 \times 12.5 = 25$$

SSB：

$$\left(\frac{S_o}{N_o}\right)_{SSB} = G_{SSB} \left(\frac{S_i}{N_i}\right)_{SSB} = 1 \times 50 = 50$$

(3)AM 增益：

$$G_{AM} = \frac{S_o/N_o}{S_i/N_i} = 0.222$$

3.4 角度调制(非线性调制)原理

模拟调制有线性调制和非线性调制 2 种方式。非线性调制与线性调制存在以下不同。

(1)非线性调制中已调信号的频谱与调制信号的频谱之间不存在线性关系，产生与频谱搬移不同的新的频率分量；线性调制中已调信号的频谱为调制信号的频谱搬移及线性变换。

(2)线性调制是通过改变载波的振幅实现调制信号的频谱搬移；而非线性调制是通过改变载波的频率或相位来实现调制信号的频谱搬移，即载波的振幅不变，而载波的频率或相位随基带信号变化。

因为频率或相位的变化都可以看成是载波角度的变化，故调频和调相又统称为角度调制。

3.4.1 角度调制的基本概念

正弦载波有幅度、频率和相位 3 个基本参量。消息信号不仅可以"放到"载波的幅度上，还可以"放到"载波的频率或相位上，分别称为频率调制(Frequency Modulation，FM)和相位调制(Phase Modulation，PM)，简称调频和调相，统称角度调制。

因此，角度调制信号的一般表达式为

$$s_{\mathrm{m}}(t) = A\cos[\omega_{\mathrm{c}}t + \varphi(t)] = A\cos\theta(t) \tag{3-4-1}$$

式中，A 是载波的恒定振幅；$\theta(t) = [\omega_{\mathrm{c}}t + \varphi(t)]$ 是信号的瞬时相位；$\varphi(t)$ 是相对于载波相位 $\omega_{\mathrm{c}}t$ 的瞬时相位偏移；$\omega(t) = \mathrm{d}\theta(t)/\mathrm{d}t = \mathrm{d}[\omega_{\mathrm{c}}t + \varphi(t)]/\mathrm{d}t$ 是信号的瞬时角频率，而 $\mathrm{d}\varphi(t)/\mathrm{d}t$ 是相对于载频 ω_{c} 的瞬时角频偏。

1. 调相

调相是指瞬时相位偏移随着消息信号 $m(t)$ 作线性变化，即

$$\varphi(t) = K_{\mathrm{p}}m(t) \tag{3-4-2}$$

式中，K_{p} 为调相灵敏度，单位是 rad/V，是单位调制信号幅度引起 PM 信号的相位偏移量。可得调相信号的表达式为

$$s_{\mathrm{PM}}(t) = A\cos[\omega_{\mathrm{c}}t + K_{\mathrm{p}}m(t)] \tag{3-4-3}$$

其瞬时相位为

$$\theta(t) = \omega_{\mathrm{c}}t + K_{\mathrm{p}}m(t) \tag{3-4-4}$$

瞬时角频率为

$$\omega(t) = \omega_{\mathrm{c}} + K_{\mathrm{p}}\frac{\mathrm{d}m(t)}{\mathrm{d}t} \tag{3-4-5}$$

2. 调频

调频是指瞬时频率偏移随着消息信号 $m(t)$ 成比例变化，即

$$\frac{\mathrm{d}\varphi(t)}{\mathrm{d}t} = K_{\mathrm{f}}m(t) \tag{3-4-6}$$

式中，K_{f} 为调频灵敏度，单位是 rad/(s·V)，是由调制结构电路确定的每输入单位幅度信号所引起的已调波频率偏移量。这时相位偏移为

$$\varphi(t) = K_{\mathrm{f}}\int m(\tau)\mathrm{d}\tau \tag{3-4-7}$$

代入式(3-4-1)，可得调频信号的一般表达式为

$$s_{\mathrm{FM}}(t) = A\cos\left[\omega_{\mathrm{c}}t + K_{\mathrm{f}}\int m(\tau)\mathrm{d}\tau\right] \tag{3-4-8}$$

其瞬时相位为

$$\theta(t) = \omega_{\mathrm{c}}t + K_{\mathrm{f}}\int m(\tau)\mathrm{d}\tau \tag{3-4-9}$$

瞬时角频率为

$$\omega(t) = \omega_{\mathrm{c}} + K_{\mathrm{f}}m(t) \tag{3-4-10}$$

3. PM 与 FM 的关系

观察式(3-4-3)和式(3-4-8)可知，PM 与 FM 的区别仅在于，PM 是相位偏移随 $m(t)$ 作线性变化，FM 是相位偏移随 $m(t)$ 的积分作线性变化。这说明，PM 与 FM 之间存在内在联系，即微积分关系。若将消息信号 $m(t)$ 微分后，再对载波进行调频，则可得 PM 信号，这种方式叫间接调相；同样若将消息信号 $m(t)$ 积分后，再对载波进行调相，则可得 FM 信号，这种方式叫间接调频。图 3-23 给出了 FM 与 PM 之间的关系。

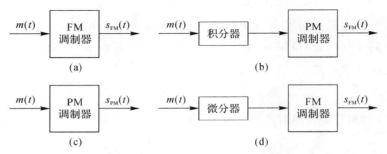

图 3 - 23　PM 与 FM 之间的关系

(a)直接调频;(b)间接调频;(c)直接调相;(d)间接调相

由于 FM 与 PM 有这种密切的关系,所以可以对两者进行统一分析。鉴于目前 FM 方式应用较广,下面主要讨论频率调制。

4.单音调制 FM 与 PM

设单音(单频)正弦消息信号为

$$m(t) = A_{\mathrm{m}}\cos\omega_{\mathrm{m}}t = A_{\mathrm{m}}\cos2\pi f_{\mathrm{m}}t \tag{3-4-11}$$

当它对载波进行相位调制时,由式(3-4-3)可得 PM 信号为

$$s_{\mathrm{PM}}(t) = A\cos(\omega_{\mathrm{c}}t + K_{\mathrm{p}}A_{\mathrm{m}}\cos\omega_{\mathrm{m}}t) = A\cos(\omega_{\mathrm{c}}t + m_{\mathrm{p}}\cos\omega_{\mathrm{m}}t) \tag{3-4-12}$$

式中,$m_{\mathrm{p}} = K_{\mathrm{p}}A_{\mathrm{m}}$ 称为调相指数,表示最大的相位偏移。

如果进行频率调制,则由式(3-4-8)可得 FM 信号为

$$s_{\mathrm{FM}}(t) = A\cos\left(\omega_{\mathrm{c}}t + K_{\mathrm{f}}A_{\mathrm{m}}\int\cos\omega_{\mathrm{m}}\tau\mathrm{d}\tau\right) = A\cos(\omega_{\mathrm{c}}t + m_{\mathrm{f}}\sin\omega_{\mathrm{m}}t) \tag{3-4-13}$$

式中

$$m_{\mathrm{f}} = \frac{A_{\mathrm{m}}K_{\mathrm{f}}}{\omega_{\mathrm{m}}} = \frac{\Delta\omega}{\omega_{\mathrm{m}}} = \frac{\Delta f}{f_{\mathrm{m}}} \tag{3-4-14}$$

称为调频指数,它是关乎调频系统性能的一个重要参数,表示最大相位偏移,其中 $\Delta\omega = K_{\mathrm{f}}A_{\mathrm{m}}$,为最大角频偏;$\Delta f = m_{\mathrm{f}}f_{\mathrm{m}}$,为最大频偏;$f_{\mathrm{m}}$ 为调制频率。

3.4.2　窄带调频和宽带调频

根据调制后已调相位的瞬时相位偏移的大小,可将角度调制分为窄带调频和宽带调频。窄带调频与宽带调频的区分并无严格的界限,但通常认为由调频或调相所引起的最大瞬时相位偏移远小于 30°,即当满足条件

$$\left| K_{\mathrm{f}}\int m(\tau) \right| \ll \frac{\pi}{6} \quad (\text{或 } 0.5) \tag{3-4-15}$$

时,则称为窄带调频(NBFM)。当上述条件不满足时,就称为宽带调频(WBFM)。

1.窄带调频(NBFM)

将 FM 的一般表达式(3-4-8)展开,可得

$$s_{\mathrm{FM}}(t) = A\cos\left[\omega_{\mathrm{c}}t + K_{\mathrm{f}}\int m(\tau)\mathrm{d}\tau\right] = A\cos\omega_{\mathrm{c}}t\cos\left[K_{\mathrm{f}}\int m(\tau)\mathrm{d}\tau\right] - A\sin\omega_{\mathrm{c}}t\sin\left[K_{\mathrm{f}}\int m(\tau)\mathrm{d}\tau\right]$$

$$\tag{3-4-16}$$

当满足式(3 - 4 - 15)的条件时,有

$$\cos\left[K_f\int m(\tau)d\tau\right] \approx 1$$

$$\sin\left[K_f\int m(\tau)d\tau\right] \approx K_f\int m(\tau)d\tau$$

故式(3 - 4 - 16)可化简为

$$s_{NBFM}(t) \approx A\cos\omega_c t - \left[AK_f\int m(\tau)d\tau\right]\sin\omega_c t \qquad (3 - 4 - 17)$$

利用傅里叶变换公式

$$m(t) \Leftrightarrow M(\omega)$$

$$\cos\omega_c t \Leftrightarrow \pi\left[\delta(\omega+\omega_c)+\delta(\omega-\omega_c)\right]$$

$$\sin\omega_c t \Leftrightarrow j\pi\left[\delta(\omega+\omega_c)-\delta(\omega-\omega_c)\right]$$

$$\int m(t)dt \Leftrightarrow \frac{M(\omega)}{j\omega} \quad [\text{设 } m(t) \text{ 的均值为 } 0]$$

$$\left[\int m(t)dt\right]\sin\omega_c t \Leftrightarrow \frac{1}{2}\left[\frac{M(\omega+\omega_c)}{\omega+\omega_c}-\frac{M(\omega-\omega_c)}{\omega-\omega_c}\right]$$

可得 NBFM 信号的频域表达式为

$$S_{NBFM}(\omega) = \pi A\left[\delta(\omega+\omega_c)+\delta(\omega-\omega_c)\right]+\frac{AK_f}{2}\left[\frac{M(\omega-\omega_c)}{\omega-\omega_c}-\frac{M(\omega+\omega_c)}{\omega+\omega_c}\right]$$

$$(3 - 4 - 18)$$

式(3 - 4 - 17)和式(3 - 4 - 18)是 NBFM 信号的时域和频域的一般表达式。将式(3 - 4 - 18)与 AM 信号的频谱

$$S_{AM}(\omega) = \pi A\left[\delta(\omega+\omega_c)+\delta(\omega-\omega_c)\right]+\frac{1}{2}\left[M(\omega+\omega_c)+M(\omega-\omega_c)\right]$$

相比较,容易看出:两者都含有一个载波和位于 $\pm\omega_c$ 处的两个边带,因此它们的带宽相同,都是调制信号最高频率的两倍。不同的是,NBFM 的两个边频分别与因式 $1/(\omega+\omega_c)$ 和 $1/(\omega-\omega_c)$ 相乘,由于因式是频率函数,所以这种加权是频率加权,加权的结果引起调制信号频谱的失真。另外,NBFM 的一个边带与 AM 相反。

下面讨论单音频调制的特殊情况,设调制信号为

$$m(t) = A_m\cos\omega_m t$$

则 NBFM 信号为

$$s_{NBFM}(t) \approx A\cos\omega_c t - \left[AK_f\int m(\tau)d\tau\right]\sin\omega_c t =$$

$$A\cos\omega_c t - AA_m K_f\frac{1}{\omega_m}\sin\omega_m t\sin\omega_c t = A\cos\omega_c t +$$

$$\frac{AA_m K_f}{2\omega_m}\left[\cos(\omega_c+\omega_m)t - \cos(\omega_c-\omega_m)t\right] \qquad (3 - 4 - 19)$$

AM 信号为

$$s_{AM}(t) = (A+A_m\cos\omega_m t)\cos\omega_c t = A\cos\omega_c t + A_m\cos\omega_m t\cos\omega_c t =$$

$$A\cos\omega_c t + \frac{A_m}{2}\left[\cos(\omega_c+\omega_m)t + \cos(\omega_c-\omega_m)t\right] \qquad (3 - 4 - 20)$$

它们的频谱如图 3 - 24 所示。由此画出的矢量图如图 3 - 25 所示。在 AM 中,载波与上、下边

频的合成矢量与载波相同,只发生幅度变化;而在 NBFM 中,由于下边频为负,两个边频的合成矢量与载波正交相加,合成矢量与载波存在相位变化 $\Delta\varphi$,最大相位偏移满足式(3-4-15),合成矢量的幅度基本不变,这就是两者的本质区别。

NBFM 信号最大相位偏移较小,占据的带宽较窄,使得抗干扰性能强的优点不能充分发挥,目前仅用于抗干扰性能要求不高的短距离通信中,在长距离高质量的通信系统中,如微波通信或卫星通信、调频立体声广播和超短波电台等多采用宽带调频。

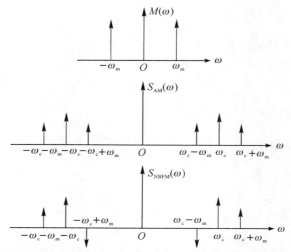

图 3-24 单音调制的 AM 信号和 NBFM 信号频谱

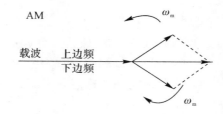

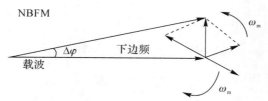

图 3-25 AM 与 NBFM 的矢量表示

2. 宽带调频(WBFM)

下面以单音调制信号来阐明 WBFM 的原理,设单音调制信号为
$$m(t) = A_m\cos\omega_m t$$
由式(3-4-13)可知,单音调制 FM 信号的时域表达式为
$$s_{FM}(t) = A\cos(\omega_c t + m_f\sin\omega_m t) \tag{3-4-21}$$

对式(3-4-21)用三角公式展开,得

$$s_{FM}(t) = A\cos\omega_c t\cos(m_f\sin\omega_m t) - A\sin\omega_c t\sin(m_f\sin\omega_m t) \qquad (3-4-22)$$

将式(3-4-22)中的两个因子分别展开成傅里叶级数为

$$\cos(m_f\sin\omega_m t) = J_0(m_f) + \sum_{n=1}^{\infty} 2J_{2n}(m_f)\cos 2n\omega_m t \qquad (3-4-23)$$

$$\sin(m_f\sin\omega_m t) = 2\sum_{n=1}^{\infty} J_{2n-1}(m_f)\sin(2n-1)\omega_m t \qquad (3-4-24)$$

式中,$J_n(m_f)$ 称为第一类 n 阶贝塞尔(Bessel)函数,它是调频指数 m_f 的函数,其数值可以通过贝塞尔函数表或如图 3-26 所示的贝塞尔函数曲线查出。

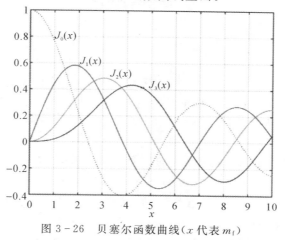

图 3-26　贝塞尔函数曲线(x 代表 m_f)

为了分析 FM 信号的频谱,需要用高等数学中的贝塞尔函数将式(3-4-21)进行级数展开。FM 信号的级数展开式为

$$s_{FM}(t) = A\sum_{n=-\infty}^{\infty} J_n(m_f)\cos(\omega_c + n\omega_m) \qquad (3-4-25)$$

对式(3-4-25)进行傅里叶变换,则可得 FM 信号的频谱表达式为

$$s_{FM}(t) = A\sum_{n=-\infty}^{\infty} J_n(m_f)[\delta(\omega - \omega_c - n\omega_m) + \delta(\omega + \omega_c + n\omega_m)] \qquad (3-4-26)$$

由式(3-4-25)和式(3-4-26)可以得出以下结论。

(1)FM 信号的频谱由载波分量($n=0$,幅度 $AJ_0 m_f$,频率 ω_c)和无数多对边频($n\neq 0$,幅度 $AJ_n m_f$,频率 $\omega_c \pm n\omega_m$)组成;每对边频对称分布在载频两侧,且幅度相等;当 n 为奇数时,上、下边频极性相反;当 n 为偶数时,上、下边频极性相同;相邻边频之间的角频率间隔为 ω_m。由此可见,FM 信号的频谱不再是消息信号频谱的线性搬移,而是一种非线性变换过程。图 3-27 给出了单音宽带调频波的频谱。

(2)FM 信号的频谱结构与调频指数 m_f 密切相关。当 $m_f \leqslant 0.25$ 时,只有 $J_0 m_f$ 和 $J_1 m_f$ 有值,其余的 $J_n m_f$ 近似为 0,表明谱线只有载波分量和一对边频,此时为窄带调频;随着 m_f 的增大,边频分量增多,频带变宽,称为宽带调频。但是,通常 m_f 大,调频系统的抗干扰能力也强,因此,m_f 值的选择要从通信质量和带宽限制两方面考虑。

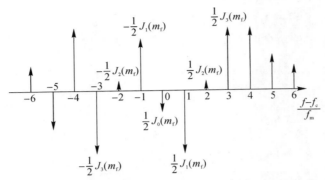

图 3-27 单频调频波的幅度频谱示意图($m_f=5$)

3. 带宽

由于 FM 信号的频谱含有无穷多个频率分量,所以其带宽在理论上为无穷大。但实际上,边频幅度 $J_n(m_f)$ 将随着 n 的增大而逐渐减小,以至于可以忽略高到一定次数的边频分量,因此,FM 信号的带宽可以认为是有限的。工程上规定,可以忽略幅度小于未调载波幅度 10% 的边频分量。据此规定,当 $m_f \geqslant 1$ 时,取边频数 $n = m_f + 1$ 即可,这样被保留的上、下边频分量共有 $2n = 2(m_f+1)$ 个,又由于相邻边频之间的频率间隔为 f_m,所以 FM 信号的有效带宽为

$$B_{FM} = 2(m_f + 1)f_m = 2(\Delta f + f_m) \tag{3-4-27}$$

该式称为卡森(Carson)公式。式中,$\Delta f = m_f f_m$ 为调频波的最大频偏。当 $m_f \ll 1$ 时,$B_{FM} \approx 2f_m$,这是 NBFM 的情况;当 $m_f \gg 1$ 时,$B_{FM} \approx 2\Delta f$ 这是 WBFM 的情况。

以上讨论的是单频调频情况,当消息信号不是单一频率时,由于调频是非线性过程,其频谱分析更加复杂,根据分析和经验,对于多音或任意带限信号调制时的调频信号的带宽仍可用卡森公式(3-4-27)来估算。这时,式中的 f_m 应为消息信号的最高调制频率。

【例 3-5】 已知某单音调频波的振幅为 10 V,瞬时频率为

$$\omega(t) = 2\pi f(t) = 2\pi \times 10^6 + 2\pi \times 10^4 \cos(2\pi \times 10^3 t) \quad (rad/s)$$

(1)求此调频波的表达式;

(2)求此调频波的频率偏移、调频指数和频带宽度。

(3)若调制信号频率提高到 2×10^3 Hz,则调频波的最大频偏、调频指数和频带宽度如何变化?

解:(1)该调频波的瞬时角频率为

$$\omega(t) = 2\pi f(t) = 2\pi \times 10^6 + 2\pi \times 10^4 \cos(2\pi \times 10^3 t) \quad (rad/s)$$

瞬时相位为

$$\theta(t) = \int \omega(t)dt = 2\pi \int_0^t [10^6 + 10^4 \cos(2\pi \times 10^3 \tau)]d\tau =$$
$$2\pi \times 10^6 t - 10\sin(2\pi \times 10^3 t)$$

因此,调频波的时域表达式为

$$s_{FM}(t) = A\cos\theta(t) = 10\cos[2\pi \times 10^6 t - 10\sin(2\pi \times 10^3 t)]$$

(2)由瞬时频率可知,瞬时频率偏移为 $10^4 \cos 2\pi \times 10^3 t$,因此最大频偏为

$$\Delta f = |10^4 \cos 2\pi \times 10^3 t|_{max} = 10 \quad (kHz)$$

调频指数为

$$m_{\mathrm{f}} = \frac{\Delta f}{f_{\mathrm{m}}} = \frac{10^4}{10^3} = 10$$

频带宽度为

$$B \approx 2(\Delta f + f_{\mathrm{m}}) = 2(10 + 1) = 22(\mathrm{kHz})$$

（3）调制信号频率提高后，调频信号的最大频偏为 $\Delta f = 10^4$ Hz，信号的频率为 $f_{\mathrm{m}} = 2 \times 10^3$ Hz，调频指数为

$$m_{\mathrm{f}} = \frac{\Delta f}{f_{\mathrm{m}}} = \frac{10^4}{2 \times 10^3} = 5$$

频带宽度为

$$B \approx 2(m_{\mathrm{f}} + 1)f_{\mathrm{m}} = 2(5 + 1) \times 2 \times 10^3 = 24(\mathrm{kHz})$$

3.4.3　调频信号的产生与解调

1. 调频信号的产生

在模拟通信中，产生调频信号的方法通常有直接调频法（又称参数-变值法）和间接调频法（又称阿姆斯特朗法）两种。

（1）直接调频法。直接调频是用调制信号直接控制压控振荡器（Voltage Controlled Oscillator，VCO）的频率，使其按照调制信号的规律线性变化。每个压控振荡器就是一个 FM 调制器，它的振荡频率正比于输入控制电压，若用 $m(t)$ 作控制电压信号，就能产生 FM 波。其调制模型如图 3-28 所示。

$$\xrightarrow{m(t)} \boxed{\text{VCO}} \xrightarrow{s_{\mathrm{FM}}(t)}$$

图 3-28　直接调频模型

直接调频法的优点是在实现线性调频下，可以获得较大的频偏；缺点是频率稳定度不高，往往需要加稳频电路来稳定中心频率。

（2）间接调频法。间接调频是先对调制信号积分，然后对载波进行相位调制，从而产生窄带调频（NBFM）信号，若在后面加一个 n 次倍频器，即可得到宽带调频（WBFM）信号，其原理框图如图 3-29 所示。其中，倍频器的作用是提高调频指数 m_{f}，以实现宽带调频。

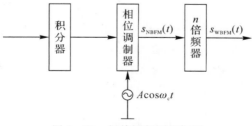

图 3-29　间接调频原理框图

间接调频法的优点是频率稳定度好，缺点是需要多次倍频和混频，因此电路较复杂。

2. 调频信号的解调

调频信号的解调分为相干解调和非相干解调。相干解调仅适用于窄带调频信号，而非相

干解调对窄带调频和宽带调频都适用。

(1)相干解调。NBFM 可用乘法器来实现,因此可以采用相干解调的方法来恢复原调制信号。图 3-30 为相干解调原理框图.

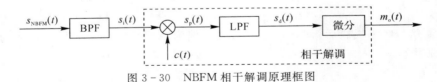

图 3-30 NBFM 相干解调原理框图

设 NBFM 信号为

$$s_{\text{NBFM}}(t) = A\cos\omega_c t - A\left[K_f\int m(t)\mathrm{d}t\right]\sin\omega_c t \qquad (3-4-28)$$

相干载波为

$$c(t) = -\sin\omega_c t \qquad (3-4-29)$$

则乘法器的输出为

$$s_p(t) = -\frac{A}{2}\sin 2\omega_c t + \left[\frac{A}{2}K_f\int m(t)\mathrm{d}t\right](1-\cos 2\omega_c t)$$

经过低通滤波器取出低频分量,得

$$s_d(t) = \frac{A}{2}K_f\int m(t)\mathrm{d}t$$

再经微分,得到输出信号为

$$m_o(t) = \frac{A}{2}K_f m(t) \qquad (3-4-30)$$

从以上分析可看出,相干解调可以恢复原调制信号,与线性调制中的相干解调一样,要求本地载波与调制载波同步,否则将使解调信号失真。显然,相干解调法只适用于窄带调频。

(2)非相干解调。因为调频波的频率变化与消息信号成正比,所以变化后信号的幅度变化也与调制信号成正比。然后用幅度解调器解调,即可得到所需信号。

当输入调频信号为

$$s_{\text{FM}}(t) = A\cos\left[\omega_c t + K_f\int m(t)\mathrm{d}t\right] \qquad (3-4-31)$$

解调器的输出应满足

$$m_o(t) \propto K_f m(t) \qquad (3-4-32)$$

鉴频器实质上由一个微分器和一个包络检波器组成,图 3-31 给出了具有理想鉴频特性的振幅鉴频器的原理框图。图中,微分电路和包络检波器构成了鉴频器。微分电路的作用是把幅度恒定的调频波 $s_m(t)$ 变成幅度和频率都随消息信号 $m(t)$ 变化的调幅调频波 $s_d(t)$,即

$$s_d(t) = -A[\omega_c + K_f m(t)]\sin\left[\omega_c t + K_f\int m(t)\mathrm{d}t\right]$$

包络检波器的作用是检出 $s_d(t)$ 的包络,即 $[\omega_c + K_f m(t)]$。后经低通滤波(LPF),即得解调输出为

$$m_o(t) = K_d K_f m(t)$$

式中,K_d 为鉴频器灵敏度。

此外,为了消除信道中噪声和由其他原因引起的调频波的幅度起伏,常在鉴频器前端加带

通滤波器(BPF)和限幅器。

以上解调方法属于非相干解调。这种方法对窄带调频(NBFM)信号和宽带调频(WBFM)信号均适用。

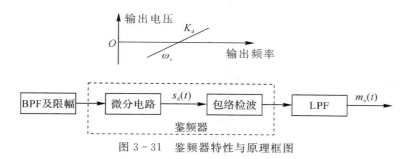

图 3-31　鉴频器特性与原理框图

3.5　调频系统的抗噪声性能

非相干解调适用于窄带和宽带调频信号,且不需要同步信号,因而是 FM 系统的主要解调方式。下面只讨论调频信号的非相干解调系统的抗噪声性能。其分析模型与线性调制系统相似,只不过其中的解调器应是调频解调器(鉴频器),如图 3-32 所示。

图 3-32　调频系统抗噪声性能分析模型

设输入调频信号为

$$s_{FM}(t) = A\cos\left[\omega_c t + K_f\int m(\tau)d\tau\right] \tag{3-5-1}$$

求其均方值可得输入信号功率为

$$S_i = \frac{A^2}{2} \tag{3-5-2}$$

输入噪声功率为

$$N_i = n_0 B_{FM} \tag{3-5-3}$$

故输入信噪比为

$$\frac{S_i}{N_i} = \frac{A^2}{2n_0 B_{FM}} \tag{3-5-4}$$

在计算输出信噪比时,与 AM 包络检波一样,需要考虑以下两种极端情况。

1. 大信噪比情况

当解调器输入信噪比足够大时,信号与噪声的相互作用可以忽略,这时可以把信号和噪声分开来算。经过分析,可得解调器的输出信噪比为

$$\frac{S_o}{N_o} = \frac{3A^2 K_f^2 \overline{m^2(t)}}{8\pi^2 n_0 f_m^3} \tag{3-5-5}$$

为使式（3-5-5）具有简明的结果，假设调制信号（消息信号）$m(t)$为单频余弦波，即

$$m(t) = \cos\omega_m t \tag{3-5-6}$$

则相应产生的 FM 信号为

$$s_{FM}(t) = A\cos(\omega_c t + m_f\sin\omega_m t) \tag{3-5-7}$$

式中，调频指数为

$$m_f = \frac{K_f}{\omega_m} = \frac{\Delta\omega}{\omega_m} = \frac{\Delta f}{f_m} \tag{3-5-8}$$

将这些关系式代入式（3-5-5）中，可得

$$\frac{S_o}{N_o} = \frac{3}{2}m_f^2 \frac{A^2/2}{n_0 f_m} \tag{3-5-9}$$

因此，由式（3-5-4）和式（3-5-9）可得解调器的信噪比增益为

$$G_{FM} = \frac{S_o/N_o}{S_i/N_i} = \frac{3}{2}m_f^2 \frac{B_{FM}}{f_m} \tag{3-5-10}$$

又因 FM 信号的带宽为

$$B_{FM} = 2(m_f + 1)f_m = 2(\Delta f + f_m) \tag{3-5-11}$$

所以式（3-5-10）可写为

$$G_{FM} = 3m_f^2(m_f + 1) \tag{3-5-12}$$

对于宽带 FM，即当 $m_f \gg 1$ 时，近似有

$$G_{FM} \approx 3m_f^2 \tag{3-5-13}$$

这个结果表明，在大信噪比情况下，宽带调频解调器的增益是很高的，调制系统的增益和调频指数密切相关，与调频指数的三次方成正比。可见，在大信噪比情况下，m_f 越大，G_{FM} 越大，但同时 B_{FM} 也越宽。这说明，FM 系统可以通过增加传输带宽来改善抗噪声性能。这种带宽与信噪比的互换特性是十分有益的。

注意：FM 系统以带宽换取输出信噪比改善并不是无止境的。因为带宽增加会使输入噪声功率增大，输入信噪比下降，从而出现门限效应，解调器无法正常工作。

2. 小信噪比情况

当输入信噪比(S_i/N_i)低于门限值时，鉴频器也会出现门限效应。门限效应是所有非相干解调器都存在的一种特性。无论是 AM 的包络检波器，还是 FM 的鉴频器都存在门限效应。而相干解调器不存在门限效应。

【例 3-6】 类似于 AM/FM 立体声系统，现设所需传输单音信号 $f_m = 15$ kHz，先进行单边 SSB 调制，取下边频，然后进行调频，形成 SSB/FM 发送信号。已知调幅所用载波为 38 kHz，调频后发送信号的幅度为 200 V，而信道给定的匹配带宽为 184 kHz，信道衰减为 60 dB，$n_0 = 4 \times 10^{-9}$ W/Hz，传输载频设为 ω_0。

（1）写出已调波表达式；

（2）求鉴频器输出信噪比；

（3）最后解调信噪比是多少？能否满意收听？

解：
$$m(t) = A_m\cos2\pi \times 15 \times 10^3 t$$

第一次用 SSB 调制，则得

$$s_{SSB}(t) = \frac{A_m}{2}\cos2\pi(38 - 15) \times 10^3 t$$

将此信号作为第二次调制 FM 的调制信号

$$m'(t) = s_{SSB}(t) = \frac{A_m}{2}\cos 2\pi \times 23 \times 10^3 t$$

（1）已调波表达式为

$$s_{FM}(t) = 200\cos(\omega_0 t + m_f \sin 2\pi \times 23 \times 10^3 t)$$
$$B_{FM} = 184 \text{ kHz}$$

由 $B_{FM} = 2(m_f + 1)f_m$，可求得 $m_f = 3$，则有

$$s_{FM}(t) = 200\cos(\omega_0 t + 3\sin 2\pi \times 23 \times 10^3 t)$$

（2）先求鉴频器输入信噪比，信号在发送端输出功率为

$$P = 200^2/2 = 20\ 000(\text{W})$$

因为

$$10\lg \frac{P}{S_i} = 60(\text{dB}), \quad P/S_i = 10^6$$

可得

$$S_i = 20\ 000 \times 10^6 = 0.02(\text{W})$$

噪声为

$$N_i = n_0 B_{FM} = 4 \times 10^{-9} \times 184 \times 10^3 = 0.737(\text{mW})$$

鉴频器输入信噪比为

$$S_i/N_i = 27.173\ 9$$

即 14.34 dB，高于门限值 10 dB，系统能正常接收信号。

由于调制信号为单音信号，可得

$$G_{FM} = 3m_f^3$$

$$\frac{S_o}{N_o} = 3m_f^3 \frac{S_i}{N_i} = 2\ 201.1$$

即鉴频器输出信噪比为 33.43 dB。

（3）鉴频器的输出就是第二级的调幅波相干解调器的输入，第二级解调器的输入信噪比为 33.43 dB，而 SSB 相干解调的调制度增益 $G_{SSB} = 1$，可得最后的输出信噪比为 33.43 dB。系统能够满足一般收听质量。

3.6　频　分　复　用

3.6.1　基本原理

"复用"是一种将若干个彼此独立的信号，合并为一个可在同一个信道上同时传输的复合信道的方法。复用就是解决如何利用一条信道同时传输多路信号的技术。其目的是为了提高信道的利用率。

有三种基本的多路复用方式：频分复用（Frequency Division Multiplexing，FDM）、时分复用（Time Division Multiplexing，TDM）和码分复用（Code Division Multiplexing，CDM）。按频率区分信号的方法称为频分复用；按时间区分信号的方法称为时分复用；按扩频码区分信号的方法称为码分复用。本章先讨论频分复用。

频分复用是按频率区分各路信号的方式,即将信道的带宽分成多个互不重叠的小频带(子通道),每路信号占据其中一个子通道。图 3 - 33 为频分复用系统的原理框图。在发送端(复接器中),先让各路消息信号通过低通滤波器,以限制其最高频率;然后,将各路消息信号调制到不同频率的载波(副载波)上,实现频谱搬移;随后的带通滤波器使各路已调信号的频带限制在规定范围内(相应的子通道内);将各路已调信号合成后送入信道传输。在接收端(分路器中),用中心频率不同的带通滤波器将各路已调信号分开,再分别解调出相应的消息信号。

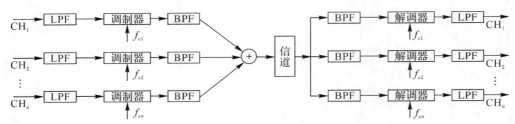

图 3 - 33 频分复用系统原理框图

注意:为了防止相邻信号之间产生干扰,应合理选择副载波频率 f_{c1},f_{c2},$\cdots$,f_{cn},以使各路已调信号频谱之间留有一定的防护频带。FDM 的优点是信道利用率高、复用的路数多和技术成熟。它不仅用在模拟通信,在数字通信中也得到广泛应用。FDM 的缺点是设备复杂,并且在复用和传输过程中会不同程度地引入非线性失真,从而产生路际干扰(对语音而言,也叫串音)。

3.6.2 应用举例

FDM 在立体声调频广播、电视广播系统、蜂窝移动电话系统和微波中继系统等中得到了广泛应用。最典型的应用例子就是传统的有线多路载波电话系统。该系统采用 SSB 调制方式(旨在节省频带),12 路电话复用为一个基本群信号,称为基群;5 个基群复用为一个超群,共60 路电话;10 个超群复用为一个主群,共 600 路电话;在信道带宽允许的情况下还可将多个主群进行复用,组成巨群等。例如,一个地面微波信道通常可以承载 3 个主群(1 800 个语音信道)。

图 3 - 34 所示为 12 路电话基群的频谱结构示意图。该电话基群由 12 个 LSB(下边带)信号组成,占用 60~108 kHz 的频率范围。其中,每路电话信号的频带范围为 300~3 400 Hz,为了在各路已调信号间留有防护频带,每路取 4 000 Hz 作为标准带宽。另外,为了保证收发载波同步,所有的载波信号都来自同一个振荡器,这样只需发送一个导引载波信号,所有接收端都根据这个导引信号来产生本地载波(相干载波)。基群的导引载波频率可以是 4 kHz 的任意倍频(如 64 kHz),载波之间的频率间隔为 4 kHz。因此,可以计算出各载波频率为

$$f_{cn} = 64 + 4\,(12 - n)\,(\text{kHz})$$

式中,f_{cn} 是第 n 路信号的载波频率,$n=1\sim12$。

图 3 - 34 12 路电话基群的频谱结构示意图

当前,有线载波电话已基本上被数字电话(采用时分复用技术)所取代。

本章重要知识点

1. 调制的分类

(1) 调制信号、原始基带信号、消息信号。

1) 模拟调制: 调制信号 (消息信号) 为连续变化的模拟量, 如语音信号和图像信号。

2) 数字调制: 调制信号为取值状态可数的数字信号, 如数字化的编码信号。

(2) 载波: 携带调制信号的信号。

1) 正弦载波调制: 以正弦波作为载波。

2) 脉冲调制: 载波是一个 (矩形) 脉冲序列。

2. 线性调制 (幅度调制) 的分类 (见表 3 - 1 ~ 表 3 - 5)

表 3 - 1　模拟调制的类型

幅度调制 (线性调制)	角度调制 (非线性调制)
AM (常规双边带调幅)、 DSB (抑制载波双边带调制)、 SSB (单边带调制)、 VSB (残留边带调制)	FM (调频)、 PM (调相)

表 3 - 2　AM 信号

时域表达式	$s_{AM}(t) = [A_0 + m(t)]\cos\omega_0 t$
频　谱	$S_{AM}(\omega) = \pi A_0[\delta(\omega+\omega_0)+\delta(\omega-\omega_0)] + \dfrac{1}{2}[M(\omega+\omega_0)+M(\omega-\omega_0)]$
传输带宽	$2f_m$
输出信噪比	$\eta_{AM}\dfrac{S_i}{n_0 f_m}$
增　益	$2\eta_{AM}$

表 3 - 2 中, f_m 为基带信号带宽; S_i 为输入信号功率; n_0 为高斯白噪声的单边功率谱密度; $\eta_{AM} = \dfrac{\overline{m^2(t)}}{A_0^2 + \overline{m^2(t)}}$ 为调制效率。输出信噪比和调制制度增益均为采用相干解调和包络检波 (大信噪比) 时。

表 3 - 3　DSB 信号

时域表达式	$s_{DSB}(t) = m(t)\cos\omega_0 t$
频　谱	$S_{DSB}(\omega) = \dfrac{1}{2}[M(\omega+\omega_0)+M(\omega-\omega_0)]$
传输带宽	$2f_m$
输出信噪比	$\dfrac{S_i}{n_0 f_m}$
增　益	2

表 3 - 4　SSB 信号

时域表达式	$s_{DSB}(t) = \dfrac{1}{2}m(t)\cos\omega_0 t \mp \dfrac{1}{2}\hat{m}(t)\sin\omega_0 t$
频　谱	$S_{SSB}(\omega) = S_{DSB}(\omega)H(\omega)$
传输带宽	f_m
输出信噪比	$\dfrac{S_i}{n_0 f_m}$
增　益	1

表 3 - 4 中 $\hat{m}(t)$ 是 $m(t)$ 的希尔伯特变换。当取上边带信号时,单边带滤波器的传输函数 $H(\omega) = H_{USB}(\omega) = \begin{cases} 1, & |\omega| > \omega_c \\ 0, & |\omega| \leqslant \omega_c \end{cases}$;当取下边带信号时 $H(\omega) = H_{LSB}(\omega) = \begin{cases} 1, & |\omega| > \omega_c \\ 0, & |\omega| \leqslant \omega_c \end{cases}$。

表 3 - 5　VSB 信号

频　谱	$S_{VSB}(\omega) = S_{DSB}(\omega)H(\omega)$
传输带宽	$f_m < B < 2f_m$
输出信噪比	$\dfrac{S_i}{n_0 f_m}$

表 3 - 5 中,残留边带滤波器的传输函数要满足互补对称(奇对称)性,即 $H(\omega + \omega_c) + H(\omega - \omega_c) = $ 常数,$|\omega| \leqslant \omega_H$。

3. 非线性调制(角度调制)的分类

(1)相位调制(PM):
$$s_{PM}(t) = A\cos[\omega_c t + K_p m(t)]$$

(2)频率调制(FM)(见表 3 - 6)。

表 3 - 6　FM 信号

时域表达式	$s_{FM}(t) = A\cos\left[\omega_c t + K_f \int m(t)\,dt\right]$
频　谱	$S_{NBFM}(\omega) = \pi A[\delta(\omega + \omega_0) + \delta(\omega - \omega_0)] + \dfrac{AK_f}{2}\left[\dfrac{M(\omega - \omega_0)}{\omega - \omega_0} - \dfrac{M(\omega + \omega_0)}{\omega + \omega_0}\right]$ $S_{WBFM}(\omega) = \pi A \sum_{-\infty}^{\infty}\{J_n(m_f)[\delta(\omega - \omega_c - n\omega_m) + \delta(\omega + \omega_c + n\omega_m)]\}$
传输带宽	$2(m_f + 1)f_m$
输出信噪比	$\dfrac{3}{2}m_f^2\dfrac{S_i}{n_0 f_m}$
增　益	$3m_f^2(m_f + 1)$

表 3 - 6 中,K_f 为调频灵敏度;m_f 为调频指数。输出信噪比和调制制度增益是在单音余弦信号下得到的。

4.各种模拟调制系统性能比较(见表 3－7)

表 3－7　各种模拟调制方式的性能

	AM	DSB	SSB	VSB	FM
传输带宽 B	$2f_m$	$2f_m$	f_m	略大于 f_m	$2(m_f+1)f_m$
输出信噪比 S_o/N_o	$\dfrac{1}{3}\dfrac{S_i}{n_0 f_m}$	$\dfrac{S_i}{n_0 f_m}$	$\dfrac{S_i}{n_0 f_m}$	近似 SSB	$\dfrac{3}{2}m_f^2\dfrac{S_i}{n_0 f_m}$
信噪比增益 G	2/3	2	1	近似 SSB	$3m_f^2(m_f+1)$

观察表 3－7,可知以下几点:

(1)抗噪声性能:FM 最好,DSB/SSB、VSB 次之,AM 最差;

(2)频谱利用率:SSB 最高,VSB 较高,DSB/AM 次之,FM 最差;

(3)调频指数 m_f 同时涉及 FM 系统的有效性和可靠性,FM 系统的抗噪声能力(可靠性)的提高是以占用更宽的传输带宽(有效性降低)为代价换取的。

5.频分复用

在一条信道中同时传输多路信号的技术称为复用。频分复用(FDM)中的各路信号在频域上是分开的。时分复用(TDM)中的各路信号在时间上是分开的。

本 章 习 题

一、填空题

1. 在残留边带调制中,为了不失真地恢复信号,其传输函数 $H(\omega)$ 应该满足在载频处具有_____。

2. AM 信号在非相干解调时,会产生_____效应。

3. 当调频指数满足远小于 1 时,称为_____。

4. 在相干接调时,DSB 系统的制度增益 $G=$_____,AM 在单音频调制 $G=$_____。

5. 调频可分为_____和_____。

6. FM、DSB、VSB、SSB 的带宽顺序为_____。

7. 已知 FM 波的表达式 $s(t)=10\cos[2\times10^6\pi t+10\sin(10^3\pi t)]$(V),可求出载波频率为_____,已调波的卡森带宽为_____,单位电阻上已调波的功率为_____W。

二、选择题

1. 以下不属于线性调制的调制方式是(　　)。

A. AM　　　　　　B. DSB　　　　　　C. SSB　　　　　　D. FM

2. 各模拟线性调制中,已调信号占用频带最小的调制是(　　)。

A. AM　　　　　　B. DSB　　　　　　C. SSB　　　　　　D. VSB

3. 设基带信号为 $f(t)$，载波角频率为 ω_c，$\hat{f}(t)$ 为 $f(t)$ 的希尔伯特变换，则 AM 信号的一般表示式为（   ）。

A. $s(t) = [A_0 + f(t)]\cos\omega_c t$ B. $s(t) = f(t)\cos\omega_c t$

C. $s(t) = \dfrac{1}{2}[f(t)\cos\omega_c t - \hat{f}(t)\sin\omega_c t]$ D. $s(t) = \dfrac{1}{2}[f(t)\cos\omega_c t + \hat{f}(t)\sin\omega_c t]$

4. 在中波（AM）调幅广播中，如果调制信号带宽为 20 kHz，发射机要求的总带宽为（   ）。

A. 40 kHz   B. 20 kHz   C. 80 kHz   D. 10 kHz

5. DSB 系统的抗噪声性能与 SSB 系统比较（   ）。

A. 好 3 dB   B. 好 6 dB   C. 差 3 dB   D. 相同

6. 下面（   ）情况下，会发生解调门限效应。

A. SSB 解调   B. DSB 同步检波

C. FM 信号的鉴频解调   D. VSB 同步检测解调

7. 频分复用方式，若从节约频带的角度考虑，最好选择（   ）调制方式。

A. DSB   B. VSB   C. SSB   D. AM

三、简答题

1. 什么是线性调制？常见的线性调制有哪些？

2. SSB 信号的产生方法有哪些？

3. 什么叫调制制度增益？其物理意义是什么？

4. DSB 调制系统和 SSB 调制系统的抗噪性能是否相同？为什么？

5. 什么是门限效应？AM 信号采用包络检波法解调时为什么会产生门限效应？

6. 什么是频率调制？什么是相位调制？两者关系如何？

四、计算题

1. 已知调制信号 $m(t) = \cos 2\,000\pi t$，载波为 $c(t) = 2\cos 10^4\pi t$，分别写出 AM、DSB、SSB（上边带）和 SSB（下边带）信号的表示式，并画出频谱图。

2. 已知某调幅波的展开式为

$$s_{AM}(t) = 0.125\cos 2\pi(10^4)t + 4\cos 2\pi(1.1 \times 10^4)t + 0.125\cos 2\pi(1.2 \times 10^4)t$$

试确定：

(1) 载波信号表达式；

(2) 调制信号表达式。

3. 设某信道具有均匀的双边噪声功率谱密度 $P_n(f) = 0.5 \times 10^{-3}$ W/Hz，在该信道中传输抑制载波的单边带（上边带）信号，并设调制信号 $m(t)$ 的频带限制在 5 kHz，而载波是 100 kHz，已调信号功率是 10 kW。若接收机的输入信号在加至调解器之前，先经过一理想通带带通滤波器滤波，试问：

(1) 该理想带通滤波器应具有怎样的传输特性 $H(\omega)$？

(2) 调解器输入端的信噪功率比为多少？

(3) 解调器输出端的信噪功率比为多少？

4. 某线性调制系统的输出信噪比为 20 dB，输出噪声功率为 10^{-9} W，由发射机输出端到解

调器输入端之间的总的传输损耗为 100 dB,试求:

(1)DSB/SC 时的发射机输出功率;

(2)SSB/SC 时的发射机输出功率。

5.设某信道具有均匀的双边噪声功率谱密度 $P_n(f)=0.5\times10^{-3}$ W/Hz,在该信道中传输振幅调制信号,并设调制信号 $m(t)$ 的频带限制于 5 kHz,载频是 100 kHz,边带功率为 10 kW,载波功率为 40 kW。若接收机的输入信号先经过一个合理的理想带通滤波器,然后再加至包络检波器进行解调。试求:

(1)解调器输入端的信噪功率比;

(2)解调器输出端的信噪功率比;

(3)制度增益 G。

6.已知某调频波的振幅是 10 V,瞬时频率为 $f(t)=10^6+10^4\cos 2\,000\pi t$ Hz,试确定:

(1)此调频波的表达式;

(2)此调频波的最大频偏、调频指数和频带宽度;

(3)若调制信号频率提高到 2 kHz,则调频波的最大频偏、调频指数和频带宽度如何变化?

7.2 MHz 载波受 10 kHz 单频正弦调频,峰值频偏为 10 kHz,试求:

(1)调频信号的带宽;

(2)当调频信号幅度加倍时,调频信号的带宽;

(3)当调制信号频率加倍时,调频信号的带宽;

(4)若峰值频偏减为 1 kHz,重复计算(1)(2)(3)。

第4章　模拟信号的数字化

在模拟调制系统中,采用的载波是正弦波或是连续的周期信号,已调信号在时间上是连续的,传输多路信号时只能采用频分复用技术。本章将讨论使用脉冲序列作为载波时的调制技术。因为脉冲序列在时间上是离散的,调制后的已调波是离散的,所以传输多路信号时可采用时间上互不重叠的时分复用技术。和连续波调制相似,按照调制信号作用于脉冲的参数不同,脉冲调制可分为脉冲幅度调制、脉冲宽度调制和脉冲相位调制等不同方式。由于调制信号使脉冲参数的改变是连续的,所以仍然属于模拟调制

如果在调制过程中采用抽样、量化和编码等手段,使已调信号不但在时间上离散,而且在幅度变化上用数字信号来体现。这就是模拟信号的数字化。

本章在介绍抽样定理和脉冲幅度调制的基础上,重点讨论模拟信号数字化常用的脉冲编码调制(PCM)和增量调制($\triangle$M)的原理及性能,并简要介绍差分脉冲编码调制(DPCM)、自适应差分脉冲编码调制(ADPCM)。

本章学习目的与要求

(1)能够分析模拟信号数字化的原因;

(2)获取抽样定理的内涵;

(3)能够区分自然抽样与平顶抽样的原理;

(4)能够灵活运用 PCM 原理及其 A 律 13 折线进行编码;

(5)能够分析增量调制($\triangle$M)的原理;

(6)获取时分复用的概念。

数字通信已成为当前通信的主要方式和发展方向,与模拟通信相比,数字通信具有抗干扰能力强、信号传输质量高、支持复杂的信号处理技术、可以提供综合传输业务、易于集成和易于保密等诸多优良的特性。对于大量的自然源产生的如语音、图像等模拟信号,必须进行模/数转换,变成数字信号后才能在数字通信系统中传输。

模拟信号数字化的方法有波形编码和参量编码,目前通信系统中广泛使用的脉冲编码调制(PCM)属于波形编码。波形编码是直接把信号波形变换为数字代码序列。其优点是编码相对简单、声音质量好,但要求的比特率较高,通常在 16～64 kb/s 范围内,这也意味着编码信号所需的传输带宽较大。参量编码是先提取语音信号的特征参量,然后对这些参量进行编码。其优点是所需比特率低,通常在 16 kb/s 以下,可低至 1 kb/s,但声音质量不高。本章主要讨论语音信号的波形编码方式——脉冲编码调制(PCM)和增量调制($\triangle$M),并简要介绍它们的改进型及时分复用的概念。

4.1　脉冲编码调制原理

脉冲编码调制(Pulse Code Modulation，PCM)的概念最早是由法国工程师 Alce Reeres 于 1937 年提出来的。1946 年,第一台 PCM 数字电话终端机在美国的 Bell 实验室问世。1962 年后,采用晶体管的 PCM 终端机大量应用于市话网中,使市话电缆传输的路数扩大了 30 倍。20 世纪 70 年代后期,随着超大规模集成电路 PCM 芯片的出现,PCM 在光纤通信、数字微波通信和卫星通信中得到了更为广泛的应用。目前,PCM 不仅在通信领域大显身手,还广泛地应用于计算机、遥控遥测和广播电视等许多领域。

脉冲编码调制是指将模拟信号经过抽样、量化和编码三个步骤变成数字信号的转换方式。PCM 系统原理如图 4-1 所示。在实际应用时,在发送端对输入的模拟信号 $m(t)$ 进行波形编码(数字化)的过程分为 3 步:抽样、量化和编码。编码后的 PCM 信号是一个二进制数字序列,其传输方式可以采用数字基带传输(详见第 5 章),也可以是对载波调制后的频带传输(详见第 6 章)。在接收端,编码信号(PCM 信号)经译码后还原为样值序列(含有误差),再经低通滤波器滤除高频分量,便可得到重建的模拟信号 $\hat{m}(t)$。

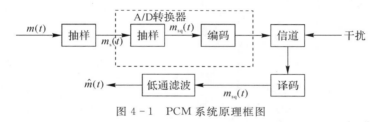

图 4-1　PCM 系统原理框图

图 4-2 所示为模拟信号的数字化过程——"抽样、量化和编码"的示意图。由图可见,抽样是把时间和幅度上均连续的模拟信号转换成时间离散的抽样信号;量化是把幅度上仍连续的抽样信号进行幅度离散化,即指定有限个量化电平,把抽样值用最接近的电平表示;编码则是把时间和幅度上均离散的量化信号用二进制码组表示。

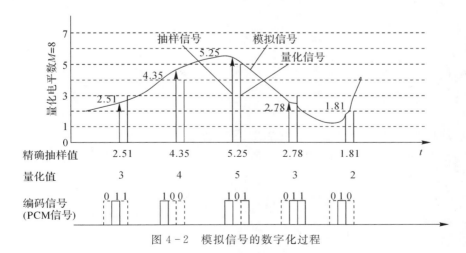

图 4-2　模拟信号的数字化过程

4.2 模拟信号的抽样

模拟信号通常在时间上是连续的,抽样就是不断地以固定的时间间隔采集模拟信号当时的瞬时值,如图 4-2 所示。所谓抽样,就是以一定的时间间隔采集模拟信号 $m(t)$ 在相应时刻的函数值,抽样的结果是一个时间上离散而幅度上随 $m(t)$ 变化的样值序列 $m_s(t)$。能否由此样值序列 $m_s(t)$ 还原出原来的模拟信号 $m(t)$,将取决于抽样间隔的大小,其理论依据就是抽样定理。

4.2.1 抽样定理

1. 低通型信号抽样定理

低通型信号的抽样定理是,一个频带限制在 $(0, f_H)$ 内的连续信号 $m(t)$,如果以抽样间隔

$$T_s \leqslant \frac{1}{2f_H} \qquad (4-2-1)$$

进行抽样,则 $m(t)$ 可以被所得到的抽样值完全确定。此定理称为均匀抽样定理。相应的抽样速率(抽样间隔的倒数)应满足

$$f_s \geqslant 2f_H \qquad (4-2-2)$$

其含义是,当被抽样信号的最高频率为 f_H 时,每秒钟内抽样点的数目将等于或大于 $2f_H$,这意味着在信号最高频率分量的每一个周期内至少取两个样值。否则,将会产生混叠失真。由于这个定理由奈奎斯特(Nyquist)提出并证明,所以就把满足抽样定理的的最低抽样频率称为奈奎斯特频率。下面从频域角度,并借助理想抽样信号的频谱来证明抽样定理。所谓理想抽样,是指用来抽样的脉冲序列是一个单位冲激序列 $\delta_T(t)$,其表达式为

$$\delta_T(t) = \sum_{n=-\infty}^{\infty} \delta(t - nT_s) \qquad (4-2-3)$$

式中,周期 T_s 为抽样间隔。由于 $\delta_T(t)$ 是周期函数,所以其频谱 $\delta_T(\omega)$ 必然是离散谱。将式(4-2-3)进行傅里叶变换,可得

$$\delta_T(\omega) = \omega_s \sum_{n=-\infty}^{\infty} \delta(\omega - n\omega_s) \qquad (4-2-4)$$

式中,$\omega_s = 2\pi f_s = 2\pi/T_s$。

抽样过程可看作是 $m(t)$ 与 $\delta_T(t)$ 相乘,因此理想抽样信号可表示为

$$m_s(t) = m(t)\delta_T(t) = \sum_{n=-\infty}^{\infty} m(nT_s)\delta(t - nT_s) \qquad (4-2-5)$$

可见,理想抽样信号 $m(t)$ 也是一个冲激序列,但它的冲激强度等于 $m(t)$ 在相应时刻的函数值,即样值 $m(nT_s)$。根据频率卷积定理,式(4-2-5)所表述的理想采样信号 $m_s(t)$ 的频谱为

$$m_s(\omega) = \frac{1}{2\pi}\left[M(\omega) * \delta_T(\omega)\right] = \frac{1}{T_s}\left[M(\omega) * \sum_{n=-\infty}^{\infty} \delta(\omega - n\omega_s)\right] = \frac{1}{T_s}\sum_{n=-\infty}^{\infty} M(\omega - n\omega_s)$$

$$(4-2-6)$$

式中,$M(\omega)$ 是 $m(t)$ 的频谱,其最高角频率为 ω_H。抽样过程的各点时间波形及其频谱如图 4-3 所示。

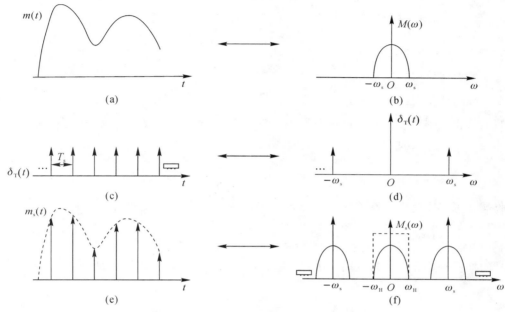

图 4 - 3　理想抽样过程的时间波形及其频谱

观察图 4 - 3 可知,理想抽样信号的频谱 $M_s(\omega)$ 是由无穷多个间隔为 ω_s 的原信号频谱 $M(\omega)$ 相叠加而成,只要 $f_s \geqslant 2f_H$(即 $\omega_s \geqslant 2\omega_H$),则 $M_s(\omega)$ 中相邻的 $M(\omega-n\omega_s)$ 之间互不重叠,而位于 $n=0$ 的频谱就是原信号频谱 $M(\omega)$ 本身。在接收端,用一个低通滤波器[其滤波特性如图 4 - 3(f)中的虚线所示]就能从 $M_s(\omega)$ 中取出 $M(\omega)$,从而无失真地恢复原信号 $m(t)$。抽样与恢复的原理图如图 4 - 4 所示。

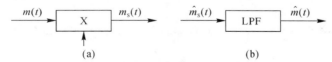

图 4 - 4　理想抽样与信号恢复的原理框图

(a)抽样;(b)恢复

如果抽样速率 $f_s < 2f_H$,则抽样后信号的频谱在相邻的周期内发生混叠,如图 4 - 5 所示,此时不可能无失真重建原信号。可见,若要从样值信号中恢复原信号,抽样速率应满足 $f_s \geqslant$

$2f_m$,这就证明了抽样定理。

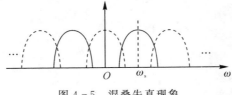

图 4-5　混叠失真现象

2.带通型信号的抽样定理

在实际通信中遇到更多的信号是带通信号,这种信号的带宽远小于其中心频率。若带通信号的上截止频率为 f_H,下截止频率为 f_L,此时并不一定需要抽样频率达到 $2f_H$ 或更高。此时的抽样频率 f_s 应满足

$$f_s = 2B\left(1 + \frac{K}{N}\right) \tag{4-2-7}$$

则接收端就可以完全无失真地恢复出原始信号,这就是带通信号的抽样定理。

式(4-2-7)中,$B = f_H - f_L$;$K = \dfrac{f_H}{B} - N$;N 为不超过 $\dfrac{f_H}{B}$ 的最大整数。由于 $0 \leqslant K < 1$,带通信号的抽样频率在 $(2\sim4)B$ 内。由式(4-2-7)画出的曲线如图 4-6 所示。

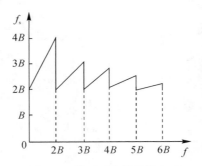

图 4-6　带通型信号抽样定理

由图 4-6 可以看出,当 f_H 为带宽 B 的整数倍时,带通信号的抽样频率为

$$f_s \approx 2B$$

4.2.2　模拟信号的脉冲调制

在第 3 章中讨论了正弦信号作为载波的模拟调制,事实上正弦信号并非是唯一的载波形式,时间上离散的脉冲序列同样可以作为载波。

模拟信号的脉冲调制就是以时间上离散的周期性的脉冲串作为载波,用模拟信号 $m(t)$ 去控制该脉冲序列的某个参量(幅度、宽度和位置),使其按 $m(t)$ 的规律变化的调制方式。脉冲调制分为脉冲幅度调制(PAM)、脉冲宽度调制(PDM)和脉冲位置调制(PPM),波形如图 4-7 所示。

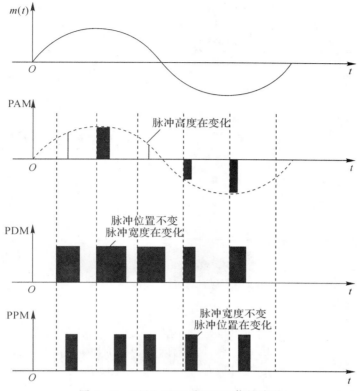

图 4 - 7　PAM、PDM 和 PPM 信号波形

由图 4 - 7 可知,抽样的结果实际上就是一种脉冲幅度调制(Pulse Amplitude Modulation, PAM)信号。PAM 是脉冲序列的幅度随 $m(t)$ 变化的一种模拟脉冲调制方式。PAM 技术是模拟信号数字化过程中的必经之路(一个中间步骤),是脉冲编码调制(PCM)的基础。

4.2.3　脉冲幅度调制(PAM)

1. 自然抽样

自然抽样,它的原理与理想抽样过程相似,只需把冲激序列 $\delta_T(t)$ 用实际的窄脉冲序列 $s(t)$ 来替代。自然抽样过程的波形及频谱如图 4 - 8 所示。由图 4 - 8(c)可见,抽样后得到的信号 $m_s(t)$,其每个样值脉冲的顶部都不是平的,而是随 $m(t)$ 相应时段的值"自然地"变化,因此称这种抽样为自然抽样或曲顶抽样。

自然抽样与理想抽样的相似之处是,它们的频谱都是由无限多个间隔为 ω_s 的 $M(\omega)$ 频谱之和组成,其中 $n=0$ 的成分是 $M(\omega)$,因而都可用低通滤波器从 $M_s(\omega)$ 中滤出 $M(\omega)$,从而恢复原信号 $m(t)$。两者的不同之处是,理想抽样信号的频谱被常数 $1/T_s$ 加权,因而信号带宽为无穷大;而自然抽样信号的频谱包络按 Sa 函数随频率增高而下降,因而所需带宽是有限的,且带宽与脉宽 τ 有关,τ 越大,带宽越小,这有利于信号的传输,但 τ 大会导致时分复用的路数减少,显然 τ 的大小要兼顾带宽和复用路数这两个相互矛盾的要求。

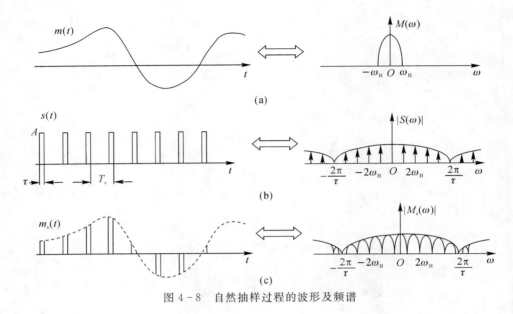

图 4-8 自然抽样过程的波形及频谱

2.平顶抽样

平顶抽样又叫瞬时抽样,它与自然抽样的不同之处在于抽样后信号中的脉冲均具有相同的形状——顶部平坦的矩形脉冲,矩形脉冲的幅度即为瞬时抽样值,如图 4-9 所示。这种信号可以通过"抽样保持电路"来实现,其原理框图如图 4-10 所示。图 4-10 中,保持电路的作用是把冲激脉冲变为矩形脉冲,矩形脉冲的幅度为抽样时刻的值,而脉宽 τ 为保持时间。

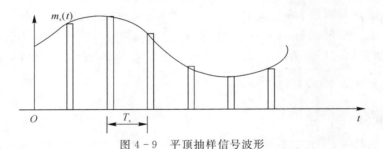

图 4-9 平顶抽样信号波形

图 4-10 抽抽保持原理

设保持电路传输函数为 $H(\omega)$,则其输出的平顶抽样信号 $m_H(t)$ 的频谱为

$$M_H(\omega) = M_s(\omega)H(\omega) \tag{4-2-8}$$

式中,$M_s(\omega)$ 是理想抽样信号的频谱,即

$$M_s(\omega) = \frac{1}{T_s}\sum_{n=-\infty}^{\infty} M(\omega - n\omega_s)$$

将其代入式(4 - 2 - 8),得

$$M_{\mathrm{H}}(\omega) = \frac{1}{T_s} \sum_{n=-\infty}^{\infty} H(\omega) M(\omega - n\omega_s) \qquad (4-2-9)$$

现在考虑接收端的恢复情况。比较 $M_{\mathrm{H}}(\omega)$ 和 $M_s(\omega)$ 的表示式可见,平顶抽样信号的频谱 $M_{\mathrm{H}}(\omega)$ 中的每一项都被 $H(\omega)$ 加权。由于 $H(\omega)$ 是 ω 的函数,所以不能再像理想抽样那样直接用低通滤波器恢复原来的模拟信号了。但若在低通滤波器之前加一个传输函数为 $1/H(\omega)$ 的修正滤波器,就能无失真地恢复原模拟信号。

在实际应用中,恢复信号的低通滤波器不可能是理想的。通常其截止特性有过渡带,因此,抽样速率 f_s 要比 $2f_{\mathrm{H}}$ 选得大一些,一般 $f_s = (2.5 \sim 3)f_{\mathrm{H}}$。如语音信号频率一般为 $300 \sim 3\,400$ Hz,抽样速率 f_s 一般取 $8\,000$ Hz。

4.3　模拟信号的量化

模拟信号在数字化过程中,量化是一个重要的环节。量化就是用预先规定好的有限个电平表示模拟信号的抽样值。时间连续的模拟信号经抽样后的样值序列在时间上是离散的,但在幅度上仍是连续的。量化则是将样值序列的幅值进行离散化处理的过程。量化后,无限多个抽样值变成了有限个量化电平值。

4.3.1　量化原理

量化过程可用图 4 - 11 加以说明。图中,$m(t)$ 是模拟信号,抽样速率为 $f_s = 1/T_s$,$m(kT_s)$ 表示第 k 个采样值,$q_i \sim q_M$ 是预先规定好的 M 个量化电平,m_i 为第 i 个量化区间的端点电平(分层电平),电平之间的间隔 $\Delta V_i = m_i - m_{i-1}$ 称为量化间隔。那么,量化就是将抽样值 $m(kT_s)$ 转换为 M 个规定的量化电平($q_1 \sim q_M$)之一,即当模拟信号的采样值 $m(kT_s)$ 落在 $m_{i-1} \leqslant m(kT_s) \leqslant m_i$ 范围时,量化器输出电平为

$$m_{\mathrm{q}}(kT_s) = q_i, \quad m_{i-1} \leqslant m(kT_s) \leqslant m_i \qquad (4-3-1)$$

例如,在图 4 - 11 中,$t = 6T_s$ 时的抽样值 $m(kT_s)$ 落在 $m_5 \sim m_6$ 之间,则量化器输出的量化值均为 q_6。

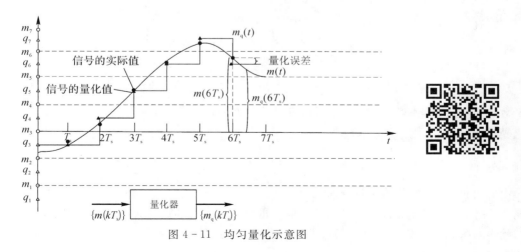

图 4 - 11　均匀量化示意图

显然,量化值只是抽样值的近似,因此存在量化误差,即 $e_q = m - m_q$。其中,简化符号 m 表示 $m(kT_s)$,m_q 表示 $m_q(kT_s)$。对于语音、图像等随机信号,量化误差也是随机的,它对信号的影响就像噪声一样,因此又称 e_q 为量化噪声,并用均方误差(即量化噪声的平均功率)来度量,即

$$N_q = E[(m - m_q)^2] = \int_{-\infty}^{\infty} (x - m_q)^2 f(x) \mathrm{d}x \qquad (4-3-2)$$

式中,$f(x)$ 是输入样值信号的概率密度;E 表示求统计平均值。

在给定信息源的情况下,$f(x)$ 是已知的。因此,量化噪声功率 N_q 与量化间隔的分割(或分层电平的划分)和量化电平的选择有关。那么,如何划分与选择这些电平,以使 N_q 最小,就是量化理论所要研究的问题。

容易看出,量化电平数 M 越多,量化区间划分得越细,则量化噪声功率 N_q 越小。另外,良好的量化规则(如区间的划分、分层电平的划分和量化电平的选择等)也有助于使 N_q 减小。

在图 4-11 中,量化间隔是均匀划分的,这种量化称为均匀量化。还有一种是非均匀量化,是语音信号实际应用的量化方式,下面分别加以讨论。

4.3.2 均匀量化

输入信号的取值域等间隔分割的量化称为均匀量化。在均匀量化中,每个量化区间的量化电平均取在各区间的中点,图 4-11 即均匀量化的例子。若输入样值信号的取值范围为 $[a,b]$,量化电平数为 M,则均匀量化的量化间隔为

$$\Delta V = \frac{b - a}{M} \qquad (4-3-3)$$

第 i 个量化区间的端点(也称分层电平)为

$$m_i = a + i\Delta V, \quad i = 0, 1, \cdots, M \qquad (4-3-4)$$

若取量化间隔的中点为量化电平,则第 i 个量化间隔的量化电平为

$$q_i = \frac{m_i + m_{i-1}}{2} = m_{i-1} + \frac{\Delta V}{2}, \quad i = 1, 2, \cdots, M \qquad (4-3-5)$$

量化器的性能是由输入量化器的信号功率与量化噪声功率之比来衡量的。下面讨论均匀量化时的量化信噪比计算。对于均匀量化的量化噪声可以用式 (4-3-2) 来计算,若把积分区间均匀分割成 M 个量化级,则式 (4-3-2) 可表示为

$$N_q = \sum_{i=1}^{M} \int_{m_{i-1}}^{m_i} (x - q_i)^2 f(x) \mathrm{d}x \qquad (4-3-6)$$

式中,$m_i = a + i\Delta V$;$q_i = a + i\Delta V - \dfrac{\Delta V}{2}$,这是不过载时求量化误差的基本公式。一般来说量化电平数 M 越大,量化间隔 ΔV 越小,因而可以认为在 ΔV 内不变,以 p_i 表示,且假设各层之间量化噪声相互独立,则 N_q 表示为

$$N_q = \sum_{i=1}^{M} p_i \int_{m_{i-1}}^{m_i} (x - q_i)^2 \mathrm{d}x = \frac{\Delta V^2}{12} \sum_{i=0}^{M} p_i \Delta V = \frac{\Delta V^2}{12} \qquad (4-3-7)$$

由此可见,均匀量化器不过载时的量化噪声功率 N_q 与信号的统计特性无关,而仅与量化间隔 ΔV 有关。在衡量量化器的性能时,单看量化噪声本身的绝对大小还是不够的,因为同样大的噪声对大信号的影响可能不算什么,但对小信号就有可能造成不良的后果,所以应考察噪

声与信号的相对大小,通常用量化信噪比 (S/N_q) 来衡量。它定义为量化器输入信号的平均功率 S 与量化噪声平均功率 N_q 之比,即

$$\frac{S}{N_q} = \frac{E[m^2]}{E[(m-m_q)^2]} \tag{4-3-8}$$

式中,E 表示求统计平均。显然,(S/N_q) 越大,说明量化性能越好。

【例 4-1】设 M 量化电平数的均匀量化器,其输入信号的概率密度函数在区间 $[-a,a]$ 内均匀分布。试分析输入下列信号时的量化信噪比。

(1)均匀分布信号;

(2)正弦信号。

解:(1)由式(4-3-2),量化噪声功率为

$$N_q = E[(m-m_q)^2] = \int_{-a}^{a} (x-m_q)^2 f(x)dx \tag{4-3-9}$$

若把积分区间分割成 M 个量化间隔,则式(4-3-9)可表示为

$$N_q = \sum_{i=1}^{M} \int_{m_{i-1}}^{m_i} (x-q_i)^2 \frac{1}{2a}dx$$

将已知条件代入,可得

$$N_q = \sum_{i=1}^{M} \int_{m_{i-1}}^{m_i} (x-q_i)^2 \frac{1}{2a}dx = \sum_{i=1}^{M} \int_{-a+(i-1)\Delta V}^{-a+i\Delta V} \left(x+a-i\Delta V+\frac{\Delta V}{2}\right)^2 \frac{1}{2a}dx =$$

$$\sum_{i=1}^{M} \left(\frac{1}{2a}\right)\left[\frac{(\Delta V)^3}{12}\right] = \frac{M(\Delta V)^3}{24a}$$

又因为 $M\Delta V=2a$,所以

$$N_q = \frac{\Delta V^2}{12} \tag{4-3-10}$$

可见,结果与式(4-3-7)相同。它再次表明,均匀量化器不过载时的量化噪声功率 N_q 与信号的统计特性无关,而仅与量化间隔 ΔV 有关。

对于在 $[-a,a]$ 范围内均匀分布的信号,其信号功率为

$$S = E[m^2] = \int_{-a}^{a} x^2 f(x)dx = \int_{-a}^{a} x^2 \frac{1}{2a}dx = \frac{a^2}{3} = \frac{M^2}{12}(\Delta V)^2$$

因此,量化信噪比为

$$\frac{S}{N_q} = M^2 \tag{4-3-11}$$

或用 dB(分贝)来表示,即

$$\left(\frac{S}{N_q}\right)_{dB} = 10\lg M^2 = 20N\lg 2 = 6.02N \tag{4-3-12}$$

式(4-3-12)表明,编码位数每增加 1 位,量化信噪比就提高 6 dB。该式称为均匀量化器的平均信噪比。

(2)设正弦信号的幅度为 V_m,则其平均功率为 $S=V_m^2/2$,于是

$$\left(\frac{S}{N_q}\right)_{dB} = 10\lg \frac{V_m^2/2}{(\Delta V)^2/12}$$

将 $\Delta V=\frac{2a}{M}$ 和 $M=2^N$ 代入上式,可得

$$\left(\frac{S}{N_q}\right)_{dB} = 10\lg\left(\frac{3}{2} \times 2^{2N} \frac{V_m^2}{a^2}\right) = 1.76 + 6.02N + 20\lg\left(\frac{V_m}{a}\right) \qquad (4-3-13)$$

当 $V_m = a$(即满载)时,有最大信噪比:

$$\left(\frac{S}{N_q}\right)_{\max\, dB} = 1.76 + 6.02N$$

【例 4 - 2】 电话传输标准要求在信号动态范围为 $(40 \sim 50)B$ 的条件下,信噪比不低于 26 dB。根据这一要求,并以正弦信号作为测试信号,求线性 PCM 编码的位数(注:通常把均匀量化后进行的编码称为线性 PCM 编码)。

解: 由式(4 - 3 - 13)计算可得

$$1.76 + 6.02N - (40 \sim 50) \geqslant 26$$

求得编码位数为

$$N \geqslant 11 \sim 12$$

如此多的编码位数意味着编码信号的传输带宽大,且设备复杂。

综上分析,均匀量化有以下两个显著的缺点。

(1)无论信号大小,量化噪声功率 N_q 总是不变的,故信号小时量化信噪比也小。这一点对于语音信号来说是致命的缺点,因为语音信号出现小信号的概率大。

(2)电话信号的动态范围很大,若要保证语音质量,由例 4 - 2 可知,需要采用 12 位的量化编码,从而导致编码信号的带宽增大,且编码设备复杂。

解决这些问题的有效方法之一是采用非均匀量化。而均匀量化主要应用于概率密度为均匀分布的信号,如遥测遥控信号、图像信号数字化接口中。

4.3.3 非均匀量化

非均匀量化是一种量化间隔不相等的量化方法。它根据均匀量化均方误差基本公式(4 - 3 - 9),即

$$N_q = E\left[(m - m_q)^2\right] = \int_{-a}^{a} (x - m_q)^2 f(x)\mathrm{d}x$$

若在 $f(x)$ 大的区域减小量化噪声 $(m - m_q)^2$,可以降低均方误差,提高信噪比。非均匀量化就是根据输入信号的概率密度分布来量化电平,从而改善量化性能的。例如在商业电话中,采用一种简单而又稳定的非均匀量化器——对数量化器,该量化器在出现频率高的低幅度语音信号处,运用小的量化间隔,而在不经常出现的高幅度语音处,应用大的量化间隔。

实现非均匀量化的方法之一是采用压扩技术。具体做法是,在发送端,先将样值信号 x 进行压缩处理,然后再对压缩器输出 y 进行均匀量化。所谓压缩器就是一个非线性变换电路,弱的信号被放大,强的信号被压缩。从而缩小大、小信号的比例差距。在通常使用的压缩器中,大多采用对数式压缩,即 $y = \ln x$,如图 4 - 12 所示。在接收端,需要采用一个与压缩特性相反的扩张器来恢复信号。

关于电话信号的压缩特性,国际电信联盟(ITU)制定了两种建议,即 A 律和 μ 律,以及相应的近似算法——13 折线法和 15 折线法。中国、欧洲各国及国际间互连时采用 A 律,北美、日、韩等少数国家采用 μ 律。

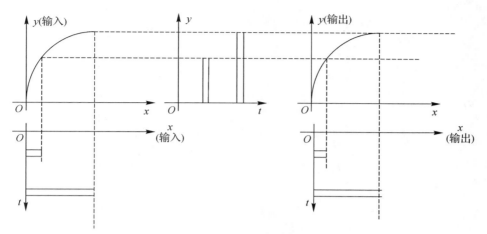

图 4-12　压缩特性与扩张特性示意图

1. A 律压缩特性

$$y = \begin{cases} \dfrac{Ax}{1+\ln A}, & 0 \leqslant x \leqslant \dfrac{1}{A} \\[3mm] \dfrac{1+\ln Ax}{1+\ln A}, & \dfrac{1}{A} \leqslant x \leqslant 1 \end{cases} \qquad (4-3-14)$$

式中，x 为归一化的压缩器输入电压，y 为归一化的压缩器输出电压，所谓归一化，是指信号电压与信号最大电压之比，因此归一化的最大值为 1。A 为压扩参数，表示压缩程度。不同 A 值的压缩特性如图 4-13(a)所示。由图可见，当 $A=1$ 时无压缩效果；A 值越大，对大样值压缩越明显，对小样值放大越明显。目前国际标准值为 $A=87.6$。

2. μ 律压缩特性

$$y = \frac{\ln(1+\ln \mu x)}{\ln(1+\mu)}, \quad 0 \leqslant x \leqslant 1 \qquad (4-3-15)$$

式中，μ 为压扩参数，表示压扩程度。不同 μ 值压缩特性如图 4-13(b)所示。由图可见，$\mu=0$ 时，压缩特性是一条通过原点的直线，故没有压缩效果，性能得不到改善；μ 值越大压缩效果越明显，国际标准中取 $\mu=255$。

观察图 4-13(b)中的虚线可见，对经过压缩处理后的 y 进行等间隔划分（均匀量化），其效果等同于对输入信号 x 进行非均匀量化（即当信号小时量化间隔 Δx 小，当信号大时量化间隔 Δx 也大）。而在均匀量化中，量化间隔是固定不变的。下面来计算对数量化信噪比的改善量。

因为压缩特性 $y=f(x)$ 为对数曲线，当量化级划分较多时，在每一个量化级中压缩特性曲线均可以看作直线，所以

$$\frac{\Delta y}{\Delta x} = \frac{\mathrm{d}y}{\mathrm{d}x} = y' \qquad (4-3-16)$$

$$\Delta x = \frac{1}{y'}\Delta y$$

$$\frac{\mathrm{d}y}{\mathrm{d}x} = \frac{\mu}{(1+\mu x)\ln(1+\mu)}$$

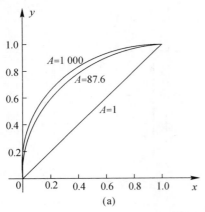 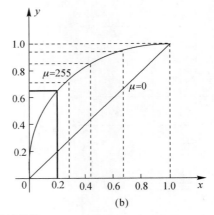

图 4 - 13　对数压缩特性

(a)A 律；(b)μ 律

因此 $\Delta y / \Delta x$ 的比值大小反映了非均匀量化(有压缩)对均匀量化(无压缩)的信噪比的改善程度。当用分贝表示,并用符号 Q 表示信噪比的改善量时,有

$$[Q]_{\mathrm{dB}} = \frac{\Delta y}{\Delta x} = 20 \lg \left(\frac{\mathrm{d} y}{\mathrm{d} x} \right)$$

当 $\mu = 100$ 时,对于小信号($x \rightarrow 0$),有

$$\left(\frac{\mathrm{d} y}{\mathrm{d} x} \right)_{x \rightarrow 0} = \frac{\mu}{(1 + \mu x) \ln (1 + \mu)} \bigg|_{x \rightarrow 0} = \frac{\mu}{\ln (1 + \mu)} = \frac{100}{4.26}$$

$$[Q]_{\mathrm{dB}} = 20 \lg \left(\frac{\mathrm{d} y}{\mathrm{d} x} \right) = 26.7 \text{ dB}$$

该比值大于 1,表示非均匀量化间隔 Δx 比均匀量化 Δy 小。

对于大信号($x = 1$),有

$$\left(\frac{\mathrm{d} y}{\mathrm{d} x} \right)_{x = 1} = \frac{\mu}{(1 + \mu x) \ln (1 + \mu)} = \frac{100}{(1 + 100) \ln (1 + 100)} = \frac{1}{4.67}$$

$$[Q]_{\mathrm{dB}} = 20 \lg \left(\frac{\mathrm{d} y}{\mathrm{d} x} \right) = -13.3 \text{ dB}$$

该比值小于 1,说明非均匀量化的量化间隔 Δx 比均匀量化 Δy 大,故信噪比下降。根据以上关系计算得到的信噪比改善程度与输入电平的关系见表 4 - 1,这里,最大允许输入电平为 0 dB($x = 1$);$[Q]_{\mathrm{dB}} > 0$ 表示提高的信噪比,而 $[Q]_{\mathrm{dB}} < 0$ 表示损失的信噪比。

表 4 - 1　信噪比改善程度与输入电平关系

x	1	0.361	0.1	0.031 2	0.01	0.003
输入信号电平/dB	0	-10	-20	-30	-40	-50
$[Q]_{\mathrm{dB}}$	-13.3	-3.5	5.8	14.1	20.6	24.4

如图 4 - 14 所示,无压缩时,信噪比随输入信号的减小而迅速下降;有压缩时,信噪比随输入信号的减小下降比较缓慢。可见采用对数压缩特性提高了小信号的量化信噪比,相当于扩大了输入信号的动态范围。

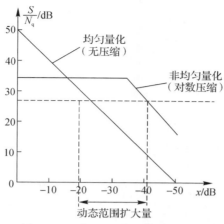

图 4 - 14　有/无压缩的信噪比曲线

3. A 律 13 折线和 μ 律 15 折线

早期的 A 律和 μ 律特性是用非线性的模拟器件(如二极管)来实现的。由于对数压缩特性是连续曲线,所以在电路上实现这样的函数规律是相当复杂的,且精确度和稳定度都受到限制。但采用折线近似对数压缩特性,就可以运用数字技术来实现。这种方法简便且准确,因而获得了广泛应用,并被采纳为国际标准:一种是采用 13 折线近似 A 律对数压缩特性,另一种是采用 15 折线近似 μ 律对数压缩特性。

(1) A 律 13 折线是 A 压缩律的近似算法,它用 13 段折线逼近 $A=87.6$ 的对数压缩特性。具体方法是,把输入 x 轴在 0~1(归一化)范围内被非均匀地划分为 8 段,分段的规律是每次以 1/2 对分,第 1 次在 0~1 之间的 1/2 处对分,第 2 次在 0~1/2 之间的 1/4 处对分,第 3 次在 0~1/4 之间的 1/8 处对分,其余类推;输出 y 轴在 0~1(归一化)范围内被均匀地划分为 8 段,每段间隔均为 1/8,将与这 8 段相应的坐标点 (x, y) 相连得到 8 段折线,如图 4 - 15 所示。由图可见,第 1、2 段斜率相同(均为 16),其他各段折线的斜率都不相同。在表 4 - 2 中列出了这些斜率。

表 4 - 2　各段折线的斜率

折线段号	1	2	3	4	5	6	7	8
斜　率	16	16	8	4	2	1	1/2	1/4

以上分析的是正方向,由于语音信号为双极性信号,即输入电压 x 有正、负极性,所以实用中的压缩特性曲线是以原点奇对称的,如图 4 - 16 所示,而前面的压缩特性图中都只画出了一半(正极性部分)。在图 4 - 16 中,若把斜率相同的折线视为一条折线,则完整的压缩曲线共有 13 段折线,这就是 13 折线名称的由来。但在计算或编码时,仍视正、负各为 8 段,并且每个折线段采用 16 级的均匀量化,因此正、负各有 $8×16=128$ 个量化级(量化电平),共计 256 个量化级,需用 $N=8$ 位二进制码来表示。

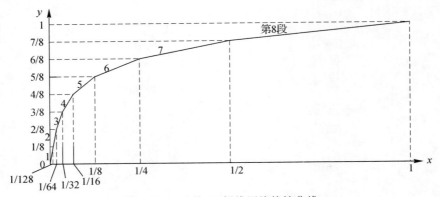

图 4-15　A 律 13 折线压缩特性曲线

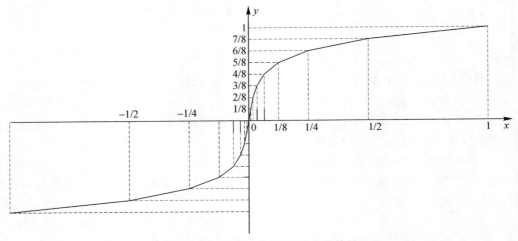

图 4-16　对称输入 13 折线压缩特性

从 A 律特性分析中可以看出,13 折线非常逼近 $A=87.6$ 的对数压缩特性,同时 x 的 8 个段落量化分界点近似于按 2 的幂次递减分割,有利于数字化。

(2) μ 律 15 折线:采用 15 折线逼近 $\mu=255$ 对数压缩特性的原理与 A 律 13 折线类似,也是把 y 轴均分 8 段,对应于 y 轴分界点 $i/8$ 处的 x 值为

$$x = \frac{256^{y}-1}{255} = \frac{256^{i/8}-1}{255} = \frac{2^{i}-1}{255} \qquad (4-3-17)$$

计算结果见表 4-3。相应的特性如图 4-17 所示(只画出了正向部分)。

表 4-3　μ 律的斜率

i	0	1	2	3	4	5	6	7	8
y	0	1/8	2/8	3/8	4/8	5/8	6/8	7/8	1
x	0	1/255	3/255	7/255	15/255	31/255	63/255	127/255	1
斜　率	32		16		8	4	2	1	12	14
段　号	1		2		3	4	5	6	7	8

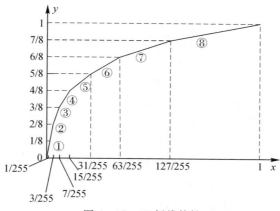

图 4-17 15 折线特性

由表 4-3 中列出的各段折线斜率可知,正、负方向各有 8 段折线,但正、负电压的第 1 段因斜率相同而连成一条直线,因此,形式上得到的是 15 段折线,故称 μ 律 15 折线。

比较 13 折线特性和 15 折线特性的第 1 段斜率可知,15 折线第 1 段的斜率(32)大约是 13 折线第 1 段斜率(16)的 2 倍。因此,15 折线对小信号的量化信噪比改善量也是 13 折线的 2 倍。但是,对于大信号而言,15 折线比 13 折线的性能差。需要说明的是,在实际中,量化过程通常是和后续的编码过程结合在一起完成的。

4.4 编 码 原 理

编码是把量化后的有限个量化电平值变换成二进制码组的过程。其相反的过程称为解码或译码。

模拟信息源输出的模拟信号 $m(t)$ 经抽样和量化后得到的输出脉冲序列是一个 M 进制(一般常用 128 或 256)的多电平数字信号,如果直接传输的话,抗噪声性能很差,因此要经过编码器转换成二进制数字信号(PCM 信号)后,再经数字信道传输。在接收端,二进制码组经过译码器还原成 M 进制的量化信号,再经低通滤波器恢复原模拟信号。量化与编码的组合称为模/数转换器(A/D 变换器);译码与低通滤波的组合称为数/模转换器(D/A 变换器)。下面介绍常用的二进制码型及 A 律 13 折线 PCM 编码与译码原理。

4.4.1 码型的选择

代码的编码规律称为码型。把量化后所有的量化级按其量化电平的大小次序排列起来并列出各对应的码字,这种对应关系的整体就称为码型。二进制码具有抗干扰能力强、易于产生等优点,因此 PCM 中常使用二进制码。常用的二进制码型有自然二进码、折叠二进码和格雷二进码(反射二进制码)3 种。用 4 位码表示 16 个量化级时的三种码的编码规律见表 4-4。

(1)自然二进码是一般的十进制正整数的二进制表示,编码简单、易记,而且译码可以逐比特独立进行。若把自然二进码从低位到高位依次给以 2 倍的加权,就可以变换为十进制数。

(2)折叠二进码是一种符号幅度码。左边第一位表示信号的极性,信号为正用"1"表示,信号为负用"0"表示;第二位至最后一位,表示信号的幅度。由于正、负绝对值相同时,折叠码的上半部分与下半部分相对零电平对称折叠,故名折叠码。与自然码相比,折叠码的一个优点是,对于语音这样的双极性信号,只要绝对值相同,则可简化为单极性编码,这等效于少编 1 位码,从而使编码电路大为简化。另一个优点是,如果在传输过程中出现误码,对小信号影响较小。例如由大信号的"1111"误为"0111"时,由表 4-4 可见,自然码由 15 错到 7,误差是 8 个量化级,而对于折叠码的误差却只有 1 个量化级。这一特性有利于减小平均量化噪声,因为语音信号小幅度出现的概率比大幅度的大。

(3)格雷二进码的特点是任何相邻电平的码组,只有一个码位发生变化,即相邻码字的距离恒为 1。误码时,若传输或判决有误,量化电平的误差小。另外,这种码除极性码外,当正、负极性信号的绝对值相等时,其幅度码相同,故又称反射二进制码。但这种码不是可加的,不能逐比特独立进行,需先转换为自然二进码后再译码,故编译码较为复杂。

通过以上三种码型比较,语音信号的 PCM 编码常采用折叠二进码。

表 4-4 常用二进制码型

样值脉冲极性	格雷二进码	自然二进码	折叠二进码	量化极序号
正极性部分	1 0 0 0	1 1 1 1	1 1 1 1	15
	1 0 0 1	1 1 1 0	1 1 1 0	14
	1 0 1 1	1 1 0 1	1 1 0 1	13
	1 0 1 0	1 1 0 0	1 1 0 0	12
	1 1 1 0	1 0 1 1	1 0 1 1	11
	1 1 1 1	1 0 1 0	1 0 1 0	10
	1 1 0 1	1 0 0 1	1 0 0 1	9
	1 1 0 0	1 0 0 0	1 0 0 0	8
负极性部分	0 1 0 0	0 1 1 1	0 0 0 0	7
	0 1 0 1	0 1 1 0	0 0 0 1	6
	0 1 1 1	0 1 0 1	0 0 1 0	5
	0 1 1 0	0 1 0 0	0 0 1 1	4
	0 0 1 0	0 0 1 1	01 0 0	3
	0 0 1 1	0 0 1 0	0 1 0 1	2
	0 0 0 1	0 0 0 1	0 1 1 0	1
	0 0 0 0	0 0 0 0	0 1 1 1	0

4.4.2 码位的选择与安排

码位数的选择关系到通信质量的好坏,而且还涉及设备的复杂程度。码位数的多少,决定了量化分层的多少;反之,若信号量化分层数一定,则编码位数也就确定了。在信号变化范围一定时,用的码位数越多,量化分层越细,量化误差就越小,但码位数越多设备越复杂,同时还会使总的传码率增加,传输带宽加大。一般从语音信号的可懂度来说,采用 3、4 位非线性编码即可,若增至 7、8 位时,通信质量就比较理想了。

在 A 律 13 折线 PCM 编码中,由于正、负各有 8 段,每段内有 16 个量化级,共计 $2 \times 8 \times 16 = 256 = 2^8$ 个量化级,即正、负输入幅度范围各有 128 个量化级。因此正或负输入的 8 个段落被划分成 $8 \times 16 = 128$ 个不均匀的量化级。因此所需编码位数 $N = 8$。8 位码的安排如下:

$$\underset{\text{极性码}}{C_1} \qquad \underset{\text{段落码}}{C_2 C_3 C_4} \qquad \underset{\text{段内码}}{C_5 C_6 C_7 C_8}$$

极性码 C_1 表示样值的极性。规定正极性编"1",负极性编"0"。段落码 $C_2 C_3 C_4$ 表示样值的幅度所处的段落。3 位段落码的 8 种可能状态对应 8 个不同的段落,见表 4-5。但应注意,段落码的每一位不表示固定的电平,只用它们的不同排列码组表示各段的起始电平。段内码 $C_5 C_6 C_7 C_8$ 的 16 种可能状态用来分别代表每一段落内的 16 个均匀划分的量化级,段内码与 16 个量化级之间的关系见表 4-6。

表 4-5　段落码

段落序号	段落码		
	C_2	C_3	C_4
8	1	1	1
7	1	1	0
6	1	0	1
5	1	0	0
4	0	1	1
3	0	1	0
2	0	0	1
1	0	0	0

表 4-6　段内码

电平序号	段内码				电平序号	段内码			
	C_5	C_6	C_7	C_8		C_5	C_6	C_7	C_8
15	1	1	1	1	7	0	1	1	1
14	1	1	1	0	6	0	1	1	0
13	1	1	0	1	5	0	1	0	1
12	1	1	0	0	4	0	1	0	0
11	1	0	1	1	3	0	0	1	1
10	1	0	1	0	2	0	0	1	0
9	1	0	0	1	1	0	0	0	1
8	1	0	0	0	0	0	0	0	0

为了确定样值的幅度所在的段落和量化级,必须知道每个段落的起始电平和各段内的量化间隔。在 A 律 13 折线中,由于各段的长度不等,所以各段内的量化间隔也是不同的。第 1、2 段最短,只有 1/128,再将它等分 16 级,每个量化极间隔为

$$\Delta = \frac{1}{128} \times \frac{1}{16} = \frac{1}{2\ 048} \qquad (4-4-1)$$

这是最小的量化间隔,它仅有输入信号归一化值的 1/2 048。第 8 段最长,它的每个量化极间隔为

$$\left(1 - \frac{1}{2}\right) \times \frac{1}{16} = \frac{1}{32} = 64\Delta \qquad (4-4-2)$$

即包含 64 个最小量化间隔。若以 Δ 为单位,则各段的起始电平 $I_i(\Delta)$ 和各段内的量化间隔 $\Delta V_i(\Delta)$ 见表 4-7。

以上是非均匀量化的情况。若以最小量化间隔 $\Delta = 1/2\ 048$ 作为量化间隔进行均匀量化,则 13 折线正极性的 8 个段落所包含的均匀量化级数分别为 16、16、32、64、128、256、512 和 1 024,共计 2 048 = 2^{11} 个量化级或量化电平,需要进行 11 位(线性)编码。而非均匀量化只有 128 个量化电平,只要编 7 位(非线性)码。可见,在保证小信号量化间隔相同的条件下,非均匀量化的编码位数少,因此设备简化,所需传输系统带宽减小。通常把按非均匀量化特性的编码称为非线性编码;按均匀量化特性的编码称为线性编码。编码时,非线性码与与线性码间的关系是 7/11 变换关系,在保证小信号时的量化间隔相同的条件下,7 位非线性码与 11 位线性码等效。

表 4-7　段落的起始电平和段内的量化间隔

段落号 i	电平范围 Δ	段落码			段落起始电平	段内量化间隔
		C_2	C_3	C_4	$I_i(\Delta)$	$\Delta V_i(\Delta)$
8	1 024~2 048	1	1	1	1 024	64
7	512~1 024	1	1	0	512	32
6	256~512	1	0	1	256	16
5	128~256	1	0	0	128	8
4	64~128	0	1	1	64	4
3	32~64	0	1	0	32	2
2	16~32	0	0	1	16	1
1	0~16	0	0	0	0	1

注意:通常把按非均匀量化的编码称为非线性或对数 PCM 编码;把按均匀量化的编码称为线性 PCM 编码。

4.4.3　逐次比较型编码原理

PCM 编码中比较常用的是逐次比较型编码器,其原理框图如图 4-18 所示。这是一个用于电话信号编码的量化编码器(在编码的同时完成非均匀量化)。该编码器的任务是把输入的

每个样值脉冲编出相应的 8 位二进制码,除第 1 位极性码外,其余 7 位二进制代码是通过逐次比较的过程来确定的。逐次比较编码的原理与天平称物的方法类似,抽样值脉冲信号相当于被测物,标准电流相当于砝码。预先规定好一些作为比较用的标准电流(或电压),称为权值电流,用符号 I_W 表示,I_W 的个数与编码位数有关。当抽样值脉冲 I_S 到来后,用逐步逼近的方法有规律地用各标准电流 I_W 去和抽样脉冲比较,每比较一次输出一位码,若 $I_S > I_W$,输出"1"码;若 $I_S < I_W$,输出"0"码。直到 I_W 和抽样值 I_S 逼近为止,完成对输入抽样值的非线性量化和编码。

实现逐次比较型编码器的原理框图如图 4-18 所示,它由极性判决电路、整流器、保持电路、比较器及本地译码电路等组成。

(1)极性判决电路:用来确定样值信号(PAM 信号)的极性,编出极性码 C_1。例如,当 PAM 信号的某个样值脉冲(或称样值电流)为正时,C_1 为"1"码;反之为"0"码。

(2)整流器:将双极性的样值信号变成单极性信号。它的输出表示样值电流 I_S 的幅度大小。

(3)保持电路:使每个样值电流 I_S 的幅度在 7 次比较编码过程中保持不变。

(4)比较器是编码器的核心。它的作用是通过比较样值电流 I_S 和标准电流 I_W,从而对输入信号抽样值实现非线性量化和编码。每比较一次输出一位二进制代码,且当 $I_S > I_W$ 时,输出"1"码;反之输出"0"码。在 7 次比较过程中,前 3 次的比较结果是段落码,后 4 次的比较结果是段内码。每次比较所需的标准电流 I_W 均由本地译码电路提供。本地译码电路包括记忆电路、7/11 变换电路和恒流源。

(5)记忆电路:用来寄存前面编出的二进制代码。因为除了第 1 次比较外,其余各次比较都要依据前几次比较的结果来确定标准电流 I_W 值,所以 7 位码组中的前 6 位状态应由记忆电路寄存下来。

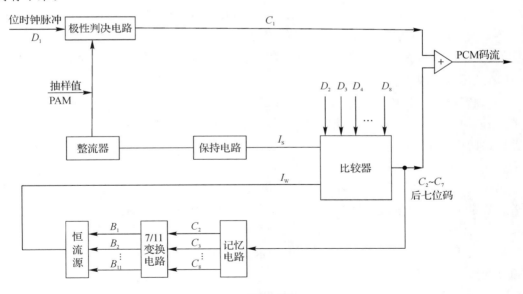

图 4-18 逐次比较型编码器

(6)7/11 变换电路:是非均匀量化中的数字压缩器。由于按 A 律 13 折线只编 7 位码,加之记忆电路的码也只有 7 位,而线性解码电路(恒流源)需要 11 个基本的权值电流,这就要求有 11 个控制脉冲对其控制。因此需要通过 7/11 逻辑变换电路将 7 位非线性码转换成 11 位线性码,其实质就是完成非线性和线性的转换。

原理上,模拟信号数字化的过程是经过抽样、量化以后才进行编码,但实际上量化是在编码过程中完成的。也就是说,编码器本身包含了量化和编码两个功能。下面通过一个例子来说明编码过程。

【例 4 - 3】 设输入信号的样值 $I_S = +890\Delta$(Δ 为最小量化间隔,表示输入信号归一化值的 1/2 048),采用逐次比较型编码器,按照 A 律 13 折线将其编成 8 位 PCM 码组。

解: 逐次比较型编码器编码过程如下。

(1)确定极性码 C_1:因为 I_S 为正,所以 $C_1 = 1$。

(2)确定段落码 $C_2 C_3 C_4$。由表 4-7 可知,C_2 用来表示样值 I_S 处于 8 个段落中的前 4 段还是后 4 段,故本地译码电路提供的第 1 个标准电流应选为

$$I_{w1} = 128\Delta$$

第 1 次比较结果为 $I_S > I_{w1}$,故 $C_2 = 1$,说明 I_S 处于后 4 段(5~8 段)。C_3 是用来进一步确定 I_S 处于 5~6 段还是 7~8 段,故本地译码电路输出的第 2 个标准电流为

$$I_{w2} = 512\Delta$$

第 2 次比较结果为 $I_S > I_{w2}$,故 $C_3 = 1$,说明 I_S 处于 7~8 段内。

同理,确定 C_4 本地译码电路输出的第 3 个标准电流为

$$I_{w3} = 1\ 024\Delta$$

第 3 次比较结果为 $I_S < I_{w3}$,故 $C_4 = 0$。说明说明 I_S 处于 7 段。

经过 3 次比较,编出的段落码 $C_2 C_3 C_4$ 为"110",表示样值 I_S 处于第 7 段。它的起始电平为 512Δ,量化间隔为 $\Delta V_7 = 32\Delta$。

(3)确定段内码 $C_5 C_6 C_7 C_8$。段内码是在已经确定样值 I_S 所在段落的基础上,进一步确定 I_S 在该段落的哪一个量化级(量化间隔)内。首先要确定 I_S 在前 8 级还是后 8 级,故本地译码电路输出的第 4 个标准电流为

$$I_{w4} = 段落起始电平 + 8 \times (量化间隔) = 512 + 8 \times 32 = 768(\Delta)$$

第 4 次比较结果为 $I_S > I_{w4}$,故 $C_5 = 1$。由表 4-6 可知,样值 I_S 处于后 8 级(8~16 级)。接着要确定 I_S 处于这 8 级中的前 4 级还是后 4 级,故本地译码电路输出的第 5 个标准电流为

$$I_{w5} = 512 + 8 \times 32 + 4 \times 32 = 896(\Delta)$$

第 5 次比较结果为 $I_S < I_{w5}$,故 $C_6 = 0$,表示 I_S 处于前 4 级(8~12 级)。同理,本地译码电路输出的第 6 个标准电流为

$$I_{w6} = 512 + 8 \times 32 + 2 \times 32 = 832(\Delta)$$

第 6 次比较结果为 $I_S > I_{w6}$,故 $C_7 = 1$,表示 I_S 处于 10~12 级。根据前面编码的情况,本地译码电路输出的第 7 个标准电流为

$$I_{w7} = 512 + 8 \times 32 + 2 \times 32 + 1 \times 32 = 864(\Delta)$$

第 7 次比较结果为 $I_S > I_{w7}$,故 $C_8 = 1$,表示处于序号为 11 的量化级内(见图 4-19)。

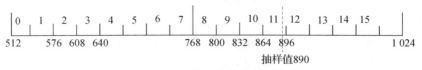

图 4 - 19　第 7 段落量化间隔

经过以上编码过程,对于模拟抽样值 $I_S = +890\Delta$,编出的 PCM 码组为 $C_1 C_2 C_3 C_4 C_5 C_6 C_7 C_8 = 11101011$,它表示 I_S 处于第 7 段落的序号为 11 的量化间隔内。该码组对应的量化电平为 864Δ,故量化误差等于 26Δ。

在这里强调指出,在上述编码过程中,同时完成了非均匀量化,也就是说,量化和编码是同时在编码器中完成的。

顺便指出,若使非线性码与线性码的码字电平相等,即可得出非线性码与线性码之间的关系,即 7/11 变换关系。如上例中的 7 位非线性码 1101011 量化电平为 $864 = 2^9 + 2^8 + 2^6 + 2^5$,所对应的 11 位线性码为 01101100000。

4.4.4　译码原理

译码(也称解码)是编码的逆过程。译码的作用是把收到的 PCM 信号还原成相应的 PAM 信号,即进行 D/A 变换。

A 律 13 折线译码器原理框图如图 4 - 20 所示,它与逐次比较型编码器中的本地译码器基本相同,所不同的是增加了极性控制部分和带有寄存读出的 7/12 变换电路。下面简单介绍各部分电路的作用。

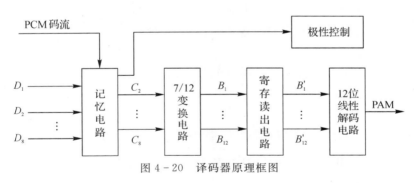

图 4 - 20　译码器原理框图

(1)记忆电路的作用是将串行的 PCM 码变为并行码,并记忆下来,与编码器中译码电路的记忆作用基本相同。

(2)极性控制部分的作用是根据收到的极性码 C_1 是"1"还是"0"来控制译码后的 PAM 信号的极性,恢复源信号极性。

(3)7/12 变换电路是为了增加一个 $\Delta_i/2$ 恒流电流,人为地补上半个量化级,使最大量化误差不超过 $\Delta_i/2$,从而改善量化信噪比(原理见下面的例 4 - 4)。

(4)寄存器读出电路是将输入的串行码在存储器中寄存起来,待全部接收后再一起读出,送入解码电路。实质上是串/并变换。

(5)12 位线性译码电路主要由恒流源和电组网络组成,与编码器中的译码网络类同。它是在寄存读出电路的控制下,输出相应的 PAM 信号。

【例 4 - 4】 在例 4 - 3 基础上,计算编码电平 I_C、译码电平为 I_D、编码后的量化误差及译码后的量化误差。

解: 在例 4 - 3 中,对样值 $I_S = +890\Delta$ 编出的 PCM 码组为 11011011,它表示 I_S 位于第 7 段落的序号为 11 的量化间隔内,因此,对应的量化电平(编码电平)为

$$I_C = 512 + 11 \times 32 = 864(\Delta)$$

由图 4 - 19 可见,编码电平 864Δ 是样值 I_S 所在量化间隔的起始电平。编码后的量化误差为

$$|I_S - I_C| = |890 - 864| = 26(\Delta)$$

该误差大于量化间隔的一半($\Delta V_i/2$)。为了使最大量化误差不会超过 $\Delta V_i/2$,在译码器中采用了 7/12 变换电路,它与编码器中的 7/11 变换电路相比,增加一个 $\Delta V_i/2$ 支流,这等效于让译码电平 I_D 处于每个量化间隔的中间,即

$$I_D = I_C + \frac{\Delta V_7}{2} = 864 + 16 = 880(\Delta)$$

译码后的量化误差为

$$|I_S - I_D| = |890 - 880| = 10(\Delta)$$

该误差小于 $\Delta V_i/2$,从而改善了量化信噪比。

这时 7 位非线性码 1101011 所对应的 12 位线性码为 011011100000。

4.5 PCM 信号的码元速率和带宽

PCM 用 N 位二进制代码表示一个抽样值,即一个抽样周期 T_S 内要编 N 位码,因此每个码元宽度为 T_S/N,码位越多,码元宽度越小,占用带宽越大。显然 PCM 需要的带宽要比模拟基带信号 $m(t)$ 的带宽大得多。

设模拟信号 $m(t)$ 的最高频率为 f_H,抽样速率 $f_s \geqslant 2f_H$,每个样值脉冲的二进制编码位数为 N,则 PCM 信号的比特率为

$$R_b = f_s \log_2 M = f_s N \tag{4-5-1}$$

数字信号的传输带宽取决于数据的波特率(对于二进制信号,波特率等于比特率)及采用的传输脉冲形状。当采用矩形脉冲传输时,第 1 零点带宽是脉冲宽度的倒数 $\left(B = \dfrac{1}{\tau}\right)$。对于二进制非归零信号,脉冲宽度 $\tau = 1/R_b$,因此 PCM 信号的第 1 零点带宽为

$$B = R_b = f_s N \tag{4-5-2}$$

对于电话系统,取 $f_s = 8 \text{ kHz}, N = 8$,则一路电话的比特率为 $R_b = 64 \text{ kb/s}$,第 1 零点带宽为 $B = f_s N = 64 \text{ kHz}$。由此可见,PCM 信号占用频带比标准话路带宽(4 kHz)宽很多倍。

4.6 自适应差分脉码调制(ADPCM)

在实际的通信系统中,64 kb/s 的 A 律或 μ 律的对数压扩 PCM 编码已经得到了广泛的应用,如大容量的光纤通信系统和数字微波通信系统。但 PCM 信号占用频带要比模拟通信系统中的一个标准话路带宽宽很多倍,这样,对于大容量的长途传输系统,尤其是卫星通信,需要

降低话路速率以提高信道的利用率。

　　语音编码追求的目标就是以较低的速率获得较高质量的编码。通常,把话路速率低于 64 kb/s 的编码方法称为语音压缩编码技术。语音压缩编码方法很多,其中自适应差分脉冲编码调制是语音压缩中复杂度较低的一种,它可以在 32 kb/s 的比特率上达到 64 kb/s 的 PCM 数字电话质量。自适应差分脉冲编码调制(ADPCM)是在差分脉冲编码调制(DPCM)上发展起来的,下面先介绍 DPCM 的编码原理。

4.6.1　差分脉冲编码调制(DPCM)

　　在 PCM 中,每个波形抽样值都独立编码,与其他抽样值无关,这样,抽样值的整个幅度编码需要较多位数,比特率较高,造成数字化的信号带宽大大增加。而利用信源的相关性,对相邻抽样值的差值而不是抽样值本身进行编码,由于相邻抽样值的差值比样值本身小,所以可以用较少的位数表示差值。这样,用样点之间差值的编码来代替抽样值本身的编码,可以在量化台阶不变(即量化噪声不变)的情况下,使编码位数显著减少,信号带宽大大压缩。这种利用差值的 PCM 编码称为差分 PCM(DPCM)。如果将抽样值之差仍用 N 位编码传送,则 DPCM 的量化信噪比显然优于 PCM 系统。

　　差分脉冲编码调制(Differential PCM,DPCM)是一种预测编码方法。预测编码的设计思想是根据前面的 k 个抽样值预测当前时刻的抽样值。输出编码信号是对当前抽样值与预测值之间的差值进行量化编码。DPCM 系统的框图如图 4-21 所示。

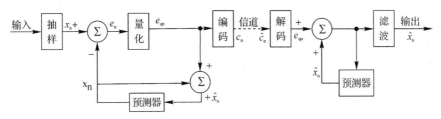

图 4-21　DPCM 系统原理框图

　　图 4-21 中,x_n 表示当前的信源抽样值,预测器的输入 $\hat{x}_n$ 代表重建语音信号。预测器的输出为

$$\tilde{x}_n = \sum_{i=1}^{k} a_i \hat{x}_{n-i} \qquad (4-6-1)$$

差值 $e_n = x_n - \tilde{x}_n$ 作为量化器的输入,e_{qn} 代表量化器的输出,量化后的每个预测误差 e_{qn} 被编码成二进制数字序列,通过信道传送到目的地。该误差 e_{qn} 同时被加到本地预测值 $\tilde{x}_n$ 而得到 $\hat{x}_n$。

　　在接收端由于采用与发送端相同的预测器,所以该预测器的输出由 $\tilde{x}_n$ 与 e_{qn} 相加产生。

信号 $\tilde{x}_n$ 既是所要求的预测器的激励信号,也是所要求的解码器输出的重建信号。在无传输误码的条件下,解码器输出的重建信号 $\hat{x}_n$ 与编码器中的 $\hat{x}_n$ 相同。

DPCM 系统的总的量化误差应该定义为输入信号抽样值 x_n 与解码器输出抽样值 $\hat{x}_n$ 之差,即

$$n_q = x_n - \tilde{x}_n = (e_n + \tilde{x}_n) - (\tilde{x}_n + e_{qn}) = e_n - e_{qn} \qquad (4-6-2)$$

由式(4-6-2)可知,这种 DPCM 的总量化误差 n_q 仅与差值信号 e_n 的量化误差有关。n_q 与 x_n 都是随机量,因此 DPCM 系统总的量化信噪比可以表示为

$$\left(\frac{S}{N}\right)_{\text{DPCM}} = \frac{E[x_n^2]}{E[n_q^2]} = \frac{E[x_n^2]}{E[e_n^2]} \cdot \frac{E[e_n^2]}{E[n_q^2]} = G_P\left(\frac{S}{N}\right)_q \qquad (4-6-3)$$

式中,$(S/N)_q$ 是把差值序列作为信号时量化器的量化信噪比,与 PCM 系统考虑量化误差时所计算的信噪比相当。G_P 可理解为 DPCM 系统相对于 PCM 系统而言的信噪比增益,称为预测增益。如果能够选择合理的预测规律,差值功率 $E[e_n^2]$ 就能远小于信号功率 $E[x_n^2]$,G_P 就会大于 1,该系统就能获得增益。对于 DPCM 系统的研究就是围绕着如何使 G_P 和 $(S/N)_q$ 这两个参数取最大值而逐步完善起来的。通常 G_P 约为 $6 \sim 11$ dB。由此可见,DPCM 的量化信噪比远大于量化器的信噪比。因此,要求 DPCM 系统达到 PCM 系统相同的信噪比,则可降低对量化信噪比的要求,即可减少量化级数,从而减小码位,降低比特率,压缩了信号带宽。DPCM 的特例就是增量调制(详见 4.7 节)。

4.6.2　自适应差分脉冲编码调制(ADPCM)

ADPCM(Adaptive DPCM,ADPCM)是在 DPCM 基础上逐步发展起来的,ADPCM 的主要改进是量化器和预测期均采用自适应方式。DPCM 系统性能的改善是以最佳的预测和量化为前提的。但对语音信号进行预测和量化是复杂的技术问题,这是因为语音信号在较大的动态范围内变化。为了能在相当宽的变化范围内获得最佳的性能,只有在 DPCM 基础上引入自适应系统。

ADPCM 的主要特点是用自适应量化取代固定量化,用自适应预测取代固定预测。自适应量化是指量化台阶随信号的变化而变化,使量化误差减小;自适应预测是指产生预测值的预测器的参数可以随信号的统计特性而自适应调整,使预测精度提高。通过改进这两点,可以使编码质量大为改善。在实际应用中,32 kb/s 的 ADPCM 可以达到 64 kb/s 的 PCM 语音编码的质量,而比特率只是 PCM 的一半,极大地节省了传输带宽,从而使经济性显著提高。近年来,ADPCM 在卫星通信、微波通信和移动通信方面得到了广泛的应用,并已成为长途电话通信中一种国际通用的语音编码方法。

4.7　增量调制($\triangle$M)

增量调制(Delta Modulation,DM),简称 DM 或 $\triangle$M,是继 PCM 后出现的又一种模拟信号数字化的方法。与 PCM 相比,$\triangle$M 具有编译码简单、抗误码特性好和低比特率时的量化信噪比高等优点。因此,其在军事和工业部门的专用通信网和卫星通信中得到了广泛应用。

4.7.1　基本原理

当在数字通信系统中传输一个模拟信号时,首先要对模拟信号进行抽样,如果抽样速率很

高(远大于奈奎斯特速率),抽样间隔很小,那么相邻样点之间的幅度变化不会很大,相邻抽样值的相对大小(差值)同样能反映模拟信号的变化规律。若将这些差值编码传输,同样可传输模拟信号所含的信息。此差值又称"增量",其值可正可负。增量调制就是利用差值编码进行通信的方式。

ΔM 可以看成是一种最简单的 DPCM。它的每个编码比特表示相邻抽样值的差值(也称增量)的极性(正或负)。若增量为正(当前样值大于前一个样值),编"1"码;若增量为负,编"0"码。下面,用图 4-22 加以说明。

图 4-22 中,$m(t)$ 代表模拟信号,可以用一个台阶宽度为 Δt、相邻台阶幅度差为 $+\sigma$ 或 $-\sigma$ 的阶梯波 $m'(t)$ 来逼近它。只要 Δt 和 σ 足够小,则阶梯波 $m'(t)$ 可近似代替 $m(t)$。其中,$m'(t)$ 和 σ 分别称为增量调制的抽样间隔和量化台阶。当阶梯波 $m'(t)$ 上升一个 σ,编"1"码;$m'(t)$ 下降一个 σ,编"0"码。如此,$m'(t)$ 就被一个二进制序列表征(见图 4-22 横轴下面的序列)。由于 $m'(t) \approx m(t)$,所以该二进制序列也相当于表征了模拟信号 $m(t)$,从而完成了模数转换。通常,把该二进制序列称为 ΔM 序列,它的每个编码比特表示相邻抽样值的差值(也称增量)极性。当然,如果要达到与 PCM 相同的语音质量,则 ΔM 需要比 PCM 高得多的抽样频率。

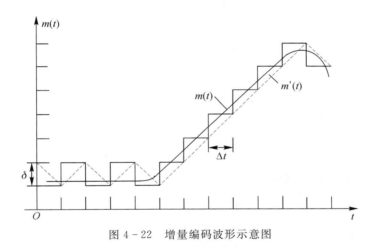

图 4-22　增量编码波形示意图

除了可以用阶梯波 $m'(t)$ 近似 $m(t)$ 外,还可用另一种形式——如图 4-22 中虚线所示的斜变波来近似 $m(t)$。斜变波也只有两种变化:按斜率 $\sigma/\Delta t$ 上升一个量阶,或者按斜率 $-\sigma/\Delta t$ 下降一个量阶。分别用"1"码和"0"码表示正、负斜率,同样可以获得二进制序列。由于斜变波在电路上更容易实现,所以在实际中常采用它来近似 $m(t)$。

在接收端译码时,若收到"1"码,则在 Δt 时间内按斜率 $\sigma/\Delta t$ 上升一个量阶 σ;若收到"0"码,则在 Δt 时间内按斜率 $-\sigma/\Delta t$ 下降一个量阶 σ。这样就可以恢复出如图 4-22 中虚线所示的斜变波信号。这一过程可用一个简单的 RC 积分电路来实现。斜变波再经低通滤波器平滑后,就可恢复重建原来的模拟信号。

根据上述编译码原理构造的 ΔM 系统原理框图如图 4-23 所示。

接收端解码电路由译码器和低通滤波器组成。其中,译码器的电路结构和作用与发送端的本地译码器相同,用来由 $c(t)$ 恢复 $m'(t)$,为了区别收、发两端完成同样作用的部件,称发送端的译码器为本地译码器。低通滤波器的作用是滤除 $m'(t)$ 中的高次谐波,使输出波形平滑,更加逼近原来的模拟信号 $m(t)$。

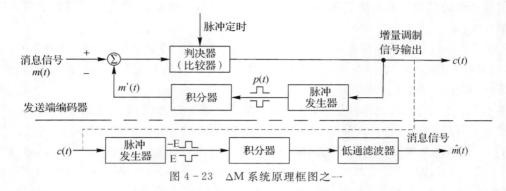

图 4-23　ΔM 系统原理框图之一

由于 ΔM 是前、后两个抽样值的差值的量化编码,所以 ΔM 实际上是最简单的一种 DPCM 方案,预测值仅用前一个抽样值来代替,即当图 4-21 中的 DPCM 系统的预测器是一个时延单元,量化电平取 2 时,该 DPCM 系统就是简单的 ΔM 系统,如图 4-24 所示,用它进行理论分析将更准确、合理,但用硬件实现 ΔM 时,图 4-23 要简单得多。

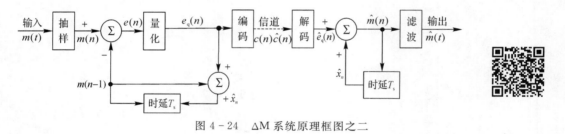

图 4-24　ΔM 系统原理框图之二

4.7.2　不过载条件和编码范围

模拟信号数字化的过程中会带来误差而形成量化噪声,ΔM 也会形成量化噪声。误差 $e_q(t) = m(t) - m'(t)$ 表现为两种形式:一种称为一般量化误差,另一种称为过载量化误差,如图 4-25(a)(b)所示。

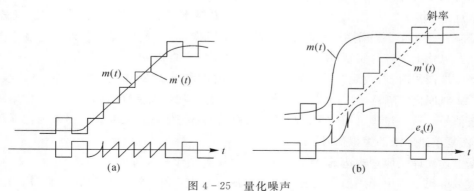

图 4-25　量化噪声

(a)一般量化误差;(b)过载量化误差

(1)当阶梯波 $m'(t)$ 能跟上模拟信号 $m(t)$ 的变化,误差局限在 $[-\sigma,\sigma]$ 间内变化,即 $|e_q(t)|\leqslant\sigma$ 时,这种误差称为一般量化误差或颗粒噪声,如图 4 - 25(a)所示。

(2)当信号 $m(t)$ 斜率突变,阶梯波因跟不上 $m(t)$ 的变化而形成的较大误差时,这种误差称为斜率过载量化误差(简称过载噪声),如图 4 - 25(b)所示。

为避免过载,应满足不过载条件:

$$\left|\frac{\mathrm{d}}{\mathrm{d}t}m(t)\right|_{\max}\leqslant\sigma f_s \qquad (4-7-1)$$

式中,σ 为量化台阶;$f_s=1/\Delta t$ 为抽样频率;σf_s 为阶梯波的最大可能斜率,或称译码器的最大跟踪斜率。

以正弦信号为例来说明,设输入模拟信号 $m(t)=A\sin\omega_k t$,其斜率为

$$\frac{\mathrm{d}m(t)}{\mathrm{d}t}=A\omega_k\cos\omega_k t$$

可见斜率的最大值为 $A\omega_k$,为了不发生过载,应要求

$$A\omega_k\leqslant\sigma f_s \qquad (4-7-2)$$

因此,临界过载振幅(允许的信号幅度)为

$$A_{\max}=\frac{\sigma f_s}{\omega_k}=\frac{\sigma f_s}{2\pi f_k} \qquad (4-7-3)$$

式中,f_k 为信号的频率,可见,当信号斜率一定时,允许的信号幅度随信号频率的增加而减小,这将导致语音高频段的量化信噪比下降。这是简单增量调制不实用的原因之一。

以上分析表明,要想正常编码,信号的幅度将受到限制,称 $A_{\max}$ 为最大允许编码电平。同样,对能正常开始编码的最小信号振幅也有要求。不难分析,最小编码电平为

$$A_{\min}=\frac{\sigma}{2} \qquad (4-7-4)$$

因此编码的动态范围定义为最大允许编码电平 $A_{\max}$ 与最小编码电平 $A_{\min}$ 之比,即

$$[D_c]_{\mathrm{dB}}=20\lg\frac{A_{\max}}{A_{\min}} \qquad (4-7-5)$$

这是编码器能够正常工作的输入信号振幅范围。

将式 (4-7-3)和式(4-7-4)代入式(4-7-5)得

$$[D_c]_{\mathrm{dB}}=20\lg\left[\frac{\sigma f_s}{2\pi f_k}\bigg/\frac{\sigma}{2}\right]=20\lg\left(\frac{f_s}{\pi f_k}\right) \qquad (4-7-6)$$

通常采用 $f_k=800\text{ Hz}$ 为测试标准,可得

$$[D_c]_{\mathrm{dB}}=20\lg\left(\frac{f_s}{\pi800\pi}\right) \qquad (4-7-7)$$

式(4-7-7)的计算结果见表 4 - 8。

表 4 - 8　动态范围与抽样速率关系

抽样速率 f_s/kHz	10	20	32	40	80	100
编码动态范围 D_c/dB	12	18	22	24	30	32

由表 4 - 8可见,简单增量调制的编码动态范围较小,在低传码率时,不符合语音信号要求。通常语音信号动态范围要求为 $40\sim50$ dB。因此,实用中的 ΔM 常用它的改进形式,如增

量总和调制（$\sum - \Delta$ 调制）、数字压扩自适应增量调制等。

4.7.3 增量调制系统的抗噪声性能

增量调制的抗噪声性能也是用输出信噪比来表征的。在 ΔM 系统中同样存在两类噪声，即量化噪声和信道加性噪声。由于这两类噪声是互不相关的，可以分别讨论。

量化噪声有过载噪声和量化噪声。通信系统一般不会工作在过载区域，因此这里仅讨论量化噪声。在不过载的情况下，假设量化噪声 $e_q(t)$ 的值在 $[-\sigma, +\sigma]$ 内均匀分布，则该噪声的平均功率为

$$E[e_q^2(t)] = \int_{-\sigma}^{\sigma} \frac{e^2}{2\sigma} \mathrm{d}e = \frac{\sigma^2}{3} \qquad (4-7-8)$$

考虑到抽样频率为 f_s，并近似认为 $e_q(t)$ 的功率谱在 $(0, f_s)$ 内平坦，则 $e_q(t)$ 的单边功率谱密度为

$$P(f) \approx \frac{E[e_q^2(t)]}{f_s} = \frac{\sigma^2}{3f_s} \qquad (4-7-9)$$

若接收端低通滤波器的截止频率为 f_m，则经低通滤波器后输出的量化噪声功率为

$$N_q = P(f) f_m = \frac{\sigma^2 f_m}{3f_s} \qquad (4-7-10)$$

可见，ΔM 系统输出的量化噪声功率与量化台阶 σ 及比值 f_m/f_k 有关，而与信号的幅度无关，当然这后一条性质是在未过载的前提下才成立的。

信号越大，信噪比越大，对于频率为 f_k 的正弦信号，临界过载振幅为

$$A_{max} = \frac{\sigma f_s}{\omega_k} = \frac{\sigma f_s}{2\pi f_k}$$

因此可算出信号的最大功率为

$$S_o = \frac{A_{max}^2}{2} = \frac{\sigma^2 f_s^2}{8\pi f_k^2} \qquad (4-7-11)$$

因此，在正弦输入信号临界振幅条件下，ΔM 最大的量化信噪比为

$$\frac{S_o}{N_q} = \frac{3}{8\pi^2} \frac{f_s^3}{f_k^2 f_m} \approx 0.04 \frac{f_s^3}{f_k^2 f_m} \qquad (4-7-12)$$

用分贝表示为

$$\left[\frac{S_o}{N_q}\right]_{dB} = 10\lg\left(0.04 \frac{f_s^3}{f_k^2 f_m}\right) = 30\lg f_s - 20\lg f_k - 10\lg f_m - 14 \qquad (4-7-13)$$

由此可见：①ΔM 的信噪比与抽样速率 f_s 成三次方关系，即 f_s 每提高一倍，量化信噪比提高 9 dB。②量化信噪比与信号频率 f_k 的二次方成反比，即 f_k 每提高一倍，量化信噪比下降 6 dB。这意味着 ΔM 在语音高频段的量化信噪比下降。基于以上两点，ΔM 的抽样速率至少在 32 kHz 才能满足一般通信质量的要求，这时的量化信噪比约为 26 dB。

在通信系统中，信道加性噪声会引起数字信号的误码，接收端由于误码而造成的误码噪声功率为

$$N_e = \frac{2\sigma^2 f_s P_e}{\pi^2 f_1} \qquad (4-7-14)$$

式中，f_1 是语音频带的下截止频率；P_e 是系统误码率。

由式(4－7－11)和式(4－7－14)可求得误码率信噪比为

$$\frac{S_\mathrm{o}}{N_\mathrm{e}} = \frac{f_1 f_\mathrm{s}}{16 P_\mathrm{e} f_\mathrm{k}^2} \qquad\qquad (4-7-15)$$

可见,在给定 f_1、f_s 和 f_k 的情况下,ΔM 系统的误码信噪比与 P_e 成反比。由 N_q 和 N_e 可以得到同时考虑量化噪声和误码率噪声时 ΔM 系统输出的总的信噪比为

$$\frac{S_\mathrm{o}}{N_\mathrm{o}} = \frac{S_\mathrm{o}}{N_\mathrm{e} + N_\mathrm{q}} = \frac{3 f_1 f_\mathrm{s}^3}{8 \pi^2 f_1 f_\mathrm{m} f_\mathrm{s}^2 + 48 P_\mathrm{e} f_\mathrm{k}^2 f_\mathrm{s}^2} \qquad\qquad (4-7-16)$$

在上述 ΔM 系统中,量阶 σ 是固定不变的,因此称为简单增量调制。它的主要缺点是频率特性不好(即信号频率高时,信噪比降低,易过载)、动态范围小和小信号时量化信噪比低(因为量化噪声功率不变)。为了克服这些缺点,提出了自适应增量调制(简称 ADM)方案。

在 ADM 系统中,量阶 σ 能自适应地随信号的统计特性而变化,这与 PCM 利用压扩技术实现非均匀量化来提高小信号量化信噪比的概念类似,故也叫压扩式自适应增量调制。ADM 与简单 ΔM 相比,动态范围有很大改进,通话质量已完全符合一般军事通信和普通通话质量要求,并已有集成单片可供选用。例如 Motorola 公司推出的数字压扩增量调制单片集成编译码器有 MC3417、MC3418 和 MC3517、MC3518。其中 MC3417、MC3418 是民用产品,适用码率为 $96\sim16$ kb/s;MC3517、MC3518 是军用产品,适用码率为 $16\sim32$ kb/s。详情可参阅有关资料。

4.8　时分复用

在数字通信系统中,采用时分复用(Time Division Multiplexing,TDM)实现多路通信。下面介绍时分复用原理、组成实际通信系统的多路数字电话系统和 PCM 帧结构。

4.8.1　时分复用原理

时分复用(TDM)是利用时间分片方式来实现在同一信道中传输多路信号的一种复用技术。在 TDM 中,以数据帧的形式复用多路信号,每帧时间等于抽样周期,每一帧分成不同的时间片(时隙),每个时隙依次分配给不同的信号样值。图 4－26 所示为两路基带信号进行时分复用的时间分配关系。在传输中可以采用 TDM－PCM、TDM－ΔM 等方式。

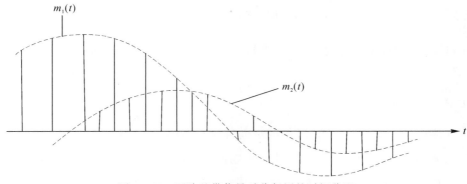

图 4－26　两路基带信号时分复用的时间分配

4.8.2 多路数字电话系统的基本概念

国际电信联盟(ITU)为时分复用数字电话通信制定了 PDH(准同步数字体系)和 SDH (同步数字体系)两套标准建议。PDH 主要适用于较低的传输速率,SDH 适用于 155 Mb/s 以上的数字电话通信系统,特别是光纤通信系统。

PDH 又分为 E 体系和 T 体系。我国、欧洲及国际间连接采用 E 体系作为标准。

E 体系的结构(包括层次、路数和比特率)如图 4 - 27 所示。它的基本层(E - 1)是 PCM 30/32 路基群,可提供 30 个话路,每路 PCM 数字电话信号的比特率为 64 kb/s。由于需要加入群同步码元和信令码元等额外开销,所以实际占用 32 路 PCM 信号的比特率,故 PCM 30/32 路基群的总比特率为 2 048 Mb/s。将 4 个基群信号进行二次复用,可得到二次群信号(E - 2),其比特率为 8.448 Mb/s。按照同样的方法逐级复用,可得到比特率为 34.368 Mb/s 的三次群信号(E - 3)和比特率为 139 264 Mb/s 的四次群信号(E - 4)等。由此可见,相邻层次群之间路数成 4 倍关系,但是比特率之间不是严格的 4 倍关系。

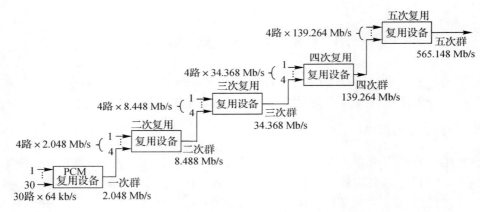

图 4 - 27　E 体系结构图

4.8.3 PCM 基群的帧结构与信息传输速率

ITU 建议的 PCM 基群有两种标准,即 E 体系的 PCM 30/32 路基群和 T 体系的 PCM 24 路基群。

1. PCM 30/32 路基群

基于 A 律压缩的 PCM 30/32 路基群是 E 体系的基础,它的帧结构如图 4 - 28 所示。每帧共有 32 个时隙(T_s),其中时隙 T_{s0} 用于传输帧同步码,时隙 T_{s16} 用于传送信令,其他 30 个时隙,即 $T_{s1} \sim T_{s15}$ 和 $T_{s17} \sim T_{s31}$ 用于传输 30 个话路。

每路语音信号的抽样速率 $f_s = 8\ 000$ Hz,即抽样周期 $T_s = 125\ \mu s$,这就是一帧的时间。将

此 125 μs 时间分为 32 个时隙，每个时隙容纳 8 b。因此，基群的比特率为

$$R_b = 8\ 000[(30+2) \times 8\ \text{b/s}] = 2.048\ \text{Mb/s}$$

即

$$R_b = 32R_{b1} = 32 \times 64\ \text{kb/s} = 2.048\ \text{Mb/s}$$

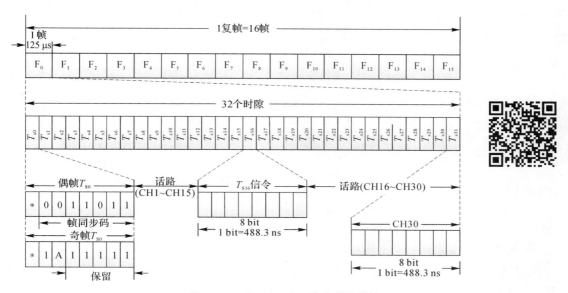

图 4 - 28　PCM 30/32 路基群帧结构

2. PCM 24 路基群

基于 μ 律压缩的 PCM 24 路基群的帧结构如图 4 - 29 所示。每路语音信号抽样速率 $f_s = 8\ 000$ Hz，即抽样周期（帧时间）为 125 μs。1 帧共有 24 个时隙。为了提供帧同步，在第 24 路时隙后插入 1 b 帧同步位。这样，每帧时间间隔 125 μs，共包含 193 b。因此，基群的比特率为

$$R_b = 8\ 000(24 \times 8\ \text{b/s} + 1\ \text{b/s}) = 1.544\ \text{Mb/s}$$

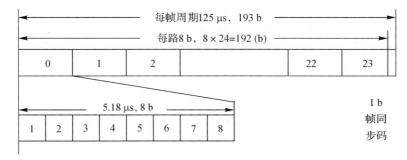

图 4 - 29　PCM 24 路基群帧结构

本章重要知识点

1. 模拟信号的抽样（见表 4-9）

表 4-9　低通及带通模拟信号抽样

	低通型信号			带通型信号
	理想抽样	曲顶抽样	平顶抽样	
特　点	频带限制在 $(0, f_H)$ 连续信号，以不大于 $1/2f_H$ s 的周期性冲击脉冲对它进行等间隔抽样，信号将被抽样值确定	理想难于实现，在实际中采用具有一定宽度的窄带脉冲序列对信号抽样	模拟信号和非常窄的周期脉冲相乘，通过保持电路，使得脉冲波形保持平顶	一个带通信号频率限制在 (f_L, f_H) 之间，$B = f_H - f_L$，如果 $f_s = 2B\left(1 + \dfrac{k}{n}\right)$，那么该信号可完全由抽样值确定
抽样频率	$f_s \geqslant 2f_H$	$f_s \geqslant 2f_H$	$f_s \geqslant 2f_H$	$f_s = 2B\left(1 + \dfrac{k}{n}\right)$

2. 抽样信号的量化

抽样信号的量化有两种方法：一种是均匀量化，另一种是非均匀量化。它们的特点及实现方法见表 4-10。

表 4-10　均匀量化和非均匀量化比较

	均匀量化	非均匀量化
特　点	量化间隔 ΔV 相同	信号小时，ΔV 小；信号大时，ΔV 大
优缺点	小信号时的量化信噪比低	提高了小信号的量化信噪比
实现方法	等间隔划分信号的取值域	先对数压缩，后均匀量化

3. 电话信号的对数压缩特性（见表 4-11）

表 4-11　A 律与 μ 律

	A 律	μ 律
表达式	$y = \begin{cases} \dfrac{Ax}{1+\ln A}, & 0 \leqslant x \leqslant \dfrac{1}{A} \\ \dfrac{1+\ln Ax}{1+\ln A}, & \dfrac{1}{A} \leqslant x \leqslant 1 \end{cases}$	$y = \dfrac{\ln(1+\ln\mu x)}{\ln(1+\mu)}, \ 0 \leqslant x \leqslant 1$
近似折线	A 律 13 折线	μ 律 15 折线

4.A 律 13 折线 PCM 编码

将每个样值编成 8 位折叠二进制码($C_1C_2C_3C_4C_5C_6C_7C_8$),其中,C_1 表示样值的极性(正编 1,负编 0);段落码 $C_2C_3C_4$ 表示样值的幅度处在 13 折线正方向的 8 个段落中的哪个段落;段内码 $C_5C_6C_7C_8$ 表示样值的幅度处在段内的哪个量化级。编码器则根据样值幅度所在的段落和量化级,编出相应的 7 位幅度码。

5. PCM 信号的信息速率

$$R_b = f_s N = 2f_H N$$

所需传输带宽(采用矩形脉冲传输时第 1 零点带宽)为

$$B = R_b = Nf_s$$

因此,单路 PCM 数字电话信号的比特率为 64 kb/s,带宽为 64 kHz。

6. PCM 的抗噪声性能

信号量噪比为

$$\frac{S}{N_q} = M^2 = 2^{2N} \text{ 或 } \left(\frac{S}{N_q}\right)_{dB} = 10\lg M^2 = 20N\lg2 = 6.02N$$

7. 降低数字电话信号的比特率、减小传输带宽的方法有 DPCM、ADPCM 和 ΔM 等

8. ΔM 是一种最简单的 DPCM

它的每个编码比特表示相邻抽样值的差值(也称增量)的极性。ΔM 系统不发生过载的条件为

$$\left|\frac{d}{dt}m(t)\right|_{max} \leqslant \sigma f_s$$

9. PCM 和 ΔM 都是模拟信号数字化的基本方法

ΔM 的主要优点是设备简单,但随着集成电路的发展,这一优点已经弱化。在传输语音信号时,ΔM 的语音清晰度和自然度都不如 PCM。因此,在通用多路系统中一般采用 PCM,而 ΔM 一般用于通信容量较小的场合,以及军事通信和一些特殊通信中。

10. 时分复用(TDM)是利用时隙区分信号的复用方式

时分复用数字电话(TDM - PCM)基群有两种标准:PCM 30/32 路基群和 PCM 24 路基群。前者的比特率为 2.048 Mb/s,后者的比特率为 1.544 Mb/s。

本 章 习 题

一、填空题

1. 数字信号与模拟信号的区别是根据幅度取值上是否_____而定的。

2. 设一个模拟信号的频率范围为 2~6 kHz,则可确定最低抽样频率是_____kHz。

3. PCM 量化可以分为_____和_____。

4. 非均匀量化采用可变的量化间隔,小信号时量化间隔_____,大信号时量化间隔_____,这样可以提高小信号的_____,改善通话质量。

5. 已知段落码可确定样值所在量化段的起始电平和_____。

6. 数字通信采用_____多路复用方式实现多路通信。

7. 简单增量调制系统的量化误差有_____和_____。

8. 为了保证在接收端能正确地接收或者能正确地区分每一路话音信号,时分多路复用系统中的收、发两端要做到_____。

二、选择题

1. 时分多路复用是利用各路信号在信道上占有不同(　　)的特征来分开各路信号的。

A. 时间间隔　　　　　　B. 频率间隔　　　　　　C. 码率间隔　　　　　　D. 空间间隔

2. 若某 A 律 13 折线编码器输出码字为 11110000,则其对应的 PAM 样值取值范围为(　　)。

A. $1\,024\Delta\sim1\,088\Delta$　　B. $1\,012\Delta\sim1\,024\Delta$　　C. $-512\Delta\sim-1\,024\Delta$　　D. $-1\,024\Delta\sim1\,094\Delta$

3. 在 N 不变的前提下,非均匀量化与均匀量化相比(　　)。

A. 小信号的量化信噪比提高　　　　　　B. 大信号的量化信噪比提高

C. 大、小信号的量化信噪比均提高　　　　D. 大、小信号的量化信噪比均不变

4. PCM 通信系统实现非均匀量化的方法目前一般采用(　　)。

A. 模拟压扩法　　　　　　　　　　　B. 直接非均匀编解码法

C. 自适应法　　　　　　　　　　　　D. 非自适应法

5. A 律 13 折线编码器要进行(　　)。

A. 7/9 变换　　　　　B. 7/10 变换　　　　　C. 7/11 变换　　　　　D. 7/12 变换

6. 设某模拟信号的频谱范围是 1~5 kHz,则合理的抽样频率是(　　)。

A. 2 kHz　　　　　　B. 5 kHz　　　　　　C. 8 kHz　　　　　　D. ≥10 kHz

7. 脉冲编码调制信号为 (　　)。

A. 模拟信号　　　　　B. 数字信号　　　　　C. 调相信号　　　　　D. 调频信号

8. 均匀量化的特点是 (　　)。

A. 量化间隔不随信号幅度大小而改变

B. 信号幅度大时,量化间隔小

C. 信号幅度小时,量化间隔大

D. 信号幅度小时,量化间隔小

9. A 律 13 折线编码器编码位数越大(　　)。

A. 量化误差越小,信道利用率越低

B. 量化误差越大,信道利用率越低

三、简答题

1. 数字通信的主要特点是哪些?

2. 简要回答均匀量化与非均匀量化的特点。

3. 为什么 A 律 13 折线压缩特性一般取 $A=87.6$?

四、计算题

1. 一个信号 $x(t)=2\cos400\pi t+6\cos40\pi t$,用 $f_s=500$ Hz 的抽样频率对它理想抽样,若已

抽样后的信号经过一个截止频率为 400 Hz 的理想低通滤波器,则输出端有哪些频率成分?

2. 设信号 $x(t) = 9 + A\cos\omega t$,其中 $A \leqslant 10$ V。$x(t)$ 被均匀量化为 41 个电平,试确定所需的二进制码组的位数 k 和量化间隔 ΔV。

3. 设信号频率范围 $0 \sim 4$ kHz,幅值在 $-4.096 \sim +4.096$ V 之间均匀分布。若采用均匀量化编码,以 PCM 方式传送,量化间隔为 2 mV,用最小抽样速率进行抽样,求传送该 PCM 信号实际需要的最小带宽和量化信噪比。

4. 编 A 律 13 折线 8 位码,设最小量化间隔单位为 1Δ,已知抽样脉冲值为 $+321\Delta$ 和 $-2\,100\Delta$。试求:

(1)此时编码器输出的码组,并计算量化误差;

(2)写出于此相对应的 11 位线性码。

5. 在设电话信号的带宽为 $300 \sim 3\,400$ Hz,抽样速率为 8 000 Hz。试求:

(1)编 A 律 13 折线 8 位码和线性 12 位码时的码元速率;

(2)现将 10 路编 8 位码的电话信号进行 PCM 时分复用传输,此时的码元速率;

(3)传输此时分复用 PCM 信号所需要的奈奎斯特基带带宽。

6. 对输入的正弦信号 $x(t) = A_m \sin\omega_m t$ 分别进行 PCM 和 ΔM 编码,要求在 PCM 中进行均匀量化,量化级为 Q,在 ΔM 中量化台阶 σ 和抽样频率 f_s 的选择要保证不过载。

(1)分别求出 PCM 和 ΔM 的最小实际码元速率;

(2)若两者的码元速率相同,确定量化台阶 σ 的取值。

第5章　数字信号的基带传输

数字通信系统可分为数字基带传输系统和数字频带传输系。所谓基带就是指基本频带。基带传输就是在线路中直接传送数字信号的电脉冲,这是一种最简单的传输方式,近距离通信的局域网都采用基带传输。

尽管在实际中,数字通信系统中的基带传输没有频带传输应用那样广泛,但是研究基带传输系统仍具有很重要的意义。这是因为:第一,基带传输中要解决的许多问题也是频带传输中必须考虑的问题;第二,随着数字通信技术的不断发展,基带传输方式也发展很快,它运用于高速数字传输;第三,如果把调制与解调过程看作是广义信道的一部分,则任何数字传输系统均可等效为基带传输系统。

本章将对数字基带传输系统的基本原理、方法及传输性能进行讨论。

本章学习目的与要求

(1)完成数字基带信号相关概念的获取;
(2)能够对数字基带信号及其常用码型进行变换;
(3)能够描述数字基带信号的传输过程;
(4)能够灵活运用奈奎斯特第一准则判断系统是否能实现无码间串扰传输;
(5)能够对基带传输系统进行抗噪性能分析;
(6)能够运用眼图模型;
(7)能够利用部分响应系统消除码间串扰;
(8)能够掌握均衡的原理、方法及应用。

5.1　数字基带信号的码型

5.1.1　数字基带信号的码型设计原则

所谓数字基带信号,就是消息代码的电脉冲表示——电波形。在实际基带传输系统中,并非所有的原始数字基带信号都能在信道中传输,例如,含有丰富直流和低频成分的基带信号就不适宜在信道中传输,因为它有可能造成信号严重畸变;再如,一般基带传输系统都是从接收到的基带信号中提取位同步信号,而位同步信号却又依赖于代码的码型,如果代码出现长时间的连"0"符号,则基带信号可能会长时间出现零电位,从而使位同步恢复系统难以保证位同步信号的准确性。实际的基带传输系统还可能提出其他要求,从而导致对基带信号也存在各种可能的要求。归纳起来,对传输用的基带信号的要求主要有两点:一是对各种代码的要求,期望将原始信息符号编制成适合于传输用的码型;二是对所选的码型的电波形的要求,期望电波形适宜于在信道中传输。前一问题称为传输码型的选择,后一问题称为基带脉冲的选择。这是两个既彼此独立又相互联系的问题,也是基带传输原理中十分重要的两个问题。本节讨论前一问题,后一问题将在下面几节中讨论。

传输码(常称为线路码)的结构将取决于实际信道的特性和系统工作的条件。概括起来,在设计数字基带信号码型时应考虑以下原则。

(1)码型中应不含直流分量,低频分量尽量少。

(2)码型中高频分量尽量少。这样既可以节省传输频带,提高信道的频带利用率,还可以减少串扰。串扰是指同一电缆内不同线对之间的相互干扰,基带信号的高频分量越大,则对邻近线对产生的干扰就越严重。

(3)码型中应包含定时信息。

(4)码型具有一定检错能力。若传输码型有一定的规律性,则可根据这一规律性来检测传输质量,以便做到自动监测。

(5)编码方案对发送消息类型不应有任何限制,即能适用于信源变化。这种与信源的统计特性无关的性质称为对信源具有透明性。

(6)低误码增殖。对于某些基带传输码型,信道中产生的单个误码会扰乱一段译码过程,从而导致译码输出信息中出现多个错误,这种现象称为误码增殖。

(7)高的编码效率。

(8)编译码设备应尽量简单。

上述各项原则并不是任何基带传输码型均能完全满足,往往是依照实际要求满足其中若干项。

数字基带信号的码型种类繁多,下面仅以矩形脉冲组成的基带信号为例,介绍一些目前常用的基本码型。

5.1.2　数字基带信号的常用码型

常用的数字基带传输码型有以下几种,它们的波形如图 5-1 所示。

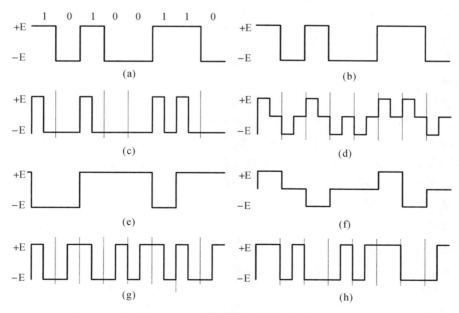

图 5-1　二进制数字基带信号码型

(a)单极性 NRZ 码;(b)双极性 NRZ 码;(c)单极性 RZ 码;(d)双极性 RZ 码;(e)差分码;

(f)AMI 码;(g)分相码;(h)CMI 码

1. 单极性非归零(NRZ)码

单极性 NRZ 码如图 5-1(a)所示。在表示一个码元时,二进制符号"1"和"0"分别对应基带信号的正电平和零电平,在整个码元持续时间,电平保持不变。

单极性 NRZ 码具有以下特点。

(1) 发送能量大,有利于提高接收端信噪比。

(2) 在信道上占用频带较窄。

(3) 有直流分量,将导致信号的失真与畸变;且由于直流分量的存在,所以无法使用一些交流耦合的线路和设备。

(4) 不能直接提取位同步信息(稍后将通过例题予以说明)。

(5) 抗噪性能差。接收单极性 NRZ 码的判决电平应取"1"码电平的一半。由于信道衰减或特性随各种因素变化时,接收波形的振幅和宽度容易变化,所以判决门限不能稳定在最佳电平,使抗噪性能变坏。

(6) 传输时需一端接地。

由于单极性 NRZ 码的诸多缺点,所以基带数字信号传输中很少采用这种码型,它只适合极短距离传输。

2. 双极性非归零(NRZ)码

在此编码中,"1"和"0"分别对应正、负电平,如图 5-1(b)所示。其特点除与单极性 NRZ 码特点(1)(2)(4)相同外,还具有以下特点:

(1)直流分量小。当二进制符号"1""0"等概率出现时,无直流成分。

(2)接收端判决门限为 0,容易设置并且稳定,因此抗干扰能力强。

(3)可以在电缆等无接地线上传输。

双极性 NRZ 码常在 ITU-T 的 V 系列接口标准或 RS-232 接口标准中使用。

3. 单极性归零(RZ)码

归零码是指它的有电脉冲宽度比码元宽度窄,每个脉冲都回到零电平,即还没有到一个码元终止时刻就回到零值的码型。

单极性归零码如图 5-1(c)所示,在传送"1"码时发送 1 个宽度小于码元持续时间的归零脉冲;在传送"0"码时不发送脉冲。脉冲宽度 τ 与码元宽度 T_b 之比 τ/T_b 称为占空比。

单极性 RZ 码与单极性 NRZ 码相比较,缺点是发送能量小、占用频带宽,主要优点是可以直接提取同步信息。此优点虽不意味着单极性归零码能广泛应用到信道上传输,但它却是其他码型提取同步信息需采用的一个过渡码型。即对于适合信道传输的,但不能直接提取同步信息的码型,可先变为单极性归零码,再提取同步信息。

4. 双极性归零(RZ)码

双极性归零码构成原理与单极性归零码相同,如图 5-1(d)所示。"1"和"0"在传输线路上分别用正、负脉冲表示,且相邻脉冲间必有零电平区域存在。

对于双极性归零码,在接收端根据接收波形归于零电平便可知道当前一比特信息已接收完毕,以便准备下一比特信息的接收。因此,在发送端不必按一定的周期发送信息。可以认为正、负脉冲前沿起了启动信号的作用,后沿起了终止信号的作用。因此,可以经常保持正确的比特同步。即收、发之间无需特别定时,且各符号独立地构成起止方式,此方式也称为自同步方式。

5.差分码

在差分码中,"1""0"分别用电平跳变或不变来表示。若用电平跳变来表示"1",称为传号差分码(在电报通信中,常把"1"称为传号,把"0"称为空号),如图 5-1(e)所示。若用电平跳变来表示"0",称为空号差分码。由图 5-1(e)可见,这种码型在形式上与单极性或双极性码型相同,但它代表的信息符号与码元本身电位或极性无关,而仅与相邻码元的电位变化有关。差分码也称相对码,而相应地称前面的单极性或双极性码为绝对码。

差分码的特点是,即使接收端收到的码元极性与发送端完全相反,也能正确地进行判决。

6.AMI 码

AMI 码的全称是传号交替反转码。此方式是单极性方式的变形,即把单极性方式中的"0"码仍与零电平对应,而"1"码对应发送极性交替的正、负电平,如图 5-1(f)所示。这种码型实际上把二进制脉冲序列变为三电平的符号序列(故称为三元序列),其优点如下。

(1)在"1""0"码不等概率的情况下,也无直流成分,且对零频附近低频分压器或其他交流耦合的传输信道来说,不易受隔直特性的影响。

(2)若接收端收到的码元极性与发送端的完全相反,也能正确判决。

(3)便于观察误码情况。

此外,AMI 码还有编译码电路简单等优点,是一种基本的线路码,在实际中得到广泛使用。

不过,AMI 码有一个重要缺点,即当它用来获取定时信息时,由于它可能出现长的连"0"串,因而会造成提取定时信号的困难。

7.HDB$_3$ 码

为了保持 AMI 码的优点而克服其缺点,人们提出了许多种类的改进 AMI 码,其中广泛为人们接受的解决办法是采用 n 阶高密度双极性码 HDB$_n$,3 阶高密度双极性码 HDB$_3$ 码就是其中重要的一种。

HDB$_3$ 码的编码规则如下。

(1)先把消息代码变成 AMI 码,然后检查 AMI 码的连"0"串情况,当无 3 个以上连"0"码时,则这时的 AM 码就是 HDB$_3$ 码。

(2)当出现 4 个或 4 个以上连"0"码时,则将每 4 个连"0"小段的第 4 个"0"变换成非"0"码。

这个由"0"码改变来的非"0"码称为破坏符号,用符号 V 表示,而原来的二进制码元序列中所有的"1"码称为信码,用符号 B 表示。当信码序列中加入破坏符号以后,信码 B 与破坏符号 V 的正、负必须满足以下两个条件:

1)B 码和 V 码各自都应始终保持极性交替变化的规律,以便确保编好的码中没有直流成分。

2)V 码必须与前一非"0"码同极性,以便和正常的 AMI 码区分开来。如果这个条件得不到满足,那么应该在 4 个连"0"码的第 1 个"0"码位置上加一个与 V 码同极性的补信码,用符号 B' 表示,并做调整,使 B 码和 B'码合起来保持条件 1)中信码(含 B 及 B')的极性交替变换规律。

例如:

A. 代码： 0 1 0 0 0 0 1 1 0 0 0 0 0 1 0 1

B. AMI 码：0 +1 0 0 0 0 −1 +1 0 0 0 0 0 −1 0 +1

C. 加 V： 0 +1 0 0 0 V+ −1 +1 0 0 0 V− 0 −1 0 +1

D. 加 B′并调整 B 及 B′极性：

           0 +1 0 0 0 V+ −1 +1 B′ 0 0 V− 0 +1 0 −1

E. HDB$_3$：0 +1 0 0 0 +1 −1 +1 −1 0 0 −1 0 +1 0 −1

虽然 HDB$_3$ 码的编码规则比较复杂，但译码却比较简单。从上述原理可以看出，每一破坏符号总是与前一非"0"符号同极性。据此，从收到的符号序列中很容易找到破坏点 V，于是断定 V 符号及其前面的 3 个符号必定是连"0"符号，从而恢复 4 个连"0"码，再将所有的 +1、−1 变成"1"后便得到原信息代码。

HDB$_3$ 的特点是明显的，它除了保持 AMI 码的优点外，还增加了使连"0"串减少至不多于 3 个的优点，而不管信息源的统计特性如何，这对于定时信号的恢复是极为有利的。HDB$_3$ 是 ITU－T 推荐使用的码型之一。

8. Manchester 码

Manchester(曼彻斯特)码又称为数字双相码或分相码。它的特点是每个码元用两个连续极性相反的脉冲来表示。如"1"码用正、负脉冲表示，"0"码用负、正脉冲表示，如图 5－1(g)所示。该码的优点是无直流分量，最长连"0"、连"1"数为 2，定时信息丰富，编译码电路简单，但其码元速率比输入的信码速率提高了一倍。

分相码适用于数据终端设备在中速短距离上传输，如以太网采用分相码作为线路传输码。

分相码当极性反转时会引起译码错误，为解决此问题，可以采用差分码的概念，将分相码中用绝对电平表示的波形改为用电平相对变化来表示。这种码型称为条件分相码或差分曼彻斯特码。数据通信的令牌网即采用这种码型。

9. CMI 码

CMI 码是传号反转码的简称，其编码规则为，"1"码交替用"00"和"11"表示；"0"码用"01"表示，图 5－1(h)给出了其编码的例子。CMI 码的优点是没有直流分量，且又频繁出现波形跳变，便于定时信息提取，具有误码监测能力。

由于 CMI 码具有上述优点，再加上编、译码电路简单，容易实现，所以，在高次群脉冲编码调制终端设备中广泛用作接口码型，在速率低于 8 448 kb/s 的光纤数字传输系统中也被建议作为线路传输码型。

除了图 5－1 给出的线路码外，近年来，高速光纤数字传输系统中还应用到 5B6B 码，它是将每 5 位二元码输入信息编成 6 位二元码码组输出(分相码和 CMI 码属于 1B2B 类)。这种码型输出虽比输入增加 20%的码速，但却换来了便于提取定时信息、低频分量小和同步迅速等优点。

10. 多进制码

上述是用得较多的二进制代码，实际上还常用到多进制代码，其波形特点是多个二进制符号对应一个脉冲码元。图 5－2(a)(b)分别画出了两种四进制代码波形。其中图 5－2(a)为单极性信号，只有正电平，分别用 +3E、+2E、+E、0 对应两个二进制符号(一位四进制)00、01、10、11；而图 5－2(b)为双极性信号，具有正、负电平，分别用 +3E、+E、−E、−3E 对应两个二进制符号(一位四进制)00、01、10、11。由于这种码型的一个脉冲可以代表多个二进制符号,故在高数据速率传输系统中采用这种信号形式比较合适。多进制码的目的是在码元速率一定时可提高信息速率。

实际上,组成基带信号的单个码元波形并非一定是矩形的。根据实际的需要,还可有多种多样的波形形式,如升余弦脉冲、高斯形脉冲等。

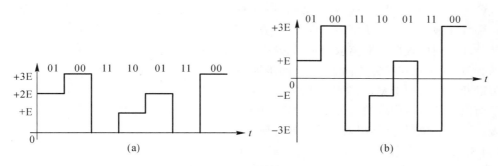

图 5 - 2　四进制代码波形

(a)单极性信号;(b)双极性信号

5.1.3　数字基带信号功率谱

不同形式的数字基带信号具有不同的频谱结构,分析数字基带信号的频谱特性,以便合理地设计数字基带信号,将消息代码变换为适合于给定信道传输特性的结构,是数字基带传输必须考虑的问题。

在通信中,除特殊情况(如测试信号)外,数字基带信号通常都是随机脉冲序列。因为如果在数字通信系统中所传输的数字序列是确知的,则消息就不携带任何信息,通信也就失去了意义,所以这里要考虑的是一个随机序列的谱分析问题。

下面考察一个二进制随机脉冲序列。

设脉冲 $g_1(t)$、$g_2(t)$ 分别表示二进制码“0”和“1”,T_s 为码元的间隔,在任一码元时间 T_s 内,$g_1(t)$ 和 $g_2(t)$ 出现的概率分别为 P 和 $1-P$,则随机脉冲序列 $s(t)$ 可表示为

$$s(t) = \sum_{n=-\infty}^{\infty} s_n(t) \qquad (5-1-1)$$

式中

$$s_n(t) = \begin{cases} g_1(t-nT_s), & \text{以概率 } P \text{ 出现} \\ g_2(t-nT_s), & \text{以概率 } 1-P \text{ 出现} \end{cases} \qquad (5-1-2)$$

研究式(5-1-1)和式(5-1-2)所确定的随机脉冲序列的功率谱密度,要用到概率论与随机过程的有关知识。可以证明,随机脉冲序列 $s(t)$ 的双边功率谱为

$$P_s(f) = f_s P(1-P) \mid G_1(f) - G_2(f) \mid^2 +$$

$$\sum_{m=-\infty}^{\infty} \mid f_s \mid [PG_1(mf_s) + (1-P)G_2(mf_s)] \mid^2 \delta(f-mf_s) \qquad (5-1-3)$$

式中,$G_1(f)$、$G_2(f)$ 分别为 $g_1(t)$、$g_2(t)$ 的傅里叶变换;$f_s = \dfrac{1}{T_s}$。

由式(5-1-3)可以得出以下结论。

（1）随机脉冲序列功率谱包括连续谱（第一项）和离散谱（第二项）两部分。对于连续谱而言，由于代表数字信息的 $g_1(t)$ 及 $g_2(t)$ 不能完全相同，故 $G_1(f) \neq G_2(f)$，因此，连续谱总是存在的；而对于离散谱而言，则在一些情况下不存在，如 $g_1(t)$ 与 $g_2(t)$ 互为相反，且出现概率相同时。

（2）当 $g_1(t)$、$g_2(t)$、P 及 T_s 给定后，随机脉冲序列功率谱就确定了。

式（5-1-3）的结果是非常有意义的，一方面由它可以看出随机脉冲序列频谱的特点，以及如何去具体地计算它的功率谱密度；另一方面根据它的离散谱是否存在这一特点，可以明确能否从脉冲序列中直接提取离散分量，以及采取怎样的方法可以从基带脉冲序列中获得所需的离散分量，这一点在研究位同步、载波同步等问题时将是十分重要的；再一方面，根据它的连续谱可以确定序列的带宽（通常以谱的第一个零点作为序列的带宽）。

下面以矩形脉冲构成的基带信号为例，通过几个有代表性的特例对式（5-1-3）的应用及意义做进一步的说明，其结果对后续问题的研究具有实用价值。

【例 5-1】 求单极性 NRZ 信号的功率谱，假定 $P=1/2$。

解：对于单极性 NRZ 信号，有

$$g_1(t) = 0, \quad g_2(t) = g(t)$$

式中，$g(t)$ 为如图 5-3 所示的高度为 1、宽度为 T_s 的全占空矩形脉冲，则有

$$G_1(f) = 0$$

$$G_2(f) = G(f) = T_s \mathrm{Sa}(\omega T_s/2) = T_s \mathrm{Sa}(\pi f T_s)$$

$$G_2(m f_s) = T_s \mathrm{Sa}(\pi m f_s T_s) = T_s \mathrm{Sa}(\pi m) = \begin{cases} T_s, & m = 0 \\ 0, & m \neq 0 \end{cases}$$

代入式（5-1-3）并考虑到 $P=1/2$，得单极性 NRZ 信号的功率谱密度为

$$P_s(f) = \frac{1}{4} T_s \mathrm{Sa}^2(\pi f T_s) + \frac{1}{4} \delta(f) \tag{5-1-4}$$

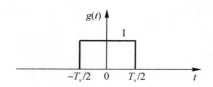

图 5-3　全占空矩形脉冲

注意：单极性 NRZ 信号的功率谱如图 5-4 所示。可以得出以下结论。

（1）单极性 NRZ 信号的功率谱只有连续谱和直流分量。

（2）由离散谱仅含直流分量可知，单极性 NRZ 信号的功率谱不含可用于提取同步信息的 f_s 分量。

（3）由连续分量可方便求出单极性 NRZ 信号的功率谱的带宽（Sa 函数第一零点）近似为

$$B = \frac{1}{T_s} \tag{5-1-5}$$

（4）当 $P \neq 1/2$ 时，上述结论依然成立（请读者自己证明）。

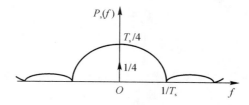

图 5-4　单极性 NRZ 信号的功率谱

【例 5-2】 求双极性 NRZ 信号的功率谱，假定 $P=1/2$。

解：对于双极性 NRZ 信号，有

$$g_1(t)=-g_2(t)=g(t)$$

式中，$g(t)$ 也为图 5-3 所示的高度为 1、宽度为 T_s 的全占空矩形脉冲。则

$$G_1(f)=-G_2(f)=G(f)=T_s\mathrm{Sa}(\omega T_s/2)=T_s\mathrm{Sa}(\pi f T_s)$$

代入式（5-1-3）并考虑到 $P=1/2$，得双极性 NRZ 信号的谱密度为

$$P_s(f)=T_s\mathrm{Sa}^2(\pi f T_s) \tag{5-1-6}$$

注意：双极性 NRZ 信号的功率谱如图 5-5 所示，可以得出以下结论。

（1）双极性 NRZ 信号的功率谱只有连续谱，不含任何离散分量。当然，也不含可用于提取同步信息的 f_s 分量。

（2）双极性 NRZ 信号的功率谱的带宽与单极性 NRZ 信号相同，为

$$B=\frac{1}{T_s} \tag{5-1-7}$$

（3）当 $P\neq1/2$ 时，双极性 NRZ 信号的功率谱将含有直流分量，其特点与单极性 NRZ 信号的功率谱相似（请读者自己证明）。

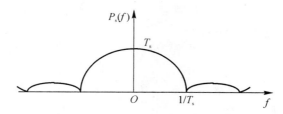

图 5-5　双极性 NRZ 信号的功率谱

【例 5-3】 求单极性 BZ 信号的功率谱，假定 $P=1/2$。

解：对于单极性 RZ 信号，有

$$g_1(t)=0,\quad g_2(t)=g(t)$$

式中，$g(t)$ 为图 5-6 所示的高度为 1、宽度为 τ 的矩形脉冲（占空比 $\gamma=\tau/T_s\leqslant1$）。则

$$G_1(f)=0$$

$$G_2(f)=G(f)=\tau\mathrm{Sa}(\omega\tau/2)=\tau\mathrm{Sa}(\pi f\tau)$$

$$G_2(mf_s)=\tau\mathrm{Sa}(\pi mf_s\tau)$$

代入式（5-1-3）并考虑到 $P=1/2$，得单极性 RZ 信号的功率谱密度为

$$P_s(f) = \frac{1}{4}f_s \mid G(f)\mid^2 + \frac{1}{4}\sum_{m=-\infty}^{\infty}\mid f_s G(mf_s)^2\mid\delta(f-mf_s) =$$

$$\frac{1}{4}f_s\tau^2 Sa^2(\pi f\tau) + \frac{1}{4}f_s^2\tau^2\sum_{m=-\infty}^{\infty}Sa^2(\pi mf_s\tau)\delta(f-mf_s) \qquad (5-1-8)$$

注意:单极性 RZ 信号的功率谱如图 5-7 所示,可以得出以下结论。

(1)单极性 RZ 信号的功率谱不但有连续谱,而且在 $f=0,\pm f_s,\pm 2f_s,\cdots$ 处还存在离散谱。

(2)由离散谱可知,单极性 RZ 信号的功率谱含可用于提取同步信息的 f_s 分量。

(3)由连续谱可求出单极性 RZ 信号的功率谱的带宽近似为

$$B = \frac{1}{\tau} \qquad (5-1-9)$$

较之单极性 NRZ 信号变宽。

(4)当 $P\neq 1/2$ 时,上述结论依然成立(请读者自己证明)。

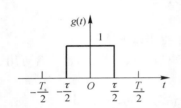

图 5-6 空比为 τ/T_s 的矩形脉冲

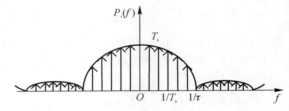

图 5-7 单极性 RZ 信号的功率谱

【**例 5-4**】 求双极性 RZ 信号的功率谱,假定 $P=1/2$。

解:对于双极性 RZ 信号,有

$$g_1(t) = -g_2(t) = g(t)$$

式中,$g(t)$ 也为图 5-6 所示的高度为 1、宽度为 τ 的矩形脉冲(占空比 $\gamma=\tau/T_s\leqslant 1$)。则

$$G_1(f) = -G_2(f) = G(f) = \tau Sa(\omega\tau/2) = \tau Sa(\pi f\tau)$$

代入式(5-1-3)并考虑到 $P=1/2$,得双极性 RZ 信号的功率谱密度为

$$P_s(f) = f_s\tau^2 Sa^2(\pi f\tau) \qquad (5-1-10)$$

注意:双极性 RZ 信号的功率谱如图 5-8 所示,可以得出以下结论。

(1)双极性 RZ 信号的功率谱只有连续谱,不含任何离散分量。当然,不含可用于提取同步信息的 f_s 分量。

(2)双极性 RZ 信号的功率谱的带宽与单极性 RZ 信号相同,为

$$B = \frac{1}{\tau} \qquad (5-1-11)$$

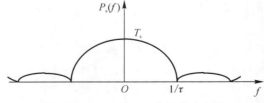

图 5-8 双极性 RZ 信号的功率谱

(3)当 $P \neq 1/2$ 时,双极性 RZ 信号的功率谱将含有离散分量,其特点与单极性 RZ 信号的功率谱相似(请读者自己证明)。

通过上述讨论可知,分析随机脉冲序列的功率谱之后,就可知道信号功率的分布,根据主要功率集中在哪个频段,便可确定信号带宽,从而考虑信道带宽和传输网络(滤波器、均衡器等)的传输函数,等等。同时利用它的离散谱是否存在这一特点,可以明确能否从脉冲序列中直接提取所需的离散分量和采取怎样的方法可以从序列中获得所需的离散分量,以便在接收端用这些成分做位同步定时等。

5.2　基带传输系统的脉冲传输与码间串扰

5.2.1　数字基带传输系统的工作原理

数字基带传输系统的基本组成框图如图 5-9 所示,它通常由脉冲形成器、发送滤波器、信道、接收滤波器、抽样判决器、码元再生器和同步提取电路组成。

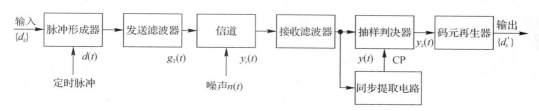

图 5-9　数字基带传输系统方框图

(1)脉冲形成器输入的是由电传机、计算机等终端设备发送来的二进制数据序列或是经模/数转换后的二进制(也可是多进制)脉冲序列,它们一般是脉冲宽度为 T_s 的单极性 NRZ 码,如图 5-10(a)波形 $\{d_k\}$ 所示。根据 5.1 节对单极性码讨论的结果可知,$\{d_k\}$ 并不适合信道传输。脉冲形成器的作用是将 $\{d_k\}$ 变换成为比较适合信道传输,并可提供同步定时信息的码型,如图 5-10(b)所示的双极性 RZ 码元序列 $d(t)$。

(2)发送滤波器进一步将输入的矩形脉冲序列 $d(t)$ 变换成适合信道传输的波形 $g_T(t)$。这是因为矩形波含有丰富的高频成分,若直接送入信道传输,容易产生失真。这里,假定构成 $g_T(t)$ 的基本波形为升余弦脉冲,如图 5-10(c)所示。

(3)基带传输系统的信道通常采用电缆、架空明线等。信道既传送信号,同时又因存在噪声 $n(t)$ 和频率特性不理想而对数字信号造成损害,使得接收端得到的波形 $y_r(t)$ 与发送波形 $g_T(t)$ 的具有较大差异,如图 5-10(d)所示。

(4)接收滤波器是接收端为了减小信道特性不理想和噪声对信号传输的影响而设置的。其主要作用是滤除带外噪声并对已接收的波形均衡,以便抽样判决器正确判决。接收滤波器的输出波形 $y(t)$ 如图 5-10(e)所示。

(5)抽样判决器首先对接收滤波器输出的信号 $y(t)$ 在规定的时刻(由定时脉冲 CP 控制)进行抽样,获得抽样信号 $y_k(t)$,然后对抽样值进行判决,以确定各码元是"1"码还是"0"码。抽样信号 $y_k(t)$ 如图 5-10(g)所示。

(6)码元再生器的作用是对抽样判决器的输出"0""1"进行原始码元再生,以获得如图 5-

10(h)所示的与输入波形相应的脉冲序列$\{d'_k\}$。

（7）同步提取电路的任务是从接收信号中提取定时脉冲 CP，供接收系统同步使用。

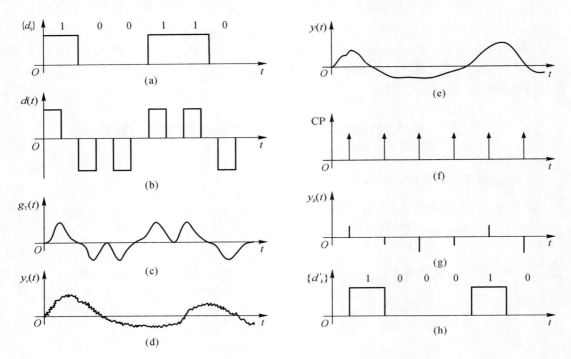

图 5-10　基带传输系统各点波形

5.2.2　基带传输系统的码间串扰

对比图 5-10(a)(h)中的$\{d_k\}$与$\{d'_k\}$可以看出，传输过程中第 4 个码元发生了误码。从上述基带系统的工作过程不难知道，产生该误码的原因就是信道加性噪声和频率特性不理想引起的波形畸变。但这只是初步的定性认识，下面将对此作进一步讨论，特别是要弄清楚码间干扰的含义及其产生的原因，以便为建立无码间干扰的基带传输系统做准备。

依据图 5-9 可建立基带传输系统的数学模型（见图 5-11）。图中，$G_T(\omega)$表示发送滤波器的传递函数，$C(\omega)$表示基带传输系统信道的传递函数，$G_R(\omega)$表示接收滤波器的传递函数。

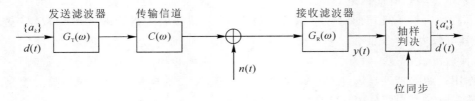

图 5-11　基带传输系统数学模型

为方便起见，假定输入基带信号的基本脉冲为单位冲激$\delta(t)$，这样由输入符号序列$\{a_k\}$决定的发送滤波器输入信号可以表示为

$$d(t) = \sum_{k=-\infty}^{\infty} a_k \delta(t - kT_s) \tag{5-2-1}$$

式中，a_k 是 $\{a_k\}$ 的第 k 个码元，对于二进制数字信号，a_k 的取值为 0、1（单极性信号）或 -1、$+1$（双极性信号）。

定义 $H(\omega)$ 表示从发送滤波器至接收滤波器总的传输特性，即

$$H(\omega) = G_T(\omega) C(\omega) G_R(\omega) \tag{5-2-2}$$

则由图 5-11 可得抽样判决器的输入信号为

$$y(t) = d(t) * h(t) + n_R(t) = \sum_{k=-\infty}^{\infty} a_k h(t - kT_s) + n_R(t) \tag{5-2-3}$$

式中，$h(t)$ 是 $H(\omega)$ 的傅里叶反变换，为系统的冲激响应，可表示为

$$h(t) = \frac{1}{2\pi} \int_{-\infty}^{\infty} H(\omega) e^{j\omega t} d\omega \tag{5-2-4}$$

$n_R(t)$ 是加性噪声 $n(t)$ 通过接收滤波器 $G_R(\omega)$ 后所产生的输出噪声。

抽样判决器对 $y(t)$ 进行抽样判决，以确定所传输的数字信息序列 $\{a_k\}$。为了判定其中第 j 个码元 a_j 的值，应在 $t = jT_s + t_0$ 瞬间对 $y(t)$ 抽样。这里 t_0 是可能的时偏，通常由信道特性和接收滤波器决定。显然，此抽样值为

$$y(jT_s + t_0) = \sum_{k=-\infty}^{\infty} a_k h[(jT_s + t_0) - kT_s] + n_R(jT_s + t_0) =$$

$$\sum_{k=-\infty}^{\infty} a_k h[(j-k)T_s + t_0] + n_R(jT_s + t_0) =$$

$$a_j h(t_0) + \sum_{k \neq j} a_k h[(j-k)T_s + t_0] + n_R(jT_s + t_0) \tag{5-2-5}$$

式中，等号右边第一项 $a_j h(t_0)$ 是第 j 个接收基本波形在抽样瞬间 $t = jT_s + t_0$ 所取得的值，它是确定 a_j 信息的依据。第二项 $\sum_{k \neq j} a_k h[(j-k)T_s + t_0]$ 是除第 j 个以外的其他所有接收基本波形在 $t = jT_s + t_0$ 瞬间所取值的总和，它对当前码元 a_j 的判决起着干扰的作用，称为码间串扰值。这种因信道频率特性不理想引起波形畸变，从而导致实际抽样判决值是本码元脉冲波形的值与其他所有脉冲波形拖尾的叠加，并在接收端造成判决困难的现象称为码间串扰（或码间干扰）。由于 a_k 是随机的，所以码间串扰值一般是一个随机变量。第三项 $n_R(jT_s + t_0)$ 是输出噪声在抽样瞬间的值，显然它是一个随机干扰。

由于随机性的码间串扰和噪声的存在，使抽样判决电路在判决时可能判对，也可能判错。例如，假设 a_j 的可能取值为 0 与 1，判决电路的判决门限为 v_0，则这时的判决规则为若 $y(jT_s + t_0) > v_0$ 成立，则判 a_j 为 1；反之则判 a_j 为 0。显然，只有当码间干扰和随机干扰很小时，才能保证上述判决的正确；当干扰及噪声严重时，则判错的可能性就很大。

由此可见，为使基带脉冲传输获得足够小的误码率，必须最大限度地减小码间串扰和随机噪声的影响。这也是研究基带脉冲传输的基本出发点。

5.2.3　码间串扰的消除

从式（5-2-5）看，只要

$$\sum_{k \neq j} a_k h[(j-k)T_s + t_0] = 0 \tag{5-2-6}$$

即可消除码间干扰,且码间干扰的大小取决于 a_k 和系统冲激响应波形 $h(t)$ 在抽样时刻上的取值。a_k 是随机变化的,要想通过各项互相抵消使码间串扰为 0 是不可能的。然而,由式(5-2-4)可以看到,系统冲激响应 $h(t)$ 却仅依赖于从发送滤波器至接收滤波器的总传输特性 $H(\omega)$。因此,从减小码间串扰的影响来说,可合理构建 $H(\omega)$,使得系统冲激响应最好满足前一个码元的波形在到达后一个码元抽样判决时刻已衰减到 0,如图 5-12(a)所示。但这样的波形不易实现,比较合理的是采用如图 5-12(b)这样的波形,虽然到达 t_0+T_s 以前并没有衰减到 0,但可以让它在 t_0+T_s、t_0+2T_s 等后面码元抽样判决时刻正好为 0。这就是消除码间串扰的基本原理。

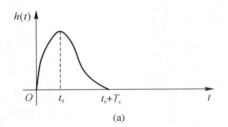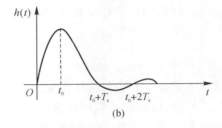

图 5-12　理想的系统冲激响应波形

考虑到在实际应用时,定时判决时刻不一定非常准确,如果像图 5-12(b)这样的 $h(t)$ 尾巴拖得太长,当定时不准时,任一个码元都要对后面好几个码元产生串扰,或者说后面任一个码元都要受到前面几个码元的串扰。因此除了要求 $h[(j-k)T_s+t_0]=0(k\neq j)$ 以外,还要求 $h(t)$ 适当衰减快一些,即尾巴不要拖得太长。

5.3　无码间串扰的基带传输系统

根据 5.2 节对码间串扰的讨论,可将无码间串扰对基带传输系统冲激响应 $h(t)$ 的要求概括如下。

(1)基带信号经过传输后在抽样点上无码间串扰,即瞬时抽样值应满足

$$h[(j-k)T_s+t_0]=\begin{cases}1(\text{或常数}), & j=k \\ 0, & j\neq k\end{cases} \qquad (5-3-1)$$

(2)$h(t)$ 尾部衰减要快。

式(5-3-1)所给出的无码间串扰条件是针对第 j 个码元在 $t=jT_s+t_0$ 时刻进行抽样判决得来的。t_0 是一个时延常数,为了分析简便起见,假设 $t_0=0$,这样无码间串扰的条件变为

$$h[(j-k)T_s]=\begin{cases}1(\text{或常数}), & j=k \\ 0, & j\neq k\end{cases}$$

令 $k'=j-k$,并考虑到 k 也为整数,可用 k 表示,得无码间串扰的条件为

$$h(kT_s)=\begin{cases}1(\text{或常数}), & k=0 \\ 0, & k\neq 0\end{cases} \qquad (5-3-2)$$

式(5-3-2)说明,无码间串扰的基带系统冲激响应除 $t=0$ 时取值不为零外,其他抽样时

刻 $t=kT_s$ 上的抽样值均为零。习惯上称式(5-3-2)为无码间串扰基带传输系统的时域条件。

　　能满足这个要求的 $h(t)$ 是可以找到的，而且很多，拿常见的抽样函数来说，就有可能满足此条件。如图 5-13 所示的曲线，就是个典型的例子。

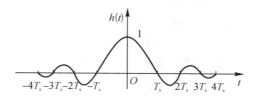

图 5-13　$h(t)=\text{Sa}(\pi t/T_s)$ 的曲线

　　上面给出了无码间串扰对基带传输系统冲激响应 $h(t)$ 的要求，下面着重讨论无码间串扰对基带传输系统传输函数 $H(\omega)$ 的要求及可能实现的方法。为方便起见，下面从最简单的理想基带传输系统入手。

5.3.1　理想基带传输系统

　　理想基带传输系统的传输特性具有理想低通特性，其传输函数为

$$H(\omega)=\begin{cases}1(\text{或常数}), & |\omega|\leqslant\omega_b/2 \\ 0, & |\omega|>\omega_b/2\end{cases} \tag{5-3-3}$$

如图 5-14(a)所示，其带宽 $B=(\omega_s/2)/2\pi=f_s/2$。对其进行傅里叶反变换得

$$h(t)=\frac{1}{2\pi}\int_{-\infty}^{\infty}H(\omega)\text{e}^{\text{j}\omega t}\text{d}\omega=\frac{1}{2\pi}\int_{-2\pi B}^{2\pi B}\text{e}^{\text{j}\omega t}\text{d}\omega=2B\text{Sa}(2\pi Bt) \tag{5-3-4}$$

它是个抽样函数，如图 5-14(b)所示。从图中可以看到，$h(t)$ 在 $t=0$ 时有最大值 $2B$，而在 $t=k/2B(k$ 为非零整数)的各瞬间均为零。显然，只要令 $T_s=1/2B=1/f_s$，也就是码元宽度为 $1/2B$，就可以满足式(5-3-2)的要求，接收端在 $k/2B$ 时刻的抽样值中无串扰值积累，从而消除码间串扰。

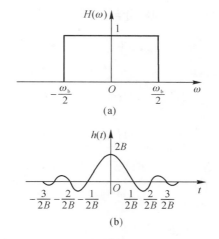

图 5-14　理想基带传输系统的 $H(\omega)$ 和 $h(t)$

从上述分析可见,如果信号经传输后整个波形发生变化,但只要其特定点的抽样值保持不变,那么用再次抽样的方法,仍然可以准确无误地恢复原始信码。这就是所谓的奈奎斯特第一准则的本质。

在如图 5 - 14 所表示的截止频率为 B 的理想基带传输系统中,$T_s = 1/2B$ 为系统传输无码间串扰的最小码元间隔,称为奈奎斯特间隔。相应地,称 $R_B = 1/T_s = 2B$ 为奈奎斯特速率,它是系统的最大码元传输速率。反过来说,输入序列若以 $1/T_s$ 的码元速率进行无码间串扰传输时,所需的最小传输带宽为 $1/2T_s$。通常称 $1/2T_s$ 为奈奎斯特带宽。

下面再来看看频带利用率的问题。所谓频带利用率 η 是指码元速率 R_B 和带宽 B 的比值,即单位频带所能传输的码元速率,其表示式为

$$\eta = R_B/B \tag{5-3-5}$$

显然,理想低通传输函数的频带利用率为 2 B/Hz。这是最大的频带利用率,因为如果系统用高于 $1/T_s$ 的码元速率传送信码时,将存在码间串扰。若降低传码率,即增加码元宽度 T_s,使之为 $1/2B$ 的整数倍时,由图 5 - 14(b)可见,在抽样点上也不会出现码间串扰。但是,这时系统的频带利用率将相应降低。

从上面讨论的结果可知,理想低通传输函数具有最大传码率和频带利用率,十分理想。但是,理想基带传输系统实际上不能得到应用。这是因为首先这种理想低通特性在物理上是不能实现的;其次即使能设法接近理想低通特性,但这种理想低通特性冲激响应 $h(t)$ 的拖尾(即衰减型振荡起伏)很大,如果抽样定时发生某些偏差,或外界条件对传输特性稍加影响、信号频率发生漂移等都会导致码间串扰明显地增加。

下面进一步讨论满足式(5 - 3 - 2)无码间串扰条件的等效传输特性,以助于建立实际的无码间串扰基带传输系统。

5.3.2 无码间串扰的等效特性

因为

$$h(kT_s) = \frac{1}{2\pi} \int_{-\infty}^{\infty} H(\omega) e^{j\omega k T_s} d\omega$$

把上式的积分区间用角频率 $2\pi/T_s$ 等间隔分割,如图 5 - 15 所示,则可得

$$h(kT_s) = \frac{1}{2\pi} \sum_i \int_{(2i-1)\pi/T_s}^{(2i+1)\pi/T_s} H(\omega) e^{j\omega k T_s} d\omega$$

作变量代换:令 $\omega' = \omega - 2\pi i/T_s$,则有 $d\omega' = d\omega$ 及 $\omega = \omega' + 2\pi i/T_s$,于是有

$$h(kT_s) = \frac{1}{2\pi} \sum_i \int_{-\pi/T_s}^{\pi/T_s} H(\omega') + \frac{2\pi i}{T_s} e^{j\omega' k T_s} e^{j2\pi i k} d\omega' h(kT_s) =$$

$$\frac{1}{2\pi} \sum_i \int_{-\pi/T_s}^{\pi/T_s} H\left(\omega' + \frac{2\pi i}{T_s}\right) e^{j\omega' k T_s} d\omega', \quad |\omega'| \leqslant \frac{\pi}{T_s}$$

当上式之和一致收敛时,求和与积分的次序可以互换,于是有

$$h(kT_s) = \frac{1}{2\pi} \int_{-\pi/T_s}^{\pi/T_s} \sum_i H\left(\omega + \frac{2\pi i}{T_s}\right) e^{j\omega k T_s} d\omega, \quad |\omega| \leqslant \frac{\pi}{T_s} \tag{5-3-6}$$

这里把变量 ω' 重记为 ω。式中,$\sum_i H\left(\omega + \frac{2\pi i}{T_s}\right)$,$|\omega| \leqslant \frac{\pi}{T_s}$ 的物理意义是:把 $H(\omega)$ 的分割各段平移到$(-\pi/T_s, \pi/T_s)$ 的区间对应叠加求和,简称"切段叠加"。显然,它仅存在于 $|\omega| \leqslant$

$\dfrac{\pi}{T_s}$ 内，具有低通特性。

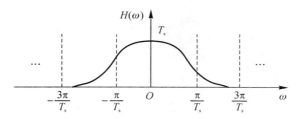

图 5 - 15　$H(\omega)$ 的分割

令

$$H_{\text{eq}}(\omega) = \sum_i H\left(\omega + \frac{2\pi i}{T_s}\right), \quad |\omega| \leqslant \pi/T_s \qquad (5-3-7)$$

则 $H_{\text{eq}}(\omega)$ 就是 $H(\omega)$ 的"切段叠加"，称 $H_{\text{eq}}(\omega)$ 为等效传输函数。将其代入式(5-3-6)，得

$$h(kT_s) = \frac{1}{2\pi} \int_{-\pi/T_s}^{\pi/T_s} H_{\text{eq}}(\omega) e^{j\omega kT_s} d\omega \qquad (5-3-8)$$

在理想低通传输系统中，由式(5-3-4)，有

$$h(t) = \frac{1}{2\pi} \int_{-2\pi B}^{2\pi B} e^{j\omega t} d\omega = \frac{1}{2\pi} \int_{-\pi/T_s}^{\pi/T_s} e^{j\omega t} d\omega$$

当 $t = kT_s$ 时，有

$$h(kT_s) = \frac{1}{2\pi} \int_{-\pi/T_s}^{\pi/T_s} e^{j\omega kT_s} d\omega \qquad (5-3-9)$$

此时是无码间串扰的。

把式(5-3-8)与理想低通的表示式(5-3-9)作比较可知，如果式(5-3-8)要满足无码间串扰只需

$$H_{\text{eq}}(\omega) = \sum_i H\left(\omega + \frac{2\pi i}{T_s}\right) = 常数（如 T_s）, \ |\omega| \leqslant \pi/T_s \qquad (5-3-10)$$

式(5-3-10)就是无码间串扰的等效特性。它表明，把一个基带传输系统的传输特性 $H(\omega)$ 沿 ω 轴以 $\dfrac{2\pi}{T_s}$ 宽度等间隔分割，若各段平移到 $(-\pi/T_s, \pi/T_s)$ 区间内能叠加成一个矩形频率特性，那么它在以 $f_s = 1/T_s$ 速率传输基带信号时，就能做到无码间串扰。式(5-3-10)所表述的无码间串扰基带传输系统的频域条件，由奈奎斯特首先提出，称为奈奎斯特第一准则。

由式(5-3-10)可知，如果不考虑系统的频带限制，仅从消除码间串扰来说，基带传输特性 $H(\omega)$ 的形式不是唯一的。

5.4　无码间串扰基带传输系统的抗噪声性能

码间串扰和噪声是影响接收端正确判决，从而造成误码的因素。5.3 节讨论了在无噪声影响时能够消除码间串扰的基带传输系统。本节将讨论这样的基带传输系统中叠加噪声后的抗噪性能，即计算噪声引起的误码率。

一般认为信道噪声只对接收端产生影响，则可建立分析模型（见图 5 - 16）。图中，设二进

制接收波形为 $s(t)$,信道噪声 $n(t)$ 为高斯白噪声,其通过接收滤波器后的输出噪声为 $n_R(t)$,则接收滤波器的输出是信号加噪声的混合波形,记为 $x(t)$。

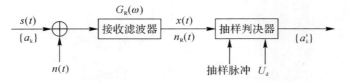

图 5-16　抗噪性能分析模型

若二进制基带信号为双极性,设它在抽样时刻的电平取值为 $+A$ 或 $-A$(分别对应于信码"1"或"0"),则 $x(t)$ 在抽样时刻的取值为

$$x(kT_s) = \begin{cases} A + n_R(kT_s), & \text{发送"1"时} \\ -A + n_R(kT_s), & \text{发送"0"时} \end{cases} \qquad (5-4-1)$$

设判决门限为 U_d,判决规则为

$$\left. \begin{array}{l} x(kT_s) > U_d, \quad \text{判为"1"码} \\ x(kT_s) < U_d, \quad \text{判为"0"码} \end{array} \right\} \qquad (5-4-2)$$

上述判决过程的典型波形如图 5-17 所示。其中,图 5-17(a)是无噪声影响时的信号波形,而图 5-17(b)则是图 5-17(a)波形叠加上噪声后的混合波形。显然,这时的判决门限应选择在 0 电平。不难看出,对图 5-17(a)波形能够毫无差错地恢复基带信号,但对图 5-17(b)的波形就可能出现两种判决错误:原"1"错判成"0"或原"0"错判成"1",图中带"*"的码元就是错码。下面分析由于信道加性噪声引起这种误码的概率,即误码率。

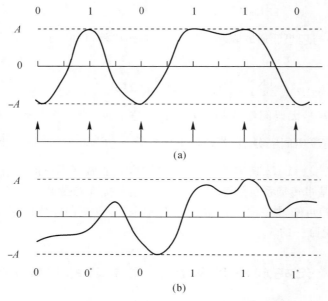

图 5-17　判决电路的典型输入波形
(a)无噪声影响时信号波形;(b)叠加噪声后的混合波形

前面已经说明,信道加性噪声通常被假设为均值为 0、双边功率谱密度为 $n_0/2$ 的高斯白噪声,而接收滤波器又是一个线性网络,故判决电路输入噪声 $n_R(t)$ 也是均值为 0 的高斯噪声。

它的功率谱密度为

$$P_n(\omega) = |G_R(\omega)|^2 \frac{n_0}{2}$$

方差（噪声平均功率）为

$$\sigma_n^2 = \frac{1}{2\pi}\int_{-\infty}^{\infty} P_n(\omega)\,\mathrm{d}\omega = \frac{1}{2\pi}\int_{-\infty}^{\infty} \frac{n_0}{2} |G_R(\omega)|^2 \,\mathrm{d}\omega \tag{5-4-3}$$

因此，$n_R(t)$ 的瞬时值的一维概率密度函数可表述为

$$f(U) = \frac{1}{\sqrt{2\pi}\sigma_n}\mathrm{e}^{U^2/2\sigma_n^2} \tag{5-4-4}$$

式中，U_d 表示噪声的瞬时取值 $n_R(kT_s)$。

根据 $n_R(kT_s)$ 的上述统计特性，由式（5-4-1）可知，混合信号 $x(t)$ 的抽样值 $x(kT_s)$（简记为 x）也是方差为 σ_n^2 的高斯变量，当发送"1"时均值为 A，其一维概率密度函数为

$$f_1(x) = \frac{1}{\sqrt{2\pi}\sigma_n}\exp\left[-\frac{(x-A)^2}{2\sigma_n^2}\right] \tag{5-4-5}$$

当发送"0"时均值为 $-A$，其一维概率密度函数为

$$f_0(x) = \frac{1}{\sqrt{2\pi}\sigma_n}\exp\left[-\frac{(x+A)^2}{2\sigma_n^2}\right] \tag{5-4-6}$$

与它们相应的曲线如图 5-18 所示。图中，令判决门限为 U_d，则根据式（5-4-2）的判决规则，知道噪声会引起以下两种误码概率。

（1）发"1"错判为"0"的概率 $P(0/1)$ 为

$$P(0/1) = P(x < U_d) = \int_{-\infty}^{U_d} f_1(x)\,\mathrm{d}x =$$

$$\int_{-\infty}^{U_d} \frac{1}{\sqrt{2\pi}\sigma_n}\exp\left[-\frac{(x-A)^2}{2\sigma_n^2}\right]\mathrm{d}x =$$

$$\frac{1}{2} + \frac{1}{2}\mathrm{erf}\left(\frac{U_d - A}{\sqrt{2}\sigma_n}\right) \tag{5-4-7}$$

（2）发"0"错判为"1"的概率 $P(1/0)$ 为

$$P(1/0) = P(x > U_d) = \int_{U_d}^{\infty} f_0(x)\,\mathrm{d}x = \int_{U_d}^{\infty} \frac{1}{\sqrt{2\pi}\sigma_n}\exp\left[-\frac{(x+A)^2}{2\sigma_n^2}\right]\mathrm{d}x =$$

$$\frac{1}{2} - \frac{1}{2}\mathrm{erf}\left(\frac{U_d + A}{\sqrt{2\pi}\sigma_n}\right) \tag{5-4-8}$$

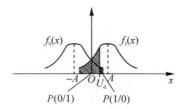

图 5-18　$x(t)$ 的概率密度曲线

$P(0/1)$ 和 $P(1/0)$ 分别如图 5-18 中的阴影部分所示。若发送"1"的概率为 $P(1)$，发送"0"的概率为 $P(0)$，则基带传输系统总的误码率可表示为

$$P_e = P(1)P(0/1) + P(0)P(1/0) =$$

$$P(1)\int_{-\infty}^{U_d} f_1(x)\,\mathrm{d}x + P(0)\int_{-U_d}^{\infty} f_0(x)\,\mathrm{d}x \qquad (5-4-9)$$

可以看出,误码率与 $P(1)$、$P(0)$、$f_1(x)$、$f_0(x)$ 和 U_d 有关。而 $f_1(x)$ 和 $f_0(x)$ 又与信号的抽样值 A 和噪声功率 σ_n^2 有关。通常 $P(1)$ 和 $P(0)$ 是给定的,因此误码率最终由 A、σ_n^2 和门限 U_d 决定。在 A 和 σ_n^2 一定的条件下,可以找到一个使误码率最小的判决门限电平,这个门限电平称为最佳门限电平。令

$$\frac{\mathrm{d}P_e}{\mathrm{d}U_d} = 0$$

则可求得最佳门限电平为

$$U_d^* = \frac{\sigma_n^2}{2A}\ln\frac{P(0)}{P(1)} \qquad (5-4-10)$$

当 $P(1) = P(0) = 1/2$ 时,有

$$U_d^* = 0$$

这时,基带信号系统总的误码率为

$$P_e = \frac{1}{2}P(0/1) + \frac{1}{2}P(1/0) = \frac{1}{2}\left[1 - \mathrm{erf}\left(\frac{A}{\sqrt{2}\sigma_n}\right)\right] =$$

$$\frac{1}{2}\mathrm{erfc}\left(\frac{A}{\sqrt{2}\sigma_n}\right) \qquad (5-4-11)$$

这就是双极性、等概率发送"1"码和"0"码,且在最佳判决门限电平下,基带传输系统总的误码率表示式。从式(5-4-11)可见,当发送概率相等时,且在最佳门限电平下,系统的总误码率仅依赖于信号峰值 A 与噪声方均根值 σ_n 的比值,而与采用什么样的信号形式无关(当然,这里的信号形式必须是能够消除码间干扰的)。比值 A/σ_n 越大,则 P_e 就越小。

以上分析的是双极性信号的情况。对于单极性信号,在抽样时刻的电平取值为 $+A$(对应"1"码)或 0(对应"0"码)。在发"0"码时,图 5-18 中 $f_0(x)$ 曲线的分布中心将由 $-A$ 移到 0。这时式(5-4-10)和式(5-4-11)将分别变为式(5-4-12)和式(5-4-13):

$$U_d^* = \frac{A}{2} + \frac{\sigma_n^2}{A}\ln\frac{P(0)}{P(1)} \qquad (5-4-12)$$

当 $P(1) = P(0) = 1/2$ 时,有

$$U_d^* = \frac{A}{2}$$

$$P_e = \frac{1}{2}\left[1 - \mathrm{erf}\left(\frac{A}{2\sqrt{2}\sigma_n}\right)\right] = \frac{1}{2}\mathrm{erfc}\left(\frac{A}{2\sqrt{2}\sigma_n}\right) \qquad (5-4-13)$$

注意,式(5-4-13)的使用条件是:单极性、等概发送"1"码和"0"码,且在最佳判决门限电平下。以上两式读者可自行证明。

比较式(5-4-11)与式(5-4-13)可得出以下结论。

(1)在基带信号峰值 A 相等、噪声方均根值 σ_n 也相同时,单极性基带传输系统的抗噪性能不如双极性基带传输系统。

（2）在误码率相同条件下，单极性基带传输系统需要的信噪功率比要比双极性高 3 dB。

（3）在发送"1""0"码等概情况下，单极性传输基带系统的最佳判决门限电平为 $A/2$，当信道特性发生变化时，信号幅度 A 将随着变化，故最佳判决门限也随之改变，不能保持最佳状态，从而导致误码率增大；双极性基带传输系统的最佳门限电平为 0，与信号幅度无关，因而不随信道特性变化而变，故能保持最佳状态。

因此，数字基带传输系统多采用双极性信号进行传输。

5.5　实用的无码间串扰基带传输特性

考虑到理想冲激响应 $h(t)$ 的尾巴衰减很慢的原因是系统的频率特性截止过于陡峭，受此启发，如果按图 5-19 所示的构造思想去设计 $H(\omega)$ 的特性，即把 $H(\omega)$ 视为对截止频率为 W_1 的理想低通特性 $H_0(\omega)$ 按 $H_1(\omega)$ 的特性进行"圆滑"而得到的，即

$$H(\omega) = H_0(\omega) + H_1(\omega)$$

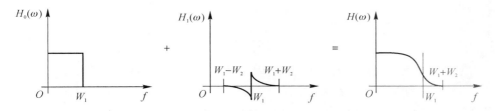

图 5-19　滚降特性的构成（仅画出正频率部分）

根据式（5-3-10）无码间串扰基带传输系统的频域条件，不难看出，只要 $H_1(\omega)$ 对于 W_1 具有奇对称的幅度特性，则 $H(\omega)$ 即无码间串扰。这里，$W_1 = 1/2T_s = f_s/2$，相当于角频率为 π/T_s。回顾 VSB 滤波器的讨论可知，上述结论可等效地表述为：只要 $H(\omega)$ 关于 W_1 呈"互补对称"的幅度特性，则 $H(\omega)$ 即无码间串扰。

上述的"圆滑"，通常被称为"滚降"。滚降特性 $H_1(\omega)$ 的上、下截止频率分别为 $W_1 + W_2$、$W_1 - W_2$。定义滚降系数为

$$\alpha = \frac{W_2}{W_1} \tag{5-5-1}$$

显然，$0 \leqslant \alpha \leqslant 1$。

满足互补对称滚降特性的 $H(\omega)$ 很多，可根据实际需要进行选择，以构成不同的实际系统。

常见的有直线滚降、三角形滚降和升余弦滚降等。下面以用得最多的余弦滚降特性为例作进一步的讨论

图 5-20 显示了在不同 α 时的余弦滚降特性，图中 $W_1 = 1/2T_s = f_s/2$。

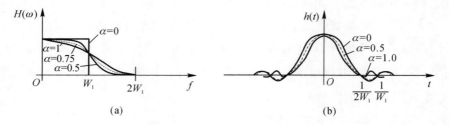

图 5-20　余弦滚降传输特性

(a)传输特性(仅画出正频率部分)；(b)冲激响应

(1)当 $\alpha=0$ 时,无滚降,此时的余弦滚降传输特性就是截止频率为 W_1 的理想低通特性 $H_0(\omega)$。

(2)当 $\alpha=1$ 时, $H(\omega)$ 就是实际中常采用的升余弦滚降传输特性,可表示为

$$H(\omega)=\begin{cases}\dfrac{T_s}{2}\left(1+\cos\dfrac{\omega T_s}{2}\right), & |\omega|<\dfrac{2\pi}{T_s}\\[2mm]0, & \omega\ \text{为其他值}\end{cases}\tag{5-5-2}$$

相应地, $h(t)$ 为

$$h(t)=\frac{\sin(\pi t/T_s)}{\pi t/T_s}\frac{\cos(\pi t/T_s)}{1-(2t/T_s)^2}\tag{5-5-3}$$

应该注意,此时所形成的 $h(t)$ 波形,除在 $t=\pm T_s,\pm2T_s,\cdots$ 时刻上幅度为零外,在 $\pm3T_s/2$, $\pm5T_s/2,\cdots$ 这些时刻上幅度也是零。

(3)当 α 取一般值时,余弦滚降传输特性 $H(\omega)$ 可表示为

$$H(\omega)\begin{cases}T_s, & |\omega|\leqslant\dfrac{(1-\alpha)\pi}{T_s}\\[2mm]\dfrac{T_s}{2}\left[1+\sin\dfrac{T_s}{2\alpha}\left(\dfrac{\pi}{T_s}-\omega\right)\right], & \dfrac{1-\alpha}{T_s}\leqslant\omega\leqslant\dfrac{(1+\alpha)\omega}{T_s}\\[2mm]0, & |\omega|\geqslant\dfrac{(1+\alpha)\pi}{T_s}\end{cases}\tag{5-5-4}$$

它所对应的冲激响应为

$$h(t)=\frac{\sin(\pi t/T_s)}{\pi t/T_s}\frac{\cos(\alpha\pi t/T_s)}{1-(2\alpha t/T_s)^2}\tag{5-5-5}$$

显而易见,其在码元传输速率为 $f_s=1/T_s$ 时无码间串扰。

由以上关于余弦滚降传输特性的分析,结合图 5-20 给出的在不同 α 时余弦滚降特性的频谱和波形,不难得出以下结论。

(1)当 $\alpha=0$ 时,为无"滚降"的理想基带传输系统, $h(t)$ 的"尾巴"按 $1/t$ 的规律衰减。当 $\alpha\neq0$,即采用余弦滚降时,对应的 $h(t)$ 仍旧保持从 $t=\pm T_s$ 开始,向左、右每隔 T_s 出现一个零点的特点,满足抽样瞬间无码间串扰的条件,但式(5-5-5)中第二个因子对波形的衰减速度是有很大影响的。一方面, $\cos(\alpha\pi t/T_s)$ 的存在,会产生新的零点,加速 $h(t)$ 的"尾巴"衰减；另一方面, $h(t)$ 波形的"尾巴"按 $1/t^3$ 的规律衰减,比理想低通时小得多。 $h(t)$ 衰减的快慢还与 α

有关,α 越大,衰减越快,码间串扰越小,错误判决的可能性越小。

(2)输出信号频谱所占据的带宽 $B=(1+\alpha)W_1=(1+\alpha)f_s/2$。当 $\alpha=0$ 时,$B=f_s/2$,频带利用率为 2 B/Hz;当 $\alpha=1$ 时,$B=f_s$,频带利用率为 1 B/Hz;一般情况下,当 $\alpha=0\sim1$ 时,$B=f_s/2\sim f_s$,频带利用率为 $2\sim1$ B/Hz。可以看出,α 越大,"尾部"衰减越快,但带宽越宽,频带利用率越低。因此,用滚降特性来改善理想低通,实质上是以牺牲频带利用率为代价换取的。余弦滚降特性的实现比理想低通容易得多,因此广泛应用于频带利用率不高,但允许定时系统和传输特性有较大偏差的场合。

5.6　眼　　图

从理论上讲,一个基带传输系统的传递函数 $H(\omega)$ 只要满足式(5-3-10),就可消除码间串扰。但在实际系统中要想做到这一点非常困难,甚至是不可能的。这是因为码间串扰与发送滤波器特性、信道特性和接收滤波器特性等因素有关。在工程实际中,如果部件调试不理想或信道特性发生变化,都可能使 $H(\omega)$ 改变,从而引起系统性能变坏。实践中,为了使系统达到最佳化,除了用专门精密仪器进行测试和调整外,大量的维护工作希望用简单的方法和通用仪器也能宏观监测系统的性能,观察眼图就是其中一个常用的实验方法。

5.6.1　眼图的概念

眼图是利用实验的方法估计和改善(通过调整)传输系统性能时在示波器上观察到的一种图形。观察眼图的方法是用一个示波器跨接在接收滤波器的输出端,然后调整示波器扫描周期,使示波器水平扫描周期与接收码元的周期同步,这时示波器屏幕上看到的图形像人的眼睛,故称为"眼图"。从"眼图"上可以观察出码间串扰和噪声的影响,从而估计系统的优劣程度。另外也可以用此图形对接收滤波器的特性加以调整,以减小码间串扰和改善系统的传输性能。

5.6.2　眼图形成原理及模型

1. 无噪声时的眼图

为解释眼图和系统性能之间的关系,图 5-21 所示为无噪声情况下,无码间串扰和有码间串扰的眼图。图 5-21(a)是无码间串扰的双极性基带脉冲序列,用示波器观察它,并将水平扫描周期调到与码元周期 T_s 一致,由于荧光屏的余辉作用,所以扫描线所得的每一个码元波形将重叠在一起,形成如图 5-21(c)所示的线迹细而清晰的大"眼睛";对于图 5-21(b)所示有码间串扰的双极性基带脉冲序列,由于存在码间串扰,所以此波形已经失真,当用示波器观察时,示波器的扫描迹线不会完全重合,于是形成的眼图线迹杂乱且不清晰,"眼睛"张开得较小,且眼图不端正,如图 5-21(d)所示。

对比图 5-21(c)和图 5-21(d)可知,眼图的"眼睛"张开的大小反映着码间串扰的强弱。"眼睛"张得越大,且眼图越端正,表示码间串扰小;反之表示码间串扰越大。

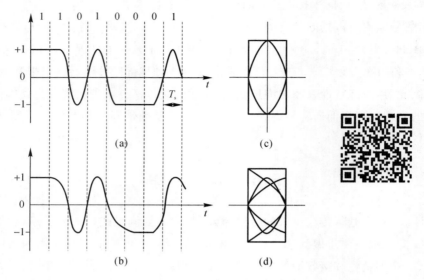

图 5 - 21　基带信号波形及眼图

2. 存在噪声时的眼图

当存在噪声时,噪声将叠加在信号上,观察到的眼图的线迹会变得模糊不清。若同时存在码间串扰,"眼睛"将张开得更小。与无码间串扰时的眼图相比,原来清晰端正的细线迹,变成了比较模糊的带状线,而且不很端正。噪声越大,线迹越宽,越模糊;码间串扰越大,眼图越不端正。

3. 眼图的模型

眼图对于展示数字信号传输系统的性能提供了很多有用的信息:可以从中看出码间串扰的大小和噪声的强弱,有助于直观地了解码间串扰和噪声的影响,评价一个基带传输系统的性能优劣;可以指示接收滤波器的调整,以减小码间串扰。为了说明眼图和系统性能的关系,可以把眼图简化为如图 5 - 22 所示的形状,称为眼图的模型。该图具有如下意义。

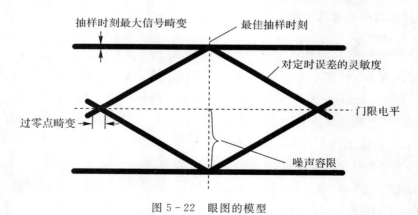

图 5 - 22　眼图的模型

(1)最佳抽样时刻应在"眼睛"张开最大的时刻。

(2)对定时误差的灵敏度可由眼图斜边的斜率决定。斜率越大,对定时误差就越灵敏。

（3）在抽样时刻上，眼图上、下两分支阴影区的垂直高度表示最大信号畸变。

（4）眼图中央的横轴位置应对应判决门限电平。

（5）在抽样时刻上，上、下两分支离门限最近的一根线迹至门限的距离表示各相应电平的噪声容限，噪声瞬时值超过它就可能发生错误判决。

（6）对于利用信号过零点取平均来得到定时信息的接收系统，眼图倾斜分支与横轴相交的区域的大小，表示零点位置的变动范围，这个变动范围的大小对提取定时信息有重要的影响。

5.7　时域均衡原理

5.7.1　均衡的概念

实际的基带传输系统不可能完全满足无码间串扰传输条件，因而码间串扰是不可避免的。当串扰严重时，必须对系统的传输函数 $H(\omega)$ 进行校正，使其达到或接近无码间串扰要求的特性。理论和实践表明，在基带系统中插入一种可调（或不可调）滤波器就可以补偿整个系统的幅频和相频特性，从而减小码间串扰的影响。这个对系统校正的过程称为均衡，实现均衡的滤波器称为均衡器。

均衡分为频域均衡和时域均衡。频域均衡是从频率响应考虑，使包括均衡器在内的整个系统的总传输函数满足无失真传输条件。而时域均衡则是直接从时间响应考虑，使包括均衡器在内的整个系统的冲激响应满足无码间串扰条件。

频域均衡在信道特性不变且传输低速率数据时是适用的，而时域均衡可以根据信道特性的变化进行调整，能够有效地减小码间串扰，故在高速数据传输中得以广泛应用。本节仅介绍时域均衡原理。

5.7.2　时域均衡的基本原理

时域均衡的基本思想可用如图 5-23 所示的传输模型来简单说明。

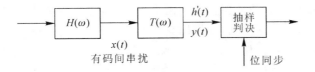

图 5-23　时域均衡的基本思想

在图 5-23 中，$H(\omega)$ 不满足无码间串扰条件时，其输出信号 $x(t)$ 将存在码间串扰。为此，在 $H(\omega)$ 之后插入一个称为横向滤波器的可调滤波器 $T(\omega)$，形成新的总传输函数 $H'(\omega)$，表示为

$$H'(\omega) = H(\omega)T(\omega) \tag{5-7-1}$$

显然，只要 $H'(\omega)$ 满足

$$H'_{ep}(\omega) = \sum_i H'\left(\omega + \frac{2\pi i}{T_s}\right) = T_s（或其他常数），|\omega| \leqslant \pi/T_s \tag{5-7-2}$$

则抽样判决器输入端的信号 $y(t)$ 将不含码间串扰，即这个包含 $T(\omega)$ 在内的 $H'(\omega)$ 将可消除

码间串扰。这就是时域均衡的基本思想。

可以证明

$$T(\omega) = \sum_{n=-\infty}^{\infty} C_n \mathrm{e}^{-\mathrm{j}nT_s\omega} \tag{5-7-3}$$

式中

$$C_n = \frac{T_s}{2\pi} \int_{-\frac{\pi}{T_s}}^{\frac{\pi}{T_s}} \frac{T_s}{\sum_i H\left(\omega + \dfrac{2\pi i}{T_s}\right)} \mathrm{e}^{\mathrm{j}n\omega T_s} \mathrm{d}\omega \tag{5-7-4}$$

由式(5 - 7 - 4)可见，C_n、$T(\omega)$完全由 $H(\omega)$决定。

对式(5 - 7 - 3)进行傅里叶反变换，则可求出其单位冲激响应 $h_T(t)$为

$$h_T(t) = F^{-1}\big[T(\omega)\big] = \sum_{n=-\infty}^{\infty} C_n\delta(t - nT_s) \tag{5-7-5}$$

根据式(5 - 7 - 5)，可构造实现 $T(\omega)$的插入滤波器(见图 5 - 24)，它实际上是由无限多个横向排列的延迟单元构成的抽头延迟线加上一些可变增益放大器组成的，因此称为横向滤波器。每个延迟单元的延迟时间等于码元宽度 T_s，每个抽头的输出经可变增益(增益可正可负)放大器加权后输出。这样，当有码间串扰的波形 $x(t)$输入时，经横向滤波器变换，相加器将输出无码间串扰波形 $y(t)$。

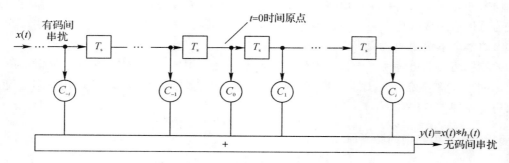

图 5 - 24　横向滤波器

上述分析表明，借助横向滤波器实现均衡是可能的，并且只要用无限长的横向滤波器，就能做到消除码间串扰的影响。然而，使横向滤波器的抽头无限多是不现实的，大多情况下也是不必要的。因为实际信道往往仅是一个码元脉冲波形对邻近的少数几个码元产生串扰，故实际上只要有一二十个抽头的滤波器就可以了。抽头数太多会给制造和使用都带来困难。

5.7.3　有限长横向滤波器

设在基带传输系统接收滤波器与判决器之间插入一个具有 $2N+1$ 个抽头的横向滤波器，如图 5 - 25(a)所示。它的输入为 $x(t)$，是被均衡的对象。若该有限长横向滤波器的单位冲激响应为 $e(t)$，相应的频率特性为 $E(\omega)$，则有

$$e(t) = \sum_{i=-N}^{N} C_i\delta(t - iT_s) \tag{5-7-6}$$

$$E(\omega) = \sum_{i=-N}^{N} C_i \mathrm{e}^{-\mathrm{j}\omega iT_s} \tag{5-7-7}$$

下面考察该横向滤波器的输出 $y(t)$ 的波形。因为 $y(t)$ 是输入 $x(t)$ 与冲激响应 $e(t)$ 的卷积，故利用 $e(t)$ 为冲激序列的特点，可得

$$y(t) = x(t) * e(t) = \sum_{i=-N}^{N} C_i x(t - iT_s) \qquad (5-7-8)$$

于是在抽样时刻 $t_k = kT_s + t_0$，有

$$y(t_k) = y(kT_s + t_0) = \sum_{i=-N}^{N} C_i x(kT_s + t_0 - iT_s) = \sum_{i=-N}^{N} C_i x\big[(k-i)T_s + t_0\big]$$

简写为

$$y_k = \sum_{i=-N}^{N} C_i x_{k-i}$$

上式说明，均衡器在第 k 抽样时刻得到的样值，将由 $2N+1$ 个 C_i 与 x_{k-i} 的乘积之和来确定。通常希望抽样时刻无码间串扰，即

$$y_k = \begin{cases} 常数（如 1）, & k = 0 \\ 0, & k \neq 0, k = \pm 1, \pm 2, \cdots \end{cases}$$

但完全做到有困难。这是因为当输入波形 $x(t)$ 给定，即各种可能的 x_{k-i} 确定时，通过调整 C_i 使指定的 y_k 等于 0 是容易办到的，但同时要求 $k=0$ 以外的所有 y_k 都等于 0 却是件很难的事。在实际应用时，是用示波器观察均衡滤波器输出信号 $y(t)$ 的眼图，通过反复调整各个增益放大器的 C_i，使眼图的"眼睛"张开最大为止。

现在以只有三个抽头的横向滤波器为例，说明横向滤波器消除码间串扰的工作原理。假定滤波器的一个输入码元 $x(t)$ 在抽样时刻 t_0 达到最大值 $x_0 = 1$，而在相邻码元的抽样时刻 t_{-1} 和 t_{+1} 上的码间串扰值为 $x_{-1} = 1/4, x_{+1} = 1/2$，如图 5-25(b) 所示。采用三抽头均衡器来均衡，经调试，得此滤波器的三个抽头增益调制为

$$C_{-1} = 1/4, \quad C_0 = 1, \quad C_{-1} = -1/2$$

则调整后的三路波形相加得到最后输出波形 $y(t)$，其在各抽样点上的值为

$$y_{-2} = \sum_{i=-1}^{1} C_i x_{-2-i} = C_{-1} x_{-1} + C_0 x_{-2} + C_1 x_{-3} = -\frac{1}{16}$$

$$y_{-1} = \sum_{i=-1}^{1} C_i x_{-1-i} = C_{-1} x_0 + C_0 x_{-1} + C_1 x_{-2} = 0$$

$$y_0 = \sum_{i=-1}^{1} C_i x_{0-i} = C_{-1} x_{-1} + C_0 x_0 + C_1 x_1 = \frac{3}{4}$$

$$y_1 = \sum_{i=-1}^{1} C_i x_{1-i} = C_{-1} x_2 + C_0 x_1 + C_1 x_0 = 0$$

$$y_2 = \sum_{i=-1}^{1} C_i x_{2-i} = C_{-1} x_3 + C_0 x_2 + C_1 x_1 = -\frac{1}{4}$$

由以上结果可见，输出波形的最大值 y_0 降低为 $3/4$，相邻抽样点上消除了码间串扰，即 $y_{-1} = y_1 = 0$，但在其他点上又产生了串扰，即 y_{-2} 和 y_2。这说明，用有限长的横向滤波器有效减小码间串扰是可能的，但完全消除是不可能的。

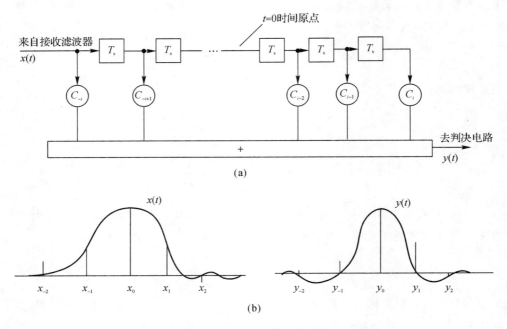

图 5 - 25　有限长横向滤波器

时域均衡的实现方法有多种,但从实现的原理上看,大致可分为预置式均衡和自适应式均衡。预置式均衡是在实际传数之前先传输预先规定的测试脉冲(如重复频率很低的周期性的单脉冲波形),然后按"迫零调整原理"(具体内容请参阅有关参考书)自动或手动调整抽头增益;自适应式均衡是在传数过程中连续测出距最佳调整值的误差电压,并据此电压去调整各抽头增益。一般地,自适应式均衡不仅可以使调整精度提高,而且当信道特性随时间变化时又能有定的自适应性,因此很受重视。这种均衡器过去实现起来比较复杂,但随着大规模、超大规模集成电路和微处理机的应用,其发展十分迅速。

5.8　部分响应系统

在前面的讨论中,为了消除码间串扰,要求把基带传输系统的总特性 $H(\omega)$ 设计成理想低通特性,或者等效的理想低通特性。然而,对于理想低通特性系统而言,其冲激响应为 $\sin x/x$ 波形。这个波形的特点是频谱窄,而且能达到理论上的极限传输速率 2 B/Hz,但其缺点是第一个零点以后的尾巴振荡幅度大、收敛慢,从而对定时要求十分严格。若定时稍有偏差,极易引起严重的码间串扰。当把基带传输系统总特性 $H(\omega)$ 设计成等效理想低通传输特性,例如采用升余弦频率特性时,其冲激响应的"尾巴"振荡幅度虽然减小了,对定时要求也可放松,但所需要的频带却加宽了,达不到 2 B/Hz 的速率(升余弦特性时为 1 B/Hz),即降低了系统的频带利用率。可见,高的频带利用率与"尾巴"衰减大、收敛快是相互矛盾的,这对于高速率的传输尤其不利。

那么,能否找到一种频带利用率既高、"尾巴"衰减又大、收敛又快的传输波形呢?下面将说明这种波形是存在的,通常把这种波形称为部分响应波形,利用这种波形进行传送的基带传输系统称为部分响应系统。

5.8.1 部分响应系统的基本原理

先通过一个实例对部分响应系统的基本概念加以说明。

众所周知，$\mathrm{Sa}(x) = \dfrac{\sin x}{x}$ 波形具有理想矩形频谱。现在，将两个时间上相隔一个码元 T_s 的 $\mathrm{Sa}(x)$ 波形相加，如图 5 - 26(a) 所示，则相加后的波形 $g(t)$ 为

$$g(t) = \frac{\sin \dfrac{\pi}{T_\mathrm{s}}\left(t + \dfrac{T_\mathrm{s}}{2}\right)}{\dfrac{\pi}{T_\mathrm{s}}\left(t + \dfrac{T_\mathrm{s}}{2}\right)} + \frac{\sin \dfrac{\pi}{T_\mathrm{s}}\left(t - \dfrac{T_\mathrm{s}}{2}\right)}{\dfrac{\pi}{T_\mathrm{s}}\left(t - \dfrac{T_\mathrm{s}}{2}\right)} =$$
$$\mathrm{Sa}\left[\frac{\pi}{T_\mathrm{s}}\left(t + \frac{T_\mathrm{s}}{2}\right)\right] + \mathrm{Sa}\left[\frac{\pi}{T_\mathrm{s}}\left(t - \frac{T_\mathrm{s}}{2}\right)\right] \tag{5-8-1}$$

经简化后得

$$g(t) = \frac{4}{\pi}\left[\frac{\cos(\pi t/T_\mathrm{s})}{1 - (4t^2/T_\mathrm{s}^2)}\right] \tag{5-8-2}$$

由图 5 - 26(a) 可见，除了在相邻的取样时刻 $t = \pm T_\mathrm{s}/2$ 处 $g(t) = 1$ 外，在其余的抽样时刻，$g(t)$ 具有等间隔零点。

对式 (5 - 8 - 1) 进行傅里叶变换，可得 $g(t)$ 的频谱函数为

$$G(\omega) = \begin{cases} 2T_\mathrm{s}\cos \dfrac{\omega T_\mathrm{s}}{2}, & |\omega| \leqslant \dfrac{\pi}{T_\mathrm{s}} \\ 0, & |\omega| > \dfrac{\pi}{T_\mathrm{s}} \end{cases} \tag{5-8-3}$$

显然，$g(t)$ 的频谱 $G(\omega)$ 限制在 $(-\pi/T_\mathrm{s}, \pi/T_\mathrm{s})$ 内，且呈缓变的半余弦滤波特性，如图 5 - 26(b) 所示。

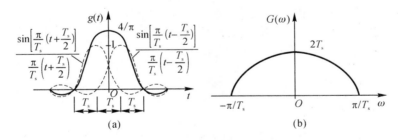

图 5 - 26 $g(t)$ 波形及其频谱

下面对 $g(t)$ 的波形特点做进一步讨论。

(1) 由式 (5 - 8 - 1) 可见，$g(t)$ 波形的拖尾幅度与 t 成反比，而 $\mathrm{Sa}(x)$ 波形幅度与 t 成反比，这说明 $g(t)$ 波形比由理想低通形成的 $h(t)$ 衰减大，收敛也快。

(2) 若用 $g(t)$ 作为传送波形，且传送码元间隔为 T_s，则在抽样时刻仅发送码元与其前后码元发生相互干扰，而与其他码元不发生干扰，如图 5 - 27 所示。表面上看，由于前、后码元的干扰很大，故似乎无法按 $1/T_\mathrm{s}$ 的速率进行传送。但由于这种"干扰"是确定的，在接收端可以消除掉，所以仍可按 $1/T_\mathrm{s}$ 的传输速率传送码元，具体说明如下。

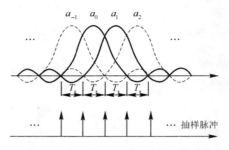

图 5-27　码元发生串扰的示意图

设输入的二进制码元序列为$\{a_k\}$，并设 a_k 在抽样点上的取值为 $+1$ 和 -1，则当发送码元 a_k 时，接收波形 $g(t)$ 在抽样时刻的取值 c_k 可由下式确定：

$$c_k = a_k + a_{k-1}$$

式中，a_{k-1} 表示 a_k 前一码元在第 k 个时刻上的抽样值。不难看出，c_k 有 -2、0 及 $+2$ 三种取值。显然，如果前一码元 a_{k-1} 已经判定，则可由式（5-8-4）确定发送码元 a_k 的取值：

$$a_k = c_k - a_{k-1} \tag{5-8-4}$$

从上面的例子看到，实际中确实能找到频带利用率高（达 2 Baud/Hz）和尾巴衰减大、收敛也快的传送波形。而且还可看出，在上述例子中，码间串扰被利用（或者说被控制）。这说明，利用存在一定码间串扰的波形，有可能达到充分利用频带和尾巴振荡衰减加快这样两个目的。

（3）上述判决方法虽然在原理上是可行的，但可能会造成误码的传播。因为，由式（5-8-4）容易看出，只要有一个码元发生错误，则这种错误会相继影响以后的码元，一直到再次出现传输错误时才能纠正过来。

5.8.2　一种实用的部分响应系统

下面介绍一种比较实用的部分响应系统。在这种系统里，接收端无须预先知道前一码元的判定值，而且也不存在误码传播现象。仍然以上面的例子来加以说明。

首先，将发送端的绝对码 a_k 变换为相对码 b_k，其规则为

$$b_k = a_k \oplus b_{k-1} \tag{5-8-5}$$

即

$$a_k = b_k \oplus a_{k-1} \tag{5-8-6}$$

式中，$\oplus$ 表示模 2 和。

然后，把 $\{b_k\}$ 送给发送滤波器形成由式（5-8-1）决定的部分响应波形 $g(t)$ 序列。于是，参照式（5-8-4）可得

$$c_k = b_k + b_{k-1} \tag{5-8-7}$$

显然，若对 c_k 进行模 2（mod2）处理，便可直接得到 a_k，即

$$[c_k]_{\mathrm{mod2}} = [b_k + b_{k-1}]_{\mathrm{mod2}} = b_k \oplus b_{k-1} = a_k$$

或

$$a_k = [c_k]_{\mathrm{mod2}} \tag{5-8-8}$$

上述整个过程不需要预先知道 a_{k-1}，故不存在错误传播现象。通常把 a_k 按式（5-8-5）变成 b_k 的过程称为"预编码"，而把式（5-8-4）或式（5-8-7）的关系称为相关编码。因此，整

个上述处理过程可概括为"预编码—相关编码—模 2 判决"过程。

上述部分响应系统组成框图如图 5-28 所示,其中图 5-28(a)为原理框图,图 5-28(b)为实际组成框图。为简明起见,图中没有考虑噪声的影响。

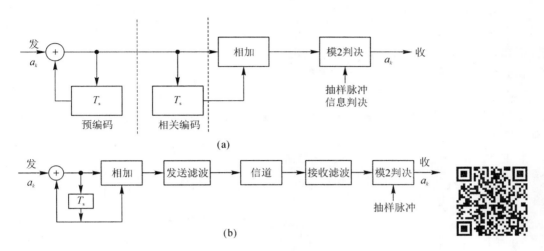

图 5-28　部分响应系统组成框图

5.8.3　一般形式的部分响应系统

上述讨论可以推广到一般的部分响应系统中去。

一般地,部分响应波形是式(5-8-1)形式的推广:

$$g(t) = R_1 \mathrm{Sa}\left(\frac{\pi}{T_s}t\right) + R_2 \mathrm{Sa}\left[\frac{\pi}{T_s}(t-T_s)\right] + \cdots + R_N \mathrm{Sa}\left(\frac{\pi}{T_s}\{[t-(N-1)T_s]\}\right) \tag{5-8-9}$$

这是 N 个相继间隔 T_s 的 $\mathrm{Sa}(x)$ 波形之和,其中 $R_m = (m=1,2,\cdots,N)$ 为 N 个冲激响应波形的加权系数,其取值可为正、负整数(包括取 0 值)。如前面所讨论的例子,其是在 $R_1 = R_2 = 1$,其余 $R_m = 0$ 时的特殊情况。

由式(5-8-9)可得部分响应波形 $g(t)$ 的频谱函数 $G(\omega)$ 为

$$G(\omega) = \begin{cases} T_s \sum_{m=1}^{N} R_m \mathrm{e}^{-\mathrm{j}\omega(m-1)T_s}, & |\omega| \leqslant \dfrac{\pi}{T_s} \\ 0, & |\omega| > \dfrac{\pi}{T_s} \end{cases} \tag{5-8-10}$$

显然,$G(\omega)$ 仅在频域 $(-\pi/T_s, \pi/T_s)$ 内才有非零值。

不同的 $R_m(m=1,2,\cdots,N)$ 将构成不同的部分响应波形,相应地有不同的相关编码方式。若设输入序列为 $\{a_k\}$,相应的相关编码电平为 $\{c_k\}$,仿照式(5-8-4),则有

$$c_k = R_1 a_k + R_2 a_{k-1} + \cdots + R_N a_{k-(N-1)} \tag{5-8-11}$$

由此看出,c_k 的电平数将依赖于 a_k 的进制数及 R_N 的取值。无疑,一般 c_k 的电平数超过 a_k 的进制数。

为了避免"误码传播"现象,与前述相似,一般部分响应系统也采用"预编码—相关编码—

模 2 判决"处理方法。在现在的情况下,预编码完成下述运算:

$$a_k = R_1 b_k + R_2 b_{k-1} + \cdots + R_N b_{k-(N-1)} \quad （按模 L 相加） \tag{5-8-12}$$

这里,假设 $\{a_k\}$ 为 L 进制序列,$\{b_k\}$ 为预编码后的新序列(亦为 L 进制)。

然后,将预编码后的 $\{b_k\}$ 进行相关编码:

$$c_k = R_1 b_k + R_2 b_{k-1} + \cdots + R_N b_{k-(N-1)} \quad （算术加） \tag{5-8-13}$$

可以看出,一般 c_k 的电平数将要超过 a_k 的进制数。

由式(5-8-12)和式(5-8-13)可得

$$a_k = [c_k]_{\mathrm{mod}L}$$

这即是所希望的结果。此时不存在差错传播问题,且接收端译码十分简单,只需对 c_k 进行模 L 判决即可得到 a_k。

目前常见的部分响应波形有五类,分别命名为 Ⅰ、Ⅱ、Ⅲ、Ⅳ、Ⅴ 类,其定义、波形频谱及加权系数 R_m 见表 5-1。为了便于比较,将理想抽样函数 $\mathrm{Sa}(x)$ 也列入表内,称其为 0 类。可以看出,前面讨论的例子属于 Ⅰ 类。

表 5-1 常见的部分响应波形

类别	R_1	R_2	R_3	R_4	R_5	$g(t)$	$\|G(\omega)\|, \|\omega\| \leqslant \dfrac{\pi}{T_s}$	二进制输入时 c_k 的电平数
0	1							2
Ⅰ	1	1					$2T_s\cos\dfrac{\omega T_s}{2}$	3
Ⅱ	1	2	1				$4T_s\cos\dfrac{\omega T_s}{2}$	5

续　表

类别	R_1	R_2	R_3	R_4	R_5	$g(t)$	$\|G(\omega)\|$, $\|\omega\| \leqslant \dfrac{\pi}{T_s}$	二进制输入时 c_k 的电平数
Ⅲ	2	1	−1				$2T_s\cos\dfrac{\omega T_s}{2}\sqrt{5-4\cos\omega T_s}$	5
Ⅳ	1	0	−1				$2T_s\sin\omega T_s$	3
Ⅴ	−1	0	2	0	−1		$4T_s\sin^2\omega T_s$	5

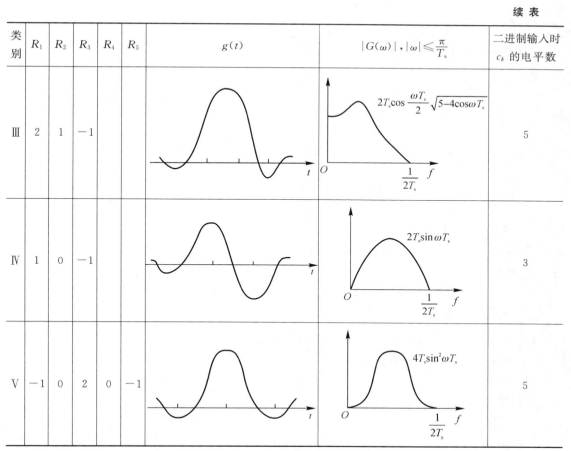

　　由表 5-1 可以看出,各类部分响应波形的频谱宽度均不超过理想低通的频带宽度,且频率截止缓慢,因此采用部分响应波形,能实现 2 B/Hz 的极限频带利用率,而且"尾巴"衰减大、收敛快。此外,部分响应系统还可实现基带频谱结构的变化。如在表 5-1 中,各类 $g(t)$ 的频谱在 $1/2T_s$ 处为 0,并且有的频谱在零频率处也出现零点(见Ⅳ、Ⅴ类),这为实际系统提供了有利的条件。例如,可在频谱的零点插入携带同步信息的导频,或者便于实现 SSB 调制、VSB 调制等。在实际中,第Ⅳ类部分响应波形应用最多,其系统框图可参照图 5-28。

　　部分响应系统的缺点是当输入数据为 L 进制时,部分响应波形的相关编码电平数要超过 L 个,这样在输入信噪比相同的条件下,部分响应系统的抗噪性能要比 0 类响应系统差。这表明,为了获点得部分响应系统的优点,就需要付出一定代价(可靠性下降)。

本章重要知识点

1. 数字基带信号

（1）数字基带信号波形。基本的数字基带信号波形有单、双极性不归零波形,单、双极性归零波形,差分波形与多电平波形。

（2）数字基带信号的数学表达式。

1) $s(t) = \sum\limits_{n=-\infty}^{\infty} a_n g(t-nT_s)$。

式中,当 $s(t)$ 为单极性时,a_n 取 0 或 $+1$;当 $s(t)$ 为双极性时,a_n 取 $+1$ 或 -1;$g(t)$ 可取矩形。

2) $s(t) = \sum\limits_{n=-\infty}^{\infty} s_n(t)$。

（3）数字基带信号的功率谱密度。

$$P_s(f) = f_s P(1-P)|G_1(f)-G_2(f)|^2 + \text{连续谱}$$

$$\sum_{m=-\infty}^{\infty} |f_s[PG_1(mf_s)+(1-P)G_2(mf_s)]|^2 \delta(f-mf_s) \cdots \text{离散谱}$$

1) 二进制数字基带信号的功率谱密度可能包含连续谱与离散谱,其中连续谱总是存在的,根据连续谱确定信号带宽;在双极性等概信号时,离散谱不存在,根据离散谱确定直流分量与定时分量。

2) 二进制不归零基带信号的带宽为 $f_s(f_s=1/T_s)$;二进制归零基带信号的带宽为 $1/\tau$。

2.常用传输码型

常用传输码型有三电平码（AMI 码、HDB$_3$ 码）与二电平码（双相码、差分双相码、密勒码、CMI 码、快编码）。其中,AMI 码与 HDB$_3$ 码需要重点掌握。

（1）AMI 码。将消息码的"1"（传号）交替地变换为"$+1$"和"-1",而"0"（空号）保持不变。

（2）HDB$_3$ 码。

1) 编码规则:当连 0 数目不超过 3 个时,同 AMI 码;当连 0 数目超过 3 时,将每 4 个连"0"化作一小节,定义为 B00V;V 与前一个相邻的非 0 脉冲极性相同,相邻的 V 码之间极性交替。V 的取值为 $+1$ 或 -1;B 的取值可选 0、$+1$ 或 -1;V 码后面的传号码极性也要交替。

2) 译码规则:寻找破坏脉冲 V 码,即寻找两个相邻的同极性码,后一个码为 V 码;V 码与其之前的 3 个码一起为 4 个连 0 码;将所有 -1 变成 $+1$ 后便得到原消息代码。

3.数字基带系统组成与传输分析

（1）系统组成如图 5-29 所示。

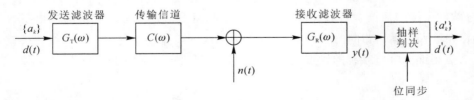

图 5-29　基带传输系统数学模型

总传输特性为

$$H(\omega) = G_T(\omega)C(\omega)G_R(\omega)$$

冲激响应为

$$h(t) = \frac{1}{2\pi}\int_{-\infty}^{\infty} H(\omega)e^{j\omega t}\,d\omega$$

（2）传输分析。抽样判决器对接收滤波器输出信号 $y(t)$ 在第 j 个码元抽样时刻，即在 $t = jT_s + t_0$ 上的抽样值为

$$y(jT_s + t_0) = \underline{a_j h(t_0)} + \underline{\sum_{k \neq j} a_k h[(j-k)T_s + t_0]} + \underline{n_R(jT_s + t_0)}$$

| j个码元抽样时刻取值 | 码间串扰 | 噪声干扰 |

4. 无码间串扰传输系统

（1）无码间串扰条件。

1）时域条件。对数字基带系统冲激响应 $h(t)$ 在时刻 $t = kT_s$ 抽样，则满足无码间串扰的时域条件为

$$h(kT_s) = \begin{cases} 1, & k = 0 \\ 0, & k \text{ 为其他整数} \end{cases}$$

2）频域条件（奈奎斯特第一准则）。无码间串扰的基带传输特性满足：

$$\sum_i H\left(\omega + \frac{2\pi i}{T_n}\right) = T_n, \quad |\omega| \leqslant \frac{n}{T_s}$$

若系统传码率为 R_B，则奈奎斯特第一准则的一般表达式为

$$\sum_i H(\omega + 2\pi i R_B) = C, \quad |\omega| \leqslant \pi R_B$$

式中，C 为常数。

（2）无码间串扰的传输特性。

1）理想低通特性。传输特性为理想低通型，即

$$H(\omega) = \begin{cases} T_s, & |\omega| \leqslant \dfrac{\pi}{T_s} \\[2mm] 0, & |\omega| > \dfrac{\pi}{T_s} \end{cases}$$

冲激响应为

$$h(t) = \frac{\sin \dfrac{\pi}{T_s} t}{\dfrac{\pi}{T_s} t} = \mathrm{Sa}(\pi t / T_s)$$

可见波形按照 $\dfrac{1}{t}$ 的速度衰减。奈奎斯特带宽 $f_N = \dfrac{1}{2T_s}$ Hz，奈奎斯特速率 $R_B = 2f_N$，最高频带利用 $\eta = \dfrac{R_B}{B} = 2$。

2）余弦滚降特性。传输特性为

$$H(\omega) = \begin{cases} T_s, & |\omega| \leqslant \dfrac{(1-\alpha)\pi}{T_s} \\[3mm] \dfrac{T_s}{2}\left[1 + \sin \dfrac{T_s}{2\alpha}\left(\dfrac{\pi}{T_s} - \omega\right)\right], & \dfrac{(1-\alpha)\pi}{T_s} \leqslant |\omega| \leqslant \dfrac{(1+\alpha)\pi}{T_s} \\[3mm] 0, & |\omega| \geqslant \dfrac{(1+\alpha)\pi}{T_s} \end{cases}$$

冲激响应为

$$h(t) = \frac{\sin \pi t / T_s}{\pi t / T_s} \cdot \frac{\cos \alpha \pi t / T_s}{1 - 4\alpha^2 t^2 / T^2}$$

式中，滚降系数 $\alpha = f_\triangle / f_N$。

最大传输速率为

$$R_{B,\max} = 2f_N = \frac{2B}{1+\alpha} (B)$$

最大频带利用率为

$$\eta_{B,\max} = \frac{R_{B,\max}}{B} = \frac{2}{1+\alpha} (B/Hz)$$

(3)如何衡量基带传输系统以某速率传输时的性能。从以下四个角度去衡量：

1）有无码间串扰；

2）频带利用率；

3）拖尾长短或时域波形衰减快慢：$h(t) \sim t$；

4）物理实现的难易程度。

5.数字基带系统的抗噪声性能（见表 5-2）

表 5-2 二进制数字基带系统的抗噪声性能

	二进制双极性基带系统	二进制单极性基带系统
误码率	$\frac{1}{2} \operatorname{erfc}\left(\frac{A}{\sqrt{2}\sigma_n}\right)$	$\frac{1}{2} \operatorname{erfc}\left(\frac{A}{2\sqrt{2}\sigma_n}\right)$
最佳门限	$\frac{\sigma_n^2}{2A} \ln \frac{P(0)}{P(1)}$	$\frac{A}{2} + \frac{\sigma_n^2}{A} \ln \frac{P(0)}{P(1)}$

补充说明：

(1)当比值 A/σ_n 一定时，双极性系统误码率小，因此抗噪声性能好；

(2)在等概条件下，双极性系统最佳判决门限不受信道特性变化影响；单极性系统最佳判决门限则易受信道特性影响。

6.眼图

眼图是指通过用示波器观察接收端的基带信号波形，从而估计和调整系统性能的一种方法。

7.部分响应系统

(1)概念。部分响应系统是指通过合理地设计时域波形，人为地、有规律地在抽样时刻引入码间干扰，得到的既可以压缩频带、改善陡截止传输特性，又能够提高频带利用率并加速时域波形的衰减速度的系统。

(2)部分响应波形的一般形式为

$$g(t) = R_1 \frac{\sin \frac{\pi}{T_s}t}{\frac{\pi}{T_s}T_s} + R_2 \frac{\sin \frac{\pi}{T_s}(t-T_s)}{\frac{\pi}{T_s}(t-T_s)} + \cdots + R_N \frac{\sin \frac{\pi}{T_s}[t-(N-1)T_s]}{\frac{\pi}{T_s}[t-(N-1)T_s]}$$

$$G(\omega) = \begin{cases} T_s \sum_{m=1}^{N} R_m e^{-j\omega(m-1)T_s}, & |\omega| \leqslant \frac{\pi}{T_s} \\ 0, & |\omega| > \frac{\pi}{T_s} \end{cases}$$

根据加权系数 R_i 的不同,可以得到不同种类的部分响应波形。

8.时域均衡

(1)原理。在接收滤波器和抽样判决器之间插入一个横向滤波器,其冲激响应为 $h_T(t) = \sum\limits_{n=-\infty}^{\infty} C_n \delta(t - nT_s)$,则理论上就可消除抽样时刻上的码间串扰。

(2)准则与实现。通常采用峰值失真和均方失真来衡量。

本 章 习 题

一、填空题

1.数字基带传输系统由_____、_____、_____和_____组成。

2.码间串扰是在对某码元识别时,其他码元在该_____的值。

3.数字基带系统产生误码的原因是抽样时刻的_____和_____的影响。

4.为了衡量基带传输系统码间干扰的程度,最直观的方法是_____。

5.有线长横向滤波器的作用是_____码间串扰。

二、选择题

1.调制信道的传输特性不好将对编码信道产生影响,其结果是对数字信号带来(　　)。

A.噪声干扰　　　　　B.码间干扰　　　　　C.突发干扰　　　　　D.噪声干扰和突发干扰

2.我国 PCM 数字设备间的传输接口码型是(　　)。

A. AMI 码　　　　　B. HDB$_3$ 码　　　　　C. NRZ 码　　　　　D. RZ 码

3.以下数字码型中,功率谱中含有时钟分量码型的是(　　)。

A. NRZ 码　　　　　B. HDB$_3$ 码　　　　　C. RZ 码　　　　　D. AMI 码

4.以下无法通过观察眼图进行估计的是(　　)。

A.码间干扰的大小情况　　　　　　　B.抽样时刻的偏移情况

C.判决电平的偏移情况　　　　　　　D.过零点的畸变情况

5.改善恒参信道对信号传输影响的措施是(　　)。

A.采用分集技术　　　B.提高信噪比　　　C.采用均衡技术　　　D.降低信息速率

三、简答题

1.什么是基带传输和频带传输?

2.双极性码的特点与应用是什么?

3.单极性归零码的特点与应用是什么?

4.多点平码的特点与应用是什么?

5.差分码的特点与应用是什么?

6.选择线路码的原则是什么?

7.HDB$_3$ 码的特点与应用是什么?

8.CMI 码的特点与应用是什么?

9.研究基带信号功率谱的目的是什么?

10.什么是码间串扰?产生它的主要原因是什么?

11.如何利用眼图评价码间串扰的程度?

12.如何利用眼图确定抽样时刻和噪声容限?

13.什么是均衡?它的作用是什么?

四、计算题

1.设二进制符号序列为 101110010001110,试画出相应的单极性、双极性、单极性归零、双极性归零及八电平码的波形。

2.设二进制符号序列为 101101,试画出相应的差分码波形。

3.已知信息码为 1011000000000101,试确定相应的 AMI 码和 HDB₃码,并画出它们的波形。

4.已知信息码为 101100101,试确定相应的双相码和 CMI 码,画出它们的波形。

5.对于传送双极性基带信号的系统,当 $P(1)=P(0)=1/2$ 时,最佳判决门限电平如何选择?为什么?

6.设基带传输系统的发送滤波器、信道、接收滤波器组成总特性为 $H(\omega)$,若要求以 $2/T_b$ B 的速率进行数据传输,试检验图 5-30 中的各种系统是否满足无码间串扰条件。

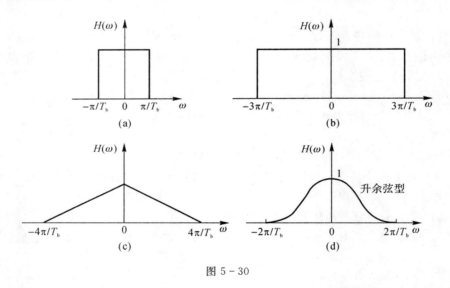

图 5-30

7.已知滤波器的 $H(\omega)$ 具有如图 5-31 所示的特性(码元速率变化时特性不变),当采用以下码元速率时:

(a)码元速率 $f_b=500$ B;

(b)码元速率 $f_b=1\ 000$ B;

(c)码元速率 $f_b=1\ 500$ B;

(d)码元速率 $f_b=2\ 000$ B。

问:(1)哪种码元速率不会产生码间串扰?

(2)如果滤波器的 $H(\omega)$改为图 5-32,重新回答(1)。

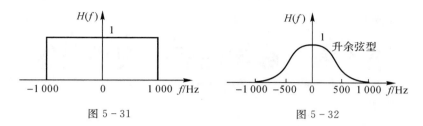

图 5 - 31　　　　　　　　　　　图 5 - 32

8. 设有一个三抽头的时域均衡器,如图 5 - 33 所示。输入波形 $x(t)$ 在各抽样点的值依次为 $x_{-2}=1/8, x_{-1}=1/3, x_0=1, x_{+1}=1/4, x_{+2}=1/16$(在其他抽样点均为 0)。试求均衡器输出波形 $y(t)$ 在各抽样点的值。

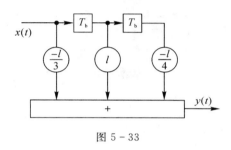

图 5 - 33

第6章 数字信号的频带传输

在数字基带传输系统中，为了使数字基带信号能够在信道中传输，要求信道具有低通形式的传输特性。然而，现实中大多数信道具有带通传输特性，不能直接传输数字基带信号，必须借助载波调制进行频率搬移，将数字基带信号变成适于信道传输的数字频带信号，用载波调制方式进行传输。和模拟调制一样，数字信号的载波调制也有三种方式，即幅移键控、频移键控和相移键控，分别对应正弦波的幅度、频率和相位来传输数字基带信号。

本章主要介绍二进制数字调制系统的基本原理及抗噪声性能，并简要介绍多进制数字调制技术及现代数字调制技术。

本章学习目的与要求

(1)掌握二进制幅移键控；

(2)掌握二进制频移键控；

(3)掌握二进制相移键控和二进制差分相移键控；

(4)能够分析二进制数字调制系统的抗噪声性能；

(5)理解多进制数字调制技术；

(6)了解新型数字调制技术。

6.1 二进制数字调制

当调制信号为二进制数字基带信号时，这种调制称为二进制数字调制。在二进制数字调制中，载波的幅度、频率或相位只有两种变化状态。相应的调制方式有二进制幅移键控（2ASK）、二进制频移键控（2FSK）和二进制相移键控（2PSK）。

6.1.1 二进制幅移键控（2ASK）

幅移键控是利用载波的幅度变化来传递数字信息的，而其频率和相位保持不变。在2ASK中，载波的幅度只有两种变化状态，分别对应二进制信息的"0"和"1"。通断键控是一种常见的二进制幅移键控方式。其表达式为

$$e_{\text{OOK}}(t) = \begin{cases} A\cos\omega_c t, & \text{以概率 } P \text{ 发送 1 时} \\ 0, & \text{以概率}(1-P) \text{ 发送 0 时} \end{cases} \quad (6-1-1)$$

典型波形如图 6-1 所示。载波在二进制数字基带信号 $s(t)$ 的控制下通断变化，有载波输出时表示发送"1"，无载波输出时表示"0"。

2ASK 信号的一般表达式为

$$e_{2\text{ASK}}(t) = s(t)\cos\omega_c t \qquad (6-1-2)$$

式中，ω_c 为载波角频率；$s(t)$ 为单极性 NRZ 矩形脉冲序列：

$$s(t) = \sum_n a_n g(t - nT_s) \qquad (6-1-3)$$

式中，$g(t)$ 是持续时间为 T_s、高度为 1 的矩形脉冲；a_n 是第 n 个符号的电平值。若取

$$a_n = \begin{cases} 1, & \text{出现频率为 } P \\ 0, & \text{出现概率为}(1-P) \end{cases} \qquad (6-1-4)$$

则 2ASK 信号就是 OOK 信号。

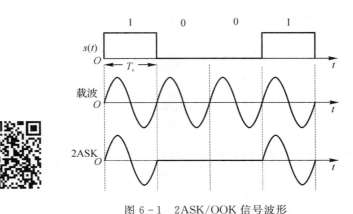

图 6-1　2ASK/OOK 信号波形

　　2ASK/OOK 信号的产生方法通常有两种，即模拟调制法和键控法，相应的调制器如图 6-2 所示。图 6-2(a)是一般的模拟调制法，用相乘器实现；图 6-2(b)是一种数字键控法，其中的开关受 $s(t)$ 控制。

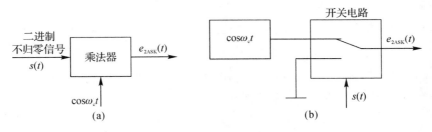

图 6-2　2ASK/OOK 信号产生方法
(a)模拟调制法 ；(b)数字键控法

　　2ASK/OOK 信号解调的方法通常也有两种，即非相干解调(包络检波)法和相干解调(同步检波)法。相应的解调器如图 6-3 所示。图 6-3(a)是非相干解调(包络检波)法的原理框图；图 6-3(b)是相干解调(同步检波)法的原理框图。

　　2ASK 信号受噪声的影响较大，现在已很少使用，但是 2ASK 作为其他数字调制的基础，还是有一定的借鉴意义。

　　由于 2ASK 信号是随机功率信号，故在研究它的频谱特性时，应该讨论其功率谱密度。

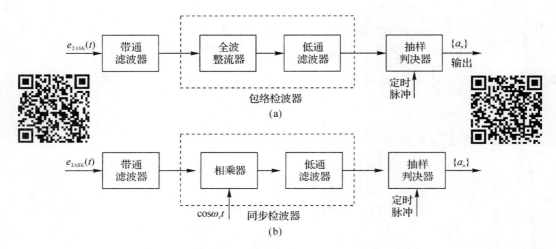

图 6-3　2ASK/OOK 信号的解调方法

(a)非相干解调;(b)相干解调

前面已经指出,一个 2ASK 信号 $e_{2ASK}(t)$ 可以表示为

$$e_{2ASK}(t) = s(t)\cos\omega_c t \tag{6-1-5}$$

式中,$s(t)$ 是随机单极性矩形脉冲序列。

现设 $s(t)$ 的功率谱密度为 $P_s(f)$,$e_{2ASK}(t)$ 的功率谱密度为 $P_e(f)$,则由式(6-1-5)可得

$$P_{2ASK}(f) = \frac{1}{4}\left[P_s(f+f_c) + P_s(f-f_c)\right] \tag{6-1-6}$$

可见,2ASK 信号的功率谱密度是基带信号功率谱密度的线性搬移。

由前面内容可知,单极性的随机脉冲序列功率谱密度的一般表达式为

$$P_s(f) = f_s P(1-P)\,|\,G(f)\,|^2 + \sum_{m=-\infty}^{\infty}|\,f_s(1-P)G(mf_s)\,|^2\delta(f-mf_s)$$

$$\tag{6-1-7}$$

式中,$G(f)$ 是单个基带信号码元 $g(t)$ 的频谱函数。对于全占空矩形脉冲序列,根据矩形波形 $g(t)$ 的频谱特点,对于所有的 $m\neq 0$ 的整数,有

$$G(mf_s) = T_s\mathrm{Sa}(n\pi) = 0 \tag{6-1-8}$$

故式(6-1-8)可简化为

$$P_s(f) = f_s P(1-P)\,|\,G(f)\,|^2 + f_s^2(1-P)^2\,|\,G(0)\,|^2\delta(f) \tag{6-1-9}$$

将其代入式(6-1-6)可得

$$P_{2ASK} = \frac{1}{4}f_s P(1-P)\left[\,|\,G(f+f_c)\,|^2 + |\,G(f-f_c)\,|^2\right] +$$

$$\frac{1}{4}f_s^2(1-P)^2\,|\,G(0)\,|^2\left[\delta(f+f_c) + \delta(f-f_c)\right] \tag{6-1-10}$$

当概率 $P=1/2$ 时,考虑到 $G(f)=T_s\mathrm{Sa}(\pi f T_s)$,$G(0)=T_s$,可得 2ASK 信号的功率谱密度为

$$P_{2ASK}(f) = \frac{T_s}{16}\left[\left|\frac{\sin\pi(f+f_c)T_s}{\pi(f+f_c)T_s}\right|^2 + \left|\frac{\sin\pi(f-f_c)T_s}{\pi(f-f_c)T_s}\right|^2\right] \tag{6-1-11}$$

其曲线如图 6-4 所示。

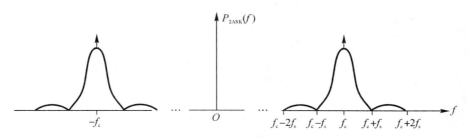

图 6-4　2ASK 信号的功率谱密度示意图

从以上分析及图 6-4 可以看出：2ASK 信号的功率谱由连续谱和离散谱两部分组成；连续谱取决于 $g(t)$ 经线性调制后的双边带谱，而离散谱由载波分量确定。2ASK 信号的带宽是基带信号带宽的两倍，若只计谱的主瓣（第一个谱零点位置），则有

$$B_{2\mathrm{ASK}} = 2f_s \qquad (6-1-12)$$

式中，$f_s = \dfrac{1}{T_s}$，即 2ASK 信号的传输带宽是码元速率的两倍。

6.1.2　二进制频移键控（2FSK）

数字频移键控是用载波的频率来传送数字消息，即用所传送的数字消息控制载波的频率。在 2FSK 中，载波的频率随二进制基带信号在 f_1 和 f_2 两个频率点间变化。故其表达式为

$$e_{2\mathrm{FSK}}(t) = \begin{cases} A\cos(\omega_1 t + \varphi_n), & \text{发送"1"时} \\ A\cos(\omega_2 t + \theta_n), & \text{发送 0 时} \end{cases} \qquad (6-1-13)$$

2FSK 波形如图 6-5 所示。

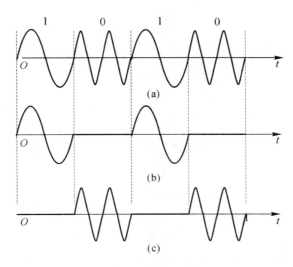

图 6-5　2FSK 信号的时域波形

(a)2FSK 信号；(b)$s_1(t)\cos\omega_1 t$；(c)$s_2(t)\cos\omega_2 t$

由图 6-5 可见，2FSK 信号的波形(a)可以分解为波形(b)和波形(c)，也就是说，一个

2FSK 信号可以看成是两个不同载频的 2ASK 信号的叠加。因此,2FSK 信号的时域表达式又可写为

$$e_{2FSK}(t) = \Big[\sum_n a_n g(t - nT_s)\Big]\cos(\omega_1 t + \varphi_n) + \Big[\sum_n \overline{a}_n g(t - nT_s)\Big]\cos(\omega_2 t + \theta_n)$$

$$(6-1-14)$$

式中,$g(t)$ 是持续时间为 T_s、高度为 1 的矩形脉冲;a_n 是第 n 个符号的电平值;$\overline{a}_n$ 是 a_n 的反码。即若

$$a_n = \begin{cases} 1, & \text{出现概率为} P \\ 0, & \text{出现概率为}(1-P) \end{cases} \qquad (6-1-15)$$

则

$$\overline{a}_n = \begin{cases} 1, & \text{出现概率为}(1-P) \\ 0, & \text{出现概率为} P \end{cases} \qquad (6-1-16)$$

φ_n 和 θ_n 分别是第 n 个信号码元(1 或 0)的初始相位,通常可令其为零。因此,2FSK 信号的表达式可简化为

$$e_{2FSK}(t) = s_1(t)\cos\omega_1 t + s_2(t)\cos\omega_2 t \qquad (6-1-17)$$

式中

$$s_1(t) = \sum_n a_n g(t - nT_s) \qquad (6-1-18)$$

$$s_2(t) = \sum_n \overline{a}_n g(t - nT_s) \qquad (6-1-19)$$

2FSK 信号的产生方法主要有两种:一种是模拟调制法,另一种是数字键控法,即在二进制基带矩形脉冲序列的控制下通过开关电路对两个不同的独立频率源进行选通,使其在每一个码元持续期间输出 f_1 或 f_2 两个载波之一,如图 6-6 所示。这两种方法产生 2FSK 信号的差异在于:模拟调制法产生的 2FSK 信号在相邻码元之间的相位是连续变化的,而数字键控法产生的 2FSK 信号由两个电子开关在两个独立的频率源之间转换形成,故相邻码元之间的相位不一定连续。

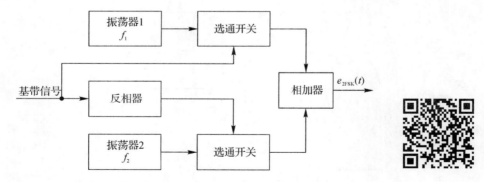

图 6-6   数字键控法实现 2FSK 信号的原理框图

2FSK 信号的解调方法有鉴频法、非相干解调(包络检波)法、相干解调(同步检波)法、过零检测法和差分检测法等。鉴频法在前面章节已经介绍过,以下主要介绍非相干解调法、相干解调法、过零检测法和差分检测法。

2FSK 信号的非相干解调原理框图如图 6-7 所示。其基本思想是将 2FSK 信号分解为

上、下两路 2ASK 信号分别进行解调,然后进行判决。两个带通滤波器(它们的带宽相同,都为相应的 2ASK 信号带宽,中心频率不同,分别为 f_1、f_2)起分路作用,用以分开两路 2ASK 信号。上支路对应 $y_1(t) = s_1(t)\cos\omega_1 t$,下支路对应 $y_2(t) = s_2(t)\cos\omega_2 t$,经包络检波器后分别取出它们的包络 $s_1(t)$ 和 $s_2(t)$。抽样判决器起比较器作用,对两路包络信号进行比较,从而判决输出数字基带信号。这里的抽样判决是直接比较两路信号抽样值的大小,可以不专门设置门限。判决规则应与调制规则相呼应,调制时若规定符号"1"对应载波频率 f_1,则接收时上支路的样值较大,就判为"1";反之则判为"0"。

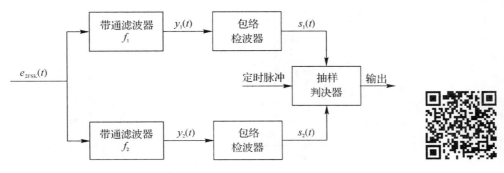

图 6-7　2FSK 信号非相干解调原理框图

2FSK 信号的相干解调原理框图如图 6-8 所示。其基本思想是将 2FSK 信号分解为上、下两路 2ASK 信号分别进行解调,然后进行判决。两个带通滤波器(它们的带宽相同,都为相应的 2ASK 信号带宽,中心频率不同,分别为 f_1、f_2)起分路作用,用以分开两路 2ASK 信号。上支路对应 $y_1(t) = s_1(t)\cos\omega_1 t$,下支路对应 $y_2(t) = s_2(t)\cos\omega_2 t$,它们分别与相应的相干载波相乘,再经低通滤波器滤掉二倍频信号,取出含有数字基带信息的 $s_1(t)$ 和 $s_2(t)$。抽样判决器在抽样脉冲到来的时刻对两个信号的抽样值进行比较判决,从而输出数字基带信号。

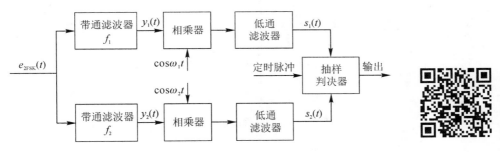

图 6-8　2FSK 信号相干解调原理框图

过零检测法的基本思想是基于 2FSK 信号过零点数目随载波频率不同而不同,通过检测过零点数目的多少,从而区分不同载波频率的信号码元。2FSK 信号过零检测法原理框图如图 6-9(a)所示。2FSK 信号经限幅后产生矩形脉冲序列,再经微分及全波整流电路形成与频率变化相对应的尖脉冲序列。这个序列就代表调频波的过零点时刻。尖脉冲序列触发宽脉冲发生器,变换成具有一定宽度的矩形波。该矩形波的直流分量就代表信号的频率,脉冲越密集,直流分量就越大,输入信号的频率也就越高。经低通滤波器后就可得到脉冲波的直流分量。这样就完成了频率-幅度变换,然后再根据直流分量幅度上的区别还原出数字基带信号。

图 6-9(b)给出了过零检测法各点对应的波形。

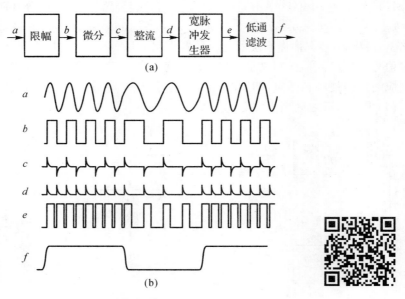

图 6-9　过零检测法原理框图及各点时域波形

(a)过零检测法原理框图;(b)各点时间波形

差分检测法的原理框图如图 6-10 所示。2FSK 信号经带通滤波器滤除带外无用信号后分成两路,一路直接送乘法器,一路经延时 τ 后送乘法器,相乘后再经低通滤波器除去高频分量可得低频基带信号。

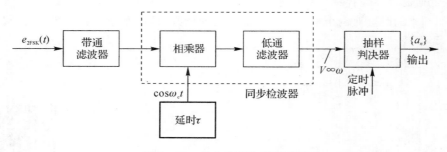

图 6-10　差分检测法原理框图

差分检测法的工作原理说明如下:

将 2FSK 信号表示为 $A\cos(\omega_c+\omega)t$,则角频偏 ω 有两种取值,即

$$\omega_c+\omega=\omega_1,\text{发送“1”码}$$

$$\omega_c+\omega=\omega_2,\text{发送“0”码}$$

乘法器输出为

$$A\cos(\omega_c+\omega)t \cdot A\cos(\omega_c+\omega)(t-\tau)=$$

$$\frac{A^2}{2}\cos(\omega_c+\omega)\tau+\frac{A^2}{2}\cos[2(\omega_c+\omega)t-(\omega_c+\omega)\tau] \tag{6-1-20}$$

经低通滤波器滤除二倍频分量可得

$$V = \frac{A^2}{2}\cos(\omega_c + \omega)\tau = \frac{A^2}{2}(\cos\omega_c\tau\cos\omega\tau - \sin\omega_c\tau\sin\omega\tau) \qquad (6-1-21)$$

可见，V 与 t 无关，是角频偏 ω 的函数。不妨设 $\cos\omega_c\tau = 0$，则 $\omega_c\tau = \pm\frac{\pi}{2}$，$\sin\omega_c\tau = \pm 1$，此时有

$$V = \begin{cases} -\dfrac{A^2}{2}\sin\omega\tau \approx -\dfrac{A^2}{2}\omega\tau, & 当\ \omega_c\tau = \pi/2 \\[2mm] +\dfrac{A^2}{2}\sin\omega\tau \approx +\dfrac{A^2}{2}\omega\tau, & 当\ \omega_c\tau = -\pi/2 \end{cases} \qquad (6-1-22)$$

其中，进一步考虑到角频偏较小的情况，即 $\omega\tau \ll 1$。

由式(6-1-22)可见，输出电压与角频偏成线性关系，实现近似线性的频率-幅度变换。针对角频率的两种取值，经抽样判决器可检测出"1"和"0"。

差分检测法基于输入信号与其延迟 τ 的信号相比较，信道上的失真将同时影响相邻信号，故不影响最终的鉴频结果。实践表明，当延时失真为 0 时，这种放大的检测性能不如普通鉴频法，但当信道有较严重的失真时，其检测性能优于鉴频法。

6.1.3　二进制相移键控(2PSK)

数字相移键控是用载波的相位来传送数字消息，即用所传送的数字消息控制载波的相位。在 2PSK 中，通常用载波的初始相位 0 和 π 表示二进制基带信号"0"和"1"。故其表达式为

$$e_{2PSK}(t) = A\cos(\omega_c t + \varphi_n) \qquad (6-1-23)$$

式中，φ_n 表示第 n 个符号的绝对相位，则有

$$\varphi_n = \begin{cases} 0, & 发送"0"时 \\ \pi, & 发送"1"时 \end{cases} \qquad (6-1-24)$$

因此，式(6-1-24)可以改写为

$$e_{2PSK}(t) = \begin{cases} A\cos\omega_c t, & 概率为\ P \\ -A\cos\omega_c t, & 概率为\ 1-P \end{cases} \qquad (6-1-25)$$

由于两种码元的波形相同，极性相反，故 2PSK 信号可以表述为一个双极性全占空矩形脉冲序列与一个正弦载波的相乘，即

$$e_{2PSK}(t) = s(t)\cos\omega_c t \qquad (6-1-26)$$

式中

$$s(t) = \sum_n a_n g(t - nT_s)$$

这里，$g(t)$ 是脉宽为 T_s 的单个矩形脉冲，而 a_n 的统计特性为

$$a_n = \begin{cases} 1, & 概率为\ P \\ -1, & 概率为\ 1-P \end{cases} \qquad (6-1-27)$$

即发送二进制符号"0"(a_n 取 $+1$)时，$e_{2PSK}(t)$ 取 0 相位；发送二进制符号"1"(a_n 取 -1)时，$e_{2PSK}(t)$ 取 π 相位。这种以载波的不同相位直接去表示相应二进制数字信号的调制方式，称为二进制绝对相移方式。2PSK 波形如图 6-11 所示。

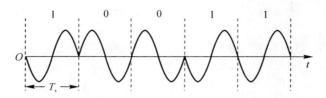

图 6-11 2PSK 信号的时域波形

2PSK 信号的产生方法主要有两种：一种是模拟调制法，另一种是数字键控法，如图 6-12 和图 6-13 所示。

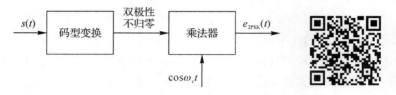

图 6-12 2PSK 信号的模拟调制法产生原理框图

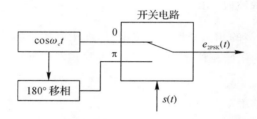

图 6-13 2PSK 信号的数字键控法产生原理框图

2PSK 的模拟调制法与产生 2ASK 信号的方法比较，只是对 $s(t)$ 要求不同，因此 2PSK 信号可以看作是双极性基带信号作用下的 DSB 调幅信号。2PSK 的数字键控法是用数字基带信号 $s(t)$ 控制开关电路，选择不同相位的载波输出，这时 $s(t)$ 为单极性非归零或双极性非归零脉冲序列信号均可。

2PSK 信号属于 DSB 信号，不能采用包络检波进行解调，只能采用相干解调，其工作原理框图如图 6-14 所示。

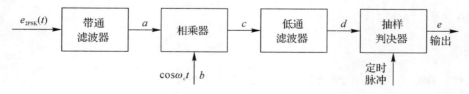

图 6-14 2PSK 信号的相干解调原理框图

2PSK 信号经带通滤波器滤除带外无用信号后进入乘法器，和载波信号相乘后送入低通滤波器滤除二倍频分量，最后经抽样判决器输出基带信号。抽样判决器的判决准则如下：

$$\left.\begin{matrix} x > 0, & \text{判为"0"} \\ x < 0, & \text{判为"1"} \end{matrix}\right\} \qquad (6-1-28)$$

其中，x 为抽样时刻的值。

　　注意：在波形图 6-15 中，假设相干载波的基准相位与 2PSK 信号的调制载波的基准相位一致（通常默认为 0 相位）。但是，由于在 2PSK 信号的载波恢复过程中存在着相位模糊，即恢复的本地载波与所需的相干载波可能同相，也可能反相，这种相位关系的不确定性将会造成解调出的数字基带信号与发送的数字基带信号正好相反，即"1"变为"0"，"0"变为"1"，判决器输出数字信号全部出错。这种现象称为 2PSK 方式的"倒 π"现象或"反相工作"。这也是 2PSK 方式在实际中很少采用的主要原因。另外，在随机信号码元序列中，信号波形有可能出现长时间连续的正弦波形，致使在接收端无法辨认信号码元的起止时刻。

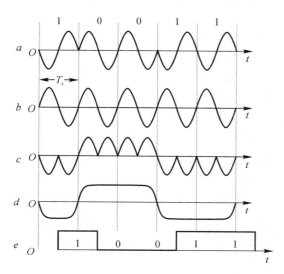

图 6-15　2PSK 信号相干解调各点波形

6.1.4　二进制差分相移键控（2DPSK）

　　2DPSK 是利用前后相邻码元的载波相对相位变化传递数字信息，因此又称为相对相移键控。假设 $\Delta\varphi$ 为当前码元与前一码元的载波相位差，定义数字信息与 $\Delta\varphi$ 之间的关系为

$$\Delta\varphi = \begin{cases} 0, & \text{表示数字信息"0"} \\ \pi, & \text{表示数字信息"1"} \end{cases} \qquad (6-1-29)$$

于是可以将一组二进制数字信息与其对应的 2DPSK 信号的载波相位关系示例如下：

```
二进制数字信息：      1 1 0 1 0 0 1 1 0
2DPSK 信号相位：  （0）π 0 0 π π π 0 π π
或              （π）0 π π 0 0 0 π 0 0
```

相应的 2DPSK 信号的波形如图 6-16 所示。

　　由此例可知，对于相同的基带信号，由于初始相位不同，2DPSK 信号的相位可以不同。即 2DPSK 信号的相位并不直接代表基带信号，而前后码元的相对相位才决定信息符号。

　　由图 6-16 可见，先对二进制数字基带信号进行差分编码，即把表示数字信息序列的绝对码变换成相对码（差分码），然后再根据相对码进行绝对调相，从而产生二进制差分相移键控信号。图 6-16 中使用的是传号差分码，即载波的相位遇到原数字信息"1"变化，遇到"0"则不变。

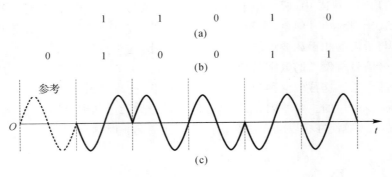

图 6 - 16   2DPSK 信号的时域波形

(a)绝对码；(b)相对码；(c)2DPSK

差分码可取传号差分码或空号差分码。其中，传号差分码的编码规则为

$$b_n = a_n \oplus b_{n-1} \tag{6-1-30}$$

式中，$\oplus$ 为模 2 加，b_{n-1} 为 b_n 的前一码元，最初的 b_{n-1} 可任意设定。式(6-1-30)的逆过程称为差分译码(码反变换)，即

$$a_n = b_n \oplus b_{n-1} \tag{6-1-31}$$

2DPSK 信号的产生方法有模拟调制法和数字键控法。模拟调制法的原理是首先对数字基带信号进行差分编码，即由绝对码变为相对码，然后再进行 2PSK 调制，如图 6-17 所示。2DPSK 的数字键控法是用数字基带信号 $s(t)$ 经差分编码后控制开关电路，选择不同相位的载波输出，如图 6-18 所示。

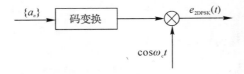

图 6 - 17   2DPSK 信号产生的模拟调制法原理框图

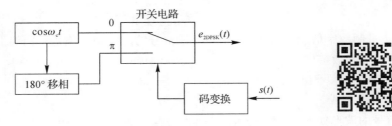

图 6 - 18   2DPSK 信号产生的数字键控法原理框图

2DPSK 信号的解调有两种方式：一种是相干解调-码变换法，另一种是差分相干解调。相干解调-码变换法是先对 2DPSK 信号进行相干解调，恢复出相对码，再经码反变换器变换为绝对码，从而恢复出发送的二进制数字信息。在解调过程中，由于载波相位模糊性的影响，使得解调出的相对码也可能是"1"和"0"倒置，但经差分译码(码反变换)得到的绝对码不会发生

任何倒置的现象,从而解决了载波相位模糊性带来的问题。2DPSK 相干解调-码变换法的原理框图如图 6-19 所示。

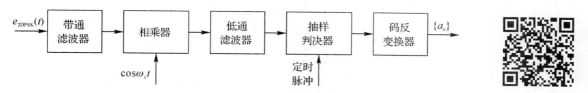

图 6-19　2DPSK 相干解调-码变换法的原理框图

差分相干解调时不需要专门的相干载波,只需由收到的 2DPSK 信号延时一个码元间隔,然后与 2DPSK 信号本身相乘。相乘器起着相位比较的作用,相乘结果反映了前后码元的相位差,经低通滤波后再抽样判决,即可直接恢复出原始数字信息,故解调器中不需要码反变换器,也称相位比较法,其原理框图如图 6-20 所示,其各点时域波形图如图 6-21 所示。

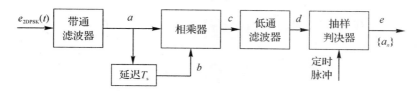

图 6-20　2DPSK 差分相干解调的原理框图

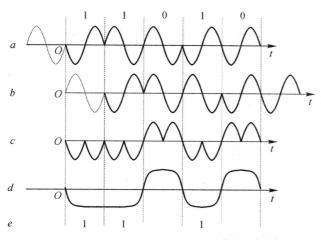

图 6-21　2DPSK 差分相干解调的各点时域波形图

【例 6-1】　发送的二进制信息为 10110,码元速率为 1 200 B,试求:

(1)当载波频率为 2 400 Hz 时,试分别画出 2ASK(OOK)、2PSK 及 2DPSK 信号的时间波形;

(2)当 2FSK 的两个载波频率分别为 1 200 Hz 和 2 400 Hz 时,画出其时间波形;

(3)计算 2ASK、2PSK、2DPSK 和 2FSK 信号的带宽和频带利用率。

解:(1)因为载波频率是码元速率的两倍,所以每个码元画两周载波,2ASK(OOK)、2PSK 及 2DPSK 信号的时域波形如图 6-22 所示。

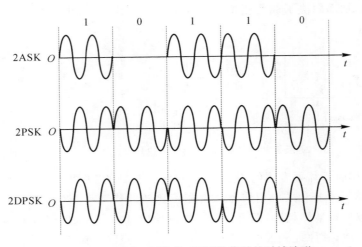

图 6 - 22　2ASK、2PSK 及 2DPSK 信号的时域波形

（2）设 1 200 Hz 代表"1"、2 400 Hz 代表"0"，则 2FSK 信号的时域波形如图 6 - 23 所示。

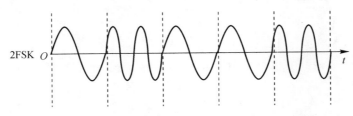

图 6 - 23　2FSK 信号的时域波形

（3）2ASK、2PSK 和 2DPSK 信号的带宽和频带利用率为

$$B_{2PSK} = B_{2DPSK} = B_{2ASK} = 2f_s = 2 \times 1\ 200\ \text{Hz} = 2\ 400\ \text{Hz}$$

$$\eta_b = \frac{R_b}{B} = \frac{R_B}{B} = \frac{1\ 200}{2\ 400}\ \text{b} \cdot \text{s}^{-1} \cdot \text{Hz}^{-1} = 0.5\ \text{b} \cdot \text{s}^{-1} \cdot \text{Hz}^{-1}$$

2FSK 信号的带宽和频带利用率为

$$B_{2FSK} = |f_2 - f_1| + 2f_s = (2\ 400 - 1\ 200 + 2 \times 1\ 200)\text{Hz} = 3\ 600\ \text{Hz}$$

$$\eta_b = \frac{R_b}{B} = \frac{R_B}{B} = \frac{1\ 200}{3\ 600}\ \text{b} \cdot \text{s}^{-1} \cdot \text{Hz}^{-1} = 0.33\ \text{b} \cdot \text{s}^{-1} \cdot \text{Hz}^{-1}$$

6.2　二进制数字调制的抗噪声性能

通信系统的抗噪声性能是指系统克服加性噪声影响的能力。在数字通信系统中，信道噪声有可能使传输码元产生错误，错误程度通常用误码率来衡量。因此，与分析数字基带系统的抗噪声性能一样，分析数字调制系统的抗噪声性能，也就是求系统在信道噪声干扰下的总误码率。

分析条件：假设信道特性是恒参信道，在信号的频带范围内具有理想矩形的传输特性（可取其传输系数为 K）；信道噪声是加性高斯白噪声。并且认为噪声只对信号的接收带来影响，因而分析系统性能是在接收端进行的。

6.2.1　2ASK 信号的抗噪声性能

由 6.1 节可知，2ASK 信号的解调方法有包络检测法和同步检测法。下面分别就这两种解调方法展开讨论。

1. 同步检测法的系统性能

对 2ASK 信号，同步检测法的系统性能分析模型如图 6－24 所示。

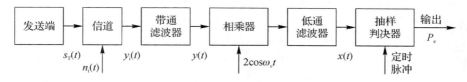

图 6－24　2ASK 信号同步检测法的系统性能分析模型

对于 2ASK 系统，设在一个码元的持续时间 T_s 内，其发送端输出的信号波形可以表示为

$$s_T(t) = \begin{cases} u_T(t), & \text{当发送"1"时} \\ 0, & \text{当发送"0"时} \end{cases} \tag{6-2-1}$$

其中

$$u_T = \begin{cases} A\cos\omega_c t, & 0 < t < T_s \\ 0, & \text{其他 } t \end{cases} \tag{6-2-2}$$

则在每一段时间 $(0, T_s)$ 内，接收端的输入波形为

$$y_i(t) = \begin{cases} u_i(t) + n_i(t), & \text{当发送"1"时} \\ n_i(t), & \text{当发送"0"时} \end{cases} \tag{6-2-3}$$

式中，$u_i(t)$ 为 $u_T(t)$ 经信道传输后的波形。为简明起见，认为信号经过信道传输后只受到固定衰减，未产生失真（信道传输系数取为 K），令 $a = AK$，则有

$$u_i(t) = \begin{cases} a\cos\omega_c t, & 0 < t < T_s \\ 0, & \text{其他 } t \end{cases} \tag{6-2-4}$$

而 $n_i(t)$ 是均值为 0 的加性高斯白噪声。

假设接收端带通滤波器具有理想矩形传输特性，恰好使信号无失真通过，则带通滤波器的输出波形为

$$y(t) = \begin{cases} u_i(t) + n(t), & \text{当发送"1"时} \\ n(t), & \text{当发送"0"时} \end{cases} \tag{6-2-5}$$

式中，$n(t)$ 是高斯白噪声 $n_i(t)$ 经过带通滤波器的输出噪声。$n(t)$ 为窄带高斯噪声，其均值为 0，方差为 σ_n^2，且可表示为

$$n(t) = n_c(t)\cos\omega_c t - n_s(t)\sin\omega_c t \tag{6-2-6}$$

于是有

$$y(t) = \begin{cases} a\cos\omega_c t + n_c(t)\cos\omega_c t - n_s(t)\sin\omega_c t \\ n_c(t)\cos\omega_c t - n_s(t)\sin\omega_c t \end{cases} =$$

$$\begin{cases} [a + n_c(t)]\cos\omega_c t - n_s(t)\sin\omega_c t, & \text{当发送"1"时} \\ n_c(t)\cos\omega_c t - n_s(t)\sin\omega_c t, & \text{当发送"0"时} \end{cases} \tag{6-2-7}$$

$y(t)$ 与相干载波 $2\cos\omega_c t$ 相乘,然后由低通滤波器滤除高频分量,在抽样判决器输入端得到的波形为

$$x(t) = \begin{cases} a + n_c(t), & \text{当发送"1"时} \\ n_c(t), & \text{当发送"0"时} \end{cases} \qquad (6-2-8)$$

式中,a 为信号成分,由于 $n_c(t)$ 也是均值为0、方差为 σ_n^2 的高斯噪声,所以 $x(t)$ 也是一个高斯随机过程,其均值分别为 a(发"1"时)和 0(发"0"时),方差等于 σ_n^2。

设对第 k 个符号的抽样时刻为 kT_s,则 $x(t)$ 在 kT_s 时刻的抽样值

$$x = x(kT_s) = \begin{cases} a + n_c(kT_s), & \text{当发送"1"时} \\ n_c(kT_s), & \text{当发送"0"时} \end{cases} \qquad (6-2-9)$$

是一个高斯随机变量。因此,发送"1"时,x 的一维概率密度函数为

$$f_1(x) = \frac{1}{\sqrt{2\pi}\sigma_n} \exp\left[-\frac{(x-a)^2}{2\sigma_n^2}\right] \qquad (6-2-10)$$

当发送"0"时,x 的一维概率密度函数为

$$f_0(x) = \frac{1}{\sqrt{2\pi}\sigma_n} \exp\left(-\frac{x^2}{2\sigma_n^2}\right) \qquad (6-2-11)$$

$f_1(x)$ 和 $f_0(x)$ 的曲线如图 6-25 所示。

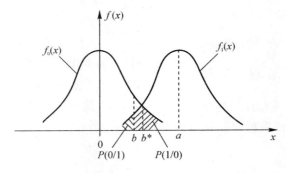

图 6-25 同步检测时误码率的几何表示

若取判决门限为 b,规定判决规则为:当 $x > b$ 时,判为"1";当 $x \leqslant b$ 时,判为"0"。则当发送"1"时,错误接收为"0"的概率是抽样值 x 小于或等于 b 的概率,即

$$P(0/1) = P(x \leqslant b) = \int_{-\infty}^{b} f_1(x)dx = 1 - \frac{1}{2}\text{erfc}\left(\frac{b-a}{\sqrt{2}\sigma_n}\right) \qquad (6-2-12)$$

式中,$\text{erfc}(x) = \dfrac{2}{\sqrt{\pi}}\displaystyle\int_x^\infty e^{-u^2}du$。

同理,发送"0"时,错误接收为"1"的概率是抽样值 x 大于 b 的概率,即

$$P(1/0) = P(x > b) = \int_b^\infty f_0(x)dx \qquad (6-2-13)$$

设发"1"的概率为 $P(1)$,发"0"的概率为 $P(0)$,则同步检测时 2ASK 系统的总误码率为

$$P_e = P(1)P(0/1) + P(0)P(0/1) = P(1)\int_{-\infty}^{b} f_1(x)dx + P(0)\int_b^\infty f_0(x)dx$$

$$(6-2-14)$$

式(6-2-14)表明,当 $P(1)$、$P(0)$ 及 $f_1(x)$、$f_0(x)$ 一定时,系统的误码率 P_e 与判决门限 b 的选择密切相关,其几何表示如图 6-25 阴影部分所示。从阴影部分所示可见,误码率 P_e 等于图中阴影的面积。若改变判决门限 b,阴影的面积将随之改变,即误码率 P_e 的大小将随判决门限 b 而变化。进一步分析可得,当判决门限 b 取 $P(1)f_1(x)$ 与 $P(0)f_0(x)$ 两条曲线相交点 b^* 时,阴影的面积最小,即判决门限取为 b^* 时,系统的误码率 P_e 最小。这个门限 b^* 称为最佳判决门限。

最佳判决门限也可通过求误码率 P_e 关于判决门限 b 的最小值的方法得到,令

$$\frac{\partial P_e}{\partial b} = 0 \tag{6-2-15}$$

可得

$$P(1)f_1(b^*) - P(0)f_0(b^*) = 0 \tag{6-2-16}$$

即

$$P(1)f_1(b^*) = P(0)f_0(b^*) \tag{6-2-17}$$

将式(6-2-10)和式(6-2-11)代入式(6-2-17),可得

$$\frac{P(1)}{\sqrt{2\pi}\sigma_n}\exp\left[-\frac{(b^*-a)^2}{2\sigma_n^2}\right] = \frac{P(0)}{\sqrt{2\pi}\sigma_n}\exp\left[-\frac{(b^*)^2}{2\sigma_n^2}\right] \tag{6-2-18}$$

化简式(6-2-18),整理后可得

$$b^* = \frac{a}{2} + \frac{\sigma_n^2}{a}\ln\frac{P(0)}{P(1)} \tag{6-2-19}$$

式(6-2-19)就是所需的最佳判决门限。

若发送"1"和"0"的概率相等,则最佳判决门限为

$$b^* = a/2 \tag{6-2-20}$$

此时,2ASK 信号采用相干解调(同步检测)时系统的误码率为

$$P_e = \frac{1}{2}\mathrm{erfc}\left(\sqrt{\frac{r}{4}}\right) \tag{6-2-21}$$

式中,$r = \dfrac{a^2}{2\sigma_n^2}$ 为解调器输入端的信噪比。

当 $r \gg 1$,即大信噪比时,式(6-2-21)可近似表示为

$$P_e \approx \frac{1}{\sqrt{\pi r}}\mathrm{e}^{-r/4} \tag{6-2-22}$$

2. 包络检波法的系统性能

分析模型:只需将相干解调器(相乘-低通)替换为包络检波器(整流-低通),即可以得到 2ASK 采用包络检波法的系统性能分析模型。

显然,带通滤波器的输出波形 $y(t)$ 与相干解调法的相同:

$$y(t) = \begin{cases} [a + n_c(t)]\cos\omega_c t - n_s(t)\sin\omega_c t, & \text{当发送"1"时} \\ n_c(t)\cos\omega_c t - n_s(t)\sin\omega_c t, & \text{当发送"0"时} \end{cases} \tag{6-2-23}$$

当发送"1"符号时,包络检波器的输出波形为

$$x(t) = \sqrt{[a + n_c(t)]^2 + n_s^2(t)} \tag{6-2-24}$$

当发送"0"符号时,包络检波器的输出波形为

$$x(t) = \sqrt{n_c^2(t) + n_s^2(t)} \qquad (6-2-25)$$

由式(6-2-25)可知,当发送"1"时,BPF输出 $y(t)$ 为正弦波加窄带高斯噪声形式;当发送"0"时,BPF输出 $y(t)$ 为纯粹窄带高斯噪声形式。于是可得,当发送"1"时,包络的抽样值的一维概率密度函数 $f_1(x)$ 服从莱斯分布;而当发送"0"时,BPF输出包络的抽样值的一维概率密度函数 $f_0(x)$ 服从瑞利分布(见图6-26)。显然,选择什么样的判决门限电平与判决的正确程度密切相关。选定的 b 不同,得到的误码率也不同。

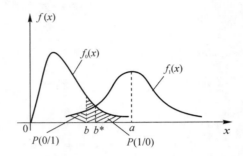

图 6-26　包络检测时误码率的几何表示

若取判决门限为 b,规定判决规则为:当 $x > b$ 时,判为"1";当 $x \leqslant b$ 时,判为"0"。则当发送"1"时,错误接收为"0"的概率是抽样值 x 小于或等于 b 的概率,即

$$P(0/1) = P(x \leqslant b) = \int_{-\infty}^{b} f_1(x)\mathrm{d}x = 1 - \frac{1}{2}\mathrm{erfc}\left(\frac{b-a}{\sqrt{2}\sigma_n}\right) \qquad (6-2-26)$$

式中,$\mathrm{erfc}(x) = \dfrac{2}{\sqrt{\pi}}\displaystyle\int_{x}^{\infty}\mathrm{e}^{-u^2}\mathrm{d}u$。

同理,发送"0"时,错误接收为"1"的概率是抽样值 x 大于 b 的概率,即

$$P(1/0) = P(x > b) = \int_{b}^{\infty} f_0(x)\mathrm{d}x \qquad (6-2-27)$$

设发"1"的概率为 $P(1)$,发"0"的概率为 $P(0)$,则同步检测时2ASK系统的总误码率为

$$P_e = P(1)P(0/1) + P(0)P(0/1) = P(1)\int_{-\infty}^{b} f_1(x)\mathrm{d}x + P(0)\int_{b}^{\infty} f_0(x)\mathrm{d}x \qquad (6-2-28)$$

不难看出,当 $b^* = a/2$ 时系统的误码率最低。此时有

$$P_e \approx \frac{1}{2}\mathrm{e}^{-\frac{r}{4}} \qquad (6-2-29)$$

式中,$r = A^2/(2\sigma_n^2)$ 表示信噪比。由此可见,包络检波的误码率随输入信噪比的增大近似按指数规律下降。

将包络检波和同步检测法(即相干解调)的误码率公式相比较可以看出:在相同的信噪比条件下,同步检测法的抗噪声性能优于包络检波法;但在大信噪比时,两者性能相差不大。然而,包络检波法不需要相干载波,因而设备比较简单。另外,包络检波法存在门限效应,同步检测法无门限效应。

6.2.2　2FSK 信号的抗噪声性能

与2ASK的情形相对应,下面分别以同步解调和包络检波两种情况来讨论2FSK系统的

抗噪声性能，给出误码率，并比较其特点。

1.同步解调法的系统性能

2FSK 信号采用同步解调法的性能分析模型如图 6-27 所示。

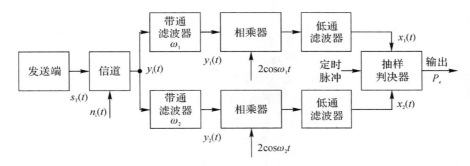

图 6-27　2FSK 信号采用同步解调法的性能分析模型

假定信道噪声 $n(t)$ 为加性高斯白噪声，其均值为 0，双边噪声功率谱密度为 $\dfrac{n_0}{2}$；设"1"符号对应载波频率 f_1，"0"符号对应载波频率 f_2，则在一个码元的持续时间 T_s 内，发送端产生的 2FSK 信号可表示为

$$s_T(t) = \begin{cases} a\cos(\omega_1 t), & \text{当发送"1"时} \\ a\cos(\omega_0 t), & \text{当发送"0"时} \end{cases} \tag{6-2-30}$$

因此，在时间 $(0,T_s)$ 内，接收端的输入合成波形为

$$y_i(t) = \begin{cases} a\cos(\omega_1 t) + n_i(t), & \text{当发送"1"时} \\ a\cos(\omega_0 t) + n_i(t), & \text{当发送"0"时} \end{cases} \tag{6-2-31}$$

在分析模型图中，解调器采用两个带通滤波器来区分中心频率分别为 f_1 和 f_2 的信号。中心频率为 f_1 的带通滤波器只允许中心频率为 f_1 的信号频谱成分通过，而滤除中心频率为 f_2 的信号频谱成分；中心频率为 f_2 的带通滤波器只允许中心频率为 f_2 的信号频谱成分通过，而滤除中心频率为 f_1 的信号频谱成分。这样，接收端上、下支路两个带通滤波器的输出波形和分别为

上支路：

$$y_1(t) = \begin{cases} a\cos\omega_1 t + n_1(t), & \text{当发送"1"时} \\ n_1(t), & \text{当发送"0"时} \end{cases} \tag{6-2-32}$$

下支路：

$$y_2(t) = \begin{cases} n_2(t), & \text{当发送"1"时} \\ a\cos\omega_2 t + n_2(t), & \text{当发送"0"时} \end{cases} \tag{6-2-33}$$

式中，$n_1(t)$ 和 $n_2(t)$ 分别为高斯白噪声 $n_i(t)$ 经过上、下两个带通滤波器的输出噪声——窄带高斯噪声，其均值同为 0，方差同为 σ_n^2，只是中心频率不同而已，即

$$\left. \begin{array}{l} n_1(t) = n_{1c}(t)\cos\omega_1 t - n_{1s}(t)\sin\omega_1 t \\ n_2(t) = n_{2c}(t)\cos\omega_2 t - n_{2s}(t)\sin\omega_2 t \end{array} \right\} \tag{6-2-34}$$

现在假设在时间 $(0,T_s)$ 内发送"1"符号（对应 ω_1），则上、下支路两个带通滤波器的输出波形分别为

$$y_1(t) = [a + n_{1c}(t)]\cos\omega_1 t - n_{1s}(t)\sin\omega_1 t \Big\} \tag{6-2-35}$$
$$y_2(t) = n_{2c}(t)\cos\omega_2 t - n_{2s}(t)\sin\omega_2 t$$

它们分别经过相干解调后,送入抽样判决器进行比较。比较的两路输入波形分别为

上支路:

$$x_1(t) = a + n_{1c}(t) \tag{6-2-36}$$

下支路:

$$x_2(t) = n_{2c}(t) \tag{6-2-37}$$

式中,a 为信号成分,$n_{1c}(t)$ 和 $n_{2c}(t)$ 均为低通型高斯噪声,其均值为零,方差为 σ_n^2。

因此,$x_1(t)$ 和 $x_2(t)$ 抽样值的一维概率密度函数分别为

$$f(x_1) = \frac{1}{\sqrt{2\pi}\sigma_n}\exp\Big[-\frac{(x_1-a)^2}{2\sigma_n^2}\Big] \tag{6-2-38}$$

$$f(x_2) = \frac{1}{\sqrt{2\pi}\sigma_n}\exp\Big(-\frac{x_2^2}{2\sigma_n^2}\Big) \tag{6-2-39}$$

当 $x_1(t)$ 的抽样值 x_1 小于 $x_2(t)$ 的抽样值 x_2 时,判决器输出"0"符号,造成将"1"判为"0"的错误,故这时错误概率为

$$P(0/1) = P(x_1 < x_2) = P(x_1 - x_2 < 0) = P(z < 0) \tag{6-2-40}$$

式中,$z = x_1 - x_2$,故 z 是高斯型随机变量,其均值为 a,方差为 $\sigma_z^2 = 2\sigma_n^2$。设 z 的一维概率密度函数为 $f(z)$,则由式(6-2-40)可得

$$P(0/1) = P(z < 0) = \int_{-\infty}^{0} f(z)\mathrm{d}z = \frac{1}{\sqrt{2\pi}\sigma_z}\int_{-\infty}^{0}\exp\Big[-\frac{(x-a)^2}{2\sigma_z^2}\Big]\mathrm{d}z = \frac{1}{2}\mathrm{erfc}\Big(\sqrt{\frac{r}{2}}\Big) \tag{6-2-41}$$

同理可得,发送"0"错判为"1"的概率为

$$P(1/0) = P(x_1 > x_2) = \frac{1}{2}\mathrm{erfc}\Big(\sqrt{\frac{r}{2}}\Big) \tag{6-2-42}$$

显然,由于上、下支路的对称性,以上两个错误概率相等。于是,采用同步检测时 2FSK 系统的总误码率为

$$P_e = \frac{1}{2}\mathrm{erfc}\Big(\sqrt{\frac{r}{2}}\Big) \tag{6-2-43}$$

在大信噪比条件下,式(6-2-43)可以近似表示为

$$P_e \approx \frac{1}{\sqrt{2\pi r}}\mathrm{e}^{-\frac{r}{2}} \tag{6-2-44}$$

2. 包络检波的系统性能

2FSK 信号采用包络检波法的性能分析模型如图 6-28 所示。

现在假设在时间 $(0, T_s)$ 内发送"1"符号(对应 ω_1),则上、下支路两个带通滤波器的输出波形分别为

上支路:

$$\begin{aligned} y_1(t) &= [a + n_{1c}(t)]\cos\omega_1 t - n_{1s}(t)\sin\omega_1 t = \\ &\quad \sqrt{[a + n_{1c}(t)]^2 + n_{1s}^2(t)}\cos[\omega_1 t + \phi_1(t)] = \\ &\quad v_1(t)\cos[\omega_1 t + \phi_1(t)] \end{aligned} \tag{6-2-45}$$

下支路：

$$y_2(t) = n_{2c}(t)\cos\omega_2 t - n_{2s}(t)\sin\omega_2 t =$$
$$\sqrt{n_{2c}^2(t) + n_{2s}^2(t)}\cos[\omega_2 t + \phi_2(t)] =$$
$$v_2(t)\cos[\omega_2 t + \phi_2(t)] \qquad (6-2-46)$$

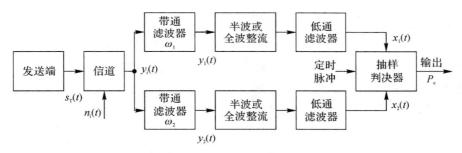

图 6-28　2FSK 信号采用包络检波法性能分析模型

由于 $y_1(t)$ 具有正弦波加窄带高斯噪声形式，故其包络 $v_1(t)$ 的抽样值 v_1 的一维概率密度函数呈广义瑞利分布；由于 $y_2(t)$ 为窄带噪声，故其包络 $v_2(t)$ 的抽样值 v_2 的一维概率密度函数呈瑞利分布。显然，当 $v_1 < v_2$ 时，会发生将"1"码错判为"0"码的错误。该错误概率 $P(0/1)$ 就是发"1"时 $v_1 < v_2$ 的概率，即

$$P(0/1) = P(v_1 < v_2) = \frac{1}{2}e^{-\frac{r}{2}} \qquad (6-2-47)$$

式中，$r = \dfrac{a^2}{2\sigma_n^2}$ 为图 6-28 中分路带通滤波器输出信噪比。

同理可得，发送"0"而错判为"1"码的概率 $P(1/0)$ 为发"0"时 $v_1 > v_2$ 的概率，即

$$P(1/0) = P(v_1 > v_2) = \frac{1}{2}e^{-\frac{r}{2}} \qquad (6-2-48)$$

于是可得 2FSK 信号采用包络检波时系统的误码率为

$$P_e = P(1)P(0/1) + P(1)P(1/0) = \frac{1}{2}e^{-\frac{r}{2}}[P(1) + P(0)] = \frac{1}{2}e^{-\frac{r}{2}} \quad (6-2-49)$$

将同步检波与包络检波的误码率进行比较，可以得出以下结论。

(1)在输入信号信噪比一定时，相干解调的误码率小于非相干解调的误码率；当系统的误码率一定时，相干解调比非相干解调对输入信号的信噪比要求低。

(2)相干解调时，需要插入两个相干载波，电路较为复杂。

6.2.3　2PSK 和 2DPSK 信号的抗噪声性能

1.2PSK 信号相干解调系统性能分析模型(见图 6-29)

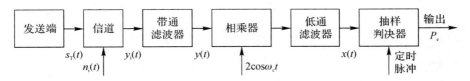

图 6-29　2PSK 信号相干解调系统性能分析模型

假定信道噪声 $n(t)$ 为加性高斯白噪声,其均值为 0,双边噪声功率谱密度为 $\frac{n_0}{2}$;在一个码元持续时间 $(0,T_s)$ 内,发送端发送的 2PSK 信号为

$$s_T(t) = \begin{cases} a\cos(\omega_c t), & \text{当发送"1"时} \\ -a\cos(\omega_c t), & \text{当发送"0"时} \end{cases} \quad (6-2-50)$$

则经信道传输,接收端输入信号为

$$y_i(t) = \begin{cases} a\cos(\omega_c t) + n_i(t), & \text{当发送"1"时} \\ -a\cos(\omega_c t) + n_i(t), & \text{当发送"0"时} \end{cases} \quad (6-2-51)$$

经带通滤波器输出

$$y(t) = s(t) + n_i(t) = \begin{cases} a\cos\omega_c t + n_c(t)\cos\omega_c t - n_s(t)\sin\omega_c t, & \text{当发送"1"时} \\ -a\cos\omega_c t + n_c(t)\cos\omega_c t - n_s(t)\sin\omega_c t, & \text{当发送"0"时} \end{cases}$$
$$(6-2-52)$$

其中, $n_i(t) = n_c(t)\cos\omega_c t - n_s(t)\sin\omega_c t$ 为高斯白噪声 $n(t)$ 经带通后的窄带高斯白噪声。取本地载波为 $2\cos\omega_c t$,则乘法器输出为 $z(t) = 2y(t)\cos\omega_c t$,将式 $(6-2-52)$ 代入,并经低通滤波器滤除高频分量,在抽样判决器输入端得到

$$x(t) = \begin{cases} a + n_c(t), & \text{当发送"1"时} \\ -a + n_c(t), & \text{当发送"0"时} \end{cases} \quad (6-2-53)$$

由前可知, $n_c(t)$ 为高斯噪声。因此,无论是发送"1"还是"0", $x(t)$ 瞬时值 x 的一维概率密度函数 $f_1(x)$、$f_0(x)$ 都是方差为 σ_n^2 的正态分布函数,只是前者均值为 a,后者均值为 $-a$,即

$$f_1(x) = \frac{1}{\sqrt{2\pi}\sigma_n}\exp\left[-\frac{(x-a)^2}{2\sigma_n^2}\right], \quad \text{当发送"1"时} \quad (6-2-54)$$

$$f_0(x) = \frac{1}{\sqrt{2\pi}\sigma_n}\exp\left[-\frac{(x+a)^2}{2\sigma_n^2}\right], \quad \text{当发送"0"时} \quad (6-2-55)$$

其曲线如图 6-30 所示。

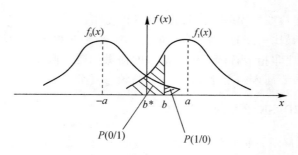

图 6-30　2PSK 信号相干解调误码率的几何表示

之后的分析完全类似于 2ASK 的分析方法。不难得到,当 $P(1) = P(0) = \frac{1}{2}$ 时,2PSK 的最佳判决门限电平为

$$b^* = 0 \quad (6-2-56)$$

在最佳门限时,2PSK 系统的误码率为

$$P_e = P(0)P(1/0) + P(1)P(0/1) =$$

$$P(0)\int_0^\infty f_0(x)\mathrm{d}x + P(1)\int_{-\infty}^0 f_1(x)\mathrm{d}x =$$

$$\int_0^\infty f_0(x)\mathrm{d}x\big[P(0)+P(1)\big] =$$

$$\int_0^\infty f_0(x)\mathrm{d}x =$$

$$\frac{1}{2}\mathrm{erfc}(\sqrt{r}) \qquad\qquad (6-2-57)$$

式中，$r=\dfrac{a^2}{2\sigma_n^2}$ 为接收端带通滤波器输出端信噪比。

在大信噪比下，式（6-2-57）近似为

$$P_e \approx \frac{1}{2}\frac{1}{\sqrt{\pi r}}\mathrm{e}^{-r} \qquad\qquad (6-2-58)$$

2DPSK 相干解调-码变换法解调系统性能分析模型如图 6-31 所示，图中码反变换器输入端的误码率 P_e 即前面 2PSK 相干解调的误码率。于是，要求最终的 2DPSK 系统误码率 P_e' 只需在此基础上再考虑码反变换器引起的误码率即可。

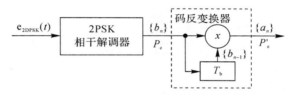

图 6-31　2DPSK 相干解调-码变换法解调系统性能分析模型

为了分析码反变换器对误码的影响，下面以序列 0110111001 为例，可以得到图 6-32。

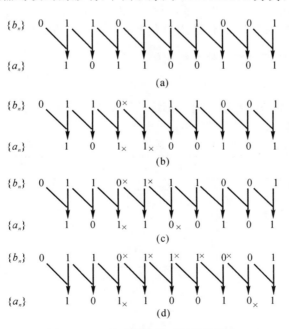

图 6-32　码反变换器对误码的影响

以这种方式解调时的误码率为

$$P'_e = 2(1 - P_e)P_e \qquad (6-2-59)$$

将 2PSK 的误码率代入式(6-2-59)可得

$$P'_e = \frac{1}{2}\big[1 - (\mathrm{erfc}\sqrt{r})^2\big] \qquad (6-2-60)$$

当相对码的误码率 $P_e \ll 1$ 时，$P'_e \approx 2P_e = \mathrm{erfc}(\sqrt{r})$。

由此可见，码反变换器总是使系统误码率增加，通常认为增加一倍。

2. 2DPSK 信号差分相干解调系统性能分析模型(见图 6-33)

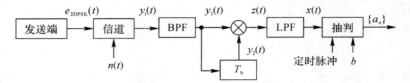

图 6-33　2DPSK 信号差分相干解调系统性能分析框图

差分检测时 2DPSK 系统最佳判决电平为

$$b^* = 0 \qquad (6-2-61)$$

差分检测时 2DPSK 系统的误码率为

$$P_e = P(0)P(1/0) + P(1)P(0/1) = \frac{1}{2}e^{-r} \qquad (6-2-62)$$

3. 2PSK 与 2DPSK 系统的比较

(1)检测这两种信号时判决器均可工作在最佳门限电平(零电平)。

(2)2DPSK 抗噪声性能不及 2PSK。

(3)2PSK 系统存在"反向工作"问题，而 2DPSK 系统不存在"反向工作"问题。

因此在实际应用中，真正作为传输用的数字调相信号几乎都是 DPSK 信号。

6.2.4　二进制数字调制系统的性能比较

本节将对各种二进制数字调制系统的性能进行总结、比较。

数字通信中，误码率是衡量数字通信系统最重要的性能指标之一。各种二进制数字调制系统误码率公式见表 6-1。

表 6-1　二进制数字调制系统误码率

	相干解调	非相干解调
2ASK	$\frac{1}{2}\mathrm{erfc}\left(\sqrt{\dfrac{r}{4}}\right)$	$\frac{1}{2}e^{-r/4}$
2FSK	$\frac{1}{2}\mathrm{erfc}\left(\sqrt{\dfrac{r}{2}}\right)$	$\frac{1}{2}e^{-r/2}$
2PSK	$\frac{1}{2}\mathrm{erfc}(\sqrt{r})$	—
2DPSK	$\mathrm{erfc}(\sqrt{r})$	$\frac{1}{2}e^{-r}$

对二进制数字调制系统的抗噪声性能作以下两方面的比较。

（1）同一调制方式不同检测方法的比较。对表 6-1 进行横向比较，可以看出，对于同一调制方式的不同检测方法，相干检测的抗噪声性能优于非相干检测。但是，随着信噪比 r 的增大，相干检测与非相干检测误码性能的相对差别将不明显。另外，相干检测系统的设备比非相干的要复杂。

（2）同一检测方法不同调制方式的比较。对表 6-1 进行纵向比较，可以看出：

1）相干检测时，在相同误码率条件下，对信噪比的要求是：2PSK 比 2FSK 小 3 dB，2FSK 比 2ASK 小 3 dB；

2）非相干检测时，在相同误码率条件下，对信噪比的要求是：2DPSK 比 2FSK 小 3 dB，2FSK 比 2ASK 小 3 dB。

因此，从抗噪声性能上讲，相干 2PSK 性能最好，2FSK 次之，2ASK 最差。

【例 6-2】　在 2ASK 系统中，已知码元传输速率 $R_B = 2.4 \times 10^6$ B，信道噪声为加性高斯白噪声，其双边功率谱密度 $n_0/2 = 3 \times 10^{-18}$ W/Hz，接收端解调器输入信号的振幅 $a = 50\ \mu\text{V}$。

（1）若采用相干解调，试求系统的误码率。

（2）若采用非相干解调，试求系统的误码率。

解：（1）接收端带通滤波器带宽为
$$B = 2R_B = 2 \times 2.4 \times 10^6\ \text{Hz} = 4.8 \times 10^6\ \text{Hz}$$

带通滤波器输出噪声的平均功率为
$$\sigma_n^2 = n_0 B = 2 \times 3 \times 10^{-18} \times 4.8 \times 10^6\ \text{W} = 2.88 \times 10^{-11}\ \text{W}$$

解调器输入信噪比为
$$r = \frac{a^2}{2\sigma_n^2} = \frac{(50 \times 10^{-6})^2}{2 \times 2.88 \times 10^{-11}} \approx 43.4 \gg 1$$

由式（6-2-29）可得包络检波法解调时系统的误码率为
$$P_e = \frac{1}{2}e^{-\frac{r}{4}} = \frac{1}{2}e^{-10.85} = 9.7 \times 10^{-6}$$

（2）同理，由式（6-2-22）可得同步检测法解调时系统的误码率为
$$P_e = \frac{1}{\sqrt{\pi r}}e^{-\frac{r}{4}} = \frac{1}{\sqrt{3.14 \times 43.4}}e^{-10.85} = 1.66 \times 10^{-6}$$

6.3　多进制数字调制

在信道频带受限时，为了提高频带利用率，通常采用多进制数字调制系统。但其代价是增加信号功率和实现上的复杂性。

信息传输速率 R_b、码元传输速率 R_B 和进制数 M 之间的关系为
$$R_B = \frac{R_b}{\log_2 M} \tag{6-3-1}$$

在信息速率不变的情况下，通过增加进制数 M，可以降低码元速率，从而减小信号带宽，提高系统频带利用率；在码元速率不变的情况下，通过增加进制数 M，可以增大信息速率，从而在相同的带宽中传输更多的信息量。

与二进制数字调制系统相类似，若用多进制数字基带信号去调制载波的振幅、频率或相

位,则可相应地产生多进制数字振幅调制、多进制数字频率调制和多进制数字相位调制。

6.3.1 多进制幅度键控

M 进制数字振幅调制信号的载波幅度有 M 种取值,在每个符号时间间隔 T_s 内发送 M 个幅度中的一种幅度的载波信号,有

$$e_{\mathrm{MASK}}(t) = \sum_{n=1}^{M} a_n g(t - nT_s)\cos\omega_c t \tag{6-3-2}$$

式中,$g(t)$ 为基带信号波形;T_s 为符号时间间隔;a_n 为幅度值:

$$a_n = \begin{cases} 0, & \text{发送概率为 } P_1 \\ 1, & \text{发送概率为 } P_2 \\ \vdots \\ M-1, & \text{发送概率为 } P_M \end{cases} \tag{6-3-3}$$

且有

$$\sum_{i=1}^{M} P_i = 1 \tag{6-3-4}$$

一种 4ASK 信号的时间波形如图 6-34 所示。由图可见,4ASK 信号有 4 种可能的取值,每个码元含有 2 bit 的信息。

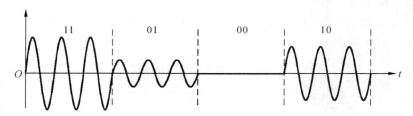

图 6-34 4ASK 信号的波形

MASK 信号的产生方法与 2ASK 信号相似,区别在于发送端输入的二进制数字基带信号需要先经过 $2-M$ 电平变换电路转换为 M 电平的基带脉冲,然后再去调制。

MASK 信号的解调也与 2ASK 信号相似,可采用相干解调和包络检测两种方式。

由式(6-3-2)可以看出,MASK 信号的功率谱与 2ASK 信号具有相似的形式。在信息传输速率相同时,码元传输速率降低为 2ASK 信号的 $1/\log_2 M$ 倍,因此 MASK 信号的谱零点带宽是 2ASK 信号的 $1/\log_2 M$ 倍。

6.3.2 多进制频移键控

多进制数字频率调制(MFSK)简称多频调制,它是 2FSK 方式的推广,有

$$e_{\mathrm{MFSK}}(t) = \sum_{i=1}^{M} s_i(t)\cos\omega_i t \tag{6-3-5}$$

式中

$$s_i(t) = \begin{cases} A, & \text{当 } 0 \leqslant t \leqslant T_s \text{ 发送符号为 } i \text{ 时} \\ 0, & \text{当 } 0 \leqslant t \leqslant T_s \text{ 发送信号不为 } i \text{ 时} \end{cases} \quad i = 1, 2, \cdots, M \tag{6-3-6}$$

ω_i 为载波角频率,共有 M 种取值。通常可选载波频率 $f_i = \dfrac{n}{2T_s}$,n 为正整数,此时 M 种发送信号相互正交。

一种 4FSK 信号的时域波形如图 6-35 所示。由图可见,4FSK 信号有 4 种可能的取值,每个码元含有 2 bit 的信息。不同的输入数据对应不同的载波频率,而载波的幅度恒定不变。

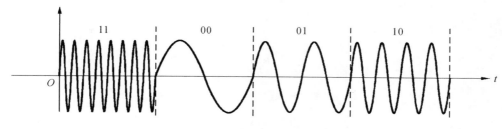

图 6-35　4FSK 的信号波形

多进制数字频率调制信号的带宽近似为

$$B = |f_M - f_1| + \frac{2}{T_s} \qquad (6-3-7)$$

可见,MFSK 信号具有较宽的频带,因而它的信道频带利用率不高。MFSK 一般用于调制速率不高的场合。

6.3.3　多进制相移键控

1. 多进制数字相位调制（MPSK）信号的表示形式

多进制数字相位调制是利用载波的多种不同相位来表征数字信息的调制方式。为了便于说明概念,通常将 MPSK 信号用信号矢量图(也称星座图)来描述。

图 6-36 所示为二进制相移键控(2PSK)信号的矢量图,载波相位只有 0 和 π(A 方式)或 π/2 和 -π/2(B 方式),它们分别代表二进制信息 1 和 0。图 6-37 所示为四进制和八进制相移键控(4PSK 和 8PSK)信号的矢量图,每个信号点(黑点)表示某种相位的正弦信号。在 4PSK 中,载波相位有 4 种,它们分别表示四进制信息(可由两个二进制码元组合)00、01、10 和 11。在 8PSK 中,载波的 8 种相位表示八进制信息,每个八进制码元包含 3 bit 信息。

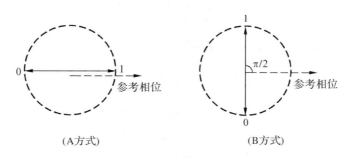

图 6-36　二进制数字相位调制信号矢量图

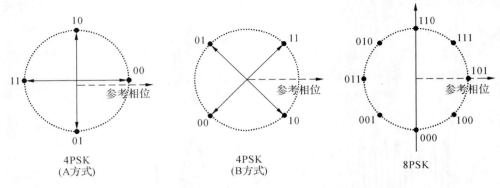

图 6 - 37　四进制和八进制数字相位调制信号矢量图

一般地，M 进制数字相位调制信号可表示为

$$e_{\mathrm{MPSK}}(t) = \sum_n g(t - nT_{\mathrm{s}})\cos(\omega_{\mathrm{c}}t + \varphi_n) \qquad (6-3-8)$$

式中，$g(t)$ 为信号包络波形，通常为矩形波，幅度为 1；T_{s} 为码元宽度；ω_{c} 为载波角频率；φ_n 为第 n 个码元对应的相位，共有 M 种取值。

M 进制数字相位调制信号也可以表示为正交形式：

$$e_{\mathrm{MPSK}}(t) = \Big[\sum_n g(t - nT_{\mathrm{s}})\cos\varphi_n\Big]\cos\omega_{\mathrm{c}}t - \Big[\sum_n g(t - nT_{\mathrm{s}})\sin\varphi_n\Big]\sin\omega_{\mathrm{c}}t =$$

$$\Big[\sum_n a_n g(t - nT_{\mathrm{s}})\Big]\cos\omega_{\mathrm{c}}t - \Big[\sum_n b_n g(t - nT_{\mathrm{s}})\Big]\sin\omega_{\mathrm{c}}t =$$

$$I(t)\cos\omega_{\mathrm{c}}t - Q(t)\sin\omega_{\mathrm{c}}t \qquad (6-3-9)$$

式中

$$I(t) = \sum_n a_n g(t - nT_{\mathrm{s}}) \qquad (6-3-10)$$

$$Q(t) = \sum_n b_n g(t - nT_{\mathrm{s}}) \qquad (6-3-11)$$

2.4PSK 信号的产生与解调

四进制绝对移相键控(4PSK)也称正交相移键控(QPSK)，它是利用载波的四种不同相位来表示数字信息。由于每一种载波相位代表 2 b 信息，所以每个四进制码元可以用两个二进制码元的组合来表示。双比特 ab 与载波相位的关系见表 6-2。

表 6 - 2　双比特 ab 与载波相位的关系

双比特码元		载波相位	
a	b	A 方式	B 方式
0	0	0°	225°
1	0	90°	31.5°
1	1	180°	45°
0	1	270°	135°

可以用相位选择法产生 4PSK 信号,其原理图如图 6-38 所示。

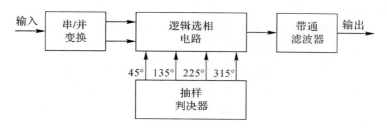

图 6-38　相位选择法产生 4PSK 信号原理图

由式(6-3-9)可以看出,4PSK 信号也可以采用正交调制的方式产生,它可以看成由两个载波正交的 2PSK 调制器构成,如图 6-39 所示。

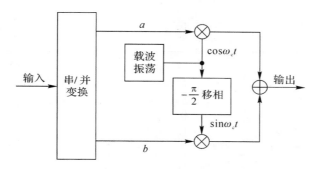

图 6-39　4PSK 正交调制器

由图 6-39 可见,4PSK 信号可以看作两个载波正交 2PSK 信号的合成。因此,对 4PSK 信号的解调可以采用与 2PSK 信号类似的解调方法进行解调,解调原理图如图 6-40 所示。

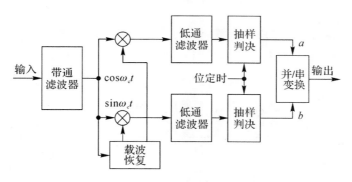

图 6-40　4PSK 信号相干解调原理图

在 2PSK 信号相干解调过程中会产生 $180°$ 相位模糊。同样,对 4PSK 信号相干解调也会产生相位模糊问题,并且是 $0°$、$90°$、$180°$ 和 $270°$ 四个相位模糊。因此,在实际中更实用的是四进制差分相移键控,即 4DPSK 方式。

3. 4DPSK 信号的产生与解调

4DPSK 信号也称 QDPSK 信号,是利用前、后码元之间的相对相位变化来表示数字信息。

若以前一双比特码元相位作为参考,$\Delta\varphi_n$ 为当前双比特码元与前一双比特码元初相差,则信息编码与载波相位变化关系见表 6－3。4DPSK 信号产生原理图如图 6－41 所示。图中,串/并变换器将输入的二进制序列分为速率减半的两个并行序列 a 和 b,再通过差分编码器将其编为四进制差分码,然后用绝对调相的调制方式实现 4DPSK 信号。

表 6－3　4DPSK 信号载波相位编码逻辑关系

双比特码元		载波相位变化
a	b	
0	0	0°
0	1	90°
1	1	180°
1	0	270°

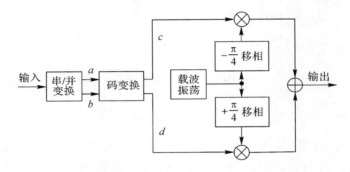

图 6－41　4DPSK 信号产生原理图

4DPSK 信号的解调可以采用相干解调加码反变换器方式(极性比较法,见图 6－42),也可以采用差分相干解调方式(相位比较法,见图 6－43)。

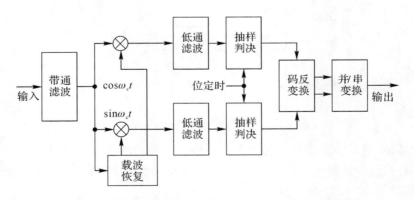

图 6－42　4DPSK 信号相干解调加码反变换器方式原理图

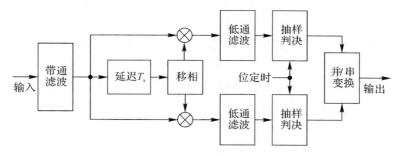

图 6 - 43　4DPSK 信号差分相干解调方式原理图

4.4PSK 及 4DPSK 系统的误码率性能

4PSK 信号采用相干解调时系统的误码率为

$$P_e \approx \mathrm{erfc}\left(\sqrt{r}\sin\frac{\pi}{4}\right) \qquad (6-3-12)$$

式中, r 为信噪比。

4DPSK 信号采用相干解调时系统的误码率为

$$P_e \approx \mathrm{erfc}\left(\sqrt{2r}\sin\frac{\pi}{8}\right) \qquad (6-3-13)$$

综上所述,多相制是一种频带利用率较高的高效传输方式。再加之有较好的抗噪性能,因而得到广泛的应用,而 MDPSK 比 MPSK 用得更广泛一些。

6.4　新型数字调制技术

数字幅度调制、数字频率调制和数字相位调制是数字调制的基础。然而,这三种数字调制方式都存在某些不足,如频带利用率低、抗多径衰落能力差等。为了改进这些不足,近数十年来人们陆续提出了一些新的数字调制技术,以适应各种新的通信系统的要求。这些调制技术的研究,主要是围绕寻找频带利用率高,同时抗干扰能力强的调制方式而展开的。

6.4.1　正交幅度调制

在前面讨论的多进制键控体制中,相位键控在带宽和功率占用方面都具有优势,即带宽占用小和比特信噪比要求低。因此 MPSK 和 MDPSK 体制为人们所喜用。但是,在 MPSK 体制中,随着 M 的增大,相邻相位的距离逐渐减小,使噪声容限随之减小,误码率难于保证。为了改善在 M 增大时的噪声容限,发展出了正交幅度调制(QAM)技术。正交幅度调制是一种振幅和相位联合键控的调制方式,具有很高的频带利用率,在中大容量的数字微波通信系统、有线电视网络高速数据传输和卫星通信系统等领域得到广泛应用。

1.信号的矢量图(星座图)

由图 6 - 37 所示的 4PSK 或 8PSK 的信号矢量图可见,所有信号点(图中的黑点)平均分布在一个圆周上,信号点所在的圆周半径就等于该信号的幅度。显然,在信号幅度相同的条件下,8PSK 相邻信号点的距离比 4PSK 的小,并且随着 M 的增加,信号矢量图上的相邻信号点的距离会越来越小。这意味着在相同噪声的条件下,系统的误码率增大。

由上述分析可知,增大相邻信号点的距离,可以减小系统传输的误码率。一种简单易行的方法是通过增大圆的半径来增大相邻信号点的距离,但这种方法会受到发射功率的限制。另一种更好的设计思想是在不增大圆的半径(即不增加信号发射功率)的基础上,重新安排信号点的位置,以增大相邻信号点的距离,实现这种思想的可行性方案就是正交幅度调制(QAM),是一种将 ASK 和 PSK 结合起来的调制方式。

图 6-44 所示为 16QAM 信号和 16PSK 信号的矢量图,以便说明和比较。

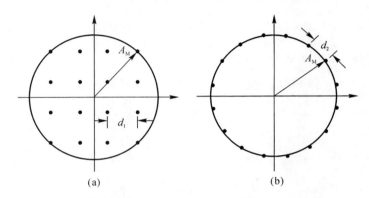

图 6-44   16QAM 和 16PSK 信号的矢量图
(a)16QAM;(b)16PSK

在图 6-44 中,设两者的最大振幅为 A_M,则 16QAM 信号点的最小距离为

$$d_1 = \frac{\sqrt{2}A_M}{3} = 0.471A_M \qquad (6-4-1)$$

而 16PSK 信号点的最小距离为

$$d_2 \approx A_M\left(\sqrt{\frac{\pi}{8}}\right) = 0.393A_M \qquad (6-4-2)$$

此最小距离代表着噪声容限的大小,而噪声容限越大,表明抗噪性能越强。按式(6-4-1)和式(6-4-2)计算,d_1 超过 d_2 约 1.57 dB。但是,这时是在最大功率(振幅)相等的条件下比较的,而没有考虑这两种体制的平均功率差别。16PSK 信号的平均功率(振幅)就等于其最大功率(振幅)。而 16QAM 信号在等概率出现条件下,可以计算出其最大功率和平均功率之比等于 1.8,即 2.55 dB。因此,在平均功率相等条件下,16QAM 比 16PSK 信号的噪声容限大4.12 dB。

2.16QAM 信号的产生与解调

在 QAM 中,信号的振幅和相位作为两个独立的参量同时受到调制。这种信号的一个码元可以表示为

$$s_k(t) = A_k\cos(\omega_0 t + \theta_k), \quad kT < 1 \leqslant (k+1)T \qquad (6-4-3)$$

式中,k=整数;A_k 和 θ_k 分别可以取多个离散值。

式(6-4-3)可以展开为

$$s_k(t) = X_k\cos\omega_0 t + Y_k\sin\omega_0 t \qquad (6-4-4)$$

式中，$X_k = A_k \cos\theta_k$，$Y_k = -A_k \sin\theta_k$。X_k 和 Y_k 也是可以取多个离散值的变量。从式(6-4-4)看出，$s_k(t)$ 可以看作是两个正交的振幅键控信号之和。例如，16QAM 可以用两个正交的 4ASK 信号相加得到。

　　图 6-45 所示为 16QAM 信号的调制原理框图。图中，串行的二进制序列每 4 个码元($abcd$)作为一组，经过串并转换后分成两路，两路的双比特码元(上支路为 ac，下支路为 bd)经过 2-4 电平转换后形成 4 电平的基带信号 $X(t)$ 和 $Y(t)$，然后分别与相互正交的两路载波相乘，产生两个相互正交的 4ASK 信号，将它们相加即可得到 16QAM 信号。

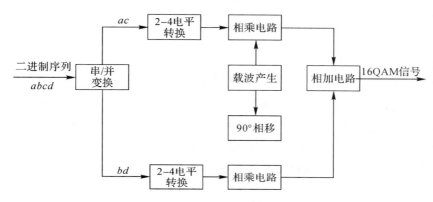

图 6-45　16QAM 信号的调制原理框图

　　图 6-46 所示为 16QAM 信号的正交相干解调法。图中，16QAM 信号与本地恢复的两个正交载波相乘后，经过低通滤波器输出两路 4 电平基带信号 $X(t)$ 和 $Y(t)$。由于 16QAM 信号的 16 个信号点在水平轴和垂直轴上投影的电平数均为 4 个(+3、+1、-1、-3)，对应低通滤波器输出的 4 电平信号，因而抽样判决器应有 3 个判决电平，即 +2、0 和 -2。4 电平判决器对 4 电平基带信号进行判决和检测，再经 4-2 电平转换和并/串转换最终输出二进制序列。

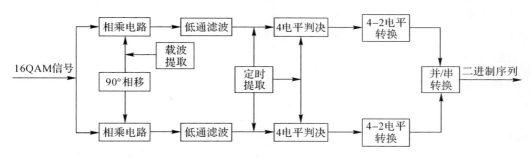

图 6-46　16QAM 信号的相干解调原理框图

　　QAM 特别适合用于频带资源有限的场合。例如，由于电话信道的带宽通常限制在话音频带(300～3 400 Hz)范围内，若希望在此频带中提高通过调制解调器传输数字信号的速率，则 QAM 是非常适用的。在 ITU-T 的建议 V.29 和 V.32 中均采用 16QAM 体制以 9.6 kb/s 的码元速率传输 2.4 kB 的数字信息。目前改进的 16QAM 方案最新的调制解调器的传输速率更高，所用的星座图也更复杂，但仍然占据一个话路的带宽。例如，在 ITU-T 的建议 V.34 中采用 960QAM 体制 使调制解调器的传输速率达到 28.8 kb/s。

3. 16QAM 信号的频带利用率

在图 6-45 中,设输入的二进制代码的传信率为 R_b,则经串/并转换后每路信号的传码率均为 $R_b/2$,仍然是 2 电平信号。2-4 电平变换后,4 电平基带信号的传码率变为 $R_b/4$。正交调制后,每路已调信号的谱零点带宽都等于基带信号传码率的 2 倍,即 $R_b/2$,因此 16QAM 信号的谱零点带宽也等于 $R_b/2$,频带利用率为 $2\ b \cdot s^{-1} \cdot Hz^{-1}$。

由此推广到 M 进制,可得 MQAM 信号的带宽为

$$B_{MQAM} = \frac{2R_b}{\log_2 M} \qquad (6-4-5)$$

频带利用率为

$$\eta_{MQAM} = \frac{R_b}{B} = \frac{1}{2}\log_2 M \qquad (6-4-6)$$

式(6-4-5)和式(6-4-6)也同样适用于其他线性数字调制信号。

综上所述,MQAM 信号是由两个独立的多电平($\sqrt{M}$)基带数字信号对两个相互正交的同频载波进行 $\sqrt{M}$ 进制的 ASK 调制后相加得到的。利用这种已调信号在同一带宽内频谱正交的性质,QAM 实现了在同一带宽内传输两路并行的数字信息,因此与单路 $\sqrt{M}$ 进制的 ASK 信号相比,MQAM 信号可以传输两倍的信息量。

6.4.2 最小频移键控

最小频移键控是 6.1.2 节中讨论的 2FSK 的改进。2FSK 体制虽然性能优良、易于实现,并得到了广泛的应用,但是它也有一些不足之处。首先,它占用的频带宽度比 2PSK 大,即频带利用率较低。其次,若用开关法产生 2FSK 信号,则相邻码元波形的相位可能不连续,因此在通过带通特性的电路后由于通频带的限制,使得信号波形的包络产生较大起伏。这种起伏是人们不希望有的。此外,一般说来,2FSK 信号的两种码元波形不一定严格正交。一般地,若二进制信号的两种码元互相正交,则其误码率性能将更好。

为了克服上述缺点,对于 2FSK 信号作了改进,发展出 MSK 信号。MSK 信号是一种包络恒定、相位连续、带宽最小并且严格正交的 2FSK 信号。

1. MSK 信号的基本原理

(1)MSK 信号的频率间隔。MSK 信号可以表示为

$$e_{MSK}(t) = A\cos[\omega_c t + \theta_k(t)] =$$

$$A\cos\left[\omega_c t + \frac{a_k \pi}{2T_s}t + \varphi_k\right], \quad (k-1)T_s < t \leqslant kT_s \qquad (6-4-7)$$

式中,ω_c 为载波角载频;$a_k = \pm 1$(当输入码元为"1"时,$a_k = +1$;当输入码元为"0"时,$a_k = -1$);T_s 为码元宽度;φ_k 为第 k 个码元的初始相位,它在一个码元宽度中是不变的。

由式(6-4-7)可以看出,当输入码元为"1"时,$a_k = +1$,故码元频率 f_1 等于 $f_s + 1/(4T_s)$;当输入码元为"0"时,$a_k = -1$,故码元频率 f_0 等于 $f_s - 1/(4T_s)$。因此,f_1 和 f_0 的差等于 $1/(2T_s)$。易知,这是 2FSK 信号的最小频率间隔。

(2)MSK 码元中波形的周期数。式(6-4-7)可以改写为

$$e_{MSK}(t) = \begin{cases} \cos(2\pi f_1 t + \varphi_k), & a_k = +1 \\ \cos(2\pi f_0 t + \varphi_k), & a_k = -1 \end{cases} \quad (k-1)T_s < t \leqslant kT_s \qquad (6-4-8)$$

式中，$f_1 = f_s + 1/(4T_s)$；$f_0 = f_s - 1/(4T_s)$。

由于 MSK 信号是一个正交 2FSK 信号，它应该满足正交条件，即

$$\frac{\sin[(\omega_1 + \omega_0)T_s + 2\varphi_k]}{\omega_1 + \omega_0} + \frac{\sin[(\omega_1 - \omega_0)T_s + \omega_k]}{\omega_1 - \omega_0} - \frac{\sin(2\varphi_k)}{\omega_1 + \omega_0} - \frac{\sin(0)}{\omega_1 - \omega_0} = 0$$

上式左端 4 项应分别等于零，因此将第 3 项 $\sin(2\varphi_k) = 0$ 的条件代入第 1 项，得到要求

$$\sin(2\omega_s T_s) = 0 \qquad (6-4-9)$$

即要求

$$4\pi f_s T_s = n\pi, \quad n = 1, 2, 3, \cdots \qquad (6-4-10)$$

或

$$T_s = n\frac{1}{4f_s}, \quad n = 1, 2, 3, \cdots \qquad (6-4-11)$$

式(6-4-11)表示，MSK 信号每个码元持续时间 T_s 内包含的波形周期数必须是 1/4 周期的整数倍，即式(6-4-11)可以改写为

$$f_s = \frac{n}{4T_s} = \left(N + \frac{m}{4}\right)\frac{1}{T_s} \qquad (6-4-12)$$

式中，N 为正整数；$m = 0, 1, 2, 3$。

并有

$$\left.\begin{aligned} f_1 &= f_s + \frac{1}{4T_s} = \left(N + \frac{m+1}{4}\right)\frac{1}{T_s} \\ f_0 &= f_s - \frac{1}{4T_s} = \left(N + \frac{m-1}{4}\right)\frac{1}{T_s} \end{aligned}\right\} \qquad (6-4-13)$$

由式(6-4-13)可知

$$T_s = \left(N + \frac{m+1}{4}\right)T_1 = \left(N + \frac{m-1}{4}\right)T_0 \qquad (6-4-14)$$

式中，$T_1 = 1/f_1$；$T_0 = 1/f_0$。

式(6-4-14)给出一个码元持续时间 T_s 内包含的正弦波周期数。由此式看出，无论两个信号频率 f_1 和 f_0 等于何值，这两种码元包含的正弦波数均相差 1/2 个周期。例如，当 $N=1$，$m=3$ 时，对于比特"1"和"0"，一个码元持续时间内分别有 2 个和 1.5 个正弦波周期。

(3)MSK 信号的相位连续性。波形(相位)连续的一般条件是前一码元末尾的总相位等于后一码元开始时的总相位，即

$$\omega_s k T_s + \varphi_{k-1} = \omega_s k T_s + \varphi_k \qquad (6-4-15)$$

这就要求

$$\frac{a_k \pi}{2T}k T_s + \varphi_{k-1} = \frac{a_{k+1}\pi}{2T}k T_s + \varphi_k \qquad (6-4-16)$$

由式(6-4-16)可以容易地写出下列递归条件：

$$\varphi_k = \varphi_{k-1} + \frac{k\pi}{2}(a_{k-1} - a_k) = \begin{cases} \varphi_{k-1}, & a_k = a_{k-1} \\ \varphi_{k-1} \pm k\pi, & a_k \neq a_{k-1} \end{cases} \qquad (6-4-17)$$

由式(6-4-17)可以看出，第 k 个码元的相位不仅和当前的输入有关，而且和前一码元的相位有关。这就是说，要求 MSK 信号的前后码元之间存在相关性。

2. MSK 信号的产生和解调

(1)MSK 信号的产生方法。由前面讨论可知，MSK 信号可以用两个正交的分量表示：

$$e_{\text{MSK}}(t)=p_k\cos\frac{\pi t}{2T_s}\cos\omega_s t-q_k\sin\frac{\pi t}{2T_s}\sin\omega_s t,\quad (k-1)T_s<t\leqslant kT_s$$

根据上式构成的框图如图 6-47 所示。

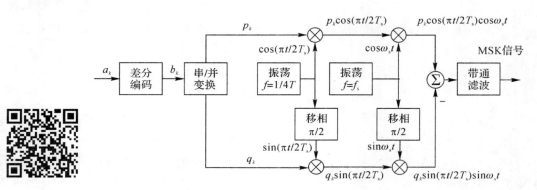

图 6-47　MSK 信号的产生方法之一

下面对图 6-47 的原理举例说明：输入序列

$$a_k=a_1,\ a_2,\ a_3,a_4,\cdots=+1,\ -1,\ +1,\ -1,\ -1,\ +1,\ +1,-1,\ +1,\cdots$$

$$(6-4-18)$$

它经过差分编码器后得到输出序列

$$b_k=b_1,\ b_2,\ b_3,\ b_4,\cdots=+1,\ -1,\ -1,\ +1,\ -1,\ -1,\ -1,\ +1,\ +1,\cdots$$

$$(6-4-19)$$

序列 b_k 经过串/并变换，分成 p_k 支路和 q_k 支路

$$b_1,\ b_2,\ b_3,\ b_4,\ b_5,\ b_6,\cdots=p_1,\ q_2,\ p_3,\ q_4,\ p_5,\ q_6,\ \cdots \qquad(6-4-20)$$

串/并变换输出的支路码元长度为输入码元长度的两倍，若仍然采用原来的序号 k，将支路第 k 个码元长度仍当作为 T_s，则有

$$b_1=p_1=p_2,b_2=q_2=q_3,b_3=p_3=p_4,b_4=q_4=q_5,\cdots \qquad(6-4-21)$$

这里的 p_k 和 q_k 的长度仍是原来的 T_s。换句话说，因为 $p_1=p_2=b_1$，所以由 p_1 和 p_2 构成一个长度等于 $2T_s$ 的取值为 b_1 的码元。p_k 和 q_k 再经过两次相乘，就能合成 MSK 信号了。

（2）MSK 信号的解调方法。现在来讨论 MSK 信号的解调。由于 MSK 信号是一种 2FSK 信号，所以它也像 2FSK 信号那样，可以采用相干解调或非相干解调方法。在这里，我们将介绍另一种解调方法，即延时判决相干解调法的原理。

现在先考察 $k=1$ 和 $k=2$ 的两个码元。设 $\varphi_1(t)=0$，则由图 6-48(a)可知，在 $t=2T_s$ 时，$\theta_k(t)$ 的相位可能为 0 或 $\pm\pi$。在解调时，若用 $\cos(\omega_s t+\pi/2)$ 作为相干载波与此信号相乘，则可得

$$\cos[\omega_s t+\theta_k(t)]\cos(\omega_s t+\pi/2)=\frac{1}{2}\cos\left[\theta_k(t)-\frac{\pi}{2}\right]+\frac{1}{2}\cos\left[2\omega_s t+\theta_k(t)+\frac{\pi}{2}\right]$$

$$(6-4-22)$$

式(6-4-22)中等号右端第二项的频率为 $2\omega_s$。将它用低通滤波器滤除，并省略掉常数(1/2)后，可得输出电压为

$$v_o=\cos\left[\theta_k(t)-\frac{\pi}{2}\right]=\sin\theta_k(t) \qquad(6-4-23)$$

按照输入码元 a_k 的取值不同,输出电压 $v_。$ 的轨迹如图 $6-48(b)$ 所示:若输入的两个码元为"$+1,+1$"或"$+1,-1$",则 $\theta_k(t)$ 的值在 $0 < t \leqslant 2T_s$ 期间始终为正。若输入的一对码元为"$-1,+1$"或"$-1,-1$",则 $\theta_k(t)$ 的值始终为负。

因此,若在此 $2T_s$ 期间对式($6-4-23$)积分,则当积分结果为正值时,说明第一个接收码元为"$+1$";若积分结果为负值,则说明第 1 个接收码元为"-1"。按照此法,在 $T_s < t \leqslant 3T_s$ 期间积分,就能判断第 2 个接收码元的值,依此类推。

用这种方法解调,由于利用了前后两个码元的信息对于前一个码元作判决,所以可以提高数据接收的可靠性。

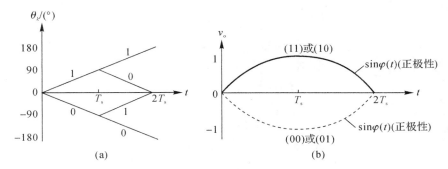

图 $6-48$ MSK 信号的解调

(a)附加相位的变化;(b)输出电压的变化

3. MSK 信号的功率谱

MSK 信号的归一化(平均功率 $=1$ W 时)单边功率谱密度 $P_s(f)$ 的计算结果如下:

$$P_s(f) = \frac{32 T_s}{\pi^2} \left[\frac{\cos 2\pi (f - f_s) T_s}{1 - 16 (f - f_s)^2 T_s^2} \right]^2 \tag{6-4-24}$$

按照式($6-4-24$)画出的曲线在图 $6-49$ 中用实线示出。应当注意,图中横坐标是以载频为中心画的,即横坐标代表频率($f-f_s$)。

由图 $6-49$ 可见,与 QPSK 相比,MSK 信号的功率谱密度更为集中,即其旁瓣下降得更快。故它对于相邻频道的干扰较小。

4. MSK 信号的误码性能

MSK 信号是用极性相反的半个正(余)弦波形去调制两个正交的载波。因此,当用匹配滤波器分别接收每个正交分量时,MSK 信号的误比特率性能和 2PSK、QPSK 及 OQPSK 等的性能一样。但是,若把它当作 FSK 信号用相干解调法在每个码元持续时间 T_s 内解调,则其性能将比 2PSK 信号的性能差 3 dB。

5. 高斯最小频移键控

在进行 MSK 调制前将矩形信号脉冲先通过一个高斯型的低通滤波器。这样的体制称为高斯最小频移键控(GMSK)。

此高斯型低通滤波器的频率特性表示式为

$$H(f) = \exp[-(\ln 2/2)(f/B)^2] \tag{6-4-25}$$

式中,B 为滤波器的 3 dB 带宽。

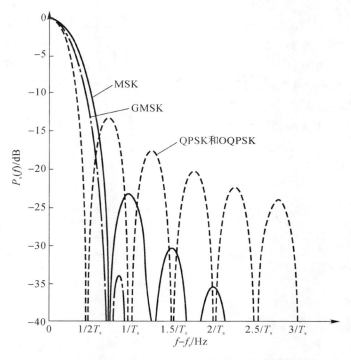

图 6 - 49　MSK、GMSK 和 QPSK 等信号的功率谱密度

将式(6 - 4 - 25)作逆傅里叶变换,得到此滤波器的冲激响应为

$$h(t) = \frac{\sqrt{\pi}}{\alpha}\exp\left(-\frac{\pi}{\alpha}t\right)^2 \qquad (6-4-26)$$

式中,$\alpha = \sqrt{\dfrac{\ln 2}{2}}\dfrac{1}{B}$。

由于 $h(t)$ 为高斯特性,故称此滤波器为高斯型滤波器。

GMSK 信号的功率谱密度很难分析计算,用计算机仿真方法得到的结果也示于图 6 - 49 中。仿真时采用的 $BT_s = 0.3$,即滤波器的 3 dB 带宽 B 等于码元速率的 0.3 倍。在 GSM 制的蜂窝网中就是采用 $BT_s = 0.3$ 的 GMSK 调制,这是为了得到更大的用户容量,因为在那里对带外辐射的要求非常严格。GMSK 体制的缺点是有码间串扰。BT_s 值越小,码间串扰越大。

本章重要知识点

数字频带传输不同于数字基带传输之处在于它包含调制和解调,因调制和解调方式不同,数字频带系统具有不同的性能。数字调制与模拟调制的区别在于调制信号为数字基带信号,根据被调参数的不同,有幅移键控(ASK)、频移键控(FSK)和相移键控(PSK)三种基本方式。由于 PSK 方式存在相位模糊的问题,又发展出了差分相移键控(DPSK)。

1.幅移键控

ASK 是一种最早应用的数字调制方式,它是一种线性调制系统。

（1）优点：设备简单、频带利用率高。

（2）缺点：抗噪声性能差，而且它的最佳判决门限与接收机输入信号的振幅有关，因而不易使抽样判决器工作在最佳状态。

（3）随着电路、滤波和均衡技术的发展，应高速数据传输的需要，多电平调制技术的应用越来越受到重视。

2. 频移键控

FSK 是数字通信中的一种重要的调制方式。

（1）优点：抗干扰能力强。

（2）缺点：占用频带较宽，尤其是 MFSK 系统，频带利用率很低。

（3）目前主要应用于中、低速数据传输系统中。

3. 相移键控

PSK 分为绝对相移和相对相移两种。

（1）绝对相移在解调时有相位模糊的缺点，因而在实际中很少采用。但绝对相移是相对移相的基础，有必要熟练掌握。相对相移不存在相位模糊问题，因为它是依靠前后码元相位差来恢复数字信号的。

（2）PSK 或 DPSK 是一种高效的调制方式，其抗干扰能力比 ASK 和 FSK 都强，因此在中、高速数据传输中得到广泛的应用。

（3）MPSK 信号常用的有四相制和八相制，它们都可以看作是振幅相等而相位不同的振幅调制，它是一种频带利用率较高的高效传输方式，其抗噪性能也好，因而得到广泛应用。但由于绝对相移在相干解调时存在载波相位模糊的问题，在实际中较少采用，MDPSK 应用得更广一些。

4. 二进制数字调制的抗噪性能

（1）2ASK 和 2PSK/2DPSK 的带宽均为码元速率的两倍。2FSK 的带宽比它们的宽。因此，在码元速率相同的情况下，2FSK 系统的频带利用率较低。

（2）在抗加性高斯白噪声方面，相干 2PSK 性能最好，2FSK 次之，2ASK 最差。

5. 新型数字调制技术

（1）正交幅度调制（QAM）可认为是从 QPSK 或 MPSK 方式发展出来的。它是一种振幅和相位联合键控的方式。它比 MPSK 抗干扰性能更好，频带利用率更高，并且可以实现更高的数据传输速率。

（2）最小频移键控（MSK）和高斯最小频移键控（GMSK）都属于改进的 FSK 方式。它们能克服 FSK 信号相位不连续等缺点，且能以最小的调制指数（0.5）获得严格正交的 2FSK 信号。GMSK 信号的功率谱密度比 MSK 信号的更为集中，能满足蜂窝移动通信环境下对带外辐射的严格要求。

本 章 习 题

一、填空题

1. 对于 2DPSK、2ASK、2FSK 通信系统,按可靠性好坏,排列次序为＿＿＿＿＿＿＿＿,按有效性好坏,排列次序为＿＿＿＿＿＿＿。

2. 若某 2FSK 系统的码元传输速率为 2×10^6 B,当数字信息为"1"时的频率 $f_1 = 10$ MHz,当数字信息为"0"时的频率 $f_2 = 10.4$ MHz。输入接收端解调器的信号峰值振幅 $a = 40$ μV。信道加性噪声为高斯白噪声,且其单边功率谱密度为 $n_0 = 6 \times 10^{-18}$ W/Hz。2FSK 信号的带宽为＿＿＿＿Hz,解调器输入端的噪声功率＿＿＿＿＿＿W。

3. 若信息速率为 W b/s,则 2PSK、4PSK 信号的谱零点带宽分别为＿＿＿＿＿ 和＿＿＿＿＿。

4. 在数字调制系统中,采用 4PSK 调制方式传输,无码间串扰时通达到的最高频带利用率是＿＿＿＿＿＿ b·s^{-1}·Hz^{-1}。

5. 单个码元呈矩形包络的 300 B 2FSK 信号,两个发信频率是 $f_1 = 800$ Hz,$f_2 = 1\ 800$ Hz,那么该 2FSK 信号占用带宽为＿＿＿＿＿＿。

二、选择题

1. 三种数字调制方式之间,其已调信号占用频带的大小关系为(　　　)。
A. 2ASK＝ 2PSK＝ 2FSK　　　　　　　　　B. 2ASK＝ 2PSK>2FSK
C. 2FSK>2PSK＝ 2ASK　　　　　　　　　D. 2FSK>2PSK>2ASK

2. 可以采用差分解调方式进行解调的数字调制方式是(　　　)。
A. ASK　　　　　B. PSK　　　　　C. FSK　　　　　D. DPSK

3. 下列哪种解调方式对判决的门限敏感(　　　)。
A. 相干 2ASK　　　　B. 相干 2FSK　　　　C. 相干 2PSK　　　　D. 差分相干解调

4. 设 r 为接收机输入端信噪比,则 2ASK 调制系统相干解调的误码率计算公式为(　　　)。
A. $\frac{1}{2}\mathrm{erfc}(\sqrt{r/4})$　　　B. $\frac{1}{2}\exp(-r/2)$　　　C. $\frac{1}{2}\mathrm{erfc}(\sqrt{r/2})$　　　D. $\frac{1}{2}\mathrm{erfc}(\sqrt{r})$

5. 2DPSK 中,若采用差分编码加 2PSK 绝对相移键控的方法进行调制,a_n 为绝对码,b_n 为相对码,则解调端码型反变换应该是(　　　)。
A. $a_{n-1} = b_n \oplus b_{n-1}$　　　B. $b_n = a_n \oplus b_{n-1}$　　　C. $a_n = b_n \oplus b_{n-1}$　　　D. $b_{n-1} = a_n \oplus b_n$

6. 关于多进制数字调制,下列说法不正确的是(　　　)。
A. 相同码元传输速率下,多进制系统信息速率比二进制系统高
B. 相同信息传输速率下,多进制系统码元速率比二进制系统低
C. 多进制数字调制是用多进制数字基带信号去控制载频的参数
D. 在相同的噪声下,多进制系统的抗噪声性能高于二进制系统

三、简答题

1. 数字调制系统与数字基带传输系统有哪些异同点?

2.试比较相干检测 2ASK 系统和包络检测 2ASK 系统的性能及特点。

3.试比较相干检测 2FSK 系统和包络检测 2FSK 系统的性能和特点。

4.什么是绝对移相调制？什么是相对移相调制？它们之间有什么相同点和不同点？

5.试比较 2ASK、2FSK、2PSK 和 2DPSK 信号的功率谱密度和带宽之间的相同点与不同点。

6.简述多进制数字调制的原理，与二进制数字调制比较，多进制数字调制有哪些优点？

四、计算题

1.已知 2ASK 系统的传码率为 1 000 B，调制载波为 $2\cos(140\pi\times10^6 t)$V。

(1)求该 2ASK 信号的频带宽度。

(2)若采用相干解调器接收，请画出解调器中的带通滤波器和低通滤波器的传输函数幅频特性示意图。

2.在 2ASK 系统中，已知码元传输速率 $R_B=2\times10^6$ B，信道噪声为加性高斯白噪声，其双边功率谱密度 $n_0/2=3\times10^{-18}$ W/Hz，接收端解调器输入信号的振幅 $a=40\ \mu$V。

(1)若采用相干解调，试求系统的误码率。

(2)若采用非相干解调，试求系统的误码率。

3.已知某 2FSK 系统的码元传输速率为 1 200 B，发"0"时载频为 2 400 Hz，当发送"1"时载频为 4 800 Hz，若发送的数字信息序列为 011011010，试画出 2FSK 信号波形图并计算其带宽。

4.某 2FSK 系统的传码率为 2×10^6 B，"1"码和"0"码对应的载波频率分别为 $f_1=10$ MHz，$f_2=15$ MHz。

(1)请问相干解调器中的两个带通滤波器及两个低通滤波器应具有怎样的幅频特性？画出示意图说明。

(2)试求该 2FSK 信号占用的频带宽度。

5.在二进制数字调制系统中，设解调器输入信噪比 $r=7$ dB。试求相干解调 2PSK、相干解调–码变换 2DPSK 和差分相干 2DPSK 系统的误码率。

第7章 差错控制编码

在通信系统中,由于信道传输特性不理想及加性噪声的影响,所以收到的信号不可避免地会发生错误。信道编码就是为了保证通信系统的可靠性,克服信道中的噪声与干扰而专门设计的一类差错控制技术和方法,它也可以在保证通信系统一定的可靠性前提下达到减少发射功率的目的。差错控制编码属于信道编码范畴。

差错控制编码也称纠错编码,它通常是在传输的信息位后附加一定的冗余码元,从而实现检错或纠错的功能。由于传输的码元增加,导致传输有效性下降,设备复杂性增加,所以在通信系统中,往往需要在可靠性、有效性和设备复杂性这些相互矛盾的因素之间寻求折中。

本章在给出差错控制编码的基本概念的基础上首先介绍几种简单的检错码,然后介绍线性分组码、循环码的编译码原理。

本章学习目的与要求

(1)理解差错控制编码的基本原理;

(2)了解差错控制编码的基本概念;

(3)掌握线性分组码的编译码方法;

(4)掌握循环码的编译码方法。

7.1 差错控制编码基本原理

现在先用一个例子说明差错控制编码的基本原理。设有一种由2位二进制数字构成的码组,它共有4种不同的可能组合。若将其全部用来表示天气,则可以表示4种不同的天气。例如,"00"(晴)、"01"(云)、"10"(雨)、"11"(阴)。其中,任一码组在传输中发生错码时,将变成另一个信息码组。这时,接收端将无法发现错误。

若在上述4个码组后面都附加1个监督元(冗余码元),使监督元与前两位信息元一起保证码组中"1"的个数为偶数,即"000"(晴)、"011"(云)、"101"(雨)、"110"(阴)。这4种通信双方约定发送的码组称为许用码组,另外4种不准使用的码组("001""010""100""111")则称为禁用码组。接收端一旦收到禁用码组时,就认为发现了错码。例如,"000"(晴)中错了1位,则接收码组将变为"100"或"010"或"001",这三种码组是禁用码组。因此,接收端在接收到禁用码组时,就认为发现了错码。若"000"(晴)中错了3位,则接收码组将变为"111",它也是禁用码组。因此,这种编码也能检测3个错码。但是,这种编码不能发现一个码组中两个错码的情况,因为发生两个错码后产生的是许用码组。

上述这种编码只能检测错码,不能纠正错码。例如,当接收码组为禁用码组"100"时,接收端无法判断究竟是哪一位码出现了错误,因为"000"(晴)、"101"(雨)、"110"(阴)这 3 个许用码组错一位都可以变成"100"。

　　要想纠正错码,还需要再增加冗余度。例如,若规定许用码组只有两个"000"(晴),"111"(雨),其他都是禁用码组,则能够检测两个以上的错码,或能够纠正一个错码。例如,当接收端收到禁用码组"100"时,若当作仅有一个错码,则可以判断错码发生在"1"位,从而纠正为"000"(晴)。因为"111"(雨)发生任何一个错码时都不会变成"100"这种形式。但是,这时若假定错码数不超过两个,则存在两种可能性,即"000"错一位和"111"错两位都可能变成"100",因而只能检测出存在错码而无法纠正错码。可见,差错控制编码就是通过增加编码的冗余度来实现检错或纠错的目的的。

　　从上面的例子中可以得到"分组码"的一般概念。如果不要求检(纠)错,为了传输 4 种不同的天气,用两位码组就够了,即"00"(晴)、"01"(云)、"10"(雨)、"11"(阴)。这些两位码元称为信息元。如果要求检(纠)错,为了传输 4 种不同的天气,可用三位码组,即"000"(晴)、"011"(云)、"101"(雨)、"110"(阴),其中增加的那一位就称为监督元。通常将这种信息元分组,为每组信息元附加若干监督元的编码称为分组码。在分组码中,监督元仅监督本码组中的信息元。

　　分组码一般用符号 (n,k) 表示,其中 n 是码组的总位数,又称为码组的长度,简称码长,k 是码组中信息元的数目,$n-k=r$ 为码组中监督元的数目。通常将分组码的结构规定为图 7-1 所示的形式。其中前 k 位为信息位,后面附加 r 个监督位。

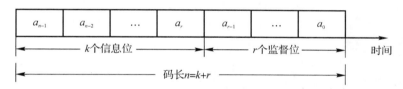

图 7-1　分组码的结构

　　在分组编码中,定义码组中非零码的数目为码组的重量,简称码重,例如"011"码组的码长 $n=3$,码重 $w=2$。把两个码组中对应码位上具有不同二进制码元的个数定义为两个码组的距离,也称汉明(Hamming)距离,简称码距。例如,"000"(晴)、"011"(云)、"101"(雨)、"110"(阴)4 个码组之间,任意两个码组的距离均为 2。

　　对于二进制码组而言,两个码组之间的模 2 加,其不同的对应位必为 1,相同的对应位必为 0,因此,两个码组之间模 2 加得到的码重就是两个码组之间的距离。例如"000"和"011"两个码组的模 2 加为"011","011"码组的码重 $w=2$,因而"000"和"011"两个码组的码距 $d=2$。把某种编码中各个码组之间距离的最小值定义为最小码距(d_0)。例如,上面编码的最小码距 $d_0=2$。

　　通过上述的例子可以看出,差错控制编码的抗干扰能力完全取决于许用码组之间的距离,码组间的最小距离越大,说明码组间的最小差别越大,抗干扰能力就越强。因此,码组之间的最小距离是衡量该码组检错和纠错能力的重要依据,最小码距是信道编码的一个重要参数。在一般情况下,分组码的最小汉明距离 d_0 与检错和纠错能力之间满足下列关系。

　　(1)当码组用于检错时,如果要检测 e 个错误,则

$$d_0 \geqslant e+1 \qquad (7-1-1)$$

这个关系可以用图 7-2(a)进行说明。在图中 A 和 B 分别表示两个码距为 d_0 的码组,若 A 发生 e 个错误,则 A 就变成以 A 为球心、e 为半径的球面上的码组。为了能将这些码组分辨出来,它们必须距离最近的码组 B 有一位的差别,即 A 和 B 之间的最小距离为 $d_0 \geqslant e+1$。

(2)当码组用于纠错时,如果要纠正 t 个错误,则

$$d_0 \geqslant 2t+1 \qquad (7-1-2)$$

这个关系可以用图 7-2(b)进行说明。在图中 A 和 B 分别表示两个码距为 d_0 的码组,若 A 发生 t 个错误,则 A 就变成以 A 为球心、t 为半径的球面上的码组;B 发生 t 个错误,则 B 就变成以 B 为球心、t 为半径的球面上的码组。为了在出现 t 个错误后,仍能分辨出 A 和 B 来,那么 A 和 B 之间的距离应大于 $2t$,最小距离也应当使两球体表面相距为 1,即 A 和 B 之间的最小距离为 $d_0 \geqslant 2t+1$。

(3)若码组用于纠正 t 个错误,同时检测 e 个错误时($e>t$),则

$$d_0 \geqslant e+t+1 \qquad (7-1-3)$$

这个关系可以用图 7-2(c)进行说明。在图中 A 和 B 分别表示两个码距为 d_0 的码组,当码组出现 t 个或小于 t 个错误时,系统按照纠错方式工作;当码组出现大于 t 个而小于 e 个错误时,系统按照检错方式工作;若 A 发生 t 个错误,B 发生 e 个错误时,既要纠正 A 的错,又要检测 B 的错,则 A 和 B 之间最小距离应为 $d_0 \geqslant e+t+1$。

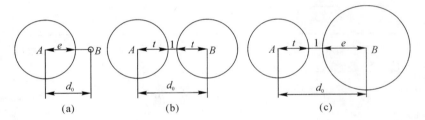

图 7-2 最小码距与检(纠)错能力的关系

【例 7-1】 已知 3 个码组(001010)(101101)(010001)。试问其检错和纠错能力。

解:该编码的两两码组之间的最小码距为 $d_0=4$,因此若用于检出错码,则由 $d_0 \geqslant e+1$ 可得 $e=3$,即能检出 3 位错码;若用于纠正错码,则由 $d_0 \geqslant 2t+1$ 可得 $t=1$,即能纠正 1 位错码;若用于纠、检错结合,则由 $d_0 \geqslant e+t+1(e>t)$ 可得 $t=1,e=2$,即能纠正 1 位错码,同时检出 2 位错码。

定义码组中信息元所占的比例为编码效率,用 R_c 表示,有

$$R_c = \frac{k}{n} = \frac{n-r}{n} = 1 - \frac{r}{n} \qquad (7-1-4)$$

显然,码组中监督元越多,纠错能力就越强,但编码效率就越低。

编码增益指在保持误码率不变的情况下,采用纠错编码所节省的信噪比。例如,若要求某系统的误码率为 10^{-5},在未采用编码时,约需要信噪比 9 dB;在采用某种编码时,只需要信噪比 6 dB,比未编码的大约节省 3 dB 的功率(即编码增益),付出的代价是带宽增大。因此,差错控制编码主要应用于功率受限而带宽不太受限的信道中。

7.2　差错控制编码的基本概念

7.2.1　差错控制的类型与方式

从差错控制角度看,按照错码分布规律不同,可以分为以下三种类型。

(1)随机差错。错码的出现是随机的,而且错码之间是统计独立的,例如,由正态分布白噪声引起的错码就具有这种性质。这是无记忆信道的特征,如卫星信道、同轴电缆等。

(2)突发差错。错码是集中成串出现的,即在一些短促的时间段内出现大量错码,而在这些短促的时间段之间存在较长的无错码区间。产生突发差错的主要原因之一是脉冲干扰,如电火花产生的干扰。信道中的衰落现象也是产生突发差错的另一个重要原因。这是有记忆信道的特征,如短波通信信道、移动通信信道等。

(3)既有随机差错也有突发性成串差错,且哪一种都不能忽略不计的信道称为混合信道。

对于不同类型的信道,应该采用不同的差错控制方式。常用的差错控制方式主要有前向纠错、检错重发和混合纠错三种,它们的结构如图 7-3 所示。图中有斜线的方框图表示在该端进行错误检测。

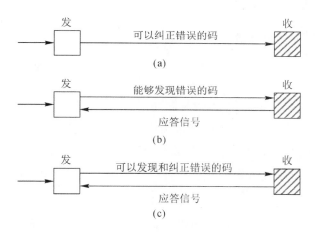

图 7-3　常用的差错控制方式
(a)前向纠错(FEC);(b)检错重发(ARQ);(c)混合纠错(HEC)

(1)前向纠错(FEC)。在前向纠错方式中,发送端经信道编码后可以发出具有纠错能力的码组,接收端译码后不仅可以发现错误,而且可以判断错码的位置并进行纠正。然而,前向纠错编码需要附加较多的冗余码元,影响数据传输效率,同时其编译码设备也比较复杂,但由于不需要反馈信道,实时性较好,所以这种方式在单工信道中普遍采用,如无线电寻呼系统中采用的 POGSAG 编码等。

(2)检错重发(ARQ)。在检错重发方式中,发送端经信道编码后可以发出能够检测出错误的码组;接收端收到后经检测如果发现传输中有错误,则通过反馈信道把这一判断结果反馈给发送端,之后,发送端把之前发出的信息重新发送一次,直到接收端认为已经正确为止,典型的检错重发方式的原理框图如图 7 - 4 所示。

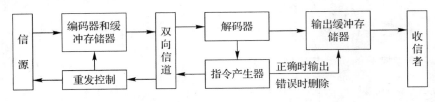

图 7 - 4　典型的 ARQ 系统组成框图

基于上述分析,检错重发(ARQ)的优点主要表现在:只需要少量的冗余码,就可以得到极低的输出误码率;使用的检错码基本上与信道的统计特性无关,有一定的自适应能力;与前向纠错(FEC)相比,信道编译码器的复杂性要低得多。

同时,检错重发(ARQ)也存在某些不足,主要表现在:需要反向信道,故不能用于单向传输系统,并且实现重发控制比较复杂;通信效率低,不适合严格实时传输系统。

(3)混合纠错(HEC)。混合纠错方式是前向纠错方式和检错重发方式的结合。在这种方式中接收端不但具有纠错的能力,而且对超出纠错能力的错误有检测的能力。当遇到后一种情况时,系统可以通过反馈信道要求发送端重新发送一遍。混合纠错方式在实时性和译码复杂性方面是前向纠错和检错重发方式的折中。

7.2.2　几种常用的检错编码

本节介绍几种常用的检错编码,这些信道编码很简单,但有一定的检错能力,且易于实现,因此得到广泛应用。

(1)奇偶监督码。奇偶监督码是奇监督码和偶监督码的统称,是一种基本的检错码。它由 $n-1$ 位信息元和 1 位监督元组成,可以表示为 $(n, n-1)$。如果是奇监督码,在附加上一位监督元后,码长为 n 的码组中"1"的个数为奇数个;如果是偶监督码,在附加上一位监督元后,码长为 n 的码组中"1"的个数为偶数个。即对于采用偶监督码的码组满足以下条件:

$$a_{n-1} \oplus a_{n-2} \oplus \cdots \oplus a_0 = 0 \qquad (7-2-1)$$

式中,a_0 为监督元,其他位为信息元,$\oplus$ 为模 2 加。式(7 - 2 - 1)通常称为监督方程。利用该式,由信息元可求出监督元。另外,若发生单个(或奇数个)错误,就会破坏这个关系式,因此通过该式能检测出码组中是否发生了单个或奇数个错误。

奇偶监督码是一种有效地检测单个错误的方法,之所以强调检测单个错,主要是因为码组中发生单个错误的概率要比发生两个或多个错误的概率大得多。事实上,用偶监督码检测单个错误,检错效果是令人满意的,而且,奇偶监督码的编码效率很高,$R_c = (n-1)/n$,随 n 增大而趋近于 1。码长 $n=5$ 的全部偶监督码组见表 7 - 1。

在数字信息传输中,奇偶监督码的编码可以用软件来实现,也可用硬件电路实现。图 7 - 5(a)就是码长为 5 的偶监督编码器。从图中可以看到,4 位信息元串行送入 4 级移位寄存器,同时经模 2 加运算得到监督元,存入输出缓冲器,编码完成即可输出码组。

表 7-1　码长为 5 的偶监督码组

序　号	码　组		序　号	码　组	
	信息元 $a_4a_3a_2a_1$	监督元 a_0		信息元 $a_4a_3a_2a_1$	监督元 a_0
0	0000	0	8	1000	1
1	0001	1	9	1001	0
2	0010	1	10	1010	0
3	0011	0	11	1011	1
4	0100	1	12	1100	0
5	0101	0	13	1101	1
6	0110	0	14	1110	1
7	0111	1	15	1111	0

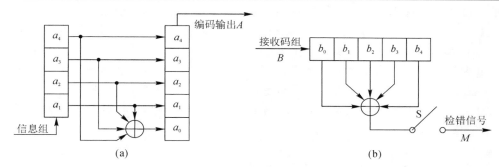

图 7-5 偶监督码的硬件实现

(a)编码器；(b)检错电路

接收端的检错电路如图 7-5(b)所示，当一个接收码组 B 完全进入五级移位寄存器中，开关 S 立即接通，从而得到检错信号 $M=b_4 \oplus b_3 \oplus b_2 \oplus b_1 \oplus b_0$。若接收码组 B 无错，即 $B=A$，则 $M=0$；若接收码组 B 中有单个（或奇数个）错误，则 $M=1$。

（2）二维奇偶监督码。二维奇偶监督码又称矩阵码，它是先把上述奇偶监督码的若干码组排成矩阵，每一码组写成一行，然后再按列的方向增加第二维监督位，如图 7-6 所示。图中 $a_0^1 a_0^2 \cdots a_0^m$ 为 m 行奇偶监督码中的 m 个监督位。$c_{n-1} c_{n-2} \cdots c_1 c_0$ 为按列进行第二次编码所增加的监督位，它们构成了一监督位行。

这种编码有可能检测偶数个错码。因为每行的监督位虽然不能用于检测本行中的偶数个错码，但按列的方向有可能由 $c_{n-1} c_{n-2} \cdots c_1 c_0$ 等监督位检测出来。有一些偶数错码不可能检测出来。例如，构成矩形的 4 个错码，图 7-6 中 $a_{n-2}^2, a_1^2, a_{n-2}^m, a_1^m$ 错了就检测不出来。

这种二维奇偶监督码适于检测突发错码。因为突发错码常常成串出现，随后有较长一段无错区间，所以在某一行中出现多个奇数或偶数错码的机会较多，而这种矩阵码正适合检测这类错码。之前的

$$
\begin{array}{cccc}
a_{n-1}^1 & a_{n-2}^1 & \cdots & a_1^1 \quad a_0^1 \\
a_{n-1}^2 & a_{n-2}^2 & \cdots & a_1^2 \quad a_0^2 \\
\vdots & \vdots & \vdots & \vdots \\
a_{n-1}^m & a_{n-2}^m & \cdots & a_1^m \quad a_0^m \\
c_{n-1} & c_{n-2} & \cdots & c_1 \quad c_0
\end{array}
$$

图 7-6　二维奇偶监督码

一维奇偶监督码一般只适用于检测随机错码。由于矩阵码只对构成矩形四角的错码无法检测,所以其检错能力较强。

二维奇偶监督码不仅可用来检错,还可以用来纠正一些错码。例如,仅在一行中有奇数个错码时,能够确定错码位置,从而纠正。

(3)恒比码。恒比码又称等重码,这种码的每个码组均含有相同数目的"1"(和"0")。由于"1"的数目与"0"的数目之比保持恒定,故得此名。若码长为 n,码重为 w,则此码的许用码组个数为 C_n^w,禁用码组个数为 $2^n - C_n^w$。

该码的检错能力较强,只要计算接收码组中"1"的数目是否正确,就知道有无错码。恒比码的主要优点是简单和适于用来传输电传机或其他键盘设备产生的字母和符号。但对于信源来的二进制随机数字序列,这种码就不适合使用了。

目前我国电传通信中普遍采用 3∶2 码,该码共有 $C_5^3 = 10$ 个许用码组,用来传送 10 个阿拉伯数字,该码又称为 5 中取 3 码。因为每个汉字是以 4 位 10 进制数来表示的,所以提高十进制数字传输的可靠性,就等于提高汉字传输的可靠性。实践证明,采用这种码后,我国汉字电报的差错率大大降低。

当前,在国际上通用的 ARQ 电报通信系统中,采用 3∶4 码即 7 中取 3 码,该码共有 $C_7^3 = 35$ 个许用码组、93 个禁用码组。35 个许用码组可以用来表示不同的字母和符号。实践证明,采用这种码后,国际电报通信的误码率保持在 10^{-6} 以下。

(4)重复码。重复码是在每位信息元之后,用简单重复多次的方法编码。如重复两次时,用 111 传输 1 码,用 000 传输 0 码。接收端译码时采用多数表决法,当出现 2 个或 3 个 1 时视为 1,当出现 2 个或 3 个 0 时视为 0,这样的码可以纠正一个差错,或者检出 2 个差错,如果重复 4 次,就可以纠正 2 个差错了。

7.3 线性分组码

在 7.2 节中介绍的奇偶监督码的编码原理利用了代数关系,这种建立在代数学基础上的编码称为代数码。在代数码中常用的是线性分组码,在线性分组码中信息元和监督元之间的关系是由线性方程组约束的,即监督元是由信息元线性组合产生的。

线性分组码是很重要的一类码,对他的研究也是学习其他各类码的基础,它可以方便地引出各类码中的基本参数、定义及构成思想。

奇偶监督码就是一种效率很高的线性分组码。下面先来看奇偶监督码的构成思想,由于使用了一位监督位,故它和信息位一起构成一个代数方程式,在接收端译码时计算,则有

$$S = a_{n-1} \oplus a_{n-2} \cdots \oplus a_1 \oplus a_0 \qquad (7-3-1)$$

式中,S 称为校正子,若 $S=0$,表示无错;$S=1$,表示有错,式(7-3-1)称为监督关系式或校验关系式。由于仅计算一个校正子,所以只能表示有错或无措,而不能指出错误的位置。

若将监督位增加到两位,就可增加一个监督方程式,接收时就可计算两个校正子 S_1 和 S_2,共有 4 种可能,即 00、01、10、11,除了 00 表示无错以外,其余 3 种就可以表示一位错码的具体位置了。而对于二进制编码,知道了误码的位置,就可以实现纠错了。

一般来说,对于 r 个监督位,可以计算 r 个校正子,它可以指出 $2^r - 1$ 种错误位置,因此对于 (n,k) 线性分组码来说,要想指出一位错码的所有可能位置,则要求

$$2^r - 1 \geqslant C_n^1 = n = k + r \qquad (7-3-2)$$

对于纠正 t 个错误,则要求

$$2^r - 1 \geqslant \sum_{i=1}^{t} C_n^i \text{ 或 } 2^r \geqslant \sum_{i=0}^{t} C_n^i \qquad (7-3-3)$$

下面通过一个例子来说明如何构造这种线性分组码。设线性分组码 (n,k) 中 $k=4$,为了纠正一位错误,则 $r \geqslant 3$,取 $r=3$,则 $n=7$,编码码组用 $a_6 a_5 a_4 a_3 a_2 a_1 a_0$ 表示,用 $S_3 S_2 S_1$ 表示由 3 个监督方程式计算得到的校正子,并假设这 3 个校正子与误码对应的关系见表 7-2。因此接收端计算下面 3 个校验关系,可确定误码的位置。

表 7-2　校正子与误码位置

校正子 $S_1 S_2 S_3$	误码位置	校正子 $S_1 S_2 S_3$	误码位置
001	a_0	101	a_4
010	a_1	110	a_5
100	a_2	111	a_6
011	a_3	000	无错

由表 7-2 中规定可知,仅当一个错码位置在 a_2、a_4、a_5 或 a_6 时,校正子 S_1 为 1;否则 S_1 为 0。换言之,a_2、a_4、a_5 和 a_6 四个码元构成偶监督关系:

$$S_1 = a_2 \oplus a_4 \oplus a_5 \oplus a_6 \qquad (7-3-4)$$

同理,a_1、a_3、a_5 和 a_6 四个码元构成偶监督关系:

$$S_2 = a_1 \oplus a_3 \oplus a_5 \oplus a_6 \qquad (7-3-5)$$

以及 a_0、a_3、a_4 和 a_6 四个码元构成偶监督关系:

$$S_3 = a_0 \oplus a_3 \oplus a_4 \oplus a_6 \qquad (7-3-6)$$

在发送端编码时,a_6、a_5、a_4 和 a_3 是信息码元,它们的值取决于输入信号,因此是随机的。a_2、a_1 和 a_0 是监督码元,它们的值由监督关系来确定,即监督位应使式(7-3-4)~式(7-3-6)中的校正子 S_1、S_2 和 S_3 的值为 0(表示编成的码组中应无错码),这样式(7-3-4)~式(7-3-6)可以表示成下面的方程组形式:

$$\left. \begin{array}{l} a_6 + a_5 + a_4 + a_2 = 0 \\ a_6 + a_5 + a_3 + a_1 = 0 \\ a_6 + a_4 + a_3 + a_0 = 0 \end{array} \right\} \qquad (7-3-7)$$

式(7-3-7)已经将"$\oplus$"简写成"$+$",在本章后面,除非另加说明,"$+$""$-$"均指模 2 运算的加、减。式(7-3-7)经移项运算,解出监督位,有

$$\left. \begin{array}{l} a_2 = a_6 + a_5 + a_4 \\ a_1 = a_6 + a_5 + a_3 \\ a_0 = a_6 + a_4 + a_3 \end{array} \right\} \qquad (7-3-8)$$

根据上面两个线性关系式,可以得到 16 个许用码组(见表 7-3)。

表 7 - 3　(7,4)分组码的许用码组

信息位 $a_6a_5a_4a_3$	监督位 $a_2a_1a_0$	信息位 $a_6a_5a_4a_3$	监督位 $a_2a_1a_0$
0000	000	1000	111
0001	011	1001	100
0010	101	1010	010
0011	110	1011	001
0100	110	1100	001
0101	101	1101	010
0110	011	1110	100
0111	000	1111	111

接收端收到每个码组后,先计算出 S_1、S_2 和 S_3,再查表判断错码情况。例如,若接收码组为 0000011,按上述公式计算可得 $S_1=0$,$S_2=1$,$S_3=1$。由于 $S_1S_2S_3$ 等于 011,所以查表可知在 a_3 位有 1 错码。

不难看出,表 7 - 3 中所列的(7,4)分组码的最小码距 $d_0=3$。因此,这种码能够纠正 1 个错码或检测 2 个错码。由于码率 $k/n=(n-r)/n=1-r/n$,所以当 n 很大和 r 很小时,码率接近 1。

7.3.1　监督矩阵与生成矩阵

式(7 - 3 - 7)所示的(7,4)分组码的三个监督方程式可以重新改写为如下形式:

$$\left. \begin{array}{l} 1 \cdot a_6 + 1 \cdot a_5 + 1 \cdot a_4 + 0 \cdot a_3 + 1 \cdot a_2 + 0 \cdot a_1 + 0 \cdot a_0 = 0 \\ 1 \cdot a_6 + 1 \cdot a_5 + 0 \cdot a_4 + 1 \cdot a_3 + 0 \cdot a_2 + 1 \cdot a_1 + 0 \cdot a_0 = 0 \\ 1 \cdot a_6 + 0 \cdot a_5 + 1 \cdot a_4 + 1 \cdot a_3 + 0 \cdot a_2 + 0 \cdot a_1 + 1 \cdot a_0 = 0 \end{array} \right\} \qquad (7 - 3 - 9)$$

也可以用矩阵表示为

$$\begin{bmatrix} 1 & 1 & 1 & 0 & 1 & 0 & 0 \\ 1 & 1 & 0 & 1 & 0 & 1 & 0 \\ 1 & 0 & 1 & 1 & 0 & 0 & 1 \end{bmatrix} \begin{bmatrix} a_6 \\ a_5 \\ a_4 \\ a_3 \\ a_2 \\ a_1 \\ a_0 \end{bmatrix} = \begin{bmatrix} 0 \\ 0 \\ 0 \end{bmatrix} \qquad (7 - 3 - 10)$$

式(7 - 3 - 10)可以简记为

$$\boldsymbol{H} \cdot \boldsymbol{A}^{\mathrm{T}} = \boldsymbol{0}^{\mathrm{T}} \text{ 或 } \boldsymbol{A} \cdot \boldsymbol{H}^{\mathrm{T}} = \boldsymbol{0} \qquad (7 - 3 - 11)$$

式中,$\boldsymbol{H} = \begin{bmatrix} 1 & 1 & 1 & 0 & 1 & 0 & 0 \\ 1 & 1 & 0 & 1 & 0 & 1 & 0 \\ 1 & 0 & 1 & 1 & 0 & 0 & 1 \end{bmatrix} = [\boldsymbol{P}\ \boldsymbol{I}_r]$;$\boldsymbol{A} = [a_6\ a_5\ a_4\ a_3\ a_2\ a_1\ a_0]$;$\boldsymbol{0} = [0\ 0\ 0]$。

通常将 $\boldsymbol{H}$ 称为监督矩阵,$\boldsymbol{A}$ 是信道编码得到的码组,只要监督矩阵 $\boldsymbol{H}$ 给定,编码时监督位

和信息位的关系就完全确定了。在这个例子中，$\boldsymbol{H}$ 为 $r \times n$ 阶矩阵，$\boldsymbol{P}$ 为 $r \times k$ 阶矩阵，$\boldsymbol{I}_r$ 为 $r \times r$ 阶单位矩阵，具有这种特性的 $\boldsymbol{H}$ 矩阵称为典型监督矩阵，这是一种较为简单的信道编译码方式。典型形式的监督矩阵各行是线性无关的，否则将得不到 r 个线性无关的监督关系式，从而也得不到 r 个独立的监督位。非典型形式的监督矩阵可以经过行或列的运算化为典型形式。

对于式(7-3-9)也可以用矩阵形式表示为

$$\begin{bmatrix} a_2 \\ a_1 \\ a_0 \end{bmatrix} = \begin{bmatrix} 1 & 1 & 1 & 0 \\ 1 & 1 & 0 & 1 \\ 1 & 0 & 1 & 1 \end{bmatrix} \cdot \begin{bmatrix} a_6 \\ a_5 \\ a_4 \\ a_3 \end{bmatrix} = \boldsymbol{P} \cdot \begin{bmatrix} a_6 \\ a_5 \\ a_4 \\ a_3 \end{bmatrix} \qquad (7-3-12)$$

或者

$$\begin{bmatrix} a_2 & a_1 & a_0 \end{bmatrix} = \begin{bmatrix} a_6 & a_5 & a_4 & a_3 \end{bmatrix} \cdot \begin{bmatrix} 1 & 1 & 1 \\ 1 & 1 & 0 \\ 1 & 0 & 1 \\ 0 & 1 & 1 \end{bmatrix} = \begin{bmatrix} a_6 & a_5 & a_4 & a_3 \end{bmatrix} \cdot \boldsymbol{Q}$$

$$(7-3-13)$$

比较式(7-3-12)和式(7-3-13)不难得到 $\boldsymbol{Q} = \boldsymbol{P}^T$，如果在 $\boldsymbol{Q}$ 矩阵的左边再加上一个 $k \times k$ 的单位矩阵，就形成了一个新矩阵 $\boldsymbol{G}$：

$$\boldsymbol{G} = \begin{bmatrix} \boldsymbol{I}_k & \boldsymbol{Q} \end{bmatrix} = \begin{bmatrix} 1 & 0 & 0 & 0 & 1 & 1 & 1 \\ 0 & 1 & 0 & 0 & 1 & 1 & 0 \\ 0 & 0 & 1 & 0 & 1 & 0 & 1 \\ 0 & 0 & 0 & 1 & 0 & 1 & 1 \end{bmatrix} \qquad (7-3-14)$$

式中，$\boldsymbol{G}$ 称为生成矩阵，利用它可以产生整个码组：

$$\boldsymbol{A} = \boldsymbol{M} \times \boldsymbol{G} = \begin{bmatrix} a_6 & a_5 & a_4 & a_3 \end{bmatrix} \cdot \boldsymbol{G} \qquad (7-3-15)$$

由式(7-3-14)表示的生成矩阵形式称为典型生成矩阵，利用式(7-3-15)产生的分组码必为系统码，也就是信息码元保持不变，监督码元附加在其后。

【例 7-2】　已知(7,4)码的监督矩阵为

$$\boldsymbol{H} = \begin{bmatrix} 1 & 1 & 1 & 0 & 1 & 0 & 0 \\ 1 & 1 & 0 & 1 & 0 & 1 & 0 \\ 1 & 0 & 1 & 1 & 0 & 0 & 1 \end{bmatrix}$$

当信息码为 1011 时，请写出纠错编码输出。

解：由给定的监督矩阵，可以确定其 $\boldsymbol{P}$ 矩阵为

$$\boldsymbol{P} = \begin{bmatrix} 1 & 1 & 1 & 0 \\ 1 & 1 & 0 & 1 \\ 1 & 0 & 1 & 1 \end{bmatrix}$$

根据 $\boldsymbol{Q} = \boldsymbol{P}^T$，同时利用 $\boldsymbol{Q}$ 矩阵与生成矩阵的关系，则有

$$\boldsymbol{G} = \begin{bmatrix} \boldsymbol{I}_k & \boldsymbol{Q} \end{bmatrix} = \begin{bmatrix} 1 & 0 & 0 & 0 & 1 & 1 & 1 \\ 0 & 1 & 0 & 0 & 1 & 1 & 0 \\ 0 & 0 & 1 & 0 & 1 & 0 & 1 \\ 0 & 0 & 0 & 1 & 0 & 1 & 1 \end{bmatrix}$$

当信息码为 1011 时，$M=[1\ \ 0\ \ 1\ \ 1]$，利用式(7-3-15)即可求出纠错编码输出，即

$$A=M\times G=[1\ \ 0\ \ 1\ \ 1]\begin{bmatrix}1&0&0&0&1&1&1\\0&1&0&0&1&1&0\\0&0&1&0&1&0&1\\0&0&0&1&0&1&1\end{bmatrix}=[1\ \ 0\ \ 1\ \ 1\ \ 0\ \ 0\ \ 1]$$

可以看出，与表 7-3 对应的许用码组一致。

7.3.2　线性分组码的性质

线性分组码的一个重要性质是封闭性。所谓封闭性是指一种线性分组码中任意两个许用码组之和仍为这一种码中的一个许用码组，即若 A_i，$A_j\in(n,k)$，则 $A_i+A_j\in(n,k)$。这一性质的证明很简单。若 A_i，$A_j\in(n,k)$，则按照式(7-3-11)可知

$$A_iH^{\mathrm{T}}=0,\quad A_jH^{\mathrm{T}}=0$$

将上面两式相加可得

$$A_iH^{\mathrm{T}}+A_jH^{\mathrm{T}}=(A_i+A_j)H^{\mathrm{T}}=0 \qquad (7-3-16)$$

因此(A_i+A_j)也是该分组码中的一个许用码组。该性质隐含着线性码必然包含全零码字这一结论。

由于线性分组码具有封闭性，所以两个码组(A_i+A_j)之间的距离必定是另一个码组(A_i+A_j)的重量。因此码的最小距离 d_0 等于非全零码组的最小重量，即 $d_0=W_{\min}(A_i)$，$A_i\in(n,k)$ 为非全零码组。据此，可以迅速方便地找出(n,k)线性分组码的最小距离。例如，对于表 7-3 中给出的$(7,4)$码，只需检查 15 个非零码字的重量，即可知该码的最小距离为 3，具有纠正 1 位或检测 2 位的能力。

7.3.3　伴随式与译码

一般说来，A 为一个 n 列的行矩阵。此矩阵的 n 个元素就是码组中的 n 个码元，因此发送的码组就是 A。此码组在传输中可能由于干扰引入差错，故接收码组一般说来与 A 不一定相同。若设接收码组为一 n 列的行矩阵 B，即 $B=[b_{n-1}\ \ b_{n-2}\ \ \cdots\ \ b_0]$，则发送码组和接收码组之差为

$$B-A=[b_{n-1}\ \ b_{n-2}\ \ \cdots\ \ b_0]-[a_{n-1}\ \ a_{n-2}\ \ \cdots\ \ a_0]=E=[e_{n-1}\ \ e_{n-2}\ \ \cdots\ \ e_0]$$
$$(7-3-17)$$

式中，E 称为错误矩阵或错误图样，$e_i=\begin{cases}0,&b_i=a_i\\1,&b_i\neq a_i\end{cases}$，若 $e_i=0$，表示该接收码元无错；若 $e_i=1$，则表示该接收码元有错。因此错误图样 E 反映了接收码组出错的情况。在接收端，若能求出错误图样就能对接收码组进行纠错，从而恢复出发送码组 A，即

$$A=B+E \qquad (7-3-18)$$

例如，若接收码组 $B=[1000011]$，错码图样 $E=[0000100]$，则发送码组 $A=[1000111]$。

根据线性分组码的编码原理，每个码组应满足式(7-3-11)，即 $B\cdot H^{\mathrm{T}}=0$。因此，在接收端译码时，可将接收码组 B 用式(7-3-11)进行检验，即对接收码组进行如下运算：

$$B\cdot H^{\mathrm{T}}=S \qquad (7-3-19)$$

若 $S=0$，表示接收码组 B 无错或检测不出错误；若 $S\neq0$，则表示有错。通常把 S 称为接收码组的校正子或伴随式(含义是"伴随"接收码组的错误而存在非零值)，它不是一个简单的数值，

而是一个由 r 个元素组成的行矩阵。将 $\boldsymbol{B}=\boldsymbol{A}+\boldsymbol{E}$ 代入式(7-3-19)可得

$$\boldsymbol{S}=\boldsymbol{B}\cdot\boldsymbol{H}^{\mathrm{T}}=(\boldsymbol{A}+\boldsymbol{E})\cdot\boldsymbol{H}^{\mathrm{T}}=\boldsymbol{A}\cdot\boldsymbol{H}^{\mathrm{T}}+\boldsymbol{E}\cdot\boldsymbol{H}^{\mathrm{T}} \qquad (7-3-20)$$

由式(7-3-11)可知 $\boldsymbol{A}\cdot\boldsymbol{H}^{\mathrm{T}}=\boldsymbol{0}$,因此

$$\boldsymbol{S}=\boldsymbol{E}\cdot\boldsymbol{H}^{\mathrm{T}} \qquad (7-3-21)$$

可见,伴随式 $\boldsymbol{S}$ 仅与错误图样 $\boldsymbol{E}$ 和监督矩阵 $\boldsymbol{H}$ 有关,而与发送码组无关。这意味着当监督矩阵 $\boldsymbol{H}$ 给定时,伴随式 $\boldsymbol{S}$ 与错误图样 $\boldsymbol{E}$ 之间是一一对应的。接收端译码器的任务就是从伴随式 $\boldsymbol{S}$ 中获得错误图样 $\boldsymbol{E}$,从而译出发送码组 $\boldsymbol{A}$。表 7-4 给出了用式(7-3-21)得到的(7,4)码的伴随式 $\boldsymbol{S}$ 与错误图样 $\boldsymbol{E}$ 的关系。利用表中的关系,可以纠正 1 位错码。

表 7-4　(7,4)码的伴随式与错误图样的对应关系

序　号	错码位置	错误图样 E							伴随式 S		
		e_6	e_5	e_4	e_3	e_2	e_1	e_0	S_1	S_2	S_3
0	—	0	0	0	0	0	0	0	0	0	0
1	b_0	0	0	0	0	0	0	1	0	0	1
2	b_1	0	0	0	0	0	1	0	0	1	0
3	b_2	0	0	0	0	1	0	0	1	0	0
4	b_3	0	0	0	1	0	0	0	0	1	1
5	b_4	0	0	1	0	0	0	0	1	0	1
6	b_5	0	1	0	0	0	1	0	1	1	0
7	b_6	1	0	0	0	0	1	1	1	1	1

【例 7-3】　已知(7,4)分组码监督矩阵为

$$\boldsymbol{H}=\begin{bmatrix} 1 & 1 & 1 & 0 & 1 & 0 & 0 \\ 1 & 1 & 0 & 1 & 0 & 1 & 0 \\ 1 & 0 & 1 & 1 & 0 & 0 & 1 \end{bmatrix}$$

当接收到的码组为 1001001 时,请问该码组哪一位出错。

解: 由于接收到的码组 $\boldsymbol{B}=[1\ \ 0\ \ 0\ \ 1\ \ 0\ \ 0\ \ 1]$,利用式(7-3-19)计算其校正子,即

$$\boldsymbol{S}=\boldsymbol{B}\cdot\boldsymbol{H}^{\mathrm{T}}=[1\ \ 0\ \ 0\ \ 1\ \ 0\ \ 0\ \ 1]\cdot\begin{bmatrix} 1 & 1 & 1 \\ 1 & 1 & 0 \\ 1 & 0 & 1 \\ 0 & 1 & 1 \\ 1 & 0 & 0 \\ 0 & 1 & 0 \\ 0 & 0 & 1 \end{bmatrix}=[1\ \ 0\ \ 1]$$

由表 7-4 知,当 $\boldsymbol{S}=[1\ \ 0\ \ 1]$ 时,对应码组中 b_4 出现了错误,纠错后得到的码组为 1011001。

7.3.4　汉明码

汉明码是美国贝尔实验室的汉明于 1950 年提出的第一个用来纠正单个随机错误的线性分组码。

通常,对于(n,k)线性分组码,如果希望用r个监督关系式来指示一位错码的n种可能位置,则应满足式$(7-3-2)$,即$2^r-1\geqslant n$。当该式取等号时,$n=2^r-1$,构成的线性分组码就是汉明码,其主要参数如下:

(1)码字长度$n=2^r-1$;

(2)信息位$k=2^r-1-r$;

(3)监督位$r=n-k$为不小于3的正整数。

汉明码是能纠正1位错码$(d_0=3)$的高效线性分组码。其编码效率为

$$R_c=\frac{k}{n}=\frac{2^r-1-r}{2^r-1}=1-\frac{r}{2^r-1}$$

若$n=2^r-1$很长时,则编码效率接近于1。汉明码有$(7,4)(15,11)(31,26)(63,57)$及$(127,120)$等码型。$(7,4)$汉明码的编码器和译码器电路如图$7-7$所示。

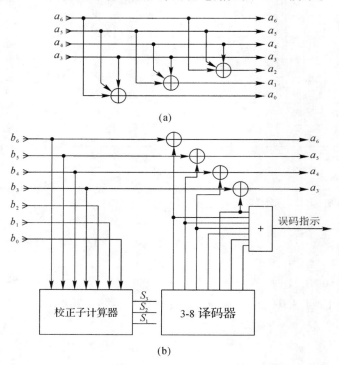

图$7-7$ $(7,4)$系统汉明码的编码器和译码器
(a)发端编码器;(b)收端译码器

【例$7-4$】 已知$(6,3)$码的监督方程为

$$\begin{cases}a_5+a_4+a_2=0\\a_4+a_3+a_1=0\\a_5+a_3+a_0=0\end{cases}$$

试求:

(1)典型的监督矩阵$\boldsymbol{H}$和生成矩阵$\boldsymbol{G}$;

(2)编出该$(6,3)$码的所有码组;

(3)若接收码组为$\boldsymbol{B}=[1\ 0\ 1\ 0\ 1\ 0]$,验证是否出错?

解:(1)从给出的 3 个监督方程依次提取各项系数即可构成监督矩阵为

$$H = \begin{bmatrix} 1 & 1 & 0 & 1 & 0 & 0 \\ 0 & 1 & 1 & 0 & 1 & 0 \\ 1 & 0 & 1 & 0 & 0 & 1 \end{bmatrix} = [P \quad I_r]$$

它具有 $[P \quad I_r]$ 的形式,因此是典型监督矩阵。

$$QP = \begin{bmatrix} 1 & 1 & 0 \\ 0 & 1 & 1 \\ 1 & 0 & 1 \end{bmatrix}, \quad Q = P^{\mathrm{T}} = \begin{bmatrix} 1 & 0 & 1 \\ 1 & 1 & 0 \\ 0 & 1 & 1 \end{bmatrix}$$

于是,可得典型生成矩阵为

$$G = \begin{bmatrix} 1 & 0 & 0 & 1 & 0 & 1 \\ 0 & 1 & 0 & 1 & 1 & 0 \\ 0 & 0 & 1 & 0 & 1 & 1 \end{bmatrix} = [I_k \quad Q]$$

(2)设 A 为许用码组,则由

$$A = M \times G = [a_5 \quad a_4 \quad a_3] \cdot \begin{bmatrix} 1 & 0 & 0 & 1 & 0 & 1 \\ 0 & 1 & 0 & 1 & 1 & 0 \\ 0 & 0 & 1 & 0 & 1 & 1 \end{bmatrix}$$

可得全部码组,见表 7-5。

表 7-5　一种(6,3)码的全部码组

序　号	码　组		序　号	码　组	
	信息元 $a_5 a_4 a_3$	监督元 $a_2 a_1 a_0$		信息元 $a_5 a_4 a_3$	监督元 $a_2 a_1 a_0$
1	000	000	5	100	101
2	001	011	6	101	110
3	010	110	7	110	011
4	011	101	8	111	000

(3)对接收码组 $B = [1\,0\,1\,0\,1\,0]$ 计算伴随式:

$$S = B \cdot H^{\mathrm{T}} = [1\,0\,0]$$

可见,$S \neq 0$(全 0 阵),表示有错。

7.4　循　环　码

循环码是线性分组码的一个重要子集,是目前研究得最成熟的一类码,它有许多特殊的代数性质。这些性质有助于按所要求的纠错能力系统地构造这类码,且易于实现;同时循环码的性能也较好,具有较强的检错和纠错能力。

7.4.1　循环码的基本概念

循环码最大的特点就是码组的循环特性,所谓循环特性是指循环码中任一许用码组经过循环移位后,所得到的码组仍然是许用码组。一般说来,若 $(a_{n-1} a_{n-2} \cdots a_0)$ 是循环码的一个码组,则循环移位后的码组 $(a_{n-2}a_{n-3}\cdots a_0a_{n-1})(a_{n-3}a_{n-4}\cdots a_{n-1}a_{n-2})\cdots(a_0a_{n-1}\cdots a_2a_1)$ 也是该编码中的码组。换言之,不论是左移还是右移,也不论移多少位,仍然是许用的循环码组。表 7-6 给出了一种(7,3)循环码的全部码组,由表可以直观地看出这种码的循环特性。例如,表中的第 2 码组向右移一位,即得到第 5 码组;第 6 码组向右移一位,即得到第 3 码组。

表 7-6 一种(7,3)循环码的全部码组

序 号	码 组		序 号	码 组	
	信息元 $a_6a_5a_4$	监督元 $a_3a_2a_1a_0$		信息元 $a_6a_5a_4$	监督元 $a_3a_2a_1a_0$
1	000	0000	5	100	1011
2	001	0111	6	101	1100
3	010	1110	7	110	0101
4	011	1001	8	111	0010

为了利用代数理论研究循环码,可以将码组用代数多项式是来表示,这个多项式被称为码多项式,对于许用循环码 $A=(a_{n-1}\ a_{n-2}\cdots a_1a_0)$,可以将它的码多项式表示为

$$A(x)=a_{n-1}x^{n-1}+a_{n-2}x^{n-2}+\cdots+a_1x+a_0 \tag{7-4-1}$$

对于二进制码组,多项式的每个系数不是 0 就是 1,x 仅是码元位置的标志。因此,这里并不关心 x 的取值。而表 7-6 中的任一码组可以表示为

$$A(x)=a_6x^6+a_5x^5+a_4x^4+a_3x^3+a_2x^2+a_1x+a_0 \tag{7-4-2}$$

例如,表 7-6 中的第 7 码组可以表示为

$$A_7(x)=1\cdot x^6+1\cdot x^5+0\cdot x^4+0\cdot x^3+1\cdot x^2+0\cdot x+1=x^6+x^5+x^2+1$$
$$\tag{7-4-3}$$

在整数运算中,有模 n 运算。例如,在模 2 运算中,有 $1+1=2\equiv0$(模 2),$1+2=3\equiv1$(模 2),$2\times3=6\equiv0$(模 2),等等。一般说来,若一个整数 m 可以表示为

$$\frac{m}{n}=Q+\frac{p}{n}, \quad p<n, \quad Q\text{ 是整数} \tag{7-4-4}$$

则在模 n 运算下,有 $m\equiv p$(模 n),即在模 n 运算下,一个整数 m 等于它被 n 除得的余数。

在码多项式运算中也有类似的按模运算。若一任意多项式 $F(x)$ 被一 n 次多项式 $N(x)$ 除,得到商式 $Q(x)$ 和一个次数小于 n 的余式 $R(x)$,即

$$\frac{F(x)}{N(x)}=Q(x)+\frac{R(x)}{N(x)} \tag{7-4-5}$$

则可以写为

$$F(x)\equiv R(x) \quad [\text{模 }N(x)]$$

这时,码多项式系数仍按模 2 运算,即只取 0 和 1。例如,x^3 被 (x^3+1) 除,得到余项 1。则有

$$x^3\equiv1 \quad [\text{模}(x^3+1)] \tag{7-4-6}$$

同理

$$x^4+x^2+1\equiv x^2+x+1 \quad [\text{模}(x^3+1)] \tag{7-4-7}$$

在循环码中,若 $A(x)$ 是一个长为 n 的许用码组,则 $x^iA(x)$ 在按模 x^n+1 运算下,也是该

编码中的一个许用码组，即若

$$x^i A(x) \equiv A'(x) \quad [模(x^n + 1)] \tag{7-4-8}$$

则 $A'(x)$ 也是该编码中的一个许用码组，并且 $A'(x)$ 正是 $A(x)$ 代表的码组向左循环移位 i 次的结果。例如，式(7-4-3)表示的循环码，其码长 $n=7$，现给定 $i=3$，则

$$x^3 A_7(x) = x^3(x^6 + x^5 + x^2 + 1) = (x^9 + x^8 + x^5 + x^3) = (x^5 + x^3 + x^2 + x) \quad [模(x^7 + 1)]$$
$$\tag{7-4-9}$$

其对应的码组为 0101110，它正是表 7-6 中第 3 码字。

由上述分析可见，一个长为 n 的循环码必定为按模 $(x^n + 1)$ 运算的一个余式。

7.4.2　循环码的生成多项式

由式(7-3-15)可知有了生成矩阵 G，就可以由 k 个信息位得出整个码组，而且生成矩阵 G 的每一行都是一个码组。例如，在此式中，若 $a_6 a_5 a_4 a_3 = 1000$，则码组 A 就等于 G 的第一行；若 $a_6 a_5 a_4 a_3 = 0100$，则码组 A 就等于 G 的第二行；依次类推。由于 G 是 k 行 n 列的矩阵，因此若能找到 k 个已知码组，就能构成矩阵 G。如前所述，这 k 个已知码组必须是线性不相关的，否则给定的信息位与编出的码组就不是一一对应的。

在循环码中，一个 (n,k) 码有 2^k 个不同的码组。若用 $g(x)$ 表示其中前 $(k-1)$ 位皆为"0"的码组，则 $g(x), xg(x), x^2 g(x), \cdots, x^{k-1} g(x)$ 都是码组，而且这 k 个码组是线性无关的。因此它们可以用来构成此循环码的生成矩阵 G。

在循环码中除全"0"码组外，再没有连续 k 位均为"0"的码组，即连"0"的长度最多只能有 $(k-1)$ 位。否则，在经过若干次循环移位后将得到一个 k 位信息位全为"0"，但监督位不全为"0"的一个码组。这在线性码中显然是不可能的。因此，$g(x)$ 必须是一个常数项不为"0"的 $(n-k)$ 次多项式，而且这个 $g(x)$ 还是这种 (n,k) 码中次数为 $(n-k)$ 的唯一多项式。因为如果有两个，则由码的封闭性，把这两个相加也应该是一个码组，且此码组多项式的次数将小于 $(n-k)$，即连续"0"的个数多于 $(k-1)$。显然，这是与前面的结论矛盾的，故是不可能的。称这唯一的 $(n-k)$ 次多项式 $g(x)$ 为码的生成多项式。一旦确定了 $g(x)$，则整个 (n,k) 循环码就被确定了。

因此，循环码的生成矩阵 G 可以写为

$$G(x) = \begin{bmatrix} x^{k-1} g(x) \\ x^{k-2} g(x) \\ \vdots \\ x g(x) \\ g(x) \end{bmatrix} \tag{7-4-10}$$

在表 7-6 所给出的 $(7,3)$ 循环码中，$n=7$，$k=3$，$n-k=4$。由此表可见，唯一的一个 $(n-k)=4$ 次码多项式代表的码组是第二码组 0010111，与它相对应的码多项式（即生成多项式）$g(x) = x^4 + x^2 + x + 1$。将此 $g(x)$ 代入式(7-4-10)，可得

$$G(x) = \begin{bmatrix} x^2 g(x) \\ x g(x) \\ g(x) \end{bmatrix} \tag{7-4-11}$$

或

$$G(x) = \begin{bmatrix} 1 & 0 & 1 & 1 & 1 & 0 & 0 \\ 0 & 1 & 0 & 1 & 1 & 1 & 0 \\ 0 & 0 & 1 & 0 & 1 & 1 & 1 \end{bmatrix} \qquad (7-4-12)$$

由于式(7-4-12)不符合 $G = [I_k \ Q]$ 的形式,所以它不是典型阵。不过,将它作线性变换,不难化成典型阵。

我们可以写出此循环码组,即

$$A(x) = [a_6 \ a_5 \ a_4]G(x) = [a_6 \ a_5 \ a_4]\begin{bmatrix} x^2 g(x) \\ x g(x) \\ g(x) \end{bmatrix} =$$

$$a_6 x^2 g(x) + a_5 x g(x) + a_4 g(x) =$$

$$(a_6 x^2 + a_5 x + a_4)g(x) =$$

$$m(x)g(x) \qquad (7-4-13)$$

式中,$m(x)$ 为信息多项式,其最高次数为 $k-1$。该式表明,所有码多项式 $A(x)$ 都可被 $g(x)$ 整除,而且任意一个次数不大于 $(k-1)$ 的多项式乘 $g(x)$ 都是码多项式。需要说明一点,两个矩阵相乘的结果应该仍是一个矩阵。式(7-4-13)中两个矩阵相乘的乘积是只有一个元素的一阶矩阵,这个元素就是 $A(x)$。为了简洁,式中直接将乘积写为此元素。

由式(7-4-13)可知,任一循环码多项式 $A(x)$ 都是 $g(x)$ 的倍式,故它可以写为

$$A(x) = h(x) \cdot g(x) \qquad (7-4-14)$$

而生成多项式 $g(x)$ 本身也是一个码组,即有

$$A'(x) = g(x) \qquad (7-4-15)$$

由于码组 $A'(x)$ 是一个 $(n-k)$ 次多项式,故 $x^k A'(x)$ 是一个 n 次多项式。由下式

$$x^i \cdot A(x) \equiv A'(x) \qquad [模(x^n+1)] \qquad (7-4-16)$$

可知,$x^k A'(x)$ 在模 (x^n+1) 运算下也是一个码组,故可以写为

$$\frac{x^k A'(x)}{x^n+1} = Q(x) + \frac{A(x)}{x^n+1} \qquad (7-4-17)$$

式(7-4-17)左端分子和分母都是 n 次多项式,故商式 $Q(x)=1$。因此,式(7-4-17)可以化为

$$x^k A'(x) = (x^n+1) + A(x) \qquad (7-4-18)$$

将 $A(x)$ 和 $A'(x)$ 表示式代入式(7-4-18),经过化简后可得

$$x^n + 1 = g(x)[x^k + h(x)] \qquad (7-4-19)$$

式(7-4-19)表明,生成多项式 $g(x)$ 应该是 (x^n+1) 的一个因子。这一结论为寻找循环码的生成多项式指出了一条道路,即循环码的生成多项式应该是 (x^n+1) 的一个 $(n-k)$ 次因式。

【例 7-5】 求(7,3)循环码的生成多项式 $g(x)$。

解:由题意知 $n=7, k=3, n-k=4$,$g(x)$ 应为 x^7+1 的 4 次因式。x^7+1 可以分解为

$$x^7 + 1 = (x+1)(x^3+x^2+1)(x^3+x+1) \qquad (7-4-20)$$

为了求(7,3)循环码的生成多项式 $g(x)$,需要从式(7-4-20)中找到一个 $(n-k)=4$ 次的因子。不难看出,这样的因子有两个,即

$$(x+1)(x^3+x^2+1)=x^4+x^2+x+1 \qquad (7-4-21)$$

$$(x+1)(x^3+x+1)=x^4+x^3+x^2+1 \qquad (7-4-22)$$

式(7-4-21)和式(7-4-22)都可作为生成多项式。不过,选用的生成多项式不同,产生出的循环码码组也不同。用式(7-4-21)作为生成多项式产生的循环码见表7-6。

7.4.3　循环码的编码与译码

1. 循环码的编码方法

在编码时,首先要根据给定的(n,k)值选定生成多项式$g(x)$,即从(x^n+1)的因子中选一个$(n-k)$次多项式作为$g(x)$。

由式(7-4-13)可知,用给定的信息多项式$m(x)$乘以生成多项式$g(x)$就可得到循环码的码多项式。但是利用这种乘法产生的循环码通常不是系统码。为了得到系统码,应使码组的前k位是信息元,之后是$r=n-k$位监督元,其编码过程如下。

(1)用x^{n-k}乘$m(x)$。这一运算实际上是在信息码后附加上$(n-k)$个"0"。例如,信息码为110,它相当于$m(x)=x^2+x$。当$n-k=7-3=4$时,$x^{n-k}m(x)=x^4(x^2+x)=x^6+x^5$,它相当于1100000。

(2)用$g(x)$除$x^{n-k}m(x)$,得到商$Q(x)$和余式$r(x)$,即

$$\frac{x^{n-k}m(x)}{g(x)}=Q(x)+\frac{r(x)}{g(x)} \qquad (7-4-23)$$

例如,若选定$g(x)=x^4+x^2+x+1$,则有

$$\frac{x^{n-k}m(x)}{g(x)}=\frac{x^6+x^5}{x^4+x^2+x+1}=(x^2+x+1)+\frac{x^2+1}{x^4+x^2+x+1}$$

得到余式$r(x)=x^2+1$,它相当于监督元0101。

(3)将余式$r(x)$加进$x^{n-k}m(x)$,即得编码输出的码组为

$$A(x)=x^{n-k}m(x)+r(x) \qquad (7-4-24)$$

在上例中,$A(x)=1100000+101=1100101$,它就是表7-6中的第7码组。

由上述编码过程可知,$g(x)$除$x^{n-k}m(x)$所得的的余式$r(x)$即为监督码元。因此,系统循环码编码的核心就是用除法器求出余式$r(x)$。

2. 循环码的译码方法

接收端译码的要求有两个:检错和纠错。达到检错目的的译码原理很简单:由于任意一个码组多项式$A(x)$都应该能被生成多项式$g(x)$整除,所以在接收端可以将接收码组$B(x)$用原生成多项式$g(x)$去除。当传输中未发生错误时,接收码组与发送码组相同,即$B(x)=A(x)$,故接收码组$B(x)$必定能被$g(x)$整除;若码组在传输中发生错误,则$B(x)\neq A(x)$,$B(x)$被$g(x)$除时可能除不尽而有余项,即有

$$\frac{B(X)}{g(x)}=Q(x)+\frac{S(x)}{g(x)} \qquad (7-4-25)$$

式中,$S(x)$是接收码组$B(x)$除以$g(x)$的余式,称为循环码的伴随式或校正子。接收端可以根据伴随式$S(x)$是否为零来判别接收码组中有无错码。

需要指出,有错码的接收码组也有可能被$g(x)$整除。这时的错码就不能检出了。这种错误称为不可检错误。不可检错误中的误码数必定超过了这种编码的检错能力。

在接收端达到纠错目的的译码较为复杂。为了能够纠错,要求每个可纠正的错误图样必须与伴随式有一一对应关系。因为只有当存在上述一一对应的关系时,才可能从上述余式唯一地决定错误图样,从而纠正错码。因此,原则上纠错可按下述步骤进行。

(1)用生成多项式 $g(x)$ 除接收码组 $B(x)$,得出伴随式 $S(x)$。

(2)按伴随式 $S(x)$,用查表的方法或通过某种计算得到错误图样 $E(x)$,确定错码位置。

(3)从接收码组 $B(x)$ 中减去 $E(x)$,便得到已经纠正错码的原发送码组 $A(x)$。

上述译码方法称为捕错译码法。目前多采用软件运算实现上述编译码运算。

本章重要知识点

差错控制控制编码,也称纠错编码,属于信道编码范畴,其目的是纠、检错,降低系统的误码率,提高通信质量。

1.差错控制编码的基本原理

(1)通过引入冗余(监督元),使编码具有检错和纠错能力,冗余越多,纠检错能力越强,它是以牺牲系统有效性为代价来换取可靠性的。

(2)最小码距 d_0 是反映差错控制能力的参量,对于 (n,k) 分组码,其纠、检错能力如下:

1)当码组用于检错时,如果要检测 e 个错误,则 $d_0 \geq e+1$;

2)当码组用于纠错时,如果要纠正 t 个错误,则 $d_0 \geq 2t+1$;

3)若码组用于纠正 t 个错误,同时检测 $e(e>t)$ 个错误时,则 $(d_0 \geq e+t+1)$。

2.差错控制的类型

(1)随机差错:错码的出现是随机的,而且错码之间是统计独立的。

(2)突发差错:错码是集中成串出现的,即在一些短促的时间段内出现大量错码,而在这些短促的时间段之间存在较长的无错码区间。

(3)混合信道:既有随机差错也有突发差错,且哪一种都是不能忽略不计的信道。

3.差错控制方式

差错控制方式有前向纠错、检错重发和混合纠错三种。

4.奇偶监督码

奇偶监督码是奇监督码和偶监督码的统称,是一种最简单的 $(n,n-1)$ 线性分组码,能检测出一位误码。

5.二维奇偶监督码

二维奇偶监督码不仅可用来检错,还可以用来纠正一些错码。

6.恒比码

该码的检错能力较强,只要计算接收码组中"1"的数目是否正确,就知道有无错码。恒比码的主要优点是简单和适于用来传输电传机或其他键盘设备产生的字母和符号。

7.(n,k) 线性分组码

(1)"线性"和"分组"的含义。

线性:指监督元和信息元之间的关系是线性关系,即监督元是信息元的线性组合。

　　分组:将 k 个信息元分为一组,并为每组信码附加 r 个监督元,且每一码组的监督元只与本组的信息元有关。

　　性质:(n,k) 线性分组码中任意两个许用码组之和仍为一这种码中的一个许用码组。它的最小码距等于非全零码组的最小码重。

　　(2)分组码的监督矩阵 $\boldsymbol{H}$。

　　监督矩阵 $\boldsymbol{H}$ 的构成:可以通过设计 $r=n-k$ 个线性无关的监督方程,再抽取其系数得到。

　　监督矩阵 $\boldsymbol{H}$ 的作用:决定了信息元和监督元之间的校验关系。任一发送码组 $\boldsymbol{A}$ 必须满足 $\boldsymbol{A} \cdot \boldsymbol{H}^{\mathrm{T}}=\boldsymbol{0}$。因此,对于接收码组 $\boldsymbol{B}$,可以通过计算

$$\boldsymbol{B} \cdot \boldsymbol{H}^{\mathrm{T}}=\boldsymbol{S}=\begin{cases} =\boldsymbol{0}, & \text{无错} \\ \neq \boldsymbol{0}, & \text{有错} \end{cases}$$

来进行检测。

　　监督矩阵 $\boldsymbol{H}$ 的特点如下:

　　1)它是一个 $r \times n$ 矩阵,典型形式为 $\boldsymbol{H}=[\boldsymbol{P}\ \boldsymbol{I}_r]$;

　　2)典型形式的监督矩阵各行是线性无关的,否则将得不到 r 个线性无关的监督关系式,从而也得不到 r 个独立的监督位;

　　3)非典型形式的监督矩阵可以经过行或列的运算化为典型形式。

　　(3)分组码的生成矩阵 $\boldsymbol{G}$。

　　生成矩阵 $\boldsymbol{G}$ 的作用:当给定 k 个信息元时,由生成矩阵 $\boldsymbol{G}$ 可以产生整个码组。

　　生成矩阵 $\boldsymbol{G}$ 的特点如下:

　　1)它是一个 $k \times n$ 矩阵,典型形式为 $\boldsymbol{G}=[\boldsymbol{I}_k\ \boldsymbol{Q}]$;

　　2)典型形式的生成矩阵各行是线性无关的;

　　3)由典型形式的生成矩阵产生的分组码必为系统码,也就是信息码元保持不变,监督码元附加在其后。

　　(4)分组码的伴随式译码。

　　接收端译码时,对接收码组 $\boldsymbol{B}$ 进行如下运算:

$$\boldsymbol{B} \cdot \boldsymbol{H}^{\mathrm{T}}=\boldsymbol{S}=\begin{cases} =\boldsymbol{0}, & \text{无错} \\ \neq \boldsymbol{0}, & \text{有错} \end{cases}$$

　　接收端译码就是从伴随式 $\boldsymbol{S}$ 中获得错误图样 $\boldsymbol{E}$,从而译出发送码组 $\boldsymbol{A}$。

　　(5)汉明码。

　　汉明码是能纠正 1 位错码($d_0=3$)的高效线性分组码。其主要参数如下:

　　1)码字长度 $n=2^r-1$;

　　2)信息位 $k=2^r-1-r$;

　　3)监督位 $r=n-k$ 为不小于 3 的正整数;

　　汉明码有 $(7,4)(15,11)(31,26)(63,57)$ 及 $(127,120)$ 等码型。

　　8.(n,k) 循环码

　　(1)基本概念。

　　循环码是线性分组码的一个重要子集,是目前研究得最成熟的一类码。

　　循环性是指循环码中任一许用码组经过循环移位后,所得到的码组仍然是许用码组。

　　循环码的码组可用代数多项式是来表示,这个多项式被称为码多项式。对于许用循环码

$A=(a_{n-1}\ a_{n-2}\cdots a_1a_0)$，可将它的码多项式表示为 $A(x)=a_{n-1}x^{n-1}+a_{n-2}x^{n-2}+\cdots+a_1x+a_0$。

(2)循环码的生成多项式 $g(x)$。

在循环码中，一个 (n,k) 码有 2^k 个不同的码组。若用 $g(x)$ 表示其中前 $(k-1)$ 位皆为"0"的码组，则 $g(x),xg(x),x^2g(x),\cdots,x^{k-1}g(x)$ 都是码组，而且这 k 个码组是线性无关的。

在循环码中除全"0"码组外，再没有连续 k 位均为"0"的码组，即连"0"的长度最多只能有 $(k-1)$ 位。

所有码多项式 $A(x)$ 都可被 $g(x)$ 整除，而且任意一个次数不大于 $(k-1)$ 的多项式乘 $g(x)$ 都是码多项式。

(3)循环码的编码。

用给定的信息多项式 $m(x)$ 乘以生成多项式 $g(x)$ 就可得到循环码的码多项式。但是利用这种乘法产生的循环码通常不是系统码。若要得到系统码，需要进行如下运算：

$$A(x)=x^{n-k}m(x)+r(x)$$

其中，$r(x)$ 为 $g(x)$ 除 $x^{n-k}m(x)$ 所得的的余式。因此，系统循环码编码的核心就是用除法器求出余式 $r(x)$。

(4)循环码的译码。

接收端译码的过程实际上是检错和纠错的过程。

达到检错目的的译码原理很简单。在接收端将接收码组 $B(x)$ 用原生成多项式 $g(x)$ 去除，若能除尽，则表示无错；若不能除尽，则表示传输有错。

达到纠错目的的译码较为复杂，具体步骤如下：

1)用生成多项式 $g(x)$ 除接收码组 $B(x)$，得出伴随式 $S(x)$；

2)按伴随式 $S(x)$，用查表的方法或通过某种计算得到错误图样 $E(x)$，确定错码位置；

3)从接收码组 $B(x)$ 中减去 $E(x)$，便得到已经纠正错码的原发送码组 $A(x)$。

本 章 习 题

一、填空题

1.按照错码分布规律不同，差错控制编码可以分为_____、_____和_____三种类型。

2.常用的差错控制方式有_____、_____和_____三种方式。

3.码组 110001 的码重为_____，它与 010011 之间的码距为____。

4.奇偶监督码能够检测的错码个数为_____。

5.(5,1)重复码若用于检错，则能检测出____位错码，若用于纠错，则能纠正____位错码。

6.码长为 15 的汉明码的监督位数为_____，编码效率为_____。

二、选择题

1.发送端发送纠错码，接收端译码器自动发现并纠正错误，传输方式为单向传输，这种差错控制的工作方式被称为(　　)。

    A. FEC　　　　B. ARQ　　　　C. AGC　　　　D. HEC

2.码长 $n=7$ 的汉明码，监督位为(　　)。

A. 2 位　　　　B. 3 位　　　　C. 4 位　　　　D. 5 位

三、简答题

1. 差错控制的基本工作方式有哪几种？各有什么特点？

2. 分组码的检、纠错能力与最小码距有什么关系？检、纠错能力之间有什么关系？

3. 二维偶监督码其检测随机及突发错误的性能如何？能否纠错？

4. 什么是线性分组码？它具有哪些重要性质？

5. 什么是循环码？循环码的生成多项式如何确定？

四、计算题

1. 已知某线性码的监督矩阵为

$$
\boldsymbol{H} = \begin{bmatrix}
1 & 0 & 0 & 1 & 0 & 0 & 1 & 1 & 0 \\
1 & 0 & 1 & 0 & 1 & 0 & 1 & 0 & 1 & 0 \\
0 & 1 & 1 & 1 & 0 & 0 & 0 & 0 & 1 \\
1 & 0 & 1 & 0 & 1 & 1 & 1 & 0 & 1
\end{bmatrix}
$$

求其典型监督矩阵。

2. 已知某线性码的监督矩阵为

$$
\boldsymbol{H} = \begin{bmatrix}
1 & 1 & 1 & 0 & 1 & 0 & 0 & 0 \\
1 & 1 & 0 & 1 & 0 & 1 & 0 \\
1 & 0 & 1 & 1 & 0 & 0 & 1
\end{bmatrix}
$$

列出所有许用码组。

3. 已知 (7,3) 分组码的监督关系式为

$$
\begin{cases}
x_6 + x_3 + x_2 + x_1 = 0 \\
x_5 + x_2 + x_1 + x_0 = 0 \\
x_6 + x_5 + x_1 = 0 \\
x_5 + x_4 + x_0 = 0
\end{cases}
$$

求其监督矩阵、生成矩阵及全部码字。

4. 已知 (7,3) 循环码的生成多项式 $g(x) = x^4 + x^2 + x + 1$。

(1) 求其生成矩阵及监督矩阵；

(2) 写出系统循环码的全部码组。

5. 已知 (15,7) 循环码由 $g(x) = x^8 + x^7 + x^6 + x^4 + 1$ 生成，问接收码 $B(x) = x^{14} + x^5 + x + 1$ 是否需要重发。

第8章 同步原理

同步是数字通信系统,以及某些采用相干解调的模拟通信系统中一个重要的实际问题。本章主要讨论同步的基本原理、实现方法、性能指标及其对通信系统性能的影响。

本章学习目的与要求

(1)了解同步的基本原理、实现方法、性能指标及其对通信系统性能的影响;

(2)掌握载波同步在通信系统中的地位和作用,以及实现的原理和方法、性能指标;

(3)掌握位同步在通信系统中的地位和作用,以及实现的原理和方法、性能指标;

(4)掌握群同步在通信系统中的地位和作用,以及实现的原理和方法、性能指标。

8.1 概　述

同步是指收发双方在时间上步调一致,故又称定时。

1.同步分类

(1)载波同步。载波同步是指在相干解调时,接收端需要提供一个与接收信号中的调制载波同频同相的相干载波。这个载波的获取称为载波提取或称载波同步。因此,载波同步是实现相干解调的先决条件。

(2)位同步。位同步又称码元同步。在数字通信系统中,任何消息都是通过一连串码元序列传送的,因此在接收时需要知道每个码元的起止时刻,以便在恰当的时刻进行取样判决,提取这种定时脉冲序列的过程称为位同步。

(3)群同步。群同步也称帧同步。在数字通信中,信息流是用若干码元组成一个"字",又用若干个"字"组成"句"。在接收这些数字信息时,必须知道这些"字""句"的起止时刻,在接收端产生与"字""句"及"帧"起止时刻相一致的定时脉冲序列的过程统称为群同步。

(4)网同步。为了保证通信网内各用户之间可靠地通信和数据交换,全网必须有一个统一的时间标准时钟,这就是网同步。

2.同步的实现方法

同步也是一种信息,按照获取和传输同步信息方式的不同,又可分为外同步法和自同步法。

(1)外同步法。由发送端发送专门的同步信息(常被称为导频),接收端把这个导频提取出来作为同步信号的方法,称为外同步法。

(2)自同步法。发送端不发送专门的同步信息,接收端设法从收到的信号中提取同步信息的方法,称为自同步法。

本章重点讨论载波同步、位同步和群同步的实现方法和性能。

8.2 载 波 同 步

提取相干载波的方法有两种:直接法和插入导频法。

8.2.1 直接法

直接法也称自同步法。有些信号,如 DSB-SC 和 PSK 等,它们虽然本身不直接含有载波分量,但经过某种非线性变换后,将具有载波的谐波分量,因而可从中提取出载波分量来。

1. 平方变换法和平方环法

设调制信号 $m(t)$ 无直流分量,则抑制载波的双边带信号为

$$s_{\mathrm{m}}(t) = m(t)\cos\omega_c t \qquad (8-2-1)$$

接收端将该信号经过非线性变换——平方律器件后可得

$$e(t) = [m(t)\cos\omega_c t]^2 = \frac{1}{2}m^2(t) + \frac{1}{2}m^2(t)\cos 2\omega_c t \qquad (8-2-2)$$

式(8-2-2)等号右边的第二项包含有载波的倍频 $2\omega_c$ 的分量。若用一窄带滤波器将 $2\omega_c$ 频率分量滤出,再进行二分频,就可获得所需的相干载波。

若 $m(t) = \pm 1$,则信号就成为二相移相信号(2PSK),这时有

$$e(t) = [m(t)\cos\omega_c t]^2 = \frac{1}{2} + \frac{1}{2}\cos 2\omega_c t \qquad (8-2-3)$$

因此,同样可以通过如图 8-1 所示的方法提取载波。

图 8-1 平方变换法提取载波

伴随信号一起进入接收机的还有加性高斯白噪声,为了改善平方变换法的性能,使恢复的相干载波更为纯净,窄带滤波器常用锁相环代替,构成平方环法。由于锁相环具有良好的跟踪、窄带滤波和记忆功能,所以平方环法比一般的平方变换法具有更好的性能,如图 8-2 所示。

图 8-2 平方环法提取载波

2PSK 信号平方后得到

$$e(t) = \left[\sum_n a_n g(t - nT_s)\right]^2 \cos^2\omega_c t \qquad (8-2-4)$$

当 $g(t)$ 为矩形脉冲时,有

$$e(t) = \frac{1}{2} + \frac{1}{2}\cos 2\omega_c t \qquad (8-2-5)$$

假设环路锁定,压控振荡器(VCO)的频率锁定在 $2\omega_c$ 频率上,其输出信号为

$$v_o(t) = A\sin(2\omega_c t + 2\theta) \qquad (8-2-6)$$

式中,θ 为相位差。经鉴相器(由相乘器和低通滤波器组成)后输出的误差电压为

$$v_d = K_d \sin 2\theta \qquad (8-2-7)$$

式中,K_d 为鉴相灵敏度,是一个常数。v_d 仅与相位差有关,它通过环路滤波器去控制压控振荡器的相位和频率,环路锁定之后,θ 一个很小的量。因此 VCO 的输出经过二分频后,就是所需的相干载波。

应当注意,在载波提取的方框图中用了一个二分频电路,由于分频起点的不确定性,使其输出的载波相对于接收信号相位有 $180°$ 的相位模糊。

相位模糊对模拟通信关系不大,因为人耳听不出相位的变化。但它有可能使 2PSK 相干解调后出现"反向工作"的问题,克服相位模糊度对相干解调影响的最常用而又有效的方法是采用相对移相(2DPSK)。

2. 同相正交环法

同相正交环法又叫科斯塔斯(Costas)环法。VCO 提供两路互为正交的载波,与输入接收信号分别在同相和正交两个鉴相器中进行鉴相,经低通滤波之后的输出均含调制信号,两者相乘后可以消除调制信号的影响,经环路滤波器得到仅与相位差有关的控制压控,从而准确地对压控振荡器进行调整,如图 8-3 所示。

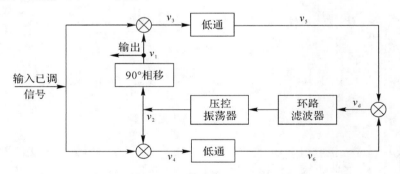

图 8-3　Costas 环法提取载波

设输入的抑制载波双边带信号为 $m(t)\cos\omega_c t$,并假定环路锁定,则有

$$v_1 = \cos(\omega_c t + \theta) \qquad (8-2-8)$$

$$v_2 = \sin(\omega_c t + \theta) \qquad (8-2-9)$$

式中,θ 为 VCO 输出信号与输入已调信号载波之间的相位误差。

$$v_3 = m(t)\cos\omega_c t\cos(\omega_c t + \theta) = \frac{1}{2}m(t)[\cos\theta + \cos(2\omega_c t + \theta)] \qquad (8-2-10)$$

$$v_4 = m(t)\cos\omega_c t\sin(\omega_c t + \theta) = \frac{1}{2}m(t)[\sin\theta + \sin(2\omega_c t + \theta)] \qquad (8-2-11)$$

经低通滤波后分别为

$$v_5 = \frac{1}{2}m(t)\cos\theta \qquad (8-2-12)$$

$$v_6 = \frac{1}{2}m(t)\sin\theta \tag{8-2-13}$$

低通滤波器应该允许 $m(t)$ 通过。v_5、v_6 相乘产生误差信号

$$v_d = \frac{1}{8}m^2(t)\sin2\theta \tag{8-2-14}$$

$m^2(t)$ 可以分解为直流和交流分量,由于锁相环作为载波提取环时,其环路滤波器的带宽设计得很窄,只有 $m(t)$ 中的直流分量可以通过,所以 v_d 可写为

$$v_d = K_d\sin2\theta \tag{8-2-15}$$

如果把图 8-3 中除环路滤波器(LF)和 VCO 以外的部分看成一个等效鉴相器(PD),其输出 v_d 正是所需要的误差电压,它通过环路滤波器滤波后去控制 VCO 的相位和频率,最终使稳态相位误差减小到很小的数值,而没有剩余频差(即频率与 ω_c 同频)。此时 VCO 的输出 $v_1 = \cos(\omega_c t + \theta)$ 就是所需的同步载波,而 $v_5 = \frac{1}{2}m(t)\cos\theta$ 就是解调输出。

8.2.2 插入导频法

在模拟通信系统中,抑制载波的双边带信号本身不含载波;残留边带信号虽然一般都含有载波分量,但很难从已调信号的频谱中将它分离出来;单边带信号更是不存在载波分量。在数字通信系统中,2PSK 信号中的载波分量为零。对这些信号的载波提取,都可以用插入导频法,特别是单边带调制信号,只能用插入导频法提取载波。在本节中,将分别讨论抑制载波的双边带信号和残留边带信号的插入导频法。

1. 抑制载波的双边带信号中插入导频

对于抑制载波的双边带信号而言,在载频处,已调信号的频谱分量为零,同时对调制信号 $m(t)$ 进行适当的处理,就可以使已调信号在载频处的频谱分量很小,这样就可以插入导频,这时插入的导频对信号的影响最小。但插入的导频并不是加在调制器的那个载波,而是将该载波移相 90° 后所谓的"正交载波"。根据上述原理,就可以构成插入导频的发送端方框图,如图 8-4(a)所示。

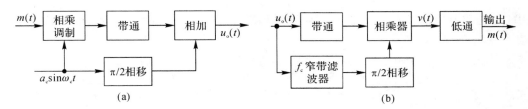

图 8-4 插入导频法提取载波

(a)插入导频法发送端方框图;(b)插入导频法接收端方框图

根据图 8-4(a)所示的结构,其输出信号可表示为

$$u_o(t) = a_c m(t)\sin\omega_c t - a_c\cos\omega_c t \tag{8-2-16}$$

设接收端收到的信号与发送端输出信号相同,则接收端用一个中心频率为 f_c 窄带滤波器就可以得到导频 $-a_c\cos\omega_c t$,再将它移相 90°,就可得到与调制载波同频同相的信号 $a_c\sin\omega_c t$。接收端的方框图如图 8-4(b)所示,从图中可以看到

$$v(t) = [a_c m(t)\sin\omega_c t - a_c\cos\omega_c t]a_c\sin\omega_c t =$$
$$\frac{a_c^2 m(t)}{2} - \frac{a_c^2 m(t)}{2}\cos 2\omega_c t - \frac{a_c^2}{2}\sin 2\omega_c t \qquad (8-2-17)$$

经过低通滤波器后,就可以恢复出调制信号 $m(t)$。然而,如果发送端加入的导频不是正交载波,而是调制载波,这时发送端的输出信号可表示为

$$u_o(t) = a_c m(t)\sin\omega_c t + a_c\sin\omega_c t \qquad (8-2-18)$$

接收端使用窄带滤波器取出 $a_c\sin\omega_c t$ 后直接作为同步载波,但此时经过相乘器和低通滤波器解调后输出为 $a_c^2 m(t)/2 + a_c^2/2$,多了一个不需要的直流成分 $a_c^2/2$,这就是发送端常采用正交载波作为导频的原因。

2. 残留边带信号中插入导频

为了在残留边带信号中插入导频,需要首先了解一下残留边带信号的频谱特点。以下边带为例,边带滤波器应具有如图 8-5 所示的传输特性。利用这样的传输函数,就可以使下边带信号绝大部分通过,而使上边带信号小部分残留。由于 f_c 附近有信号分量,所以,如果直接在 f_c 处插入导频,那么该导频必然会干扰 f_c 附近的信号,同时也会被信号干扰。

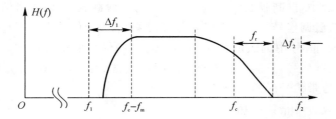

图 8-5 残留边带信号形成滤波器的传输函数

为此可以在信号频谱之外插入两个导频 f_1 和 f_2,使它们在接收端经过某些变换后产生所需的 f_c。设两导频与信号频谱两端的间隔分别为 Δf_1 和 Δf_2,则

$$\left.\begin{array}{l}f_1 = f_c - f_m - \Delta f_1 \\ f_2 = f_c + f_r - \Delta f_2\end{array}\right\} \qquad (8-2-19)$$

式中,f_r 是残留边带形成滤波器传输函数中滚降部分所占带宽的一半,而 f_m 是调制信号的带宽。

对于式(8-2-19)中定义的各个频率值,可以用图 8-6 实现载波提取。

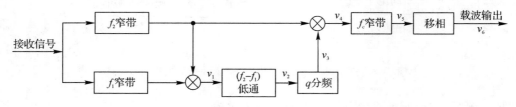

图 8-6 残留边带信号插入导频法接收端方框图

设两导频分别为 $\cos(\omega_1 t + \theta_1)$ 和 $\cos(\omega_2 t + \theta_2)$,其中 θ_1 和 θ_2 是两导频信号的初始相位。如果经信道传输后,使两个导频和已调信号中的载波都产生相同的频偏 $\Delta\omega(t)$ 和相偏 $\theta(t)$,那么提取出的载波也应该有相同的频偏和相偏,才能达到真正的相干解调。由图 8-6 可见,两

导频信号经相乘器相乘后的输出应为

$$v_1 = \cos[\omega_1 t + \Delta\omega(t)t + \theta_1 + \theta(t)]\cos[\omega_2 t + \Delta\omega(t)t + \theta_2 + \theta(t)] \qquad (8-2-20)$$

滤波器输出差频信号为

$$v_2 = \frac{1}{2}\cos[(\omega_2 - \omega_1)t + \theta_1 - \theta_2] = \frac{1}{2}\cos[2\pi(f_r + \Delta f_2 + f_m + \Delta f_1)t + \theta_1 - \theta_2] =$$

$$\frac{1}{2}\cos\left[2\pi(f_r + \Delta f_2)\left(1 + \frac{f_m + \Delta f_1}{f_r + \Delta f_2}\right)t + \theta_1 - \theta_2\right] =$$

$$\frac{1}{2}\cos[2\pi(f_r + \Delta f_2)qt + \theta_1 - \theta_2] \qquad (8-2-21)$$

式中，$1 + \dfrac{f_m + \Delta f_1}{f_r + \Delta f_2} = q$，对 v_2 进行 q 分频后可得

$$v_3 = \frac{1}{2}\cos[2\pi(f_r + \Delta f_2)t + \theta_q] \qquad (8-2-22)$$

式中，θ_q 为分频输出的初始相位，它是一个常数。将 v_3 与 $\cos(\omega_2 t + \theta_2)$ 相乘取差频，再通过中心频率为 f_c 的窄带滤波器，可得

$$v_5 = \frac{1}{2}\cos[\omega_c t + \Delta\omega(t)t + \theta(t) + \theta_2 - \theta_q] \qquad (8-2-23)$$

经移相电路的处理，就可得到包含反映信道特性的频偏和相偏的载波 v_6。由分频比 q 的表示式可以看出，通过调整 Δf_1 和 Δf_2 可以得到正数的 q，增大 Δf_1 或 Δf_2 有利于减小信号频谱对导频的干扰，然而，这样需要加宽信道的带宽。因此，应根据实际情况正确选择 Δf_1 和 Δf_2。

插入导频法提取载波要使用窄带滤波器，这个窄带滤波器可以用锁相环代替，这是因为锁相环本身就是一个性能良好的窄带滤波器，因而使用锁相环后，载波提取的性能将有改善。

8.2.3　载波同步系统的性能指标

载波同步系统的性能指标主要有效率、精度、同步建立时间和同步保持时间。载波同步追求的是高效率、高精度、同步建立时间快和同步保持时间长。

高效率是指为了获得载波信号而尽量少消耗发送功率。直接法由于不需要专门发送导频，因而效率高，而插入导频法由于插入导频要消耗一部分发送功率，因而效率要低一些。

高精度是指接收端提取的载波与需要的载波标准比较，应该有尽量小的相位误差。如需要的同步载波为 $\cos\omega_c t$，提取的同步载波为 $\cos(\omega_c t + \Delta\varphi)$，$\Delta\varphi$ 就是载波相位误差。通常 $\Delta\varphi$ 分为稳态相差 θ_e 和随机相差 σ_φ 两部分，即 $\Delta\varphi = \theta_e + \sigma_\varphi$。稳态相差与提取的电路密切相关，而随机相差则是由噪声引起的。

同步建立时间 t_s 是指从开机或失步到同步所需要的时间。

同步保持时间 t_c 是指同步建立后，若同步信号减小，系统还能维持同步的时间。

8.3　位　同　步

位同步是正确抽样判决的基础，所提取的位同步信息是频率等于码速率的定时脉冲，相位则根据判决时信号波形决定，可能在码元中间，也可能在码元终止时刻或其他时刻。实现方法也有插入导频法（外同步法）和直接法（自同步法）。

8.3.1 外同步法

在基带信号频谱的零点处插入所需的位定时导频信号。其中,图 8-7(a)为常见的双极性不归零基带信号的功率谱,插入导频的位置是 $1/T_b$;图 8-7(b)表示经某种相关变换的基带信号,其谱的第一个零点为 $1/2T_b$,插入导频应在 $1/2T_b$ 处。

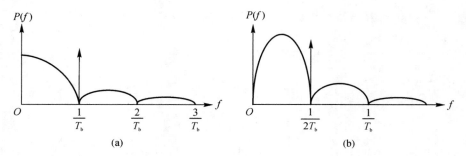

图 8-7　插入导频法频谱图

在接收端,对图 8-7(a)的情况,经中心频率为 $1/T_b$ 的窄带滤波器,就可从解调后的基带信号中提取出位同步所需的信号;对图 8-7(b)的情况,窄带滤波器的中心频率应为 $1/2T_b$,所提取的导频需经倍频后,才得所需的位同步脉冲。

图 8-8 所示为插入位定时导频的系统框图,它对应于图 8-7(b)所示谱的情况。发送端插入的导频为 $1/2T_b$,接收端在解调后设置了 $1/2T_b$ 窄带滤波器,其作用是取出位定时导频。移相、倒相和相加电路是为了从信号中消去插入导频,使进入抽样判决器的基带信号没有插入导频。这样做是为了避免插入导频对抽样判决的影响。

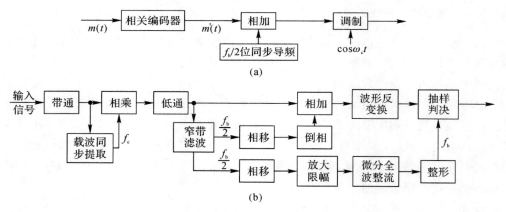

图 8-8　插入位定时导频系统框图
（a)发送端;（b)接收端

此外,由于窄带滤波器取出的导频为 $1/2T_b$,图 8-8 中的微分全波整流起到了倍频的作用,产生与码元速率相同的位定时信号 $1/T_b$。图 8-8 中的两个移相器都是用来消除窄带滤波器等引起的相移的。

另一种导频插入的方法是包络调制法。这种方法是用位同步信号的某种波形对移相键控或移频键控这样的恒包络数字已调信号进行附加的幅度调制,使其包络随着位同步信号波形变化而变化;在接收端只要进行包络检波,就可以形成位同步信号。

设移相键控的表达式为

$$s_1(t) = \cos[\omega_c t + \varphi(t)] \qquad (8-3-1)$$

利用含有位同步信号的某种波形对 $s_1(t)$ 进行幅度调制,若这种波形为升余弦波形,则其表示式为

$$m(t) = \frac{1}{2}(1 + \cos\Omega t) \qquad (8-3-2)$$

式中,$\Omega = 2\pi/T_b$,T_b 为码元宽度。幅度调制后的信号为

$$s_2(t) = \frac{1}{2}(1 + \cos\Omega t)\cos[\omega_c t + \varphi(t)] \qquad (8-3-3)$$

接收端对 $s_2(t)$ 进行包络检波,包络检波器的输出为 $\frac{1}{2}(1 + \cos\Omega t)$,除去直流分量后,就可获得位同步信号 $\frac{1}{2}\cos\Omega t$。

除了以上两种在频域内插入位同步导频之外,还可以在时域内插入,其原理与载波时域插入方法类似。

8.3.2　自同步法

当系统的位同步采用自同步法时,发送端不专门发送导频信号,而直接从数字信号中提取位同步信号。这种方法在数字通信中经常采用,而自同步法又分为滤波法和锁相法。

1.滤波法

(1)波形变换-滤波法。不归零的随机二进制序列,当 $P(0) = P(1) = 1/2$ 时,都没有 $f = 1/T$,$2/T$ 等线谱,因而不能直接滤出 $f = 1/T$ 的位同步信号分量。但是,若对该信号进行某种变换,其谱中含有 $f = 1/T$ 的分量,然后用窄带滤波器取出该分量,再经移相调整后就可形成位定时脉冲。这种方法的原理框图如图 8-9 所示。

图 8-9　滤波法原理图

(2)包络检波-滤波法。频带受限的 2PSK 信号在相邻码元相位反转点处形成幅度的"陷落"。经包络检波后得到图 8-10(b)所示的波形,它可看成是一直流与图 8-10(c)所示的波形相减,而图 8-10(c)波形是具有一定脉冲形状的归零脉冲序列,含有位同步的线谱分量,可用窄带滤波器取出。

2.锁相法

把采用锁相环来提取位同步信号的方法称为锁相法。

用于位同步的全数字锁相环的原理框图如图 8-11 所示,它由信号钟、控制器、分频器和相位比较器等组成。

(1)信号钟包括一个高稳定度的振荡器(晶体)和整形电路。若接收码元的速率为 $F = 1/T$,那么振荡器频率设定在 nF,经整形电路之后,输出周期性脉冲序列,其周期 $T_0 = 1/nF = T/n$。

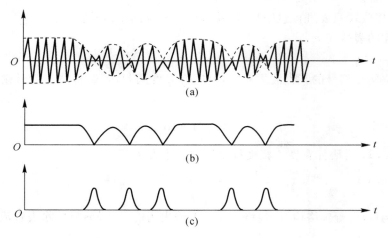

图 8-10 从 2PSK 信号中提取位同步信息

（2）控制器包括扣除门（常开）、附加门（常闭）和或门，它根据相位比较器输出的控制脉冲（"超前脉冲"或"滞后脉冲"）对信号钟输出的序列实施扣除（或添加）脉冲。

（3）分频器是一个计数器，每当控制器输出 n 个脉冲时，它就输出一个脉冲。控制器与分频器共同作用的结果就调整了加至相位比较器的位同步信号的相位。

（4）相位比较器将接收脉冲序列与位同步信号进行相位比较，以判别位同步信号究竟是超前还是滞后，若超前就输出超前脉冲，若滞后就输出滞后脉冲。

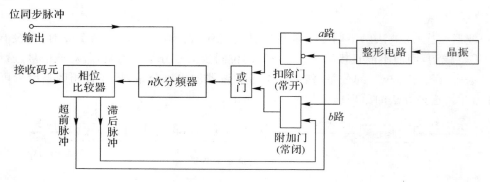

图 8-11 全数字锁相环原理框图

位同步数字环的工作过程简述如下：由高稳定晶体振荡器产生的信号，经整形后得到周期为 T_0 和相位差为 $T_0/2$ 的两个脉冲序列[见图 8-12(a)(b)]。脉冲序列(a)通过常开门、或门并经 n 次分频后，输出本地位同步信号[见图 8-12(c)]。为了与发送端时钟同步，分频器输出与接收到的码元序列同时加到相位比较器进行比相。如果两者完全同步，此时相位比较器没有误差信号，本地位同步信号作为同步时钟；如果本地位同步信号相位超前于接收码元序列时，相位比较器输出一个超前脉冲加到扣除门（常开门）的禁止端将其关闭，扣除一个(a)路脉冲[见图 8-12(d)]，使分频器输出脉冲的相位滞后 $1/n$ 周期（$360°/n$），如图 8-12(e)所示；如果本地同步脉冲相位滞后于接收码元脉冲时，相位比较器输出一个滞后脉冲去打开附加门（常闭门），使脉冲序列(b)中的一个脉冲能通过此门及或门，正因为两脉冲序列(a)和(b)相差半个周期,所以脉冲序列(b)中的一个脉冲能插到扣除门输出脉冲序列(a)中[见图 8 - 12(f)],使分频器输入端附加了一个脉冲,于是分频器的输出相位就提前 $1/n$ 周期,如图 8 - 12 所示。经过若干次调整后,使分频器输出的脉冲序列与接收码元序列达到同步的目的,即实现了位同步。

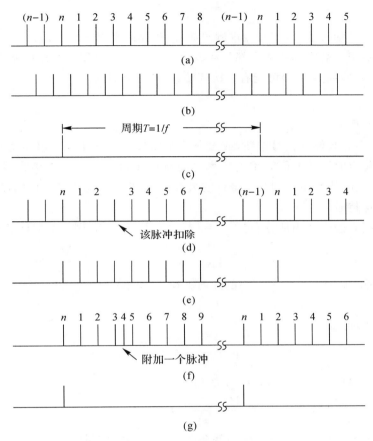

图 8 - 12　位同步脉冲的相位调整

8.3.3　位同步系统的性能指标

位同步系统的性能指标除了效率以外,主要有相位误差(精度)、同步建立时间、同步保持时间和同步带宽。

1. 相位误差 θ_e

位同步信号的平均相位和最佳相位之间的偏差称为静态相差。对于数字锁相法提取位同步信号而言,相位误差主要是由于位同步脉冲的相位在跳变调整所引起的。每调整一步,相位改变 $2\pi/n$ (对应时间 T/n), n 是分频器的分频次数,故最大的相位误差为

$$\theta_e = 360°/n \qquad\qquad (8-3-4)$$

若用时间差 T_e 来表示相位误差,因每个码元的周期为 T,故可得

$$T_e = T/n \qquad\qquad (8-3-5)$$

2. 同步建立时间 t_s

同步建立时间是指开机或失去同步后重新建立同步所需的最长时间。当位同步脉冲相位与接收基准相位差 π（对应时间 $T/2$）时，调整时间最长。这时所需的最大调整次数为

$$N = \pi / \frac{2\pi}{n} = \frac{n}{2} \qquad (8-3-6)$$

由于接收码元是随机的，所以对二进制码而言，相邻两个码元（01、10、11、00）中，有或无过零点的情况各占一半。数字锁相法中都是从数据过零点中提取作比相用的基准脉冲的，因此平均来说，每两个脉冲周期（$2T$）可能有一次调整，同步建立时间为

$$t_s = 2TN = nT \qquad (8-3-7)$$

3. 同步保持时间 t_c

当同步建立后，一旦输入信号中断，或出现长连"0"、连"1"码时，锁相环就失去调整作用。由于收发双方的位定时脉冲的固有重复频率之间总存在频差 ΔF，所以接收端同步信号的相位就会逐渐发生漂移，漂移量达到某一准许的最大值，就算失去同步了。由同步到失步所需要的时间称为同步保持时间。

设收发两端固有的码元周期分别为 $T_1 = 1/F_1$ 和 $T_2 = 1/F_2$，则每个周期的平均时间差为

$$\Delta T = |T_1 - T_2| = \left| \frac{1}{F_1} - \frac{1}{F_2} \right| = \frac{|F_2 - F_1|}{F_2 F_1} = \frac{\Delta F}{F_0^2} \qquad (8-3-8)$$

式中，F_0 为收发两端固有码元重复频率的几何平均值，且有

$$T_0 = 1/F_0 \qquad (8-3-9)$$

由式（8-3-8）可得

$$F_0 |T_1 - T_2| = \frac{\Delta F}{F_0} \qquad (8-3-10)$$

再由式（8-3-9），式（8-3-10）可写为

$$\frac{|T_1 - T_2|}{T_0} = \frac{\Delta F}{F_0} \qquad (8-3-11)$$

$\Delta F \neq 0$ 时，每经过 T_0 时间，收发两端就会产生 $|T_1 - T_2|$ 的时间漂移。

若规定两端容许的最大时间漂移（误差）为 T_0/K s（K 为一常数），则达到此误差的时间就是同步保持时间 t_c，有

$$\frac{T_0/K}{t_c} = \frac{\Delta F}{F_0} \qquad (8-3-12)$$

$$t_c = \frac{1}{\Delta F K} \qquad (8-3-13)$$

4. 同步带宽 Δf_s

同步带宽是指能够调整到同步状态所允许的收、发振荡器最大频差。由于数字锁相环平均每 2 周（$2T$）调整一次，每次所能调整的时间为 T/n（$T/n \approx T_0/n$），所以在一个码元周期内平均最多可调整的时间为 $T_0/2n$。很显然，如果输入信号码元的周期与接收端固有位定时脉冲的周期之差为 $|\Delta T| > T_0/2n$，则锁相环将无法使接收端位同步脉冲的相位与输入信号的相位同步，这时由频差所造成的相位差就会逐渐积累。因此，根据 $\Delta T = \frac{T_0}{2n} = \frac{1}{2\pi F_0}$，可求得

$$\frac{|\Delta f_s|}{F_0^2}=\frac{1}{2\pi F_0} \qquad\qquad (8-3-14)$$

解出

$$|\Delta f_s|=F_0/2n \qquad\qquad (8-3-15)$$

式(8-3-15)就是求得的同步带宽表示式。

8.4　群　同　步

在数字通信时,一般总是以若干个码元组成一个字、若干个字组成一个句,即组成一个个的"群"进行传输。群同步的任务就是在位同步的基础上识别出这些数字信息群(字、句、帧)"开头"和"结尾"的时刻,使接收设备的群定时与接收到的信号中的群定时处于同步状态。

实现群同步,通常采用的方法是起止式同步法和插入特殊同步码组的同步法。而插入特殊同步码组的方法有两种:一种为连贯式插入法,另一种为间隔式插入法。

8.4.1　起止式同步法

数字电传机中广泛使用的是起止式同步法。在电传机中,常用的是 5 单位码。为标志每一个字的开头和结尾,在 5 单位码的前后分别加上 1 个单位的起码(低电平)和 1.5 个单位的止码(高电平),共 7.5 个码元组成一个字,如图 8-13 所示。接收端根据高电平第一次转到低电平这一特殊标志来确定一个字的起始位置,从而实现字同步。

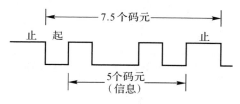

图 8-13　起止式同步波形

这种 7.5 单位码(码元的非整数倍)会给数字通信的同步传输带来一定困难。另外,在这种同步方式中,7.5 个码元中只有 5 个码元用于传递消息,因此传输效率较低。

8.4.2　连贯式插入法

连贯式插入法又称集中插入法。它是指在每一信息群的开头集中插入作为群同步码组的特殊码组。

对该码组的基本要求如下:

(1)具有尖锐单峰特性的自相关函数;

(2)便于与信息码区别;

(3)码长适当,以保证传输效率。

目前常用的群同步码组是巴克码。

1.巴克码

巴克码是一种有限长的非周期序列。它的定义如下:一个 n 位长的码组$\{x_1,x_2,x_3,\cdots,$

$x_n\}$，其中 x_i 的取值为 $+1$ 或 -1，若它的局部相关函数 $R(j) = \sum\limits_{i=1}^{n-j} x_i x_{i+j}$ 满足

$$R(j) = \sum_{i=1}^{n-j} x_i x_{i+j} = \begin{cases} n, & j=0 \\ 0 \text{ 或 } \pm 1, & 0 < j < n \\ 0, & j \geqslant n \end{cases} \qquad (8-4-1)$$

式中，$R(j)$ 称为局部自相关函数。从巴克码计算的局部自相关函数可以看到，它满足作为群同步码字的第一条特性，也就是说巴克码的局部自相关函数具有尖锐单峰特性，从后面的分析同样可以看出，它的识别器结构非常简单。目前已找到的所有巴克码组见表 8-1。其中的 $+$、$-$ 号表示 x_i 的取值为 $+1$ 或 -1，分别对应二进码的"1"或"0"。

表 8-1　巴克码组

位数 n	巴克码字
2	$++;-+$
3	$++-$
4	$+++-;++-+$
5	$++++-+$
7	$+++--+-$
11	$+++---+--+-$
13	$+++++--++-+-+$

以 7 位巴克码组 $\{+++--+-\}$ 为例，它的局部自相关函数如下：

当 $j=0$ 时，$R(j) = \sum\limits_{i=1}^{7} x_i^2 = 1+1+1+1+1+1+1 = 7$

当 $j=1$ 时，$R(j) = \sum\limits_{i=1}^{6} x_i x_{i+1} = 1+1-1+1-1-1 = 0$

同样可求出 $j=3,5,7$ 时 $R(j)=0$；$j=2,4,6$ 时 $R(j)=-1$。根据这些值，利用偶函数性质，可以作出 7 位巴克码的 $R(j)$ 与 j 的关系曲线，如图 8-14 所示。由图可见，其自相关函数在 $j=0$ 时具有尖锐的单峰特性。

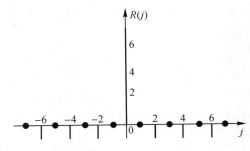

图 8-14　7 位巴克码的自相关函数

2.巴克码识别器

仍以 7 位巴克码为例。用 7 级移位寄存器、相加器和判决器就可以组成一个巴克码识别器,具体结构如图 8-15 所示。

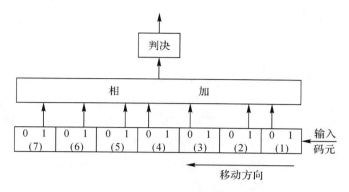

图 8-15　巴克码识别器

当输入码元的"1"进入某移位寄存器时,该移位寄存器的 1 端输出电平为 +1,0 端输出电平为 -1。反之,当进入"0"码时,该移位寄存器的 0 端输出电平为 +1,1 端输出电平为 -1。各移位寄存器输出端的接法与巴克码的规律一致。这样识别器实际上是对输入的巴克码进行相关运算。

只有当 7 位巴克码在某一时刻正好已全部进入 7 位寄存器时,7 位移位寄存器输出端都输出 +1,相加后得最大输出 +7,若判别器的判决门限电平定为 +6,那么就在 7 位巴克码的最后一位 0 进入识别器时,识别器输出一个同步脉冲表示一群的开头,如图 8-16(b)所示。

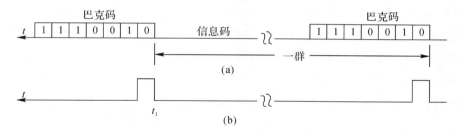

图 8-16　识别器的输出波形

8.4.3　间隔式插入法

间隔式插入法又称为分散插入法,它是将群同步码以分散的形式均匀插入信息码流中。

这种方式比较多地用在多路数字电路系统中,一般都采用 1、0 交替码型作为帧同步码间隔插入的方法。这种插入方式在同步捕获时不是检测一帧两帧,而是连续检测数十帧,每帧都符合"1""0"交替的规律才确认同步。

分散插入的最大特点是同步码不占用信息时隙,每帧的传输效率较高,但是同步捕获时间较长,它较适合于连续发送信号的通信系统。

8.4.4　群同步系统的性能指标

群同步性能主要指标包括漏同步概率 P_1、假同步概率 P_2 及同步建立时间 t_s。下面主要以连贯插入法为例进行分析。

1. 漏同步概率 P_1

由于干扰的影响,接收的同步码组中可能出现一些错误码元,从而使识别器漏识已发出的同步码组,出现这种情况的概率称为漏同步概率,记为 P_1。

以 n 位巴克码识别器为例,设判决门限为 6,此时七位巴克码只要有一位码出错,七位巴克码全部进入识别器时相加器输出由 7 变为 5,因而出现漏同步。如果将判决门限由 6 降为 4,则不会出现漏识别,这时判决器容许七位巴克码中有一位错码出错。

对于连贯式插入法,设 n 为同步码组的码元数,P_e 为码元错误概率,m 为判决器容许码组中的错误码元最大数,则 $P^r(1-P)^{n-r}$ 表示 n 位同步码组中,r 位错码和 $(n-r)$ 位正确码同时发生的概率。当 $r \leqslant m$ 时,都能被识别器识别,因此未漏概率为

$$\sum_{r=0}^{m} C_n^r P^r (1-P)^{n-r} \qquad (8-4-2)$$

故漏同步概率为

$$P_1 = 1 - \sum_{r=0}^{m} C_n^r P^r (1-P)^{n-r} \qquad (8-4-3)$$

2. 假同步概率 P_2

假同步是指信息的码元中出现与同步码组相同的码组,这时信息码会被识别器误认为同步码,从而出现假同步信号。发生这种情况的概率称为假同步概率,记为 P_2。

假同步概率 P_2 是信息码元中能判为同步码组的组合数与所有可能的码组数之比。设二进数字码流中 1、0 码等概率出现,则由其组合成 n 位长的所有可能的码组数为 2^n 个,而其中能被判为同步码组的组合数显然与 m 有关。如果错 0 位时被判为同步码,则只有 C_n^0 个(即 1 个);如果出现 r 位错也被判为同步码的组合数为 C_n^r 个;出现 $r \leqslant m$ 种错都被判为同步码的组合数为 $\sum_{r=0}^{m} C_n^r$ 个,因而可得假同步概率为

$$P_2 = 2^{-n} \sum_{r=0}^{m} C_n^r \qquad (8-4-4)$$

m 增大(即判决门限电平降低),P_1 减小,但 P_2 增大,因此两者对判决门限电平的要求是矛盾的。

3. 同步平均建立时间 t_s

对于连贯式插入法,假设漏同步和假同步都不出现,在最不利的情况下,实现群同步最多需要一群的时间。设每群的码元数为 N(其中 n 位为群同步码),每码元的时间宽度为 T,则一群的时间为 NT。在建立同步过程中,如出现一次漏同步,则建立时间要增加 NT;如出现一次假同步,建立时间也要增加 NT,因此,帧同步的平均建立时间为

$$t_s \approx (1 + P_1 + P_2)NT \qquad (8-4-5)$$

8.4.5　群同步系统的保护

同步系统的稳定可靠对于通信设备是十分重要的。通常希望在同步建立时,应尽量防止假同步混入;在建立同步后,要防止真同步漏掉。为了满足以上要求,改善同步性能,提高抗干扰能力,在实际系统中要有相应的保护措施。

把同步过程分为两种不同的状态,以便在不同状态对识别器的判决门限电平提出不同的要求,以达到降低漏同步和假同步的目的。

最常用的保护措施是将群同步的工作划分为两种状态,即捕捉态和维持态。

(1)捕捉态:判决门限提高,即 m 减小,使假同步概率 P_2 下降。

(2)维持态:判决门限降低,即 m 增大,使漏同步概率 P_1 下降。

本章重要知识点

1.同步的分类:载波同步、位同步和群同步

2.载波同步

(1)目的:使接收端产生的本地载波和接收信号的载波严格同频同相。

(2)实现方法:直接法和插入导频法。

直接法:也称自同步法。将接收信号经过某种非线性变换后,可从中提取出载波分量。分为平方环法和科斯塔斯环法。平方环法的主要优点是电路实现比较简单;科斯塔斯环法的主要优点是不需要平方电路,因而电路的工作频率较低。两种方法都存在相位模糊的问题。

3.位同步

(1)目的:使每个码元得到最佳的解调和判决。

(2)实现方法:外同步法和自同步法。

外同步法需要专门传输码元同步信息。自同步法则是直接从信号码元中提取码元同步信息,它又分为滤波法和锁相法。一般而言,自同步法应用较多。

4.群同步

(1)目的:能够正确地将接收码元分组,使接收信息能够被正确理解。

(2)实现方法:起止式同步法、连贯式插入法和间隔式插入法。

起止式同步法中接收端根据高电平第一次转到低电平这一特殊标志来确定一个字的起始位置,从而实现字同步。连贯式插入法又称集中插入法,它是指在每一信息群的开头集中插入作为群同步码组的特殊码组。间隔式插入法又称为分散插入法,它是将群同步码以分散的形式均匀插入信息码流中,这种方式比较多地用在多路数字电路系统中。

本 章 习 题

一、填空题

1.通信系统中的同步包括_____、_____和_____。

2.同步是指通信系统的_____在时间上步调一致,又称为_____。

3.载波同步的直接提取法有_____和_____两种,无论哪种方法都存在_____问题。

4.群同步的实现方法有_____、_____和_____。

5.若增大判决门限,则识别器的漏同步概率_____,假同步概率_____;若增大帧同步码的位数,则识别器的漏同步概率_____,假同步概率_____。

二、简答题

1.什么是载波同步? 什么是位同步? 它们都有什么用处?

2.当对抑制载波的双边带信号、残留边带信号和单边带信号用插入导频法实现载波同步时,所插入的导频信号形式有何异同点?

3.对抑制载波的双边带信号,试叙述用插入导频法和直接法实现载波同步各有什么优缺点。

4.载波同步提取中为什么出现相位模糊问题? 它对模拟和数字通信各有什么影响?

5.对位同步的两个基本要求是什么?

6.位同步的主要性能指标是什么? 在用数字锁相法的位同步系统中这些指标都与哪些因素有关?

三、计算题

1.在插入导频法提取载频中,设受调制的载波为 $A\sin\omega_0 t$,基带信号为 $m(t)$。若插入的导频相位和调制载频的相位相同,试重新计算接收端低通滤波器的输出,并给出输出中直流分量的值。

2.设一个 5 位巴克码序列的前后都是"+1"码元,试画出其自相关函数曲线。

3.设用一个 7 位巴克码作为群同步码,接收误码率为 10^{-4}。试求出当容许错码数分别为 0 和 1 时的漏同步概率。

4.设某通信系统得传输速率为 1 kb/s,误码率 $P=10^{-4}$,采用连贯插入法进行帧同步。每帧中包含 7 位帧同步码和 153 位信息码。试求:

(1)当 $m=0$ 时的漏同步概率 P_1、假同步概率 P_2 和同步建立时间 t_s;

(2)当 $m=1$ 时的漏同步概率 P_1、假同步概率 P_2 和同步建立时间 t_s。

第9章 MATLAB 通信系统仿真

本章主要介绍基于 MATLAB/Simulink 的通信系统仿真,如模拟调制系统的 MATLAB 仿真、数字基带传输的 MATLAB 仿真、数字频带传输的 MATLAB 仿真和差错控制系统的 MATLAB 仿真等。仿真使读者可以对通信系统有一个更深的了解,同时对 MATLAB 在通信中的应用有进一步的认识。

本章学习目的与要求

(1)完成模拟调制系统的 MATLAB 仿真;

(2)完成数字基带传输的 MATLAB 仿真;

(3)完成数字频带传输的 MATLAB 仿真;

(4)完成差错控制系统的 MATLAB 仿真。

9.1 模拟调制系统的 MATLAB 仿真

模拟调制方式是载频信号的幅度、频率或相位随传输的模拟基带信号变化而变化的调制方式,包括线性调制和非线性调制两大类。模拟线性调制是指用调制信号去控制高频载波的振幅,使其按调制信号的规律变化,其他参数不变,包括常规幅度调制(AM)、抑制载波的双边带调制(DSB – SC)和单边带调制(SSB)。所得的已调信号分别称为调幅波信号、双边带信号和单边带信号。而模拟非线性调制是用调制信号去控制高频载波的频率和相位,包括频率调制(FM)和相位调制(PM)。本节在介绍模拟调制解调技术的基础上,通过 MATLAB/Simulink 实现对模拟调制系统的仿真,并对系统性能进行分析。

9.1.1 常规调幅信号的产生与解调

在线性调制中,最简单也是最先应用的是常规双边带调幅,也叫普通调幅(AM)。普通调幅信号的包络与调制信号成正比,其时域表达式为

$$s_{AM}(t) = [A_0 + m(t)]\cos\omega_c t \tag{9-1-1}$$

式中,A_0 为外加直流分量,$m(t)$ 为调制信号,ω_c 是载波角频率。

若 $m(t)$ 为单音信号,其频谱为 $M(\omega)$,则 AM 信号的频谱为

$$S_{AM}(\omega) = \pi A_0[\delta(\omega+\omega_c) + \delta(\omega-\omega_c)] +$$

$$\frac{1}{2}[M(\omega+\omega_c) + M(\omega-\omega_c)] \tag{9-1-2}$$

为了在解调时使用包络检波不失真地恢复出原基带信号 $m(t)$,要求 $|m(t)|_{max} \leqslant A_0$,使

AM 信号的包络 $A_0 + m(t)$ 总是正的,否则会出现过调幅现象,用包络检波时会发生失真。当出现过调幅时,可采用相干解调。

  1. AM 信号产生与相干解调的 MATLAB 仿真

  设调制信号为 $m(t) = \cos(150\pi t)$,载波中心频率为 1 000 Hz。AM 信号产生与相干解调的 MATLAB 仿真程序如下,仿真结果如图 9-1 所示。

```
t0=0.1;
fs=12000;%采样频率
fc=1000;%载波频率
Vm=2;%载波振幅
A0=1;%直流分量
n=-t0/2:1/fs:t0/2;
x=cos(150 * pi * n);%调制信号
y2=Vm * cos(2 * pi * fc * n);%载波信号
N=length(x);
Y2=fft(y2);
figure(1);
%载波信号时域频域图
subplot(4,2,1);plot(n,y2);
axis([-0.01,0.01,-5,5]);
title('载波信号');
w=(-N/2:1:N/2-1);
subplot(4,2,2);
plot(w,abs(fftshift(Y2)));
title('载波信号频谱');
%调制信号时域频域图
y=(A0+x). * cos(2 * pi * fc * n);%调制
subplot(4,2,3);plot(n,x);
title('调制信号');
X=fft(x);Y=fft(y);%傅里叶变换
subplot(4,2,4);plot(w,abs(fftshift(X)));
title('调制信号频谱');
%已调信号时域频域图
subplot(4,2,5);plot(n,y)
title('已调信号');
subplot(4,2,6);plot(w,abs(fftshift(Y)));
title('已调信号频谱');
%解调信号时域频域图
y2=y. * Vm. * cos(2 * pi * fc * n);%解调,频谱搬移
wp=40/N * pi;ws=60/N * pi;Rp=1;As=15;T=1;%巴特沃思滤波器
```

```
OmegaP＝wp/T;OmegaS＝ws/T;
[cs,ds]＝afd_butt(OmegaP,OmegaS,Rp,As);
[b,a]＝imp_invr(cs,ds,T);
y3＝filter(b,a,y2);
y＝y3－A0;%减去直流分量后得解调后信号
subplot(4,2,7);plot(n,y)
title('解调信号');
Y＝fft(y);
subplot(4,2,8);plot(w,abs(fftshift(Y)));
axis([0,pi/4,0,1000]);
title('解调信号频谱');


%巴特沃思低通滤波器原型设计函数:要求 Ws＞Wp＞0,As＞Rp＞0. wp(或 Wp)为通带截止频率,
%ws(或 Ws)为阻带截止频率,Rp 为通带衰减,As 为阻带衰减
function [b,a]＝afd_butt(Wp,Ws,Rp,As)
N＝ceil((log10((10^(Rp/10)－1)/(10^(As/10)－1)))/(2 * log10(Wp/Ws)));
%上条语句为求滤波器阶数,N 为整数
%ceil 朝正无穷大方向取整
fprintf('\n   Butterworth Filter Order＝%2.0f\n',N)
OmegaC＝Wp/((10^(Rp/10)－1)^(1/(2 * N)))
%求对应于 N 的3 dB截止频率
[b,a]＝u_buttap(N,OmegaC);


function [b,a] ＝ u_buttap(N,Omegac);
[z,p,k] ＝ buttap(N);
        p ＝ p * Omegac;
        k ＝ k * Omegac^N;
        B ＝ real(poly(z));
        b0 ＝ k;
        b ＝ k * B;
        a ＝ real(poly(p));


function [b,a] ＝ imp_invr(c,d,T)
[R,p,k] ＝ residue(c,d);
p ＝ exp(p * T);
[b,a] ＝ residuez(R,p,k);
b ＝ real(b'); a ＝ real(a');
```

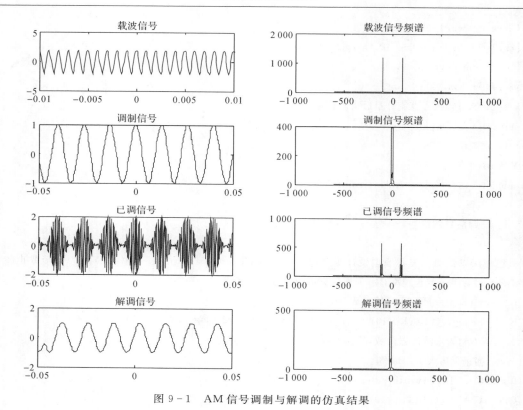

图 9-1　AM 信号调制与解调的仿真结果

2. AM 信号产生与相干解调的 Simulink 仿真

　　AM 信号产生与相干解调的 Simulink 仿真模型如图 9-2 所示。模型中各模块的主要参数设置见表 9-1。

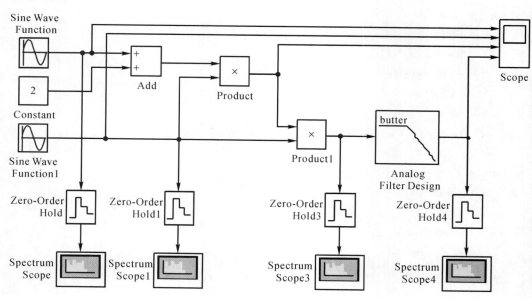

图 9-2　AM 信号的 Simulink 仿真模型

表 9 − 1　**AM 信号的 Simulink 仿真参数**

模块名称	参数名称	参数取值
Sine Wave Function（调制信号）	Frequency	5
Sine Wave Function 1（载波）	Frequency	100
Constant	Constant Value	2
Analog Filter Design	Design Method	Butterworth
	Filter Type	Lowpass
	Filter Order	7
	Passband Edge Frequency	50

　　Simulink 仿真结果如图 9 − 3 所示，示波器输出波形从上到下依次为调制信号、载波、AM 信号和相干解调输出信号。

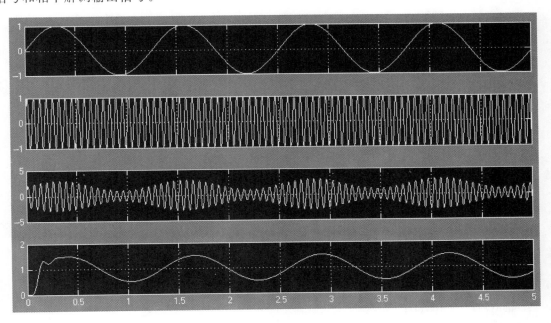

图 9 − 3　AM 信号调制与解调的 Simulink 仿真结果

9.1.2　抑制载波的的双边带调幅信号的产生与解调

　　为了节省发射功率，除了民用广播外，多数应用中采用抑制载波的双边带调制（DSB-SC）信号，简称双边带（DSB）信号。其时域表示式为

$$s_{\text{DSB}}(t) = m(t)\cos\omega_c t \tag{9-1-3}$$

　　若 $m(t)$ 为单音信号，其频谱为 $M(\omega)$，则 DSB 信号的频谱为

$$S_{\text{DSB}}(\omega) = \frac{1}{2}[M(\omega + \omega_c) + M(\omega - \omega_c)] \tag{9-1-4}$$

DSB 信号的时域波形和频谱如图 9-4 所示。接收端采用相干解调,解调信号可以表示为

$$r(t) = s_{DSB}(t)\cos\omega_c t = \frac{1}{2}m(t) + \frac{1}{2}m(t)\cos2\omega_c t \qquad (9-1-5)$$

再用低通滤波器滤除高频分量,就可以恢复出原始信号。

1. DSB 信号产生与相干解调的 MATLAB 仿真

设调制信号为 $m(t) = e^{-640\pi(t-1/7)^2} + e^{-640\pi(t-3/7)^2} + e^{-640\pi(t-4/7)^2} + e^{-640\pi(t-6/7)^2}$,载波中心频率为100 Hz。抑制载波双边带调幅信号产生与相干解调的 MATLAB 仿真程序如下,仿真结果如图 9-4 所示。

```
n=1024;fs=n;                              %设抽样频率 fs=1 024 Hz
s=320*pi;                                 %产生调制信号 m(t)
i=0:1:n-1;
t=i/n;
t1=(t-1/7).^2;t3=(t-3/7).^2;t4=(t-4/7).^2;
t6=(t-6/7).^2;
m=exp(-s*t1)+exp(-s*t3)+exp(-s*t4)+exp(-s*t6);  %产生调制信号
c=cos(2*pi*100*t);                        %产生载波信号 载波频率 fc=100 Hz
x=m.*c;                                   %正弦波幅度调制(DSB)
y=x.*c;                                   %解调
wp=0.1*pi;ws=0.12*pi;Rp=1;As=15;          %设计巴特沃思数字低通滤波器
[N,wn]=buttord(wp/pi,ws/pi,Rp,As);
[b,a]=butter(N,wn);
m1=filter(b,a,y);                         %滤波
m1=2*m1;
M=fft(m,n);                               %求上述各信号及滤波器的频率特性
C=fft(c,n);
X=fft(x,n);
Y=fft(y,n);
[H,w]=freqz(b,a,n,'whole');
f=(-n/2:1:n/2-1);                         %绘图
figure(1);
subplot(341),plot(t,m);,axis([0,1,-0.25,1.25]);
title('调制信号的波形')
subplot(342),plot(f,abs(fftshift(M)));axis([-300,300,0,250]);
title('调制信号的频谱')
subplot(343),plot(t,c);axis([0,0.2,-1.2,1.2]);
title('载波的波形')
subplot(344),plot(f,abs(fftshift(C)));axis([-300,300,0,600]);
title('载波的频谱')
subplot(345),plot(t,x);axis([0,1,-1.2,1.2]);
title('已调信号的波形')
subplot(346),plot(f,abs(fftshift(X)));axis([-300,300,0,120]);
title('已调信号的频谱')
```

subplot(347),plot(t,y)；axis([0,1,0,1.2])；

title('解调信号的波形')

subplot(348),plot(f,abs(fftshift(Y)))；axis([-300,300,0,120])；

title('解调信号的频谱')

subplot(3,4,10),plot(f,abs(fftshift(H)))；axis([-300,300,0,1.25])；

title('滤波器传输特性')

subplot(3,4,11),plot(t,m1),axis([0,1,-0.25,1.25])；

title('解调滤波后的信号')

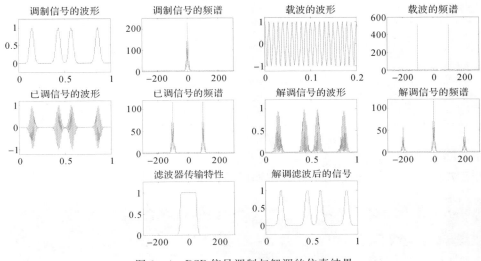

图 9 - 4　DSB 信号调制与解调的仿真结果

2. DSB 信号产生与相干解调的 Simulink 仿真

抑制载波的双边带调幅信号产生与相干解调的 Simulink 仿真模型如图 9-5 所示。

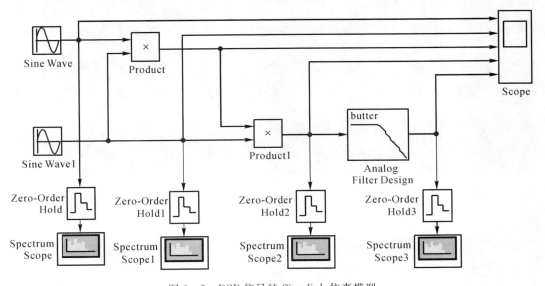

图 9 - 5　DSB 信号的 Simulink 仿真模型

模型中各模块的主要参数设置见表 9-2。

表 9-2 DSB 信号的 Simulink 仿真参数

模块名称	参数名称	参数取值
Sine Wave Function（调制信号）	Frequency	5
Sine Wave Function 1（载波）	Frequency	70
Constant	Constant Value	2
Analog Filter Design	Design Method	Butterworth
	Filter Type	Lowpass
	Filter Order	5
	Passband Edge Frequency	30

Simulink 仿真结果如图 9-6 所示，示波器输出波形从上到下依次为调制信号、载波、DSB 信号、相干解调器低通滤波前信号和相干解调器低通滤波后信号。

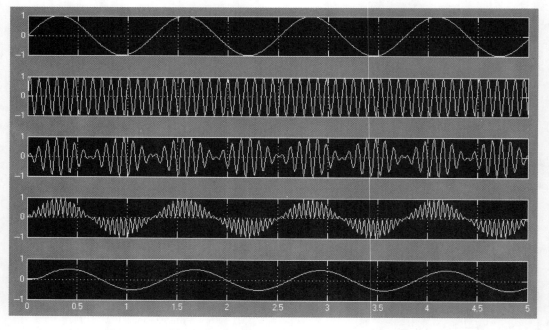

图 9-6 DSB 信号的 Simulink 仿真结果

9.1.3 调频信号的产生与解调

当正弦载波的频率变化与输入基带信号幅度的变化成线性关系时，就构成了调频（FM）信号。FM 信号可以写为

$$s_{\mathrm{FM}}(t) = A\cos\left[\omega_{\mathrm{c}}t + K_{\mathrm{f}}\int_{-\infty}^{t} m(\tau)\mathrm{d}\tau\right] \tag{9-1-6}$$

该信号的瞬时相位为

$$\varphi(t) = \omega_{\mathrm{c}}t + K_{\mathrm{f}}\int_{-\infty}^{t} m(\tau)\mathrm{d}\tau \tag{9-1-7}$$

瞬时角频率为

$$\omega(t) = \omega_{\mathrm{c}} + K_{\mathrm{f}}m(t) \tag{9-1-8}$$

因此，调频信号的瞬时频率与输入信号成线性关系，K_{f} 称为调频灵敏度。

调频信号的频谱与输入信号频谱之间不再是频谱搬移的关系，但调频信号的 98％ 功率带宽与调频指数和输入信号的带宽有关。调频指数定义为最大的频率偏移与输入信号带宽 f_{m} 的比值，即

$$m_{\mathrm{f}} = \frac{\Delta f_{\max}}{f_{\mathrm{m}}} \tag{9-1-9}$$

调频信号的带宽可以根据卡森公式近似计算得到：

$$\mathrm{BW} = 2(m_{\mathrm{f}}+1)f_{\mathrm{m}} \tag{9-1-10}$$

1. FM 信号产生与解调的 MATLAB 仿真

FM 信号产生与解调的 MATLAB 仿真程序如下，仿真结果如图 9-7 所示。

```
Kf=5;                                    %调频灵敏度
fc=10;                                   %载波频率
T=5;
dt=0.001;
fs=1/dt;
t=0:dt:T;
fm=1;                                    %产生调制信号
mt=cos(2*pi*fm*t);
A=sqrt(2);
mti=1/2/pi/fm*sin(2*pi*fm*t);            %mt 的积分
st=A*cos(2*pi*fc*t+2*pi*Kf*mti);         %FM 调制
figure(1);
subplot(311);plot(t,st);hold on;
plot(t,mt,'k——');
title('调频信号')
subplot(312);
[f sf]=T2F(t,st);                        %调频信号的傅里叶变换
plot(f,abs(sf));                         %调频信号的幅度谱
axis([-25 25 0 3])
title('调频信号幅度谱')
mo=demod(st,fc,fs,'fm');                 % FM 解调
subplot(313);plot(t,mo);
title('解调信号')
```

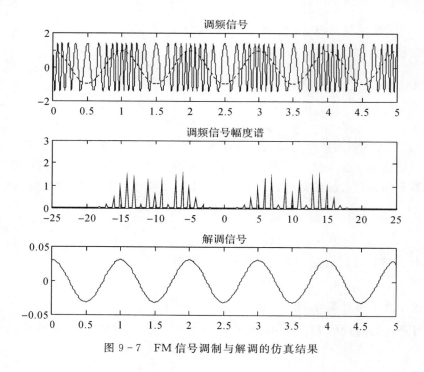

图 9 - 7   FM 信号调制与解调的仿真结果

2. FM 信号产生与解调的 Simulink 仿真

FM 信号产生与解调的 Simulink 仿真模型如图 9 - 8 所示。模型中各模块的主要参数设置见表 9 - 3。

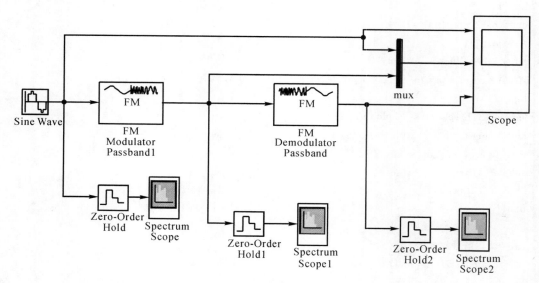

图 9 - 8   FM 信号的 Simulink 模型

表 9 - 3　FM 信号的 Simulink 仿真参数

模块名称	参数名称	参数取值
Sine Wave Function（调制信号）	Frequency	100
FM Modulator Passband	Carrier Frequency	1 000
	Frequency Deviation	200
FM Modulator Passband	Carrier Frequency	1 000
	Frequency Deviation	200
	Hilbert Transform Filter Order	100

　　Simulink 仿真结果如图 9 - 9 所示，示波器输出波形从上到下依次为调制信号、调频信号和解调信号。

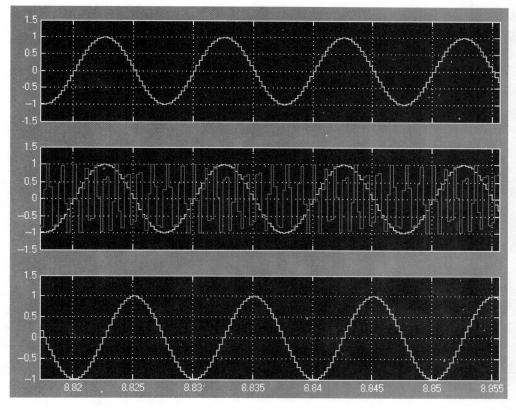

图 9 - 9　FM 信号的 Simulink 仿真结果

9.1.4　调相信号的产生与解调

　　当瞬时相位偏移随调制信号 $m(t)$ 作线性变化时，这种调制方式称为调相，此时瞬时相位

偏移可表示为

$$\varphi(t) = K_p m(t) \qquad (9-1-11)$$

式中，K_p 称为调相灵敏度，含义是单位调制信号幅度引起调相信号的相位偏移量，单位是 rad/V。因此调相（PM）信号为

$$s_{PM}(t) = A\cos[\omega_c t + K_p m(t)] \qquad (9-1-12)$$

1. PM 信号产生与解调的 MATLAB 仿真

设调制信号为 $m(t) = \cos10\pi t$，载波中心频率为 100 Hz，调相器的调相灵敏度 K_p 为 5 rad/V，载波平均功率为 1 W。调相信号产生与解调的 MATLAB 仿真程序如下，仿真结果如图 9-10 所示。

```
%主程序
t0=1;                                      %信号的持续时间,用来定义时间向量
ts=0.001;                                  %抽样间隔
fs=1/ts;                                   %抽样频率
fc=100;                                    %载波频率,fc 可以任意改变
t=[-t0/2:ts:t0/2];                         %时间向量
kf=100;                                    %偏差常数
df=0.25;
%所需的频率分辨率,用在求傅里叶变换时,它表示 FFT 的最小频率间隔
m=cos(pi * 10 * t);                        %调制信号,m(t)可以任意更改
int_m(1)=0;                                %求信号 m(t)的积分
for i=1:length(t)-1
    int_m(i+1)=int_m(i)+m(i) * ts;
end
[M,m,df1]=fftseq(m,ts,df);                 %对调制信号 m(t)求傅里叶变换
M=M/fs;                                    %缩放,便于在频谱图上整体观察
f=[0:df1:df1 * (length(m)-1)]-fs/2;        %时间向量对应的频率向量
u=cos(2 * pi * fc * t+2 * pi * kf * int_m);  %调制后的信号
[U,u,df1]=fftseq(u,ts,df);                 %对调制后的信号 u 求傅里叶变换
U=U/fs;                                    %缩放
%通过调用子程序 env_phas 和 loweq 来实现解调功能
[v,phase]=env_phas(u,ts,fc);               %解调,求出 u 的相位
phi=unwrap(phase);                         %校正相位角,使相位在整体上连续,便于后面
                                           %对该相位角求导
dem=(1/(2 * pi * kf)) * (diff(phi) * fs);  %对校正后的相位求导,再经一些线性变换
                                           %来恢复原调制信号,乘以 fs 是为了恢复原信
                                           %号,因为前面使用了缩放
subplot(2,2,1)                             %子图形式显示结果
plot(t,m(1:length(t)))                     %现在的 m 信号是重新构建的信号,因为在
                                           %对 m 求傅里叶变换时 m=[m,zeros(1,n-n2)]
```

```
axis([-0.5 0.5 -1 1])                           %定义两轴的刻度
xlabel('时间 t')
title('调制信号的时域图')
subplot(2,2,3)
plot(t,u(1:length(t)))
axis([-0.5 0.5 -1 1])
xlabel('时间 t')
title('已调信号的时域图')
subplot(2,2,2)
plot(f,abs(fftshift(M)))                         %fftshift:将 FFT 中的 DC 分量移到频谱中心
axis([-600 600 0 0.05])
xlabel('频率 f')
title('调制信号的频谱图')
subplot(2,2,4)
plot(f,abs(fftshift(U)))
axis([-600 600 0 0.05])
xlabel('频率 f')
title('已调信号的频谱图')


%求傅里叶变换的子函数
function [M,m,df]=fftseq(m,ts,df)
fs=1/ts;
if nargin==2    n1=0;                            %nargin 为输入参量的个数
else    n1=fs/df;
end
n2=length(m);
n=2^(max(nextpow2(n1),nextpow2(n2)));%nextpow2(n) 取 n 最接近的较大 2 次幂
M=fft(m,n);
%M 为信号 m 的傅里叶变换,n 为快速傅里叶变换的点数
m=[m,zeros(1,n-n2)];                             %构建新的 m 信号
df=fs/n;                                         %重新定义频率分辨率


%产生调制信号的正交分量
function x1=loweq(x,ts,f0)
t=[0:ts:ts*(length(x)-1)];
z=hilbert(x);                                    %希尔伯特变换对的利用——通过实部来求虚部
x1=z.*exp(-j*2*pi*f0*t);                         %产生信号 z 的正交分量,
                                                 %并将 z 信号与它的正交分量加在一起
```

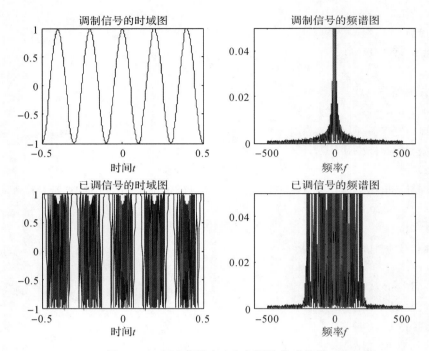

图 9 - 10　PM 信号产生与解调的仿真结果

2. PM 信号产生与解调的 Simulink 仿真

　　PM 信号产生与解调的 Simulink 仿真模型如图 9 - 11 所示。模型中各模块的主要参数设置见表 9 - 4。

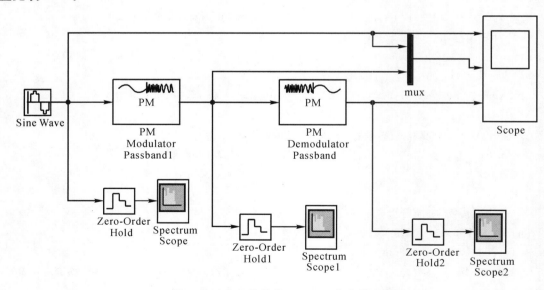

图 9 - 11　PM 信号的 Simulink 仿真模型

表 9-4 PM 信号的 Simulink 仿真参数

模块名称	参数名称	参数取值
Sine Wave Function(调制信号)	Frequency	10
PM Modulator Passband	Carrier Frequency	100
	Phase Deviation	pi/2
PM Modulator Passband	Carrier Frequency	100
	Phase Deviation	pi/2
	Hilbert Transform Filter Order	100

Simulink 仿真结果如图 9-12 所示,示波器输出波形从上到下依次为调制信号、调频信号和解调信号。

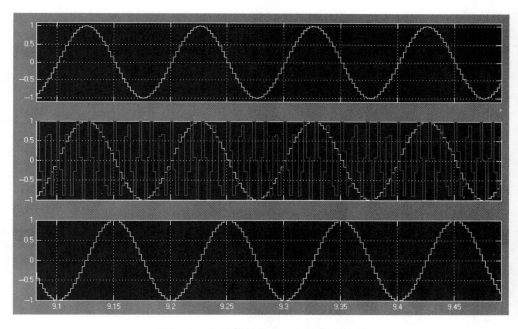

图 9-12 PM 信号的 Simulink 仿真结果

9.2 数字基带传输的 MATLAB 仿真

在数字通信系统中,从信源送出的数字信息可以表示成数字码元序列,数字基带信号是数字码元序列的脉冲电压或电流表现形式。数字基带信号的波形可以采用方波、三角波和升余弦波形等。由于数字信道的特性及要求不同,例如,很多信道不能传输信号的直流分量和频率很低的分量,另外,为了在接收端得到每个码元的起止时刻,需要在发送的信号中带有码元起止时刻的信息,为此需要将原码元依照一定的规则转换成适合信道传输要求的传输码。

为了保证信号在传输时不出现或少出现码间串扰,基带传输系统的设计必须满足奈奎斯特第一准则。满足奈奎斯特第一准则的基带传输系统有很多种,最简单的一种就是理想低通系统。但实际传输中,不可能有绝对理想的基带传输系统,常常采用具有奇对称"滚降"特性的低通滤波器(发送滤波器)对信号形成滤波。本节将介绍基带信号波形、码型及成形滤波器的仿真方法。

9.2.1 数字基带信号波形仿真

数字基带信号的波形经常采用方波,其中最基本的二进制基带信号波形有单极性归零波形、单极性不归零波形、双极性归零波形和双极性不归零波形。

1.数字基带信号波形的 MATLAB 仿真

以下通过 MATLAB 程序来仿真一串随机消息代码的基带信号波形,首先产生1 000个随机信号序列,分别用单极性归零码、单极性不归零码、双极性归零码和双极性不归零码编码,并且求平均功率谱密度。其中,基本波形的 MATLAB 仿真流程如图 9-13 所示。

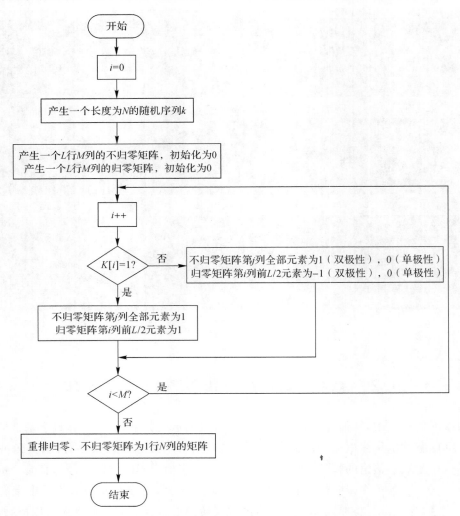

图 9-13 二进制基带信号的仿真流程图

源代码(以双极性为例)如下。

```
close all
clear all
k=14;                                    %抽样点数的设置
L= 32;                                   %每码元抽样数的设置
N=2^k;
M=N/L;                                   %M 为码元个数
dt=1/L;                                  %时域抽样间隔
T=N * dt;                                %时域截断区间
df=1.0/T;                                %频域抽样间隔
Bs=N * df/2;                             %频域截断区间
t=linspace(-T/2,T/2,N);                  %产生时域抽样点
f=linspace(-Bs,Bs,N);                    %产生频域抽样点
EP1=zeros(size(f));
EP2=zeros(size(f));
EP3=zeros(size(f));
```

%程序第 2 部分:随机产生 1 000 列 0、1 信号序列,分别对其进行双极性归零编码和不归零编码,并且
%求各自的功率谱密度,求功率谱密度的均值

```
for x=1:1000                             %取 1 000 次样值
    a=round(rand(1,M));                  %产生一个长度为 M 的随机序列 a,0 和 1 等概出现
    nrz=zeros(L,M);                      %产生一个 L 行 M 列的 nrz 矩阵,初始化为全 0 矩阵
    rz=zeros(L,M);                       %产生一个 L 行 M 列的 rz 矩阵,初始化为全 0 矩阵
    for i=1:M
        if a(i)==1
            nrz(:,i)=1;                  %使 nrz 矩阵第 i 列全部元素都为 1
            rz(1:L/2,i)=1;               %使 rz 矩阵第 i 列前 L/2 个元素为 1
        else
            nrz(:,i)=-1;                 %使 nrz 矩阵第 i 列全部元素都为-1
            rz(1:L/2,i)=-1;              %使 rz 矩阵第 i 列前 L/2 个元素为-1
        end
    end

    %分别重排 nrz、rz 矩阵为 1 行 N 列的矩阵
    nrz=reshape(nrz,1,N);
    rz=reshape(rz,1,N);
    %做傅里叶变换并算出功率谱密度
    NRZ=t2f(nrz,dt);
    P1=NRZ. * conj(NRZ)/T;
    RZ=t2f(rz,dt);
    P2=RZ. * conj(RZ)/T;
    %求功率谱密度的均值
    EP1=(EP1 * (x-1)+P1)/x;
    EP2=(EP2 * (x-1)+P2)/x;
```

```
end

%程序第 3 部分:画波形图和功率谱密度曲线
figure(1)                                          %开启一个编号为 1 的绘图窗口
subplot(2,2,1);plot(t,nrz)                         %画双极性不归零码的时域图
axis([-5,5,min(nrz)-0.1,max(nrz)+0.1])
set(gca,'FontSize',12)
title('双极性不归零码','fontsize',12)
xlabel('t(ms)','fontsize',12)
ylabel('nrz(t)','fontsize',12)
grid on
subplot(2,2,2);plot(t,rz)                          %画双极性归零码的时域图
axis([-5,5,min(rz)-0.1,max(rz)+0.1])
set(gca,'FontSize',12)
title('双极性归零码','fontsize',12)
xlabel('t(ms)','fontsize',12)
ylabel('rz(t)','fontsize',12)
grid on
figure(3)                                          %开启一个编号为 3 的绘图窗口
P1B=30+10*log10(EP1+eps);                           %将功率谱密度的单位转换成 dB
%设置窗口 3 左上角的位置在距屏幕左侧 0 像素、下侧 50 像素的地方,长为 340 像素,宽为 300 像素
set(3,'position',[0,50,340,300])
subplot(2,2,3);plot(f,EP1)                          %画双极性不归零码的功率谱密度图
axis([-5,5,0,1.2])
set(gca,'FontSize',12)
title('双极性不归零码功率谱密度图','fontsize',12)
xlabel('f(kHz)','fontsize',12)
ylabel('P1(f)','fontsize',12)
grid on
figure(4)                                          %开启一个编号为 4 的绘图窗口
P2B=30+10*log10(EP2+eps);                           %将功率谱密度的单位转换成 dB
%设置窗口 4 左上角的位置在距屏幕左侧 340 像素、下侧 50 像素的地方,长为 340 像素,宽为 300 像素
set(4,'position',[340,50,340,300])
subplot(2,2,4);plot(f,EP2)                          %画双极性归零码的功率谱密度图
axis([-5,5,0,0.3])
set(gca,'FontSize',12)
title('双极性归零码功率谱密度图','fontsize',12)
xlabel('f(kHz)','fontsize',12)
ylabel('P2(f)','fontsize',12)
grid on
```

上面程序中需要调用一个傅里叶变换的函数 t2f,该函数定义如下。

%将时域信号做傅里叶变换到频域,x 必须是二阶的矩阵,dt 是信号的时域分辨率

```
function X=t2f(x,dt)
    X=fftshift(fft(x)) * dt;
```

双极性和单极性二进制信号的波形及功率谱分别如图 9-14 和图 9-15 所示。

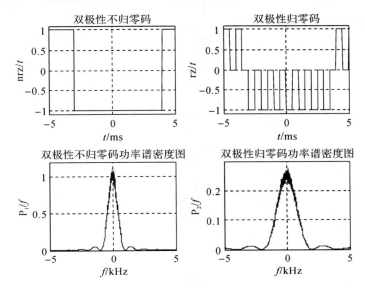

图 9-14　双极性二进制信号波形的 MATLAB 仿真结果

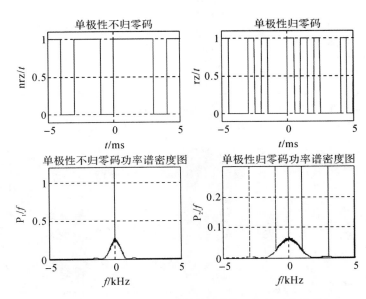

图 9-15　单极性二进制信号波形的 MATLAB 仿真

2. 数字基带信号波形的 Simulink 仿真

用 Simulink 实现对单极性归零波形、单极性不归零波形、双极性归零波形和双极性不归零波形的仿真,仿真模型如图 9-16 所示,模型中各模块的主要参数设置见表 9-5。

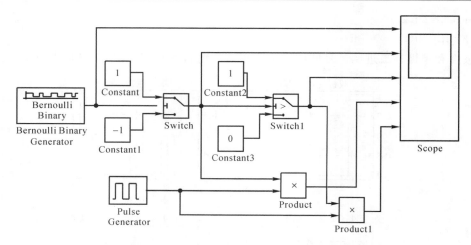

图 9-16 数字基带信号波形的 Simulink 仿真模型

表 9-5 数字基带信号波形的 Simulink 仿真参数

模块名称	参数名称	参数取值
Bernoulli Binary Generator	Probability of a Zero	0.5
	Initial Seed	61
	Sample Time	1
Switch	Criteria for Passing First Input	u2≥Threshold
	Threshold	0
Switch 1	Criteria for Passing First Input	u2≥Threshold
	Threshold	0
Pulse Generator	Period	1
	Pulse Width	50

Simulink 仿真结果如图 9-17 所示,示波器输出波形从上到下依次是原始信号、双极性不归零信号、单极性不归零信号、双极性归零信号和单极性归零信号。

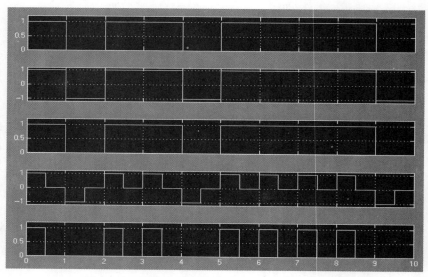

图 9-17 数字基带信号波形的 Simulink 仿真结果

9.2.2　数字基带信号码型仿真

在基带信号传输时,由于不同传输媒介具有不同的传输特性,所以需要使用不同的接口线路码型(传输码)。为了匹配于基带信道的传输特性,并考虑到接收端提取时钟方便,传输码应具有以下特性:

(1)不含直流分量,且低频分量较少;

(2)含有丰富的定时信息,便于从接收码流中提取位同步时钟信号;

(3)功率谱主瓣宽度窄,以节省传输频带;

(4)不受信息源统计特性的影响;

(5)具有内在的检错能力;

(6)编译码简单,以降低通信延时和成本。

满足或部分满足以上特性的传输码型种类很多,下面将介绍目前常用的几种传输码的仿真。

1.数字双相码

双相码又名曼彻斯特码,其编码规则是将信息代码 0 编码为线路码"01",将信息代码 1 编码为线路码"10"。双相码常用于局域网传输,每一位的中间的跳变既作为时钟信号,又作为数据信号。

(1)数字双相码的 MATLAB 仿真。下面通过 MATLAB 程序来仿真一串随机消息代码的基带信号波形,首先产生 1 000 个随机信号序列,用双相码的编码规则进行编码,并且求平均功率谱密度。其中编码部分的 MATLAB 仿真流程如图 9 - 18 所示。

源代码如下。

```
close all
clear all
k=14;                               %抽样点数的设置
L=128;                              %每码元抽样数的设置
N=2^k;
M=N/L;                              %M 为码元个数
dt=1/L;                             %时域抽样间隔
T=N*dt;                             %时域截断区间
df=1.0/T;                           %频域抽样间隔
Bs=N*df/2;                          %频域截断区间
t=linspace(-T/2,T/2,N);            %产生时域抽样点
f=linspace(-Bs,Bs,N);              %产生频域抽样点
EP1=zeros(size(f));
EP2=zeros(size(f));
EP3=zeros(size(f));
for x=1:1000                        %抽样 1 000 次
    K=round(rand(1,M));            %产生一个长度为 M 的随机序列 K,0 和 1 等概出现
    original=zeros(L,M);          %产生一个 L 行 M 列的 original 矩阵,初始化为全 0
                                   %矩阵
```

```
    Manchester =zeros(L,M);                      %产生一个 L 行 M 列的 Manchester 矩阵,初始化为全 0
                                                 %矩阵

        for i=1:M
            if K(i)==1
                original (:,i)=1;                %原码
                Manchester (1:L/2,i)=1;          %使 Manchester 矩阵第 i 列前 L/2 个元素为 1
            else
                original (:,i)=0;                %原码
                Manchester (:,i)=1;              %使 Manchester 矩阵第 i 列为 1
                Manchester (1:L/2,i)=0;          %使 Manchester 矩阵第 i 列前 L/2 个元素为 0
            end
        end
        %分别重排 nrz、Manchester 矩阵为 1 行 N 列的矩阵
        original =reshape(original,1,N);
        Manchester =reshape(Manchester,1,N);
        %做傅里叶变换并算出功率谱密度
        ORIGINAL =t2f(original,dt);
        P1=ORIGINAL. * conj(ORIGINAL)/T;
    MANCHESTER=t2f(Manchester,dt);
        P2=MANCHESTER. * conj(MANCHESTER)/T;
        %求功率谱密度的均值
        EP1=(EP1 * (x-1)+P1)/x;
        EP2=(EP2 * (x-1)+P2)/x;
end
figure(1)                                        %开启一个编号为 1 的绘图窗口
subplot(2,2,1);
plot(t,original);                                %画原码的时域图
axis([-3,3,min(original)-0.1,max(original)+0.1]);
title('原码','fontsize',12);
xlabel('t(ms)','fontsize',12);
ylabel('original(t)','fontsize',12);
grid on
subplot(2,2,2);
plot(t,Manchester) ;                             %画数字双相码的时域图
axis([-3,3,min(Manchester)-0.1,max(Manchester)+0.1]);
title('数字双向码','fontsize',12);
xlabel('t(ms)','fontsize',12);
ylabel('Manchester (t)','fontsize',12);
grid on
subplot(2,2,3);plot(f,EP1);                      %画原码的功率谱密度图
axis([-5,5,0,0.3]);
title('原码功率谱密度图','fontsize',12);
xlabel('f(kHz)','fontsize',12);
```

ylabel('P1(f)','fontsize',12);

grid on

subplot(2,2,4);plot(f,EP2)；　　　　　　　％画数字双相码的功率谱密度图

axis([-5,5,0,0.15]);

title('数字双相码功率谱密度图','fontsize',12)；

xlabel('f(kHz)','fontsize',12)；

ylabel('P2(f)','fontsize',12)；

grid on

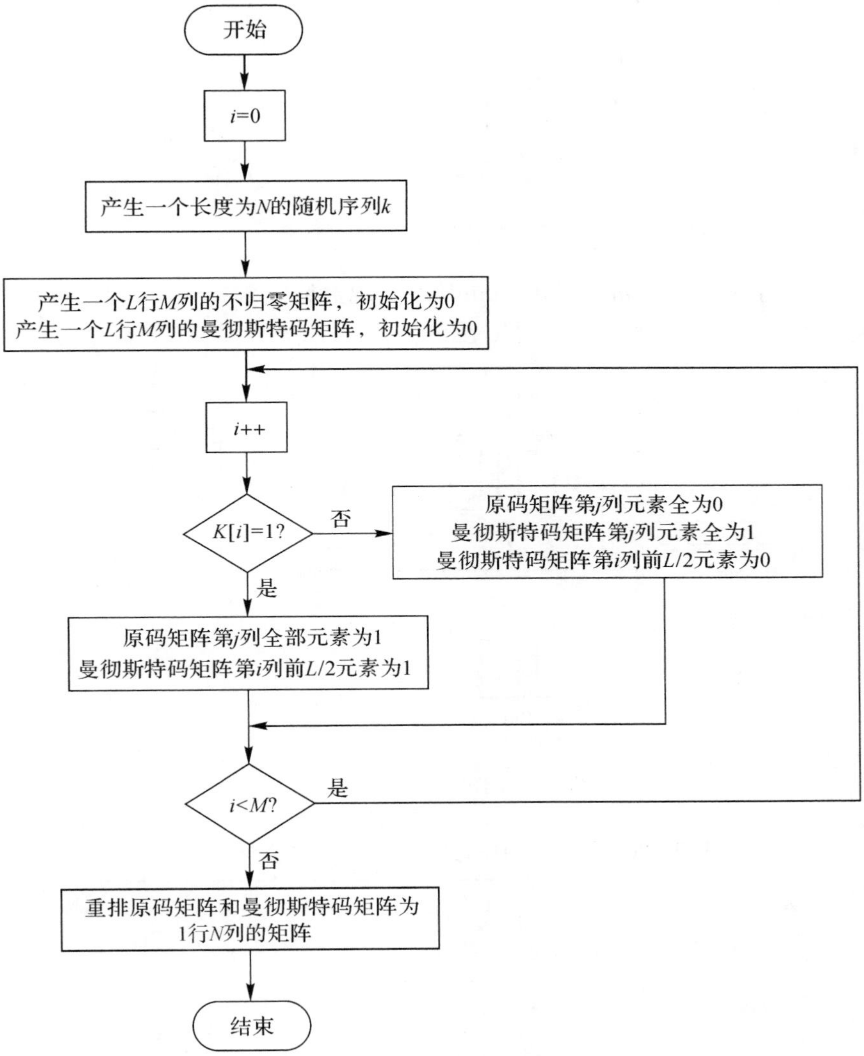

图 9-18　数字双相码的仿真流程图

数字双相码的仿真结果如图 9-19 所示。

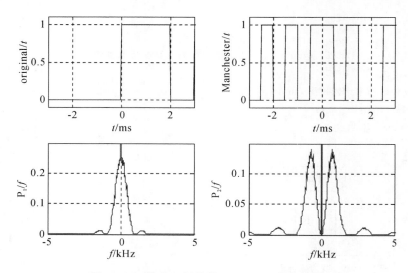

图 9 - 19　数字双相码的 MATLAB 仿真结果

（2）数字双相码的 Simulink 仿真。用 Simulink 实现对数字双相码的仿真，仿真模型如图 9 - 20 所示，模型中各模块的主要参数设置见表 9 - 6。

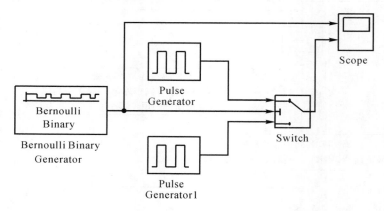

图 9 - 20　数字双相码的 Simulink 仿真模型

表 9 - 6　数字双相码的 Simulink 仿真参数

模块名称	参数名称	参数取值
Bernoulli Binary Generator	Probability of a Zero	0.5
	Initial Seed	61
	Sample Time	1
Switch	Criteria for Passing First Input	u2≥Threshold
	Threshold	0

续 表

模块名称	参数名称	参数取值
Pulse Generator	Period	1
	Pulse Width	50
	Phase Delay	0
Pulse Generator	Period	1
	Pulse Width	50
	Phase Delay	0.5

Simulink 仿真结果如图 9-21 所示,示波器输出波形从上到下依次是原始信号和数字双相码波形。

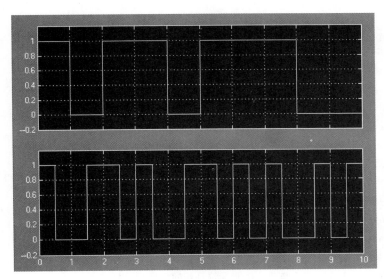

图 9-21 数字双相码的 Simulink 仿真结果

2. 三阶高密度双极性码

三阶高密度双极性码(HDB$_3$码),其编码规则是:当信息代码中连"0"个数不大于 3 时,"1"码用正负脉冲交替表示;当连"0"个数大于 3 时,将每 4 个连"0"串的第 4 个"0"编码为前一非"0"码同极性的正脉冲或负脉冲,该脉冲为破坏码或 V 码,为保证加 V 码后输出仍无直流分量,则需要:①相邻 V 码的极性必须相反,为此当相邻 V 码间有偶数个"1"时,将后面的连"0"串中第一个"0"编码为 B 符号,B 符号的极性与前一非"0"码的极性相反,而 B 符号后面的 V 码和 B 符号极性相同。②V 码后面的非"0"符号的极性再交替反转。HDB$_3$码是 CCITT 推荐作为 PCM 语音系统 4 次群线路接口的码型,在光缆传输系统中采用。

HDB$_3$码虽然编码很复杂,但解码规则很简单:若 3 连"0"前后非零脉冲同极性,则将最后一个非零元素译为零,如+1000+1就应该译成"10000";若 2 连"0"前后非零脉冲极性相同,则两零前后都译成零,如-100-1,就应译成"0000"。再将所有的-1变成+1,就可以得到原消息代码。

HDB$_3$ 码 MATLAB 仿真的源程序如下。

```
x=[1 0 1 1 0 0 0 0 0 1 1 1 0 0 0 0 0 0 1 0];    % 输入原码
y=x;%输出 y 初始化
num=0;%计数器初始化
for k=1:length(x)
   if x(k)==1
       num=num+1;                          % "1"计数器
          if num/2 == fix(num/2)           %奇数个 1 时输出-1,进行极性交替
              y(k)=1;
          else
              y(k)=-1;
          end
      end
end
% HDB3 编码
num=0;                                      %连零计数器初始化
yh=y;                                       %输出初始化
sign=0;                                     %极性标志初始化为 0
V=zeros(1,length(y));                       %V 脉冲位置记录变量
B=zeros(1,length(y));                       %B 脉冲位置记录变量
for k=1:length(y)
   if y(k)==0
       num=num+1;                          %连"0"个数计数
       if num==4                           %如果 4 连"0"
       num=0;                              %计数器清零
       yh(k)=1*yh(k-4);
%让 0000 的最后一个 0 改变为与前一个非零符号相同极性的符号
          V(k)=yh(k);                      %V 脉冲位置记录
          if yh(k)==sign                   %如果当前 V 符号与前一个 V 符号的极性相同
             yh(k)=-1*yh(k);               %则让当前 V 符号极性反转,以满足 V 符号间相互
                                           %极性反转要求
             yh(k-3)=yh(k);                %添加 B 符号,与 V 符号同极性
             B(k-3)=yh(k);                 %B 脉冲位置记录
             V(k)=yh(k);                   %V 脉冲位置记录
             yh(k+1:length(y))=-1*yh(k+1:length(y));
                                           %并让后面的非零符号从 V 符号开始再交替变化
          end
       sign=yh(k);                         %记录前一个 V 符号的极性
      end
   else
```

```
            num＝0;                          % 当前输入为"1"则连"0"计数器清零
      end
  end
end
re＝[x′,y′,yh′,V′,B];                      %编码完成
                                           %结果输出：x AMI HDB3 V&B 符号
                                           % HDB3 解码
input＝yh;                                 % HDB3 码输入
decode＝input;                             %输出初始化
sign＝0;                                    %极性标志初始化
for k＝1:length(yh)
    if input(k)～＝0
        if sign＝＝yh(k)                     %如果当前码与前一个非零码的极性相同
            decode(k－3:k)＝[0 0 0 0];       %则该码判为 V 码并将 * 00V 清零
        end
        sign＝input(k);                      %极性标志
    end
end
decode＝abs(decode);                         %整流
subplot(3,1,1);stairs([0:length(x)－1],x);axis([0 length(x)－0.2 1.2]);
title('原码');
subplot(3,1,2);stairs([0:length(x)－1],yh);axis([0 length(x)－1.2 1.2]);
title('HDB3 编码');
subplot(3,1,3);stairs([0:length(x)－1],decode);axis([0 length(x)－0.2 1.2]);
title('HDB3 解码');
```

　　HDB_3 码的 MATLAB 仿真结果如图 9-22 所示。

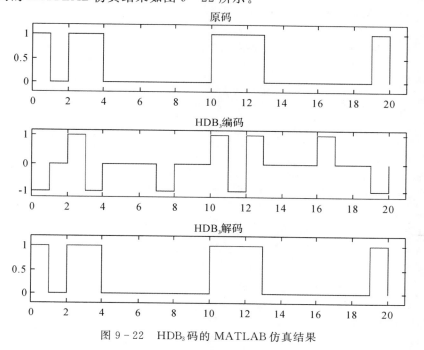

图 9-22　HDB_3 码的 MATLAB 仿真结果

9.2.3 发送滤波器仿真

在数字通信系统中,基带信号进入调制器前,波形是矩形脉冲,突变的上升沿和下降沿包含的高频成分较丰富,信号的频谱一般比较宽,当通过带限信道时,单个符号的脉冲将延伸到相邻符号的码元内,产生码间串扰。因此,在信道带宽有限的条件下,要降低误码率,需在信号传递前,通过发送滤波器(脉冲成形滤波器)对其进行脉冲成形处理,改善其频谱特性,产生适合信道传输的波形。数字系统中常用的脉冲成形滤波器有升余弦脉冲滤波器、平方根升余弦滤波器和高斯滤波器等。下面分别讨论这 3 种滤波器的特性及仿真。

1. 升余弦脉冲滤波器

升余弦脉冲滤波器即系统函数具有余弦波的变化特点,以下程序实现对升余弦滚降滤波器的仿真,升余弦滚降滤波器的频谱和时域波形仿真结果分别如图 9-23 和图 9-24 所示。

```
%升余弦滚降系统示意图
clear all;
close all;
Ts=1;
N_sample=17;
dt=Ts/N_sample;
df=1.0/(20.0*Ts);
t=-10*Ts:dt:10*Ts;
f=-2/Ts:df:2/Ts;
alpha=[0,0.5,1];
for n=1:length(alpha)
    for k=1:length(f)
        if abs(f(k))>0.5*(1+alpha(n))/Ts
            Xf(n,k)=0;
        elseif abs(f(k))<0.5*(1-alpha(n))/Ts
            Xf(n,k)=Ts;
        else
            Xf(n,k)=0.5*Ts*(1+cos(pi*Ts/(alpha(n)+eps)*(abs(f(k))-0.5*(1-alpha
(n))/Ts)));
        end
    end
    xt(n,:)=sinc(t/Ts).*(cos(alpha(n)*pi*t/Ts))./(1-4*alpha(n)^2*t.^2/Ts^2+eps);
end
figure(1)
plot(f,Xf(1,:),'b',f,Xf(2,:),'r',f,Xf(3,:),'k');
axis([-1 1 0 1.2]);xlabel('f/Ts');ylabel('升余弦滚降频谱');
legend('\alpha=0','\alpha=0.5','\alpha=1');
figure(2)
plot(t,xt(1,:),'b',t,xt(2,:),'r',t,xt(3,:),'k');
legend('\alpha=0','\alpha=0.5','\alpha=1');
axis([-10 10 -0.5 1.1]);xlabel('t');ylabel('升余弦滚降波形');
```

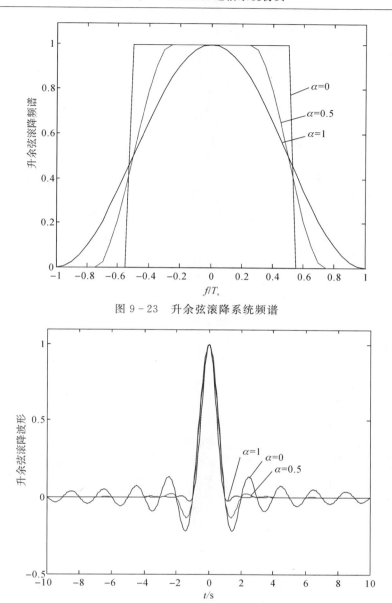

图 9-23　升余弦滚降系统频谱

图 9-24　升余弦滚降系统时域波形仿真结果

　　下面来仿真升余弦滤波器对信号的影响。采用 MATLAB 工具箱中专门用于升余弦 FIR 滤波器的指令 [num,den]＝Rcosine(Fd,Fs,Type_flag,R)，可以返回一个具有升余弦过渡带的低通线性相位 FIR 滤波器，截止频率为 Fd，滚降系统为 R，采样频率为 Fs，Type_flag 规定设计的是规范的升余弦滚降滤波器(normal)，还是平方根升余弦滤波器(sqrt)，用整数型参数 delay 设定延时。

　　%设置参量，采用 8 倍采样速率，滚降系数为 0.5

　　Fd＝1；Fs＝4；Delay＝2；　R＝0.5；

　　%建立升余弦滚降滤波器

　　[yf,tf]＝rcosine(Fd,Fs,'fir/normal',R,Delay)；

```
%画图得到升余弦滚降滤波器波形
b1＝ones(1,length(t2));%滤波器输入矩形脉冲
figure(1);
subplot(3,1,1);
plot(yf);
grid;
xlabel('Time');
ylabel('Amplitude');
title('升余弦滚降滤波器 h(t)');
%定义一个与二元序列对应的时间序列作为原始信号
x=[zeros(1,10),ones(1,10),ones(1,10),zeros(1,10),zeros(1,10),zeros(1,10)];
y=filter(yf,tf,x)/Fs;
%画出原始信号波形
subplot(3,1,2);
plot(x);
axis([0,61,−0.2,1.2]);
title('原始信号');
%画出原始信号通过升余弦滚降滤波器后的输出
subplot(3,1,3);
plot(y);
axis([2,61,−0.2,1.2]);
title('滤波后输出');
grid;
```

由图 9-25 可以看出,原始信号通过升余弦滚降滤波器可以使波形平滑,有效地改变突变的上升沿和下降沿,从而消除波形中的高频成分,达到降低码间串扰的可能性、提高频带利用率的效果。由于滤波器的影响,原始信号和滤波后的信号之间存在一定的延迟。

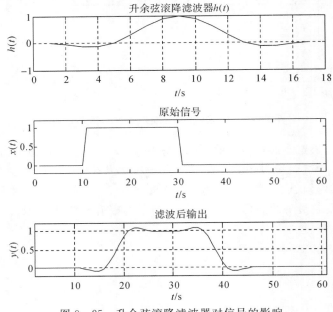

图 9-25　升余弦滚降滤波器对信号的影响

2. 平方根升余弦滤波器

可以将脉冲成形滤波器放置在收、发两端,即在发送端和接收端分别用一个平方根升余弦滤波器,并且使两个滤波器满足匹配滤波原则。这样既能实现升余弦滤波器的作用,也能满足匹配滤波器的实现,从而提高接收端的信噪比,更便于准确接收信号。如果不考虑由于信道引起的码间串扰,两个平方根升余弦函数相乘就得到升余弦形式的合成的系统传输函数。

采用 MATLAB 工具箱中专门用于升余弦 FIR 滤波器的指令[num,den]＝Rcosine(Fd, Fs,Type_flag,R),可以返回一个具有升余弦过渡带的低通线性相位 FIR 滤波器,截止频率为 Fd,滚降系统为 R,采样频率为 Fs,Type_flag 用来规定滤波器的类型,这里选择"sqrt",整数参数 delay 设定延时。程序如下。

```
%设置参量,采用 4 倍采样速率,滚降系数为 0.5
Fd＝1;Fs＝4;Delay＝2;  R＝0.5;
%建立升余弦滚降滤波器
[yf,tf]＝rcosine(Fd,Fs,'sqrt',R,Delay);
%画图得到升余弦滚降滤波器波形
b1＝ones(1,length(t2));%滤波器输入矩形脉冲
figure(1);
subplot(3,1,1);
plot(yf);
grid;
xlabel('Time');
ylabel('Amplitude');
title('平方根升余弦滚降滤波器 h(t)');
%定义一个与二元序列对应的时间序列作为原始信号
x＝[zeros(1,10),ones(1,10),ones(1,10),zeros(1,10),zeros(1,10),zeros(1,10)];
y1＝filter(yf,tf,x)/(Fs^0.5);
y2＝filter(yf,tf,y1)/(Fs^0.5);
%画出原始信号波形
subplot(3,1,2);
plot(x);
axis([0,61,-0.2,1.2]);
title('原始信号');
%画出原始信号通过升余弦滚降滤波器后的输出
subplot(3,1,3);
plot(y1);
axis([2,61,-0.2,1.2]);
title('滤波后输出')
grid;
subplot(4,1,4);
plot(y2);
axis([2,61,-0.2,1.2]);
title('接收滤波器滤波后输出')
grid;
```

由图 9-26 可见,原始信号通过该平方根升余弦滚降滤波器后也可以使波形平滑,有效地改变突变的上升沿和下降沿,作用与升余弦滤波器类似。实际应用中,收、发两端的平方根升余弦滚降滤波器可以按照匹配滤波器的原则进行设计。

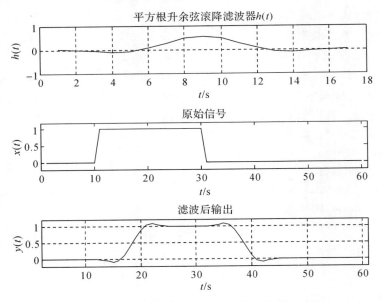

图 9-26 平方根升余弦滚降滤波器对信号的影响

3. 高斯滤波器

在一些通信场合(如移动通信),对信号带外辐射功率的限制十分严格,如要求衰减达到临界值(70～80 dB)以上,从而减小对邻道的干扰,这时可以采用高斯低通滤波器。高斯低通滤波器的特点如下:

(1)带宽窄,具有良好的截止特性;

(2)具有较低的过脉冲响应,以防止调制器的瞬间频偏过大;

(3)保持滤波器输出脉冲的面积不变,以便于进行相干解调。

高斯型滤波器的传输函数为

$$H(f) = \exp(-a^2 f^2) \tag{9-2-1}$$

高斯型滤波器的冲击响应为

$$h(t) = \frac{\sqrt{\pi}}{a} \exp\left(-\frac{\pi^2}{a^2} t^2\right) \tag{9-2-2}$$

下面通过仿真来说明高斯脉冲成形滤波器对矩形脉冲输入的影响。假设 $b(t)$ 是高度为 1、宽度为 T_b 的矩形脉冲,则 $b(t)$ 通过高斯脉冲成形滤波器的输出波形为

$$g(t) = h(t) * b(t) = \int_{t-\frac{T_b}{2}}^{t+\frac{T_b}{2}} \frac{\sqrt{\pi}}{a}\left(-\frac{\pi^2}{a^2}\tau^2\right)\mathrm{d}\tau = \frac{1}{2}\left\{\mathrm{erfc}\left[\frac{\pi}{a}\left(t-\frac{T_b}{2}\right)\right] - \mathrm{erfc}\left[\frac{\pi}{a}\left(t+\frac{T_b}{2}\right)\right]\right\}$$

$$\tag{9-2-3}$$

源代码如下。

```
t1=-1.5:0.01:1.5;
t2=-1.5:0.01:1.5;
```

```
%b1=ones(1,length(t2));
b1=[zeros(1,100),ones(1,100),zeros(1,101)];
%产生滤波器1
y1=sqrt(pi)/0.25 * exp(-((pi * t1).^2)/0.25.^2);
z1=0.5 * (erfc(pi/0.25 * (t1-0.5))-erfc(pi/0.25 * (t1+0.5)));
%产生滤波器2
y2=sqrt(pi)/0.5 * exp(-((pi * t1).^2)/0.5.^2);
z2=0.5 * (erfc(pi/0.5 * (t1-1))-erfc(pi/0.5 * (t1+1)));
%产生滤波器3
y3=sqrt(pi) * exp(-(pi * t1).^2);
z3=0.5 * (erfc(pi * (t1-1))-erfc(pi * (t1+1)));
%产生滤波器4
y4=sqrt(pi)/2 * exp(-((pi * t1).^2)/2.^2);
z4=0.5 * (erfc(pi/2 * (t1-1))-erfc(pi/2 * (t1+1)));
subplot(3,1,1),plot(t2,b1);axis([-1.5 1.5 0 1.2]);xlabel('t/T');ylabel('b(t)');
title('高斯脉冲成形滤波器的输入(矩形脉冲)');
subplot(3,1,2),plot(t1,y1,'r',t1,y2,'g',t1,y3,'b',t1,y4,'m');
legend('\alpha=0.25','\alpha=0.5','\alpha=1','\alpha=2');
xlabel('t/T');ylabel('h(t)');title('高斯脉冲成形滤波器的冲激响应 h(t)');
subplot(3,1,3),plot(t1,z1,'r',t1,z2,'g',t1,z3,'b',t1,z4,'m');xlabel('t/T');ylabel('g(t)');
legend('\alpha=0.25',',\alpha=0.5','\alpha=1','\alpha=2');
axis([-1.5 1.5 0 1.2]);
title('高斯脉冲成形滤波器的输出');
```

由图9-27可以看出,矩形脉冲通过高斯脉冲成形滤波器后变成了高斯脉冲,有效地改变了矩形波突变的上升沿和下降沿。

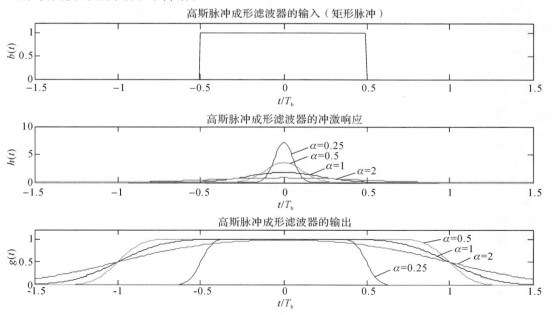

图9-27　高斯脉冲成形滤波器对矩形脉冲输入信号的影响

9.3　数字频带传输的 MATLAB 仿真

实际通信中的多数信道是带通信道,如移动通信、光纤通信等均是在规定的带通信道内传输频带信号,数字频带信号通过这些信道传输必须要进行数字调制。通过用数字基带信号改变正弦载波的幅度、频率和相位,获得适合在信道中传输的数字频带信号,即幅度调制、频率调制和相位调制。

在信息传输的过程中,数字码元有二进制和多进制之分,因此,数字调制也有二进制和多进制之分。二进制数字调制是将"0"和"1"这两个二进制符号分别映射为相应的波形形式,多进制数字调制则是将多个码元符号映射为相应的波形。

随着对通信质量要求的不断提高,普通调制方式存在的不足逐步显现,如频谱利用率低、抗多径衰落能力差等。为了改善这些不足,人们提出了一些改进的调制解调方法,以适应各种新的通信系统的要求,如正交幅度调制、正交频分复用等。本节主要对二进制数字调制系统进行仿真分析。

9.3.1　二进制数字振幅调制与解调

幅移键控是利用载波的幅度变化来传递数字信息的,而其频率和相位保持不变。根据二进制幅移键控(2ASK)的基本原理,可以写出 2ASK 信号的一般表达式为

$$e_{2\text{ASK}}(t) = s(t)\cos\omega_c t \qquad (9-3-1)$$

式中,$s(t) = \sum_n a_n g(t - nT_s)$ 为单极性 NRZ 矩形脉冲序列,$g(t)$ 是持续时间为 T_s、高度为 1 的矩形脉冲,a_n 是第 n 个符号的电平值。

1.2ASK 信号调制与解调的 MATLAB 仿真

下述程序实现了对随机产生的二进制数字基带信号的 2ASK 模拟调制与相干解调,并绘出调制后的波形,仿真结果如图 9 - 28 所示。

```
clear all
close all
i=5;%5 个码元
j=5000;
t=linspace(0,5,j);%0~5 之间产生5 000个点行矢量,即分成5 000份
fc=2;%载波频率
fm=i/4;%码元速率
%产生基带信号
x=(rand(1,i))%rand 函数产生在 0~1 之间随机数,共 1~10 个
a=round(x);%随机序列,round 取最接近小数的整数
st=t;
for n=1:i
    if a(n)<1;
        for m=j/i*(n-1)+1:j/i*n
            st(m)=0;
```

```
            end
        else
            for m=j/i*(n-1)+1:j/i*n
                st(m)=1;
            end
        end
end
figure(1);
subplot(221);
plot(t,st);
axis([0,5,-0.2,1.2]);
title('基带信号');
%载波
s1=cos(2*pi*fc*t);
subplot(222);
plot(t,s1);
axis([0,5,-1,1]);
title('载波信号');
%调制
e_2ask=st.*s1;
subplot(223);
plot(t,e_2ask);
axis([0,5,-1,1]);
title('已调信号');
%相干解调
at=e_2ask.*cos(2*pi*fc*t);
at=at-mean(at);%因为是单极性波形,还有直流分量,应去掉
subplot(223);
[f,af]= T2F(t,at);%通过低通滤波器
[t,at]= lpf(f,af,2*fm);
%抽样判决
for m=0:i-1;
    if at(1,m*1000+500)+0.5<0.5;
        for j=m*1000+1:(m+1)*1000;
            at(1,j)=0;
        end
    else
        for j=m*1000+1:(m+1)*1000;
            at(1,j)=1;
        end
    end
end
subplot(224);
```

```
plot(t,at);
axis([0,5,-0.2,1.2]);
title('相干解调后波形')
```

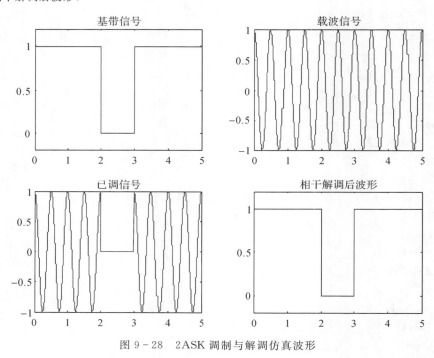

图 9 - 28　2ASK 调制与解调仿真波形

2. 2ASK 信号调制与解调的 Simulink 仿真

用 Simulink 实现对 2ASK 信号调制与相干解调的仿真,仿真模型如图 9 - 29 所示,模型中各模块的主要参数设置见表 9 - 7。

Simulink 仿真结果如图 9 - 30 所示,示波器显示波形从上到下分别为载波、基带信号、已调信号、乘法器输出信号、滤波器输出信号和判决结果。

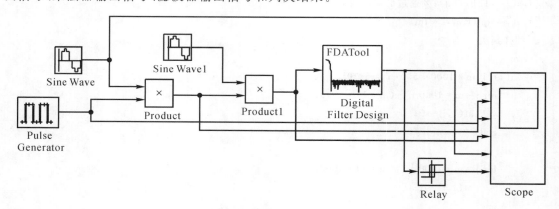

图 9 - 29　2ASK 信号调制与解调的仿真模型

表 9 - 7　2ASK 调制与解调的 Simulink 仿真参数

模块名称	参数名称	参数取值
Sine Wave	Frequency	8 * pi
	Sample Time	0. 01
Sine Wave 1	Frequency	8 * pi
	Sample Time	0. 01
Pulse Generator	Amplitude	1
	Period	3
	Pulse Width	3
	Sample Time	1
Digital Filter Design	Response Type	Lowpass
	Design Method	Butterworth
	Filter Order	Minimum Order
	Density Factor	30
	Fs	480
	Fpass	8
	Fstop	25
Relay	Switch on Point	0. 3
	Switch off Point	0. 3
	Output When on	1
	Output When off	0
	Sample Time	-1

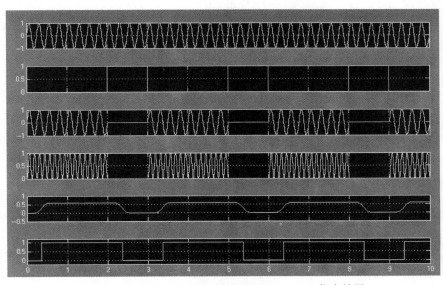

图 9 - 30　2ASK 信号调制与解调的 Simulink 仿真结果

9.3.2 二进制数字频率调制

数字频移键控是用载波的频率来传送数字消息,即用所传送的数字消息控制载波的频率。在 2FSK 中,载波的频率随二进制基带信号在 f_1 和 f_2 两个频率点间变化。故其表达式为

$$e_{2FSK}(t) = \begin{cases} A\cos(\omega_1 t + \varphi), 发送"1" 时 \\ A\cos(\omega_2 t + \varphi), 发送"0" 时 \end{cases} \qquad (9-3-2)$$

式中:A 为载波的振幅;φ 为载波的初始相位。不妨设 $\varphi=0$,2FSK 信号的表达式可简化为

$$e_{2FSK}(t) = s_1(t)\cos\omega_1 t + s_2(t)\cos\omega_2 t \qquad (9-3-3)$$

式中:$s_1(t)$ 和 $s_2(t)$ 均为二进制单极性基带信号。

1.2FSK 信号调制与解调的 MATLAB 仿真

源代码如下。

```
clear all
close all
i=10;%基带信号码元数
j=5000;
a=round(rand(1,i));%产生随机序列
t=linspace(0,5,j);
f1=10;%载波 1 频率
f2=5;%载波 2 频率
fm=i/5;%基带信号频率
%产生基带信号
st1=t;
for n=1:10
    if a(n)<1;
        for m=j/i*(n-1)+1:j/i*n
            st1(m)=0;
        end
    else
        for m=j/i*(n-1)+1:j/i*n
            st1(m)=1;
        end
    end
end
st2=t;
%基带信号求反
for n=1:j;
    if st1(n)>=1;
        st2(n)=0;
    else
        st2(n)=1;
    end
```

```
end；
figure(1)；
subplot(511)；
plot(t,st1)；
title('基带信号')；
axis([0,5,-1,2])；
%载波信号
s1=cos(2 * pi * f1 * t)
s2=cos(2 * pi * f2 * t)
subplot(512),plot(s1)；
title('载波信号 1')；
subplot(513),plot(s2)；
title('载波信号 2')；
%调制
F1=st1. * s1；%加入载波 1
F2=st2. * s2；%加入载波 2
fsk=F1+F2；
subplot(514)；
plot(t,fsk)；
title('2FSK 信号')%键控法产生的信号在相邻码元之间相位不一定连续
%相干解调
st1=fsk. * s1；%与载波 1 相乘
[f,sf1] = T2F(t,st1)；%通过低通滤波器
[t,st1] = lpf(f,sf1,2 * fm)；
st2=fsk. * s2；%与载波 2 相乘
[f,sf2] = T2F(t,st2)；%通过低通滤波器
[t,st2] = lpf(f,sf2,2 * fm)；
%抽样判决
for m=0:i-1；
    if st1(1,m * 500+250)<st2(1,m * 500+250)；
        for j=m * 500+1:(m+1) * 500；
            at(1,j)=0；
        end
    else
        for j=m * 500+1:(m+1) * 500；
        at(1,j)=1；
        end
    end
end；
subplot(515)；
plot(t,at)；
axis([0,5,-1,2])；
title('抽样判决后波形')
```

2FSK 信号调制与解调的 MATLAB 仿真结果如图 9−31 所示。

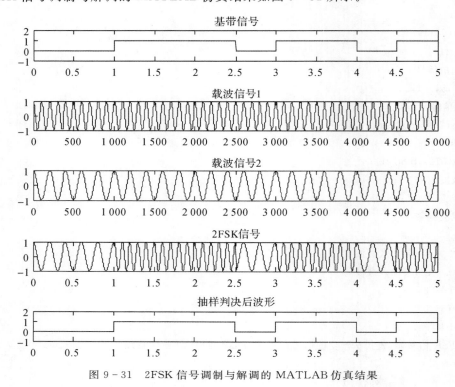

图 9−31　2FSK 信号调制与解调的 MATLAB 仿真结果

2. 2FSK 信号调制与相干解调的 Simulink 仿真

用 Simulink 实现对 2FSK 信号数字键控法的仿真,仿真模型如图 9−32 所示,Simulink 仿真结果如图 9−33 所示,示波器显示波形从上到下分别为载波 1、载波 2、基带信号和 2FSK 信号。

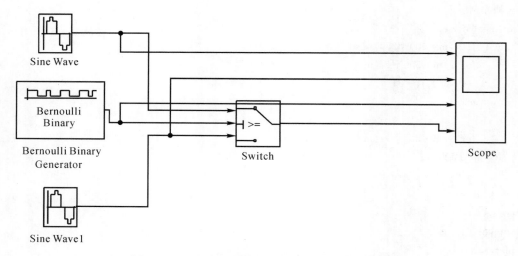

图 9−32　2FSK 调制与解调的 Simulink 仿真模型

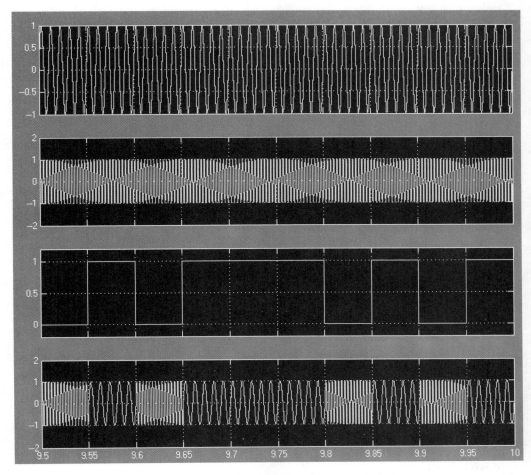

图 9 - 33　2FSK 信号数字键控法的 Simulink 仿真结果

9.3.3　二进制数字相位调制

数字相移键控是用载波的相位来传送数字消息,即用所传送的数字消息控制载波的相位。在 2PSK 中,通常用载波的初始相位 0 和 π 表示二进制基带信号"0"和"1"。故其表达式为

$$e_{2PSK}(t) = A\cos(\omega_c t + \varphi_n) \qquad (9 - 3 - 4)$$

式中:φ_n 表示第 n 个符号的绝对相位,通常当发送"0"时,$\varphi_n = 0$;当发送"1"时,$\varphi_n = \pi$。

1. 2PSK 信号调制与相干解调的 MATLAB 仿真

以下程序实现对二进制数字基带信号进行 2PSK 调制与解调,并绘制出各点的波形。仿真结果如图 9 - 34 所示。

```
clear all
close all
i=10;
j=5000;
fc=4;%载波频率
```

```
fm=i/5;%码元速率
B=2 * fm;
t=linspace(0,5,j);
%%产生基带信号
a=round(rand(1,i));%随机序列,基带信号
st1=t;
for n=1:10
    if a(n)<1;
        for m=j/i * (n-1)+1:j/i * n
            st1(m)=0;
        end
    else
        for m=j/i * (n-1)+1:j/i * n
            st1(m)=1;
        end
    end
end
figure(1);
subplot(511);
plot(t,st1);
title('基带信号');
axis([0,5,-1,2]);
%%产生双极性基带信号
st2=t;
for k=1:j;
    if st1(k)>=1;
        st2(k)=0;
    else
        st2(k)=1;
    end
end;
st3=st1-st2;%双极性基带信号
%%载波信号
s1=sin(2 * pi * fc * t);
subplot(512);
plot(s1);
title('载波信号');
%%调制
psk=st3. * s1;
subplot(513);
plot(t,psk);
title('2PSK 信号');
%%相干解调
```

```
psk＝psk. ＊ s1;％与载波相乘
[f,af] ＝ T2F(t,psk);％％通过低通滤波器
[t,psk] ＝ lpf(f,af,B);
subplot(514);
plot(t,psk);
title('低通滤波后波形');
％％抽样判决
for m＝0:i－1;
    if psk(1,m＊500＋250)＜0;
        for j＝m＊500＋1:(m＋1)＊500;
            psk(1,j)＝0;
end
    else
        for j＝m＊500＋1:(m＋1)＊500;
            psk(1,j)＝1;
        end
    end
end
subplot(515);
plot(t,psk);
axis([0,5,－1,2]);
title('抽样判决后波形')
```

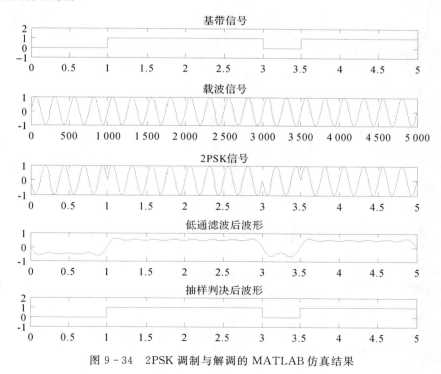

图 9 - 34　2PSK 调制与解调的 MATLAB 仿真结果

2. 2PSK 信号调制与解调的 Simulink 仿真

用 Simulink 实现对 2PSK 信号调制与相干解调的仿真,仿真模型如图 9-35 所示,模型中各模块的主要参数设置见表 9-8。

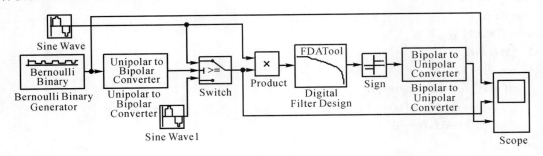

图 9-35　2PSK 信号调制与解调的 Simulink 仿真模型

表 9-8　2PSK 信号调制与解调的 Simulink 仿真参数

模块名称	参数名称	参数取值
Sine Wave	Frequency	2 * pi
	Sample Time	0.01
	Phase	0
Sine Wave 1	Frequency	10 * pi
	Sample Time	0.01
	Phase	pi
Bernoulli Binary Generator	Probability of a Zero	0.5
Switch	Threshold	0.000 1
	Sample Time	−1
Unipolar to Bipolar Converter	M-ary Number	2
	Polarity	Positive
Digital Filter Design	Response Type	Lowpass
	Design Method	Butterworth
	Filter Order	10
	Fs	10
	Fc	1
Bipolar to Unipolar Converter	M-ary Number	2
	Polarity	Positive

Simulink 仿真结果如图 9-36 所示,示波器显示波形从上到下分别为基带信号、2PSK 信号和解调信号。

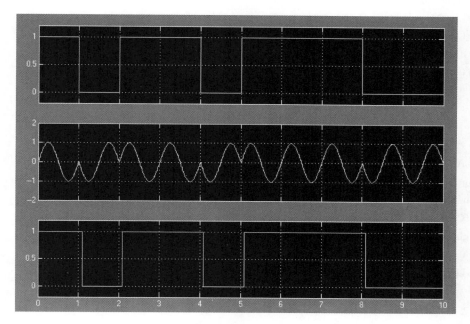

图 9 - 36　2PSK 信号调制与解调的 Simulink 仿真结果

9.4　差错控制系统的 MATLAB 仿真

差错控制技术是指在发送端加入监督码元,利用监督码元和信息码元之间的某种确定关系来自动纠错和检错。一般来讲,增加的监督码元越多,传输效率就越低,纠错和检错能力反而越强。因此,差错控制技术是通过降低传输效率来提高信息在通信系统中传输的可靠性的。本节将通过 MATLAB 对几种常用的差错控制编码进行仿真分析。

9.4.1　线性分组码的系统仿真

对信源编码器输出的序列进行分组,并对每一组独立变换,称为分组码,记为 (n, k) 码,其中 k 表示每分组输入的符号数,n 为编码输出的符号数。编码后的码组具有抗信道干扰的能力。若这种变换是线性变换,则称变换后的码组为线性分组码;若变换是非线性的,则称变换后的码组为非线性分组码。常用的是线性分组码。

线性分组码具有如下两个性质:

(1)线性(包含全零码字,封闭性);

(2)最小码距等于除零码外的码字的最小码重。

采用 MATLAB 仿真程序完成对 $(7, 4)$ 线性分组码的编码、解码,其中:信息位和检验位的约束关系为 $c1 = a1, c2 = a2, c3 = a3, c4 = a4, c5 = a1 + a2 + a3, c6 = a2 + a3 + a4, c7 = a1 + a2 + a4$;生成矩阵为 G;检验矩阵为 H;原码为 A;生成码字为 C;纠错后的码字为 Cr。

源代码如下。

```
clear all;
G1=eye(4);                              %生成 4×4 单位阵
```

```
    G2=[1,0,1;1,1,1;1,1,0;0,1,1];                    %约束关系
    G=[G1,G2];                                       %生成矩阵 G
    fprintf('生成矩阵为:G=')
    disp(G);
    A=[0,0,0,1;0,0,1,0;0,0,1,1;0,1,0,0;0,1,0,1;0,1,1,0;0,1,1,1;1,0,0,0;1,0,0,1;1,0,1,0;1,0,
1,1;1,1,0,0;1,1,0,1;1,1,1,0;1,1,1,1;];               %C=[c1,c2,c3,c4]要进行编码信息码字
    fprintf('原码为:A=')
    disp(A);
    C1=A*G;
    C=mod(C1,2);                                      %模 2 运算
    fprintf('输出的编码为:C=')
    disp(C);
    H=gen2par(G)                                      %生成校验矩阵
    fprintf('校验矩阵为:H=')
    %%%以下输入接收到的码字,译出原码
    Rev=input('请输入 7 位接收码字,用空格隔开:','s');
    Rev=str2num(Rev)                                  %接收到的码字
    S1=Rev*(H');                                      %S 为校阵子
    S=mod(S1,2);
    E=[1,1,1,1,1,1,1];
    for i=1:7;                                         %取出 H 中每一列,与 S 相加
    Hi=H(:,[i]);
    Sum=S+Hi';
    Sum=mod(Sum,2);
        if (all(Sum(:)==0)); %如果 S 与 H 的第 i 列之和 Sum 为 0 矩阵,则表示 Rev 中第 i 个码字
%有误
            fprintf('接收码字中错误码位是第:');
            disp(i)
        else
          E(1,i)=0;
        end;
    end;
    Cr=mod((Rev+E),2);
    fprintf('正确接收码字:Cr=');
    disp(Cr);
```

程序运行结果如下。

生成矩阵为:

G=

```
    1    0    0    0    1    0    1
    0    1    0    0    1    1    1
    0    0    1    0    1    1    0
    0    0    0    1    0    1    1
```

原码为:

A=

0	0	0	1
0	0	1	0
0	0	1	1
0	1	0	0
0	1	0	1
0	1	1	0
0	1	1	1
1	0	0	0
1	0	0	1
1	0	1	0
1	0	1	1
1	1	0	0
1	1	0	1
1	1	1	0
1	1	1	1

输出的编码为：

C=

0	0	0	1	0	1	1
0	0	1	0	1	1	0
0	0	1	1	1	0	1
0	1	0	0	1	1	1
0	1	0	1	1	0	0
0	1	1	0	0	0	1
0	1	1	1	0	1	0
1	0	0	0	1	0	1
1	0	0	1	1	1	0
1	0	1	0	0	1	1
1	0	1	1	0	0	0
1	1	0	0	0	1	0
1	1	0	1	0	0	1
1	1	1	0	1	0	0
1	1	1	1	1	1	1

校验矩阵为：

H=

1	1	1	0	1	0	0
0	1	1	1	0	1	0
1	1	0	1	0	0	1

请输入 7 位接收码字,用空格隔开:0 1 1 1 1 0 1

Rev =

0	1	1	1	1	0	1

接收码字中错误码位是第： 2

正确接收码字:Cr= 0 0 1 1 1 0 1

9.4.2 循环码的系统仿真

设 C 是某 (n,k) 线性分组码的码字集合,如果将任一码字 $c=(c_{n-1},c_{n-2},\cdots,c_1,c_0)$ 向左移动一位,记为 $c^{(1)}=(c_{n-2},c_{n-3},\cdots,c_0,c_{n-1})$,也属于码集 C,则该线性分组码为循环码。循环码的特点是具有循环性,即任何许用码字的循环移位仍是一个许用码字。

对于一个任意长为 n 的码字 $c=(c_{n-1},c_{n-2},\cdots,c_1,c_0)$,用多项式的形式表示,即 $c(x)=c_{n-1}x^{n-1}+c_{n-2}x^{n-2}+\cdots+c_1x+c_0$,此多项式即为码多项式,系数不为 0 的 x 最高次数称为多项式 $c(x)$ 的次数或阶数。在进行码多项式简单运算时,所得系数需进行模 2 运算。这就是循环码的编码原理。

可用下面的程序完成 $(7,4)$ 循环码的编码。代码中 cyclpoly$(n,k,'all')$ 返回 (n,k) 循环码的所有生成多项式(1 个生成多项式为返回矩阵的 1 行);cyclgen(n,g) 返回循环码的监督矩阵和生成矩阵,其中 g 是生成多项式向量;rem$(Msg*G,2)$ 返回循环码的所有许用码组,其中 G 是生成矩阵,Msg 是信息矩阵。

```
clear all;
close all;
n=7;%输出码长
k=4;%输入码长
p=cyclpoly(n,k,'all');%产生循环码的生成多项式
[H,G]=cyclgen(n,p(1,:));%产生循环码的生成矩阵和校验矩阵
Msg=[0 0 0 0;0 0 0 1;0 0 1 0;0 0 1 1;0 1 0 0;0 1 0 1;0 1 1 0;0 1 1 1;
    1 0 0 0;1 0 0 1;1 0 1 0;1 0 1 1;1 1 0 0;1 1 0 1;1 1 1 0;1 1 1 1];%原码
C = rem(Msg*G,2)%输出循环码
```

程序运行结果如下。

C =

0	0	0	0	0	0	0
0	1	1	0	0	0	1
1	1	0	0	0	1	0
1	0	1	0	0	1	1
1	1	1	0	1	0	0
1	0	0	0	1	0	1
0	0	1	0	1	1	0
0	1	0	0	1	1	1
1	0	1	1	0	0	0
1	1	0	1	0	0	1
0	1	1	1	0	1	0
0	0	0	1	0	1	1
0	1	0	1	1	0	0
0	0	1	1	1	0	1
1	0	0	1	1	1	0
1	1	1	1	1	1	1

习题参考答案

第 1 章　绪论（习题答案）

一、填空题

1. 通信（communication）的目的是传递　　消息　　中所包含的　　信息　　。

2. 消息是信息的　外在形式　；信息则是消息的　内涵　；信号是消息（或信息）的　传输载体　。

3. 模拟通信系统主要包含两种重要变换。变换一是在发送端把连续消息变换成原始电信号，在接收端进行相反的变换；变换二是基带信号变换成适合在信道中传输的信号，并在接收端进行反变换。

4. 点对点之间的通信，按消息传输的方向与时间的关系，可分为单工、半双工和全双工通信。

5. 衡量数字通信系统性能的主要指标是　有效性　和可靠性两项指标。

二、选择题

1. 数字通信相对于模拟通信具有（ B ）的特点。

A. 占用频带小　　　　B. 抗干扰能力强　　　　C. 传输容量大　　　　D. 易于频分复用

2. 某二进制信源，各符号独立出现，若"1"符号出现的概率为3/4，则"0"符号的信息量为（ B ）b。

A. 1　　　　　　　　B. 2　　　　　　　　C. 1.5　　　　　　　　D. 2.5

3. 数字通信中，在计算码元速率时，信号码元时长是指（ C ）。

A. 信号码元中的最短时长　　　　　　B. 信号码元中的最长时长

C. 信号码元中的平均时长　　　　　　D. 信号码元中的任意一个码元的时长

4. 下列哪个描述不符合数字通信的特点（ B ）？

A. 抗干扰能力强　　　　　　　　　　B. 占用信道带宽窄

C. 便于构成综合业务网　　　　　　　D. 可以时分复用

5. 串行数据传输的特点是（ A ）。

A. 在一条线上，一次产生一位　　　　B. 在不同线上，同时产生几位

C. 由于存在移位寄存器，位不可能产生　　D. 在系统存储器中，但按矩阵形式产生

三、简答题

1.通信系统的两项重要性能指标"有效性"和"可靠性"分别反映通信系统的什么性能？其相互间存在什么关系？

答:有效性反映了通信系统的容量大小,可靠性反映了通信系统的质量好坏。

有效性和可靠性相互影响,相互矛盾。

2.数字通信系统与模拟通信系统相比具有哪些特点？

答:抗干扰能力强,噪声不叠加;

传输差错可控;

便于对数字信号处理、变换和存储;

便于对来自不同信源的信息综合到一起传输;

易于集成化;

易于加密处理。

3.什么是误码率？什么是误信率？它们之间的关系如何？

答:错误接收的码元占总码元的比。

错误接收的信息占总信息的比。

二进制时二者相等,多进制时,误码率＞误信率。

4.什么是码元速率？什么是信息速率？它们的单位分别是什么？它们之间的关系如何？

答:每秒传输码元的个数,单位波特。

每秒传输信息的个数,单位 b/s。

$R_b = R_B \log_2 M, M$ 为码元的进制数。

四、计算题

1.某信源的符号集由 A、B、C、D、E、F 组成,设每个符号独立出现,其概率分别为 1/4、1/4、1/16、1/8、1/16、1/4,试求该信息源输出符号的平均信息量 $\overline{I}$。

解:$P_A = 1/4$

$P_B = 1/4, P_C = 1/16, P_D = 1/8, P_E = 1/16, P_F = 1/4$

$\overline{I} = P_A \log_2 1/P_A + P_B \log_2 1/P_B + P_C \log_2 1/P_C + P_D \log_2 1/P_D + P_E \log_2 1/P_E +$

$P_F \log_2 1/P_F = 2\dfrac{3}{8} \text{b/符号}$

2.设一数字传输系统传送二进制信号,码元速率 $R_{B2} = 2\,400$ B,试求该系统的信息速率R_{b2}。若该系统改为传送 16 进制信号,码元速率不变,则此时的系统信息速率为多少？

解:$R_{B2} = 2\,400$ B

$R_{b2} = R_{B2} = 2\,400 \text{ b/s}$

$R_{B16} = 2\,400$ B

$R_{b16} = \log_2 16 \times R_{B16} = 4 \times 2\,400 = 9\,600\,(\text{b/s})$

3.已知二进制信号的传输速率为4 800 b/s,试问变换成四进制和八进制数字信号时的传输速率各为多少(码元速率不变)？

解:$R_b = 4\,800$ b/s

$R_{B2}=R_{b2}=4\ 800\ B$

依题意：$R_{B4}=R_{B8}=R_{B2}=4\ 800\ B$

$R_{b4}=\log_2 4R_{B4}=2\times 4\ 800=9\ 600(\text{b/s})$

$R_{b8}=\log_2 8R_{B8}=3\times 4\ 800=14\ 400(\text{b/s})$

4.已知某四进制数字信号传输系统的信息速率为2 400 b/s,接收端在0.5 h内共收到216个错误码元,试计算该系统的误码率 P_e。

解：由 $R_{b4}=2\ 400\ \text{b/s}$

得 $R_{B4}=\dfrac{1}{\log_2 4}R_{b4}=\dfrac{1}{2}\times 2\ 400=1\ 200(\text{B})$

$P_e=\dfrac{216}{1\ 200\times 0.5\times 60\times 60}=10^{-4}$

第 2 章　信号与信道（习题答案）

一、填空题

1.可以用明确的数学式子表示的信号称为　确知信号　,也称为规则信号。

2.在数学上,周期信号的频谱可用　傅里叶级数　来分析;非周期信号的频谱　可用傅里叶变换来　来分析。

3.互相关函数 $R_{12}(\tau)$ 描述　两个信号之间的　相关性;而自相关函数 $R(\tau)$ 描述　同一个信号　在不同时刻上的相关性。

4.自相关函数和　其能量谱密度　是一对傅里叶变换。

5.如果平稳随机过程的各统计平均值等于它的任一样本的相应时间平均值,则称它为　各态历经　性。

6.平稳随机过程的　自相关函数 $R(z)$ 　是一个非常重要的函数,由它可求出平稳过程的均值、方差、相关性和各种功率。

7.平稳随机过程的自相关函数与功率谱密度是一对傅里叶变换关系,即维纳-辛钦定理。这对关系建立了　时域与频域　之间的相互联系和相互转换。

8.平稳、高斯过程经过线性变换（或线性系统）后的过程仍是平稳、高斯的。

9.调制信道对信号的影响程度取决于　乘性干扰　和　加性噪声　。

10.衰减、失真和噪声是信道带给信号的减损。可以采用　放大　、　均衡　和　滤波　等措施减小信道对信号传输的不利影响。

二、选择题

1.窄带噪声 $n(t)$ 的同相分量和正交分量具有如下性质（ A ）。

A.都具有低通性质　B.都具有带通性质　C.都具有带阻性质　D.都具有高通性质

2.一个随机过程是平稳随机过程的充分必要条件是（ B ）。

A.随机过程的数学期望与时间无关,且其相关函数与时间间隔无关

B.随机过程的数学期望与时间无关,且其相关函数仅与时间间隔有关

C. 随机过程的数学期望与时间有关，且其相关函数与时间间隔无关

D. 随机过程的数学期望与时间有关，且其相关函数与时间间隔有关

3. 以下方法中，（ D ）不能作为增大视距传播的距离的方法。

A. 中继通信　　　　　　B. 卫星通信　　　　　　C. 平流层通信　　　　　　D. 地波通信

4. 连续信道的信道容量将受到"三要素"的限制，其"三要素"是（ B ）。

A. 带宽、信号功率、信息量　　　　　　　　　B. 带宽、信号功率、噪声功率谱密度

C. 带宽、信号功率、噪声功率　　　　　　　　D. 信息量、带宽、噪声功率谱密度

5. 以下不能无限制地增大信道容量的方法是（ D ）。

A. 无限制提高信噪比　B. 无限制减小噪声　　C. 无限制提高信号功率　　D. 无限制增加带宽

三、简答题

1. 什么是狭义信道？什么是广义信道？（答案略）

2. 在广义信道中，什么是调制信道？什么是编码信道？（答案略）

3. 窄带高斯白噪声中的"窄带""高斯""白"的含义各是什么？

答：窄带的含义是频带宽度 B 远小于中心频率 f_c，中心频率 f_c 远离零频；高斯的含义是噪声的瞬时值服从正态分布；白的含义是噪声的功率谱密度在通带范围 B 内是平坦的，为一常数。

4. 什么是广义平稳？什么是狭义平稳？它们之间有什么关系？

答：广义平稳过程：均值和方差为常数，自相关函数只与时间间隔有关。狭义平稳过程：$1 \sim N$（N 等于无穷）阶概率密度函数均与时间原点无关。狭义平稳是广义平稳和特例，广义平稳不一定是狭义平稳。

5. 何为香农公式中的"三要素"？简述提高信道容量的方法。

答：香农公式中的"三要素"：信道带宽、信号平均功率和噪声功率谱密度。

提高信道容量的方法：

(1) 增大信号功率 S 可以增加信道容量 C；

(2) 减小噪声功率 N（$N = n_0 B$，相当于减小噪声功率谱密度 n_0）也可以增加信道容量 C；

(3) 增大信道带宽 B 可以增加信道容量 C，但不能使信道容量 C 无限制地增大；

(4) 当信道传输的信息量不变时，信道带宽 B、信噪比 S/N 及传输时间三者是可以互换的。

四、计算题

1. 已知高斯信道的带宽为 4 kHz，信号与噪声的功率比为 63，试确定这种理想通信系统的极限传输速率。

解： $B = 4 \text{ kHz}, S/N = 63$

$C = B\log_2(1 + S/N) = 4 \times 10^3 \log_2(1 + 63) = 24 \text{(kb/s)}$

2. 已知有线电话信道的传输带宽为 3.4 kHz。

(1) 试求当信道输出信噪比为 30 dB 时的信道容量；

(2) 若要求在该信道中传输 33.6 kb/s 的数据，试求接收端要求的最小信噪比。

解： $B = 3.4 \times 10^3 \text{ Hz}$

(1) $S/N = 30 \text{ dB} = 10^3$

则 $C = B\log_2(1 + S/N) = 3.4 \times 10^3 \log_2(1 + 10^3) = 33.9 \text{(kb/s)}$

(2)$C=33.6\times10^3$ b/s

$$S/N\geqslant2^{\frac{C}{B}}-1=2^{\frac{33.6\times10^3}{3.4\times10^3}}-1=29.75 \text{ dB}$$

3.具有6.5 MHz带宽的某高斯信道,若信道中信号功率与噪声功率谱密度之比为45.5 MHz,试求其信道容量。

解:已知 $S/n_0=45.5$ MHz,$B=6.5$ MHz

则 $C=B\log_2(1+S/Bn_0)=6.5\times10^6\log_2(1+45.5\times10^6\times\dfrac{1}{6.5\times10^6})=19.5$(Mb/s)

第3章 模拟调制系统（习题答案）

一、填空题

1.在残留边带调制中,为了不失真地恢复信号,其传输函数 $H(\omega)$ 应该满足在载频处具有__互补对称性__。

2.AM 信号在非相干解调时,会产生 __门限__ 效应。

3.当调频指数满足远小于1时,称为 __窄带调频__。

4.在相干接调时,DSB 系统的制度增益 $G=$ __2__,AM 在单音频调制 $G=$ __2/3__。

5.调频可分为 __宽带调频__ 和 __窄__ 带调频_。

6.FM、DSB、VSB、SSB 的带宽顺序为 __SSB>VSB>DSB>FM__。

7.已知 FM 波的表达式 $s(t)=10\cos[2\times10^6\pi t+10\sin(10^3\pi t)]$(V),可求出载波频率为__$10^6$ Hz__,已调波的卡森带宽为 __11 kHz__,单位电阻上已调波的功率为 __50 W__。

二、选择题

1.以下不属于线性调制的调制方式是(D)。

A. AM B. DSB C. SSB D. FM

2.各模拟线性调制中,已调信号占用频带最小的调制是(C)。

A. AM B. DSB C. SSB D. VSB

3.设基带信号为 $f(t)$,载波角频率为 ω_c,$\hat{f}(t)$ 为 $f(t)$ 的希尔伯特变换,则 AM 信号的一般表示式为(A)。

A. $s(t)=[A_0+f(t)]\cos\omega_c t$ B. $s(t)=f(t)\cos\omega_c t$

C. $s(t)=\dfrac{1}{2}[f(t)\cos\omega_c t-\hat{f}(t)\sin\omega_c t]$ D. $s(t)=\dfrac{1}{2}[f(t)\cos\omega_c t+\hat{f}(t)\sin\omega_c t]$

4.在中波(AM)调幅广播中,如果调制信号带宽为20 kHz,发射机要求的总带宽为(A)。

A. 40 kHz B. 20 kHz C. 80 kHz D. 10 kHz

5.DSB 系统的抗噪声性能与 SSB 系统比较(D)。

A. 好3 dB B. 好6 dB C. 差3 dB D. 相同

6.下面(C)情况下,会发生解调门限效应。

A. SSB 解调 B. DSB 同步检波 C.FM 信号的鉴频解调 D. VSB 同步检测解调

7.频分复用方式,若从节约频带的角度考虑,最好选择(C)调制方式。

A. DSB   B. VSB   C. SSB   D. AM

三、简答题（答案略）

1. 什么是线性调制？常见的线性调制有哪些？

2. SSB 信号的产生方法有哪些？

3. 什么叫调制制度增益？其物理意义是什么？

4. DSB 调制系统和 SSB 调制系统的抗噪性能是否相同？为什么？

5. 什么是门限效应？AM 信号采用包络检波法解调时为什么会产生门限效应？

6. 什么是频率调制？什么是相位调制？两者关系如何？

四、计算题

1. 已知调制信号 $m(t) = \cos 2\,000\pi t$，载波为 $c(t) = 2\cos 10^4 \pi t$，分别写出 AM、DSB、SSB（上边带）和 SSB（下边带）信号的表示式，并画出频谱图。（答案略）

2. 已知某调幅波的展开式为

$$s_{AM}(t) = 0.125\cos 2\pi(10^4)t + 4\cos 2\pi(1.1\times 10^4)t + 0.125\cos 2\pi(1.2\times 10^4)t$$

试确定：

(1) 载波信号表达式；

(2) 调制信号表达式。

解：载波 $c(t) = \cos 2\pi 1.1\times 10^4 t$

调制信号 $m(t) = \dfrac{1}{4}\cos 2\pi\times 10^3 t + 4$

3. 设某信道具有均匀的双边噪声功率谱密度 $P_n(f) = 0.5\times 10^{-3}$ W/Hz，在该信道中传输抑制载波的单边带（上边带）信号，并设调制信号 $m(t)$ 的频带限制在 5 kHz，而载波是 100 kHz，已调信号功率是 10 kW。若接收机的输入信号在加至调解器之前，先经过一理想通带带通滤波器滤波，试问：

(1) 该理想带通滤波器应具有怎样的传输特性 $H(\omega)$？

(2) 调解器输入端的信噪功率比为多少？

(3) 解调器输出端的信噪功率比为多少？

解：(1) 由题意可知，单边带信号的载频为 100 kHz，带宽 $B = 5$ kHz。为使信号顺利通过，理想带通滤波器的传输特性应为

$$H(\omega) = \begin{cases} K(\text{常数}), & 100\ \text{kHz} \leqslant |f| \leqslant 105\ \text{kHz} \\ 0, & \text{其他} \end{cases}$$

(2) 调解器输入端的噪声与已调信号的带宽相同

$$N_i = 2P_n(f)B = 2\times 0.5\times 10^{-3}\times 5\times 10^3 = 5(\text{W})$$

同时已知输入信号功率 $S_i = 10$ kW

故有 $\dfrac{S_i}{N_i} = \dfrac{10\times 10^3}{5} = 2\,000$

(3) 由于单边带调制系统的调制制度增益 $G = 1$，所以解调器输出端信噪比

$$\dfrac{S_o}{N_o} = \dfrac{S_i}{N_i} = 2\,000$$

4. 某线性调制系统的输出信噪比为20 dB,输出噪声功率为 10^{-9} W,由发射机输出端到解调器输入端之间的总的传输损耗为100 dB,试求:

(1)DSB/SC 时的发射机输出功率;

(2)SSB/SC 时的发射机输出功率。

解:(1)在 DSB/SC 方式中,调制制度增益 $G=2$,因此解调器输入信噪比

$$\frac{S_i}{N_i}=\frac{1}{2}\frac{S_o}{N_o}=\frac{1}{2}\times 10^{\frac{20}{10}}=50$$

同时,在相干解调时,$N_i=4N_o=4\times 10^{-9}$ W

因此,解调器输入端的信号功率 $S_i=50N_i=2\times 10^{-7}$ W

(2)在 SSB/SC 方式中,调制制度增益 $G=1$,因此有

$$\frac{S_i}{N_i}=\frac{S_o}{N_o}=100,N_i=4N_o=4\times 10^{-9}$$ W

因此,解调器输入端的信号功率 $S_i=100N_i=4\times 10^{-7}$ W

发射机输出功率 $S_o=10^{10}S_i=4\times 10^3$ W

5. 设某信道具有均匀的双边噪声功率谱密度 $P_n(f)=0.5\times 10^{-3}$ W/Hz,在该信道中传输振幅调制信号,并设调制信号 $m(t)$ 的频带限制于5 kHz,载频是100 kHz,边带功率为10 kW,载波功率为40 kW。若接收机的输入信号先经过一个合理的理想带通滤波器,然后再加至包络检波器进行解调。试求:

(1)解调器输入端的信噪功率比;

(2)解调器输出端的信噪功率比;

(3)制度增益 G。

解: (1)$S_i=S_c+S_m=(40+10)$ kW$=50$ kW

$N_i=2P_n(f)B=(2\times 0.5\times 10^{-3}\times 2\times 5\times 10^3)$ W$=10$ W

$$\frac{S_i}{N_i}=5\ 000$$

(2)$s_{AM}(t)=[A+m(t)]\cos\omega_c t=A\cos\omega_c t+m(t)\cos\omega_c t$

由已知边带功率值可得

$$\frac{1}{2}\overline{m^2(t)}=10 \text{ kW}$$

包络检波器输出信号和噪声分别为

$m_o(t)=m(t)$

$n_o(t)=n_c(t)$

因此,包络检波器输出信号功率和噪声功率分别为

$S_o=\overline{m^2(t)}=20$ kW

$N_o=\overline{n_c^2(t)}=P_n(f)2B=10$ W

检波器输出信噪功率比为

$$\frac{S_o}{N_o}=2\ 000$$

(3)制度增益为

$$G = \frac{S_o/N_o}{S_i/N_i} = \frac{2}{5}$$

6.已知某调频波的振幅是 10 V,瞬时频率为 $f(t) = 10^6 + 10^4 \cos 2\,000\pi t$ Hz,试确定:

(1)此调频波的表达式;

(2)此调频波的最大频偏、调频指数和频带宽度;

(3)若调制信号频率提高到 2 kHz,则调频波的最大频偏、调频指数和频带宽度如何变化?

解:(1)$s_{FM}(t) = 10 \cos[2 \times 10^6 \pi t + 10\sin 2\,000\pi t + \theta(0)]$

(2)$\Delta f = 10^4$ Hz,$m_f = 10$,$B_{FM} = 2.2 \times 10^4$ Hz

(3)$\Delta f = 10^4$ Hz,$m_f = 5$,$B_{FM} = 2.4 \times 10^4$ Hz

7.2 MHz载波受10 kHz单频正弦调频,峰值频偏为10 kHz,试求:

(1)调频信号的带宽;

(2)当调频信号幅度加倍时,调频信号的带宽;

(3)当调制信号频率加倍时,调频信号的带宽;

(4)若峰值频偏减为1 kHz,重复计算(1)(2)(3)。

解:(1)$B_{FM} = 2(\Delta f + f_m) = 2(10^4 + 10^4) = 4 \times 10^4$(Hz)

(2)调频信号幅度加倍时,B_{FM}不变,$B_{FM} = 4 \times 10^4$ Hz

(3)调频信号频率加倍时,即 $f_m = 2 \times 10^4$,此时,Δf 不变

则由 $B_{FM} = 2(\Delta f + f_m)$ 可知,B_{FM}增加,$B_{FM} = 6 \times 10^4$ Hz

(4)若峰值频偏减为1 kHz,即 Δf 减少,$\Delta f' = 10^3$ Hz

$B'_{FM} = 2(\Delta f' + f_m) = 2(10^3 + 10^4) = 2.2 \times 10^4$(Hz)

调频信号幅度加倍时,B'_{FM}不变,$B'_{FM} = 2.2 \times 10^4$ Hz

调频信号频率加倍时,即 $f'_m = 2 \times 10^4$

则 $B'_{FM} = 2(\Delta f' + f_m) = 2(10^3 + 2 \times 10^4) = 4.2 \times 10^4$(Hz)

第 4 章　模拟信号的数字化(习题答案)

一、填空题

1.数字信号与模拟信号的区别是根据幅度取值上是否<u>离散</u>而定的。

2.设一个模拟信号的频率范围为 2~6 kHz,则可确定最低抽样频率是 <u>12</u> kHz。

3.PCM 量化可以分为 <u>均匀量化</u> 和 <u>非均匀量化</u> 。

4.非均匀量化采用可变的量化间隔,小信号时量化间隔<u>小</u>,大信号时量化间隔<u>大</u>,这样可以提高小信号的信噪比,改善通话质量。

5.已知段落码可确定样值所在量化段的起始电平和<u>量化间隔</u>。

6.数字通信采用时<u>分多路复用</u>方式实现多路通信。

7.简单增量调制系统的量化误差有<u>一般量化噪声</u>和<u>过载量化噪声</u>。

8.为了保证在接收端能正确地接收或者能正确地区分每一路话音信号,时分多路复用系统中的收、发两端要做到 <u>同步</u> 。

二、选择题

1. 时分多路复用是利用各路信号在信道上占有不同（ A ）的特征来分开各路信号的。
A. 时间间隔   B. 频率间隔   C. 码率间隔   D. 空间间隔

2. 若某 A 律 13 折线编码器输出码字为 11110000,则其对应的 PAM 样值取值范围为（ A ）。
A. 1 024Δ～1 088Δ   B. 1 012Δ～1 024Δ   C. −512Δ～−1 024Δ   D. −1 024Δ～1 094Δ

3. 在 N 不变的前提下,非均匀量化与均匀量化相比（ A ）。
A. 小信号的量化信噪比提高   B. 大信号的量化信噪比提高
C. 大、小信号的量化信噪比均提高   D. 大、小信号的量化信噪比均不变

4. PCM 通信系统实现非均匀量化的方法目前一般采用（ B ）。
A. 模拟压扩法   B. 直接非均匀编解码法   C. 自适应法   D. 非自适应法

5. A 律 13 折线编码器要进行（ C ）。
A. 7/9 变换   B. 7/10 变换   C. 7/11 变换   D. 7/12 变换

6. 设某模拟信号的频谱范围是 1～5 kHz,则合理的抽样频率是（ D ）。
A. 2 kHz   B. 5 kHz   C. 8 kHz   D. ≥10 kHz

7. 脉冲编码调制信号为（ B ）。
A. 模拟信号   B. 数字信号   C. 调相信号   D. 调频信号

8. 均匀量化的特点是（ A ）。
A. 量化间隔不随信号幅度大小而改变   B. 信号幅度大时,量化间隔小
C. 信号幅度小时,量化间隔大   D. 信号幅度小时,量化间隔小

9. A 律 13 折线编码器编码位数越大（ A ）。
A. 量化误差越小,信道利用率越低   B. 量化误差越大,信道利用率越低

三、简答题

1. 数字通信的主要特点是哪些?
答:①抗干扰能力强、无噪声积累;②便于加密处理;③采用时分复用实现多路通信;④设备便于集成化、微型化;⑤便于构成 IDN 和 ISDN;⑥占用信道频带宽。

2. 简要回答均匀量化与非均匀量化的特点。
答:均匀量化特点:在量化区内,大、小信号的量化间隔相同,最大量化误差均为半个量化级,因而小信号时量化信噪比太小,不能满足要求。
非均匀量化特点:量化级大小随信号大小而变,信号幅度小时量化级小,量化误差也小;信号幅度大时量化级大,量化误差也大,因此增大了小信号的量化信噪比。

3. 为什么 A 律 13 折线压缩特性一般取 A＝87.6?
答:因为 A 律 13 折线压缩特性 1、2 段的斜率均为 16,正好与 A＝87.6 时的 y＝斜率相同,从而使整个 13 折线与 A 律压缩特性很接近。

四、计算题

1. 一个信号 $x(t)＝2\cos400\pi t＋6\cos40\pi t$,用 $f_s＝500$ Hz 的抽样频率对它理想抽样,若已抽样后的信号经过一个截止频率为 400Hz 的理想低通滤波器,则输出端有哪些频率成分?

解:20 Hz,200 Hz,300 Hz

2.设信号 $x(t)=9+A\cos\omega t$,其中 $A\leqslant 10$ V。$x(t)$ 被均匀量化为 41 个电平,试确定所需的二进制码组的位数 k 和量化间隔 ΔV。

解:6 位,0.5 V

3.设信号频率范围 0~4 kHz,幅值在 -4.096~$+4.096$ V之间均匀分布。若采用均匀量化编码,以 PCM 方式传送,量化间隔为2 mV,用最小抽样速率进行抽样,求传送该 PCM 信号实际需要的最小带宽和量化信噪比。

解:48 kHz,72 dB

4.编 A 律 13 折线 8 位码,设最小量化间隔单位为 1Δ,已知抽样脉冲值为 $+321\Delta$ 和 $-2\ 100\Delta$。试求:

(1)此时编码器输出的码组,并计算量化误差;

(2)写出于此相对应的 11 位线性码。

解:(1)$+321\Delta$ 编码器输出的码组为 11010100;量化误差为 7Δ;$-2\ 100\Delta$ 编码器输出的码组为 01111111;量化误差为 84Δ。

(2)11010100 相对应的 11 位线性码为 00101000000;01111111 相对应的 11 位线性码为 11111111111。

5.在设电话信号的带宽为 300~3 400 Hz,抽样速率为8 000 Hz。试求:

(1)编 A 律 13 折线 8 位码和线性 12 位码时的码元速率;

(2)现将 10 路编 8 位码的电话信号进行 PCM 时分复用传输,此时的码元速率;

(3)传输此时分复用 PCM 信号所需要的奈奎斯特基带带宽。

解:(1)8 位码时的码元速率为

$$R_b=R_B=8\ 000\times8=64(\text{kb/s})$$

线性 12 位码时的码元速率为

$$R_b=R_B=8\ 000\times12=69(\text{kb/s})$$

(2)10 路编 8 位码的码元速率为

$$R_b=R_B=64\times10=640(\text{kb/s})$$

(3)传输时分复用 PCM 信号的奈奎斯特基带带宽为

$$B=\frac{R_B}{2}=\frac{640}{2}=320(\text{kb/s})$$

6.对输入的正弦信号 $x(t)=A_m\sin\omega_m t$ 分别进行 PCM 和 ΔM 编码,要求在 PCM 中进行均匀量化,量化级为 Q,在 ΔM 中量化台阶 σ 和抽样频率 f_s 的选择要保证不过载。

(1)分别求出 PCM 和 ΔM 的最小实际码元速率;

(2)若两者的码元速率相同,确定量化台阶 σ 的取值。

解:(1)$R_B=f_s\log_2 Q=2f_m\log_2 Q$,$R_B=\dfrac{A_m\omega_m}{\sigma}$

(2)$\sigma=\dfrac{A_m\omega_m}{2f_m\log_2 Q}=\dfrac{A_m\pi}{\log_2 Q}$

第 5 章　数字信号的基带传输（习题答案）

一、填空题

1. 数字基带传输系统由发送滤波器、信道、接受滤波器和抽样判决器组成。
2. 码间串扰是在对某码元识别时，其他码元在该抽样时刻的值。
3. 数字基带系统产生误码的原因是抽样时刻的码间串扰和信道噪声的影响。
4. 为了衡量基带传输系统码间干扰的程度，最直观的方法是眼图。
5. 有线长横向滤波器的作用是减小码间串扰。

二、选择题

1. 调制信道的传输特性不好将对编码信道产生影响，其结果是对数字信号带来（ B ）。
   A. 噪声干扰　　　　　B. 码间干扰　　　　　C. 突发干扰　　　　　D. 噪声干扰和突发干扰
2. 我国 PCM 数字设备间的传输接口码型是（ B ）。
   A. AMI 码　　　　　B. HDB$_3$ 码　　　　　C. NRZ 码　　　　　D. RZ 码
3. 以下数字码型中，功率谱中含有时钟分量码型的是（ C ）。
   A. NRZ 码　　　　　B. HDB$_3$ 码　　　　　C. RZ 码　　　　　D. AMI 码
4. 以下无法通过观察眼图进行估计的是（ A ）。
   A. 码间干扰的大小情况　　　　　　B. 抽样时刻的偏移情况
   C. 判决电平的偏移情况　　　　　　D. 过零点的畸变情况
5. 改善恒参信道对信号传输影响的措施是（ C ）。
   A. 采用分集技术　　　　　　B. 提高信噪比
   C. 采用均衡技术　　　　　　D. 降低信息速率

三、简答题

1. 什么是基带传输和频带传输？
   答：在某些具有低通特性的有线信道中，特别是传输距离不太远的情况下，基带信号可以直接传输。
   大多数信道（如各种无线信道和光信道）是带通型的，必须把数字基带信号调制到载波上才能进行传输的传输方式。
2. 双极性码的特点与应用是什么？
   答：当"1""0"码等概出现时，无直流分量，并且恢复信号的判决电平为零电平，因而不易受信道特性变化的影响，抗干扰能力也较强。
   常用于 ITU-T 制定的 V.24 接口标准和美国电子工业协会（EIA）制定的 RS-232C 接口标准中和数字调制器中。
3. 单极性归零码的特点与应用是什么？
   答：可以直接提取位定时（同步）信号，但它仍如单极性码那样不适于在信道中传输。
   是其他码型提取同步时钟时需要采用的一种过渡码型。

4.多电平码的特点与应用是什么？

答：可以压缩传输频带，换言之，在波特率一定时，可以提高比特率。

在频带受限的高速数据传输系统中得到了广泛的应用。

5.差分码的特点与应用是什么？

答：以相邻脉冲电平的相对变化来表示信息码元，可以消除设备初始状态不确定性的影响，特别是在相位调制系统中。

可用于解决载波相位模糊的问题。

6.选择线路码的原则是什么？

答：(1)无直流分量，且低频分量也要小；

(2)含有同步(定时)信息，且信号能量大；

(3)功率谱主瓣窄；

(4)具有一定的宏观检错能力；

(5)编译码简单。

7.HDB$_3$码的特点与应用是什么？

答：没有直流成分(因为 +1 与 -1 交替)，且高、低频分量少，能量集中在频率为 1/2 码率处。此外，利用传号极性交替这一规律，可以发现误码，编译码电路简单，且使连"0"个数不超过 3，有利于定时信息的提取。

应用广泛，国际电信联盟(ITU)建议 HDB$_3$ 码为 A 律 PCM-TDM 四次群以下的线路接口码型。

8.CMI 码的特点与应用是什么？

答：它是 PCM 4 次群采用的线路接口码型，可用在速率低于8.448 Mb/s的光纤传输系统中。

9.研究基带信号功率谱的目的是什么？

答：确定信号传输带宽和位定时分量等。

10.什么是码间串扰？产生它的主要原因是什么？

答：码元之间的相互干扰。

基带传输特性不良。

11.如何利用眼图评价码间串扰的程度？

答：观察"眼睛"的张开度。张开度越大，表示码间串扰越小。

12.如何利用眼图确定抽样时刻和噪声容限？

答：最佳抽样时刻是眼睛张开最大的时刻。

抽样时刻上，上、下两阴影区的间隔距离之半为噪声容限，若噪声的瞬时值超过它就可能发生错判。

13.什么是均衡？它的作用是什么？

答：均衡是一种消除或减低码间串扰的信号处理或滤波技术。

均衡分为频域均衡和时域均衡。频域均衡是从频域上补偿系统的频率特性，使包括均衡器在内的基带系统的总特性满足奈奎斯特第一准则。时域均衡是直接校正失真的响应波形，使包括均衡器在内的整个系统的冲激响应满足无 ISI 的时域条件。更好的均衡效果和更有效的工程实现。

四、计算题

1. 设二进制符号序列为 101110010001110,试画出相应的单极性、双极性、单极性归零、双极性归零及八电平码的波形。

（波形略）

2. 设二进制符号序列为 101101,试画出相应的差分码波形。

（波形略）

3. 已知信息码为 1011000000000101,试确定相应的 AMI 码和 HDB₃码,并画出它们的波形。

信息码	1	0	1	1	0	0	0	0	0	0	0	0	0	1	0	1
AMI 码	+1	0	−1	+1	0	0	0	0	0	0	0	0	0	−1	0	+1
HDB₃码	+1	0	−1	+1	0	0	0	V₊	B₋	0	0	V₋	0	+1	0	−1

（波形略）

4. 已知信息码为 101100101,试确定相应的双相码和 CMI 码,并画出它们的波形。

信息码	1	0	1	1	0	0	1	0	1
双相码	10	01	10	10	01	01	10	01	10
CMI 码	11	01	00	11	01	01	00	01	11

（波形略）

5. 对于传送双极性基带信号的系统,当 $P(1)=P(0)=1/2$ 时,最佳判决门限电平如何选择?为什么?

解:0 电平。

与信号幅度无关,不易受信道特性变化的影响。

6. 设基带传输系统的发送滤波器、信道、接收滤波器组成总特性为 $H(\omega)$,若要求以2/T_bB的速率进行数据传输,试检验图 5-30 中的各种系统是否满足无码间串扰条件。

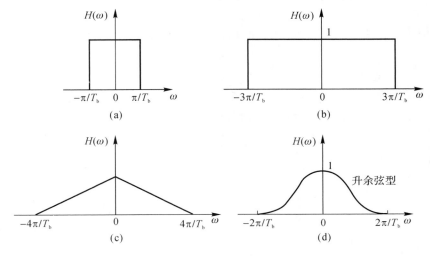

图 5-30

解:(a)要求 $R_B = \dfrac{2}{T_b}$,该系统为理想低通,奈奎斯特间隔为 T_b,奈奎斯特速率为 $\dfrac{1}{T_b} < R_B$,故不满足码间串扰条件。

(b) 该系统为理想低通,奈奎斯特间隔为 $\dfrac{T_b}{3}$,奈奎斯特速率为 $\dfrac{T_b}{3} < R_B$,但不为整数倍,故有码间干扰。

(c) 该系统可以等效为低通,奈奎斯特间隔为 $\dfrac{T_b}{2}$,奈奎斯特速率为 $\dfrac{2}{T_b} < R_B$,故满足码间串扰条件。

(d) 该系统可以等效为低通,奈奎斯特间隔为 T_b,奈奎斯特速率为 $\dfrac{1}{T_b} < R_B$,故有码间串扰。

7. 已知滤波器的 $H(\omega)$ 具有如图 5-31 所示的特性(码元速率变化时特性不变),当采用以下码元速率时:

(a)码元速率 $f_b = 500$ B;

(b)码元速率 $f_b = 1\,000$ B;

(c)码元速率 $f_b = 1\,500$ B;

(d)码元速率 $f_b = 2\,000$ B。

问:(1)哪种码元速率不会产生码间串扰?

(2)如果滤波器的 $H(\omega)$ 改为图 5-32,重新回答(1)。

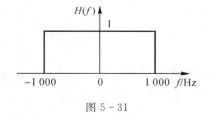

图 5-31   图 5-32

解:(1)因为理想低通,所以奈奎斯特间隔为 $\dfrac{1}{2\,000}$,奈奎斯特速率为 $2\,000$ B。

(2)因为是升余弦型,可以等效为低通,奈奎斯特间隔为 $\dfrac{1}{1\,000}$,奈奎斯特速率为 $1\,000$ B,所以 $f_b = 500$ B、$1\,000$ B时无码间串扰。

8. 设有一个三抽头的时域均衡器,如图 5-33 所示。输入波形 $x(t)$ 在各抽样点的值依次为 $x_{-2} = 1/8, x_{-1} = 1/3, x_0 = 1, x_{+1} = 1/4, x_{+2} = 1/16$(在其他抽样点均为 0)。试求均衡器输出波形 $y(t)$ 在各抽样点的值。

解:$x(t)$:$x_{-2} = \dfrac{1}{8}$,$x_{-1} = \dfrac{1}{3}$,$x_0 = 1$,$x_{+1} = \dfrac{1}{4}$,$x_{+2} = \dfrac{1}{16}$,其余为 0。

$$y_k = \sum_{i=1}^{+1} c_i x_{k-i} = c_{-1} x_{k+1} + c_0 x_{k-0} + c_{+1} x_{k-1}$$

有

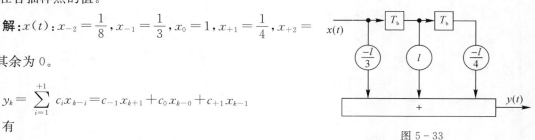

图 5-33

$$y_k = c_{-1}x_{-2} + c_0 x_{-3} + c_{+1}x_{-4} = -\frac{1}{3}\times\frac{1}{8} + 0 = -\frac{1}{24}$$

$$y_k = c_{-1}x_{-1} + c_0 x_{-2} + c_{+1}x_{-3} = -\frac{1}{3}\times\frac{1}{3} + 1\times\frac{1}{8} + 0 = -\frac{1}{9}+\frac{1}{8} = \frac{1}{72}$$

$$y_k = c_{-1}x_{-0} + c_0 x_{-1} + c_{+1}x_{-2} = -\frac{1}{3}\times 1 + 1\times\frac{1}{3} - \frac{1}{4}\times\frac{1}{8} = -\frac{1}{3}+\frac{1}{3}-\frac{1}{32} = -\frac{1}{32}$$

$$y_k = c_{-1}x_1 + c_0 x_0 + c_{+1}x_{-1} = -\frac{1}{3}\times\frac{1}{4} + 1\times 1 - \frac{1}{4}\times\frac{1}{3} = -\frac{1}{12}+1-\frac{1}{12} = \frac{10}{12} = \frac{5}{6}$$

$$y_k = c_{-1}x_2 + c_0 x_2 + c_{+1}x_1 = 0 + 1\times\frac{1}{4} - \frac{1}{4}\times 1 = \frac{1}{16}-\frac{1}{16} = 0$$

$$y_k = c_{-1}x_4 + c_0 x_3 + c_{+1}x_2 = 0 + 0 - \frac{1}{4}\times\frac{1}{16} = \frac{1}{64}$$

其他 y_k 值均为 0

$$x(t): x_{-2} = \frac{1}{8}, x_{-1} = \frac{1}{3}, x_0 = 1, x_{+1} = \frac{1}{4}, x_{+2} = \frac{1}{16}, \frac{1}{16}, \frac{1}{x}+x_0$$

$$y_k = \sum_{i=1}^{+1} c_i x_{k-i} = c_{-1}x_{k+1} + c_0 x_{k-0} + c_{+1}x_{k-1}$$

第 6 章　数字信号的频带传输（习题答案）

一、填空题

1. 对于 2DPSK、2ASK、2FSK 通信系统，按可靠性好坏，排列次序为　2DPSK、2FSK、2ASK　，按有效性好坏，排列次序为　2DPSK、2ASK、2FSK　。

2. 若某 2FSK 系统的码元传输速率为 2×10^6 B，当数字信息为"1"时的频率 $f_1 =$ 10 MHz，当数字信息为"0"时的频率 $f_2 = 10.4$ MHz。输入接收端解调器的信号峰值振幅 $a =$ 40 μV。信道加性噪声为高斯白噪声，且其单边功率谱密度为 $n_0 = 6\times 10^{-18}$ W/Hz。2FSK 信号的带宽为　4.4×10^6　Hz，解调器输入端的噪声功率　2.4×10^{-11}　W。

3. 若信息速率为 W b/s，则 2PSK、4PSK 信号的谱零点带宽分别为　$2W$　和　W　。

4. 在数字调制系统中，采用 4PSK 调制方式传输，无码间串扰时通达到的最高频带利用率是　2　b·s^{-1}·Hz^{-1}。

5. 单个码元呈矩形包络的 300 B 2FSK 信号，两个发信频率是 $f_1 = 800$ Hz，$f_2 =$ 1 800 Hz，那么该 2FSK 信号占用带宽为　1 600 Hz　。

二、选择题

1. 三种数字调制方式之间，其已调信号占用频带的大小关系为（ C ）。
A. 2ASK = 2PSK = 2FSK
B. 2ASK = 2PSK > 2FSK
C. 2FSK > 2PSK = 2ASK
D. 2FSK > 2PSK > 2ASK

2. 可以采用差分解调方式进行解调的数字调制方式是（ D ）。
A. ASK
B. PSK
C. FSK
D. DPSK

3. 下列哪种解调方式对判决的门限敏感（ A ）。

A. 相干 2ASK   B. 相干 2FSK   C. 相干 2PSK   D. 差分相干解调

4. 设 r 为接收机输入端信噪比,则 2ASK 调制系统相干解调的误码率计算公式为(A)。

A. $\frac{1}{2}\mathrm{erfc}(\sqrt{r/4}\,)$ B. $\frac{1}{2}\exp(-r/2)$

C. $\frac{1}{2}\mathrm{erfc}(\sqrt{r/2}\,)$ D. $\frac{1}{2}\mathrm{erfc}(\sqrt{r}\,)$

5. 2DPSK 中,若采用差分编码加 2PSK 绝对相移键控的方法进行调制, a_n 为绝对码, b_n 为相对码,则解调端码型反变换应该是(C)。

A. $a_{n-1}=b_n\oplus b_{n-1}$ B. $b_n=a_n\oplus b_{n-1}$

C. $a_n=b_n\oplus b_{n-1}$ D. $b_{n-1}=a_n\oplus b_n$

6. 关于多进制数字调制,下列说法不正确的是(D)。

A. 相同码元传输速率下,多进制系统信息速率比二进制系统高

B. 相同信息传输速率下,多进制系统码元速率比二进制系统低

C. 多进制数字调制是用多进制数字基带信号去控制载频的参数

D. 在相同的噪声下,多进制系统的抗噪声性能高于二进制系统

三、简答题(答案略)

1. 数字调制系统与数字基带传输系统有哪些异同点?

2. 试比较相干检测 2ASK 系统和包络检测 2ASK 系统的性能及特点。

3. 试比较相干检测 2FSK 系统和包络检测 2FSK 系统的性能和特点。

4. 什么是绝对移相调制?什么是相对移相调制?它们之间有什么相同点和不同点?

5. 试比较 2ASK、2FSK、2PSK 和 2DPSK 信号的功率谱密度和带宽之间的相同点与不同点。

6. 简述多进制数字调制的原理,与二进制数字调制比较,多进制数字调制有哪些优点?

四、计算题

1. 已知 2ASK 系统的传码率为 1 000 B,调制载波为 $2\cos(140\pi\times10^6 t)$ V。

(1)求该 2ASK 信号的频带宽度。

(2)若采用相干解调器接收,请画出解调器中的带通滤波器和低通滤波器的传输函数幅频特性示意图。

解:(1)2 000 Hz。

(2)略。

2. 在 2ASK 系统中,已知码元传输速率 $R_B=2\times10^6$ B,信道噪声为加性高斯白噪声,其双边功率谱密度 $n_0/2=3\times10^{-18}$ W/Hz,接收端解调器输入信号的振幅 $a=40\ \mu$V。

(1)若采用相干解调,试求系统的误码率。

(2)若采用非相干解调,试求系统的误码率。

解:(1)2.2×10^{-5}。

(2)1.2×10^{-4}。

3. 已知某 2FSK 系统的码元传输速率为 1 200 B,发"0"时载频为 2 400 Hz,当发送"1"时

载频为 4 800 Hz,若发送的数字信息序列为 011011010,试画出 2FSK 信号波形图并计算其带宽。

解:4 800 Hz。

4.某 2FSK 系统的传码率为 2×10^6 B,"1"码和"0"码对应的载波频率分别为 $f_1 = 10$ MHz,$f_2 = 15$ MHz。

(1)请问相干解调器中的两个带通滤波器及两个低通滤波器应具有怎样的幅频特性?画出示意图说明。

(2)试求该 2FSK 信号占用的频带宽度。

解:(1)略。

(2)9 MHz。

5.在二进制数字调制系统中,设解调器输入信噪比 $r = 7$ dB。试求相干解调 2PSK、相干解调-码变换 2DPSK 和差分相干 2DPSK 系统的误码率。

解:7.9×10^{-4};1.6×10^{-3};3.4×10^{-3}。

第7章 差错控制编码(习题答案)

一、填空题

1.按照错码分布规律不同,差错控制编码可以分为 __随机差错__ 、__突发差错__ 和 __混合信道__ 三种类型。

2.常用的差错控制方式有 __前向纠错__ 、__检错重发__ 和 __混合纠错__ 三种方式。

3.码组 110001 的码重为 __3__ ,它与 010011 之间的码距为 __2__ 。

4.奇偶监督码能够检测的错码个数为 __奇数__ 。

5.(5,1)重复码若用于检错,则能检测出 __4__ 位错码,若用于纠错,则能纠正 __2__ 位错码。

6.码长为 15 的汉明码的监督位数为 __4__ ,编码效率为 __11/15__ 。

二、选择题

1.发送端发送纠错码,接收端译码器自动发现并纠正错误,传输方式为单向传输,这种差错控制的工作方式被称为(A)。

A. FEC   B. ARQ   C. AGC   D. HEC、

2.码长 $n = 7$ 的汉明码,监督位为(B)。

A. 2 位   B. 3 位   C. 4 位   D. 5 位

三、简答题(答案略)

1.差错控制的基本工作方式有哪几种?各有什么特点?

2.分组码的检、纠错能力与最小码距有什么关系?检、纠错能力之间有什么关系?

3.二维偶监督码其检测随机及突发错误的性能如何?能否纠错?

4.什么是线性分组码?它具有哪些重要性质?

5.什么是循环码?循环码的生成多项式如何确定?

四、计算题

1.已知某线性码的监督矩阵为

$$H = \begin{bmatrix} 1 & 0 & 0 & 1 & 0 & 0 & 1 & 1 & 0 \\ 1 & 0 & 1 & 0 & 1 & 0 & 0 & 1 & 0 \\ 0 & 1 & 1 & 1 & 0 & 0 & 0 & 0 & 1 \\ 1 & 0 & 1 & 0 & 1 & 1 & 1 & 0 & 1 \end{bmatrix}$$

求其典型监督矩阵。

解:典型监督矩阵为

$$H = \begin{bmatrix} 1 & 1 & 1 & 0 & 0 & 1 & 0 & 0 & 0 \\ 0 & 0 & 1 & 1 & 1 & 0 & 1 & 0 & 0 \\ 1 & 0 & 1 & 0 & 1 & 0 & 0 & 1 & 0 \\ 0 & 1 & 1 & 1 & 0 & 0 & 0 & 0 & 1 \end{bmatrix}$$

2.已知某线性码的监督矩阵为

$$H = \begin{bmatrix} 1 & 1 & 1 & 0 & 1 & 0 & 0 \\ 1 & 1 & 0 & 1 & 0 & 1 & 0 \\ 1 & 0 & 1 & 1 & 0 & 0 & 1 \end{bmatrix}$$

列出所有许用码组。

解:

信息位 $a_6a_5a_4a_3$	监督位 $a_2a_1a_0$	信息位 $a_6a_5a_4a_3$	监督位 $a_2a_1a_0$
0000	000	1000	111
0011	011	1001	100
0010	101	1010	010
0011	110	1011	001
0100	101	1101	010
0110	011	1110	100
0111	000	1111	111

3.已知(7,3)分组码的监督关系式为

$$\begin{cases} x_6 + x_3 + x_2 + x_1 = 0 \\ x_5 + x_2 + x_1 + x_0 = 0 \\ x_6 + x_5 + x_1 = 0 \\ x_5 + x_4 + x_0 = 0 \end{cases}$$

求其监督矩阵、生成矩阵及全部码字。

解:监督矩阵为

$$H = \begin{bmatrix} 1 & 0 & 0 & 1 & 1 & 1 & 0 \\ 0 & 1 & 0 & 0 & 1 & 1 & 1 \\ 1 & 1 & 0 & 0 & 0 & 1 & 0 \\ 0 & 1 & 1 & 0 & 0 & 0 & 1 \end{bmatrix} = \begin{bmatrix} 1 & 0 & 1 & 1 & 0 & 0 & 0 \\ 1 & 1 & 1 & 0 & 1 & 0 & 0 \\ 1 & 1 & 0 & 0 & 0 & 1 & 0 \\ 0 & 1 & 1 & 0 & 0 & 0 & 1 \end{bmatrix}$$

生成矩阵为

$$G = \begin{bmatrix} 1 & 0 & 0 & 1 & 1 & 1 & 0 \\ 0 & 1 & 0 & 0 & 1 & 1 & 1 \\ 0 & 0 & 1 & 1 & 1 & 0 & 1 \end{bmatrix}$$

全部码字为

序 号	码 组		序 号	码 组	
	信息元 $a_6 a_5 a_4$	监督元 $a_3 a_2 a_1 a_0$		信息元 $a_6 a_5 a_4$	监督元 $a_3 a_2 a_1 a_0$
1	000	0000	5	100	1110
2	001	1101	6	101	0011
3	010	0111	7	110	1001
4	011	1010	8	111	0100

4.已知$(7,3)$循环码的生成多项式 $g(x) = x^4 + x^2 + x + 1$。

(1)求其生成矩阵及监督矩阵；

(2)写出系统循环码的全部码组。

解:(1)典型生成矩阵为

$$G = \begin{bmatrix} 1 & 0 & 0 & 1 & 0 & 1 & 1 \\ 0 & 1 & 0 & 1 & 1 & 1 & 0 \\ 0 & 0 & 1 & 0 & 1 & 1 & 1 \end{bmatrix}$$

典型监督矩阵为

$$H = \begin{bmatrix} 1 & 1 & 0 & 1 & 0 & 0 & 0 \\ 0 & 1 & 1 & 0 & 1 & 0 & 0 \\ 1 & 1 & 1 & 0 & 0 & 1 & 0 \\ 1 & 0 & 1 & 0 & 0 & 0 & 1 \end{bmatrix}$$

(2)系统循环码的全部码组为

序 号	码 组		序 号	码 组	
	信息元 $a_6 a_5 a_4$	监督元 $a_3 a_2 a_1 a_0$		信息元 $a_6 a_5 a_4$	监督元 $a_3 a_2 a_1 a_0$
1	000	0000	5	100	1011
2	001	0111	6	101	1100
3	010	1110	7	110	0101

4	011	1001	8	111	0010

5.已知$(15,7)$循环码由$g(x)=x^8+x^7+x^6+x^4+1$生成,问接收码$B(x)=x^{14}+x^5+x+1$是否需要重发。

解:需要重发。

第 8 章　同步原理(习题答案)

一、填空题

1.通信系统中的同步包括　载波同步　、　位同步　和　群同步　。

2.同步是指通信系统的　收发双方　在时间上步调一致,又称为　定时　。

3.载波同步的直接提取法有　直接法　和　插入导频法　两种,无论哪种方法都存在　插入导频法　。

4.群同步的实现方法有　起止式同步法　、　连贯式同步法　和　间隔式同步法　。

5.若增大判决门限,则识别器的漏同步概率　增大　,假同步概率　减小　;若增大帧同步码的位数,则识别器的漏同步概率　增大　,假同步概率　减小　。

二、简答题(答案略)

1.什么是载波同步?什么是位同步?它们都有什么用处?

2.当对抑制载波的双边带信号、残留边带信号和单边带信号用插入导频法实现载波同步时,所插入的导频信号形式有何异同点?

3.对抑制载波的双边带信号,试叙述用插入导频法和直接法实现载波同步各有什么优缺点。

4.载波同步提取中为什么出现相位模糊问题?它对模拟和数字通信各有什么影响?

5.对位同步的两个基本要求是什么?

6.位同步的主要性能指标是什么?在用数字锁相法的位同步系统中这些指标都与哪些因素有关?

三、计算题

1.在插入导频法提取载频中,设受调制的载波为$A\sin\omega_0 t$,基带信号为$m(t)$。若插入的导频相位和调制载频的相位相同,试重新计算接收端低通滤波器的输出,并给出输出中直流分量的值。

解:$\frac{1}{2}[Am(t)+A]$;$\frac{1}{2}A$。

2.设一个 5 位巴克码序列的前后都是"+1"码元,试画出其自相关函数曲线。

解:自相关函数为$R(0)=5,R(1)=2,R(2)=1,R(3)=0,R(4)=1,R(5)=2,R(6)=1$。

3.设用一个 7 位巴克码作为群同步码,接收误码率为10^{-4}。试求出当容许错码数分别为0 和 1 时的漏同步概率。

解:$m=0$ 时,漏同步概率$P_1=7\times10^{-4}$;$m=1$ 时,漏同步概率$P_1=4.2\times10^{-7}$。

4.设某通信系统得传输速率为1 kb/s,误码率$P=10^{-4}$,采用连贯插入法进行帧同步。每帧中包含 7 位帧同步码和 153 位信息码。试求：

(1)当 $m=0$ 时的漏同步概率 P_1、假同步概率 P_2 和同步建立时间 t_s；

(2)当 $m=1$ 时的漏同步概率 P_1、假同步概率 P_2 和同步建立时间 t_s。

解：(1)漏同步概率 $P_1=7\times10^{-4}$，假同步概率 $P_2=7.8\times10^{-3}$，同步建立时间 $t_s=161$ ms；

(2)漏同步概率 $P_1=4.2\times10^{-7}$，假同步概率 $P_2=6.25\times10^{-2}$，同步建立时间 $t_s=170$ ms。

附　录

附录 A　常用数学公式

A.1　三角函数公式

$$\cos^2\theta = \frac{1}{2}(1+\cos2\theta)$$

$$\sin^2\theta = \frac{1}{2}(1-\cos2\theta)$$

$$\cos^2\theta + \sin^2\theta = 1$$

$$\cos^2\theta - \sin^2\theta = \cos2\theta$$

$$2\sin\theta\cos\theta = \sin2\theta$$

$$\cos(\alpha\pm\beta) = \cos\alpha\cos\beta\mp\sin\alpha\sin\beta$$

$$\sin(\alpha\pm\beta) = \sin\alpha\cos\beta\pm\cos\alpha\sin\beta$$

$$\cos\alpha\cos\beta = \frac{1}{2}\big[\cos(\alpha-\beta)+\cos(\alpha+\beta)\big]$$

$$\sin\alpha\sin\beta = \frac{1}{2}\big[\cos(\alpha-\beta)-\cos(\alpha+\beta)\big]$$

$$\sin\alpha\cos\beta = \frac{1}{2}\big[\sin(\alpha-\beta)+\sin(\alpha+\beta)\big]$$

A.2　欧拉公式

$$e^{\pm j\theta} = \cos\theta\pm j\sin\theta$$

$$\cos\theta = \frac{1}{2}(e^{j\theta}+e^{-j\theta})$$

$$\sin\theta = \frac{1}{2j}(e^{j\theta}-e^{-j\theta})$$

A.3　常用傅里叶变换对

$$\delta(t)\leftrightarrow1$$

$$1\leftrightarrow\delta(f)\text{ 或 }2\pi\delta(\omega)$$

$$\cos 2\pi f_0 t \leftrightarrow \frac{1}{2}\left[\delta(f+f_0)+\delta(f-f_0)\right]$$

$$\sin 2\pi f_0 t \leftrightarrow \frac{j}{2}\left[\delta(f+f_0)-\delta(f-f_0)\right]$$

$\mathrm{rect}(t/\tau)\leftrightarrow\tau\mathrm{Sa}(\omega\tau/2)$，门宽为 τ

$\mathrm{tri}(t/2\tau)\leftrightarrow\tau\mathrm{Sa}^2(\omega\tau/2)$，三角形底边宽度为 τ

附录 B　误差函数值表

误差函数 $\qquad$ $\mathrm{erf}(x)=\dfrac{2}{\sqrt{\pi}}\displaystyle\int_x^\infty \mathrm{e}^{-t^2}\,\mathrm{d}t$

互补误差函数 $\qquad$ $\mathrm{erfc}(x)=1-\mathrm{erf}(x)=\dfrac{2}{\sqrt{\pi}}\displaystyle\int_x^\infty \mathrm{e}^{-t^2}\,\mathrm{d}t$

且有 $\qquad$ $\mathrm{erf}(-x)=-\mathrm{erf}(x)$

$\qquad\qquad$ $\mathrm{erfc}(-x)=2-\mathrm{erfc}(x)$

$\qquad\qquad$ $\mathrm{erfc}(x)\approx\dfrac{1}{x\sqrt{\pi}}\mathrm{e}^{-x^2},x\gg1$

附表 B-1　误差函数值表 1

x	0	1	2	3	4	5	6	7	8	9
1.00	0.842 70	0.843 12	0.843 53	0.843 94	0.844 35	0.844 77	0.845 18	0.845 59	0.846 00	0.846 40
1.01	0.846 81	0.847 22	0.847 62	0.848 03	0.848 43	0.848 83	0.849 24	0.849 64	0.850 04	0.850 44
1.02	0.850 84	0.851 24	0.841 63	0.852 03	0.852 43	0.852 82	0.853 22	0.853 61	0.854 00	0.854 39
1.03	0.854 78	0.855 17	0.855 56	0.855 95	0.856 34	0.856 73	0.857 11	0.857 50	0.857 88	0.858 27
1.04	0.858 65	0.859 03	0.859 41	0.859 79	0.860 17	0.860 55	0.860 93	0.861 31	0.861 69	0.862 05
1.05	0.862 44	0.862 81	0.863 18	0.863 56	0.863 93	0.864 30	0.864 67	0.865 04	0.865 41	0.865 78
1.06	0.866 14	0.866 51	0.866 88	0.867 24	0.867 60	0.867 97	0.868 33	0.868 69	0.869 05	0.869 41
1.07	0.869 77	0.870 13	0.870 49	0.870 85	0.871 20	0.871 56	0.871 91	0.872 27	0.872 62	0.872 97
1.08	0.873 33	0.873 68	0.874 03	0.874 38	0.874 73	0.875 07	0.875 42	0.875 77	0.876 11	0.876 46
1.09	0.876 80	0.877 15	0.877 49	0.877 83	0.878 17	0.878 51	0.878 85	0.879 19	0.879 53	0.879 87
1.10	0.880 21	0.880 54	0.880 88	0.881 21	0.881 55	0.881 88	0.882 21	0.882 54	0.882 87	0.883 21
1.11	0.883 53	0.883 86	0.884 19	0.884 52	0.884 84	0.885 17	0.885 49	0.885 82	0.886 14	0.886 47
1.12	0.886 79	0.887 11	0.887 43	0.887 75	0.888 07	0.888 39	0.888 71	0.889 02	0.889 34	0.889 66
1.13	0.889 97	0.890 29	0.890 60	0.890 91	0.891 22	0.891 54	0.891 85	0.892 16	0.892 47	0.892 77
1.14	0.893 08	0.893 39	0.893 70	0.894 00	0.894 31	0.894 61	0.894 92	0.895 22	0.895 52	0.895 82

x	0	1	2	3	4	5	6	7	8	9
1.15	0.896 12	0.896 42	0.896 72	0.897 02	0.897 32	0.897 62	0.897 92	0.898 21	0.898 51	0.898 80
1.16	0.899 10	0.899 39	0.899 68	0.899 97	0.900 27	0.900 56	0.900 85	0.901 14	0.901 42	0.901 71
1.17	0.902 00	0.902 99	0.902 57	0.902 86	0.903 14	0.903 43	0.903 71	0.903 99	0.904 28	0.904 56
1.18	0.904 84	0.905 12	0.905 40	0.905 68	0.905 95	0.906 23	0.906 51	0.906 78	0.907 06	0.907 33
1.19	0.907 61	0.907 88	0.908 15	0.908 43	0.908 70	0.908 97	0.909 24	0.909 51	0.909 78	0.910 05
1.20	0.910 31	0.910 58	0.910 58	0.911 11	0.911 38	0.911 64	0.911 91	0.912 17	0.912 43	0.912 69
1.21	0.912 96	0.913 22	0.913 48	0.913 74	0.913 99	0.914 25	0.914 51	0.914 77	0.915 02	0.915 28
1.22	0.915 53	0.915 79	0.916 04	0.916 30	0.916 55	0.916 80	0.917 05	0.917 30	0.917 55	0.917 80
1.23	0.918 05	0.918 30	0.918 55	0.918 79	0.919 04	0.919 29	0.919 53	0.919 78	0.920 02	0.920 26
1.24	0.920 51	0.920 75	0.920 99	0.921 23	0.921 47	0.921 71	0.921 95	0.922 19	0.922 43	0.922 66
1.25	0.922 90	0.923 14	0.923 37	0.923 61	0.923 84	0.924 08	0.924 31	0.924 54	0.924 77	0.925 00
1.26	0.925 24	0.925 47	0.925 70	0.925 93	0.926 15	0.926 38	0.926 61	0.926 84	0.927 06	0.927 29
1.27	0.927 51	0.927 74	0.927 96	0.928 19	0.928 41	0.928 63	0.928 85	0.929 07	0.929 29	0.929 51
1.28	0.929 73	0.929 95	0.930 17	0.930 39	0.930 61	0.930 82	0.931 04	0.931 26	0.921 47	0.931 68
1.29	0.931 90	0.932 11	0.932 32	0.932 54	0.932 75	0.932 96	0.933 17	0.933 38	0.933 59	0.933 80
1.30	0.934 01	0.934 22	0.934 42	0.934 63	0.934 84	0.935 04	0.935 25	0.935 45	0.935 66	0.935 86
1.31	0.936 06	0.936 27	0.936 47	0.936 67	0.936 87	0.937 07	0.937 27	0.937 47	0.937 67	0.937 87
1.32	0.938 07	0.938 26	0.938 46	0.938 66	0.938 85	0.939 05	0.939 24	0.939 44	0.939 63	0.939 82
1.33	0.940 02	0.940 21	0.940 40	0.940 59	0.940 78	0.940 97	0.941 16	0.941 35	0.941 54	0.941 73
1.34	0.941 91	0.942 10	0.942 29	0.942 47	0.942 66	0.942 84	0.943 03	0.943 21	0.943 40	0.943 58
1.35	0.943 76	0.943 94	0.944 13	0.944 31	0.944 49	0.944 67	0.944 85	0.945 03	0.945 21	0.945 38
1.36	0.945 56	0.945 74	0.945 92	0.946 09	0.946 27	0.946 44	0.946 62	0.946 79	0.946 97	0.947 14
1.37	0.947 31	0.947 48	0.947 66	0.947 83	0.948 00	0.948 17	0.948 34	0.948 51	0.948 68	0.948 85
1.38	0.949 02	0.949 18	0.949 35	0.949 52	0.949 68	0.949 58	0.950 05	0.950 18	0.950 35	0.950 51
1.39	0.950 67	0.950 84	0.951 00	0.951 16	0.951 32	0.951 48	0.951 65	0.951 81	0.951 97	0.952 13
1.40	0.952 29	0.952 44	0.952 60	0.952 76	0.952 92	0.953 07	0.953 23	0.953 39	0.953 54	0.953 70
1.41	0.953 85	0.954 01	0.954 16	0.954 31	0.954 47	0.954 62	0.954 77	0.954 92	0.955 07	0.955 23
1.42	0.955 38	0.955 53	0.955 68	0.955 82	0.955 97	0.956 12	0.956 27	0.956 42	0.956 56	0.956 71

x	0	1	2	3	4	5	6	7	8	9
1.43	0.956 86	0.957 00	0.957 15	0.957 29	0.957 44	0.957 58	0.957 73	0.957 87	0.958 01	0.958 15
1.44	0.958 30	0.958 44	0.958 58	0.958 72	0.958 86	0.959 00	0.959 14	0.959 28	0.959 42	0.959 56
1.45	0.959 70	0.959 83	0.959 97	0.960 11	0.960 24	0.960 38	0.960 51	0.960 65	0.960 78	0.960 92
1.46	0.961 05	0.961 19	0.961 32	0.961 45	0.961 59	0.961 72	0.961 85	0.961 98	0.962 11	0.962 24
1.47	0.962 37	0.962 50	0.962 63	0.962 76	0.962 89	0.963 02	0.963 15	0.963 27	0.963 40	0.963 53
1.48	0.963 65	0.963 78	0.963 91	0.964 03	0.964 16	0.964 28	0.964 40	0.964 53	0.964 65	0.964 78
1.49	0.964 90	0.965 02	0.965 14	0.965 26	0.965 39	0.965 51	0.965 63	0.965 75	0.965 87	0.965 99

附表 B-2　误差函数值表 2

x	0	2	4	6	8	x	0	2	4	6	8
1.50	0.966 11	0.966 34	0.966 58	0.966 81	0.967 05	2.00	0.995 32	0.995 36	0.995 40	0.995 44	0.995 48
1.51	0.967 28	0.967 51	0.967 74	0.967 96	0.968 19	2.01	0.995 52	0.995 56	0.995 60	0.995 64	0.995 68
1.52	0.968 41	0.968 64	0.968 86	0.969 08	0.969 30	2.02	0.995 72	0.995 76	0.995 80	0.995 83	0.995 87
1.53	0.969 52	0.969 73	0.969 95	0.970 16	0.970 37	2.03	0.995 91	0.995 94	0.995 98	0.996 01	0.996 05
1.54	0.970 59	0.970 80	0.971 00	0.971 21	0.971 42	2.04	0.996 09	0.996 12	0.996 16	0.996 19	0.996 22
1.55	0.971 62	0.971 83	0.972 03	0.972 23	0.972 43	2.05	0.996 26	0.996 29	0.996 33	0.996 36	0.996 39
1.56	0.972 63	0.972 83	0.973 02	0.973 22	0.973 41	2.06	0.996 42	0.996 46	0.996 49	0.996 52	0.996 55
1.57	0.973 60	0.973 79	0.973 98	0.974 17	0.974 36	2.07	0.996 58	0.996 61	0.996 64	0.996 67	0.996 70
1.58	0.974 55	0.974 73	0.974 92	0.975 10	0.975 28	2.08	0.996 73	0.996 76	0.996 79	0.996 82	0.996 85
1.59	0.975 46	0.975 64	0.975 82	0.976 00	0.976 17	2.09	0.996 88	0.996 91	0.996 94	0.996 97	0.996 99
1.60	0.976 35	0.976 52	0.976 70	0.976 87	0.977 04	2.10	0.997 02	0.997 05	0.997 07	0.997 10	0.997 13
1.61	0.977 21	0.977 38	0.977 54	0.977 71	0.977 87	2.11	0.997 15	0.997 18	0.997 21	0.997 23	0.997 26
1.62	0.978 04	0.978 20	0.978 36	0.978 52	0.978 68	2.12	0.997 28	0.997 31	0.997 33	0.997 36	0.997 38
1.63	0.978 84	0.979 00	0.979 16	0.979 31	0.979 47	2.13	0.997 41	0.997 43	0.997 45	0.997 48	0.997 50
1.64	0.979 62	0.979 77	0.979 93	0.980 08	0.980 23	2.14	0.997 53	0.997 55	0.997 57	0.997 59	0.997 62
1.65	0.980 38	0.980 52	0.980 67	0.980 82	0.980 96	2.15	0.997 64	0.997 66	0.997 68	0.997 70	0.997 73
1.66	0.981 10	0.981 25	0.981 39	0.981 53	0.981 67	2.16	0.997 75	0.997 77	0.997 79	0.997 81	0.997 83
1.67	0.981 81	0.981 95	0.982 09	0.982 22	0.982 36	2.17	0.997 85	0.997 87	0.997 89	0.997 91	0.997 93

x	0	2	4	6	8	x	0	2	4	6	8
1.68	0.982 49	0.982 63	0.982 76	0.982 89	0.983 02	2.18	0.997 95	0.997 97	0.997 99	0.998 01	0.998 03
1.69	0.983 15	0.983 28	0.983 41	0.983 54	0.983 66	2.19	0.998 05	0.998 06	0.998 08	0.998 10	0.998 12
1.70	0.983 79	0.983 92	0.984 04	0.984 16	0.984 29	2.20	0.998 14	0.998 15	0.998 17	0.998 19	0.998 21
1.71	0.984 41	0.984 53	0.984 65	0.984 77	0.984 89	2.21	0.998 22	0.998 24	0.998 26	0.998 27	0.998 29
1.72	0.985 00	0.985 12	0.985 24	0.985 35	0.985 46	2.22	0.998 31	0.998 32	0.998 34	0.998 36	0.998 37
1.73	0.985 58	0.985 69	0.985 80	0.985 91	0.986 02	2.23	0.998 39	0.998 40	0.998 42	0.998 43	0.998 45
1.74	0.986 13	0.986 24	0.986 35	0.986 46	0.986 57	2.24	0.998 46	0.998 48	0.998 49	0.998 51	0.998 52
1.75	0.986 67	0.986 78	0.986 88	0.986 99	0.987 09	2.25	0.998 54	0.998 55	0.998 57	0.998 58	0.998 59
1.76	0.987 19	0.987 29	0.987 39	0.987 49	0.987 59	2.26	0.998 61	0.998 62	0.998 63	0.998 65	0.998 66
1.77	0.987 69	0.987 79	0.987 89	0.987 98	0.988 08	2.27	0.998 67	0.998 69	0.998 70	0.998 71	0.998 73
1.78	0.988 17	0.988 27	0.988 36	0.988 46	0.988 55	2.28	0.998 74	0.998 75	0.998 76	0.998 77	0.998 79
1.79	0.988 64	0.988 73	0.988 82	0.988 91	0.989 00	2.29	0.998 80	0.998 81	0.998 82	0.998 83	0.998 85
1.80	0.989 09	0.989 18	0.989 27	0.989 35	0.989 44	2.30	0.998 86	0.998 87	0.998 88	0.998 89	0.998 90
1.81	0.989 52	0.989 61	0.989 69	0.989 78	0.989 86	2.31	0.998 91	0.998 92	0.998 93	0.998 94	0.998 96
1.82	0.989 94	0.990 03	0.990 11	0.990 19	0.990 27	2.32	0.998 97	0.998 98	0.998 99	0.999 00	0.999 01
1.83	0.990 35	0.990 43	0.990 50	0.990 58	0.990 66	2.33	0.999 02	0.999 03	0.999 04	0.999 05	0.999 06
1.84	0.990 74	0.990 81	0.990 89	0.990 96	0.991 04	2.34	0.999 06	0.999 07	0.999 07	0.999 07	0.999 07
1.85	0.991 11	0.991 18	0.991 26	0.991 33	0.991 40	2.35	0.999 11	0.999 12	0.999 13	0.999 14	0.999 15
1.86	0.991 47	0.991 54	0.991 61	0.991 68	0.991 75	2.36	0.999 15	0.999 16	0.999 17	0.999 18	0.999 19
1.87	0.991 82	0.991 89	0.991 96	0.992 02	0.992 09	2.37	0.999 20	0.999 20	0.999 21	0.999 22	0.999 23
1.88	0.992 16	0.992 22	0.992 29	0.992 35	0.992 42	2.38	0.999 24	0.999 24	0.999 25	0.999 26	0.999 27
1.89	0.992 48	0.992 54	0.992 61	0.992 67	0.992 73	2.39	0.999 28	0.999 28	0.999 29	0.999 30	0.999 30
1.90	0.992 79	0.992 85	0.992 91	0.992 97	0.993 03	2.40	0.999 31	0.999 32	0.999 33	0.999 33	0.999 34
1.91	0.993 09	0.993 15	0.993 21	0.993 26	0.993 32	2.41	0.999 35	0.999 35	0.999 36	0.999 37	0.999 37
1.92	0.993 38	0.993 43	0.993 49	0.993 55	0.993 60	2.42	0.999 38	0.999 39	0.999 39	0.999 40	0.999 40
1.93	0.993 66	0.993 71	0.993 76	0.993 82	0.993 87	2.43	0.999 41	0.999 42	0.999 42	0.999 43	0.999 43
1.94	0.993 92	0.993 97	0.994 03	0.994 08	0.994 13	2.44	0.999 44	0.999 45	0.999 45	0.999 46	0.999 46
1.95	0.994 18	0.994 23	0.994 28	0.994 33	0.994 38	2.45	0.999 47	0.999 47	0.999 48	0.999 49	0.999 49

续 表

x	0	2	4	6	8	x	0	2	4	6	8
1.96	0.994 43	0.994 47	0.994 52	0.994 57	0.994 62	2.46	0.999 50	0.999 50	0.999 51	0.999 51	0.999 52
1.97	0.994 66	0.994 71	0.994 76	0.994 80	0.994 85	2.47	0.999 52	0.999 53	0.999 53	0.999 54	0.999 54
1.98	0.994 89	0.994 94	0.994 98	0.995 02	0.995 07	2.48	0.999 55	0.999 55	0.999 56	0.999 56	0.999 57
1.99	0.995 11	0.995 15	0.995 20	0.995 24	0.995 28	2.49	0.999 57	0.999 58	0.999 58	0.999 58	0.999 59
2.00	0.995 32	0.995 36	0.995 40	0.995 44	0.995 48	2.50	0.999 59	0.999 60	0.999 60	0.999 61	0.999 61

附表 B-3　误差函数值表3

x	0	1	2	3	4	5	6	7	8	9
2.5	0.999 59	0.999 61	0.999 63	0.999 65	0.999 67	0.999 69	0.999 71	0.999 72	0.999 74	0.999 75
2.6	0.999 76	0.999 78	0.999 79	0.999 80	0.999 81	0.999 82	0.999 83	0.999 84	0.999 85	0.999 86
2.7	0.999 87	0.999 87	0.999 88	0.999 89	0.999 89	0.999 90	0.999 91	0.999 91	0.999 92	0.999 92
2.8	0.999 92	0.999 93	0.999 93	0.999 94	0.999 94	0.999 94	0.999 95	0.999 95	0.999 95	0.999 96
2.9	0.999 96	0.999 96	0.999 96	0.999 97	0.999 97	0.999 97	0.999 97	0.999 97	0.999 97	0.999 98
3.0	0.999 98	0.999 98	0.999 98	0.999 98	0.999 98	0.999 98	0.999 98	0.999 98	0.999 99	0.999 99

附录 C　英文缩写名词对照表

缩写名词	英文全称	中文译名
A/D	Analog/Digital	模/数(转换)
ADPCM	Adaptive DPCM	自适应差分脉冲编码调制
ADSL	Asymmetric Digital Subscribers Loop	非对称数字用户环路
AM	Amplitude Modulation	振幅调制(调幅)
AMI	Alternative Mark Inverse	传号交替反转
ARQ	Automatic Repeat reQuest	自动重发请求
ASCII	American Standard Code for Information Interchange	美国标准信息交换码
ASK	Amplitude Shift Keying	振幅键控
ATM	Asynchronous Transfer Mode	异步传送模式
BER	Binary Error Rate	误比特率
BPF	Band Pass Filter	带通滤波器
BPSK	Binary Phase Shift Keying	二进制相移键控

CCITT	International Consultive Committee for Telegraph and Telephone	国际电报电话咨询委员会 (1993 年更名为 ITU)
CDM	Code Division Multiplexing	码分复用
CDMA	Code Division Mulitple Access	码分多址
CMI	Coded Mark Inversion	传号反转
CRC	Cyclic Redundancy Check	循环冗余校验
DC	Direct Current	直流
DFT	Discrete Fourier Transform	离散傅里叶变换
DM	Delta Modulation	增量调制
DPCM	Differential PCM	差分脉码调制
DPSK	Differential PSK	差分相移键控
DSB	Double Side Band	双边带
DSSS	Direct-Sequence Spread Spectrum	直接序列扩谱
DTMF	Dual Tone Multiple Frequency	双音多频
DVB	Digital Video Broadcasting	数字视频广播
ETSI	European Telecommunications Standards Institute	欧洲电信标准协会
F	Frame	帧
FDD	Frequency Division Duplex	频分双工
FDM	Frequency Division Multiplexing	频分复用
FDMA	Frequency Division Multiple Access	频分多址
FEC	Forward Error Correction	前向纠错
FH	Frequency-Hopping	跳频
FIR	Finite Impulse Response	有限冲激响应
FSK	Frequency Shift Keying	频移键控
GMSK	Gaussian MSK	高斯最小频移键控
GSM	Global System for Mobile Communications	全球移动通信系统
HDB$_3$	3rd Order High Density Bipolar	3 阶高密度双极性
HDTV	High Definition Television	高清晰度电视
IC	Integrated Circuit	集成电路
IDFT	Inverse Discrete Fourier Transform	逆离散傅里叶变换
IEEE	Institute of Electrical and Electronics Engineers	电气和电子工程师学会

ISDN	Integrated Services Digital Network	综合业务数字网
ISO	International Standards Organization	国际标准化组织
ITM	Information Transfer Mode	信息传递方式
ITU	International Telecommunications Union	国际电信联盟
ITU-T	ITU Telecommunication Standardization Sector	国际电信联盟-电信标准化部门
LAN	Local Area Network	局域网
LDPC	Low-Density Parity-Check	低密度奇偶校验
LED	Light-Emitting Diode	发光二极管
LPF	Lower Pass Filter	低通滤波器
MAN	Metropolitan Area Network	城域网
MASK	M-ary Amplitude Shift Keying	多进制振幅键控
MFSK	M-ary Frequency Shift Keying	多进制频移键控
MPSK	M-ary Phase Shift Keying	多进制相移键控
MQAM	M-ary QAM	多进制正交调幅
MSK	Minimum Shift Keying	最小频移键控
NBFM	Narrow Band Frequency Modulation	窄带调频
NBPM	Narrow Band Phase Modulation	窄带调相
NRZ	Non-Return to Zero	不归零
NT	Network Termination	网络终端
OFDM	Orthogonal Frequency Division Multiplexing	正交频分复用
OOK	On-Off Keying	通-断键控
OQPSK	Offset Quadrature Phase Shift Keying	偏置正交相移键控
OSI	Open Systems Interconnection	开放系统互连
OTDM	Optical Time Division Multiplexing	光时分复用
OWDM	Optical Wavelength Division Multiplexing	光波分复用
PAM	Pulse Amplitude Modulation	脉冲振幅调制
PCM	Pulse Code Modulation	脉(冲编)码调制
PCS	Personal Communication System	个人通信系统
PDH	Plesiochronous Digital Hierarchy	准同步数字体系
PDM	Pulse Duration Modulation	脉冲宽度调制
PDN	Public Data Network	公共数据网
PLL	Phase-Locked Loop	锁相环

PN	Pseudo Noise	伪噪声
PPM	Pulse Position Modulation	脉冲位置调制
PSK	Phase Shift Keying	相移键控
PSTN	Public Switch Telephone Network	公共交换电话网
QAM	Quadrature Amplitude Modulation	正交振幅调制
QDPSK	Quadrature DPSK	正交差分相移键控
QPSK	Quadrature Phase Shift Keying	正交相移键控
RAM	Random Access Memory	随机存取存储器
RE	Radio Frequency	射频
RLAN	Radio LAN	无线局域网
ROM	Read-Only Memory	只读存储器
RZ	Return-to-Zero	归零
SDH	Synchronous Digital Hierarchy	同步数字体系
SDM	Space Division Multiplexing	空分复用
SDMA	Space Division Mulitple Access	空分多址
SHF	Super High Frequency	超高频
SOC	System On Chip	单片系统
SOH	Section OverHead	段开销
SONET	Synchrous Optical NETwork	光同步网络
SSB	Single Side Band	单边带
STM	Synchronous Transport Module	同步传送模块
STM	Synchronous Transfer Mode	同步传递方式
TCM	Trellis Coded Modulation	网格编码调制
TDM	Time Division Multiplexing	时分复用
TDMA	Time Division Multiple Access	时分多址
TE	Terminal Equipment	用户终端设备
TS	Time Slot	时隙
UHF	Ultra High Frequency	特高频
VCO	Voltage Controlled Oscillator	压控振荡器
VSB	Vestigial Side Band	残留边带
WAN	Wide Area Network	广域网
WBFM	Wide Band Frequency Modulation	宽带调频

WDM	Wave Division Multiplexing	波分复用
WLAN	Wireless Local Area Network	无线局域网
WPAN	Wireless Personal Area Network	无线个域网
WWAN	Wireless Wide Area Network	无线广域网

参 考 文 献

[1] 樊昌信,曹丽娜. 通信原理[M]. 7 版. 北京:国防工业出版社,2012.

[2] 李晓峰,周宁,周亮,等. 通信原理[M]. 2 版. 北京:清华大学出版社,2014.

[3] 陈爱军. 深入浅出通信原理[M]. 北京:清华大学出版社,2018.

[4] 曹志刚. 通信原理与应用:基础理论部分[M]. 北京:高等教育出版社,2015.

[5] 曹丽娜. 简明通信原理[M]. 北京:人民邮电出版社,2011.

[6] 肖闽进. 通信原理教程[M]. 北京:电子工业出版社,2006.

[7] 曹雪虹,杨洁,童莹. MATLAB/System View 通信原理实验与系统仿真[M]. 北京:清华大学出版社,2015.

[8] PROAKIS J G，SALEHI M，BAUCH G. 现代通信系统(MATLAB 版)[M]. 刘树棠,任品毅,译. 3 版. 北京:电子工业出版社,2017.

[9] 张会生. 现代通信系统原理[M]. 3 版. 北京:高等教育出版社,2014.

[10] SKLAR B. 数字通信:基础与应用[M]. 徐平平,宋铁成,叶芝慧,等译. 2 版. 北京:电子工业出版社,2006.

[11] 李永忠. 现代通信原理与技术[M]. 北京:国防工业出版社,2010.

[12] 达新宇,甘忠辉,薛凤凤,等. 通信原理实验与课程设计[M]. 北京:电子工业出版社,2016.

[13] COUCH L W Ⅱ. 数字与模拟通信系统[M]. 罗新民,任品毅,田琛,等译. 6 版. 北京:电子工业出版社,2002.